KMO BIBLE
한국수학올림피아드 바이블 프리미엄

제3권 기하

KMO BIBLE
한국수학올림피아드 바이블 프리미엄 PREMIUM
제3권 기하

류한영, 강형종, 이주형, 신인숙 지음

씨실과 날실

씨실과 날실은 도서출판 세화의 자매브랜드입니다.

KMOBIBLE을 만드신 선생님들 소개

류한영

멘사수학연구소 소장

(전) 경기과학고등학교 수학교사

주요사항

전국연합학력평가 출제위원 역임

경기도 수학경시대회 출제위원 역임

아주대학교 과학영재교육원 강사 역임

영재올림피아드 수학기본편, 동남문화사, 2005 공저

수리논술 생각타래, 진학에듀, 2005 공저

통합논술교과서, 시사영어사, 2007 공저

KMO FINAL TEST, 도서출판 세화, 2007 공저

올림피아드 초등수학 클래스, 씨실과날실, 2018 감수

올림피아드 중등수학 베스트, 씨실과날실, 2018 감수

101 대수, 씨실과날실, 2009, 감수

책으로부터의 문제(Problems from the book), 씨실과날실, 2010 감수

초등·중학 新 영재수학의 지름길, 씨실과날실, 2016, 2019 감수

e-mail : onezero10@hanmail.net

강형종

멘사수학연구소 부소장

(현) 경기과학고등학교 수학교사

주요사항

전국연합학력평가 출제위원 역임

경기도 수학경시대회 출제위원 역임

가천대학교 과학영재교육원 강사역임

수리논술 생각타래, 진학에듀, 2005 공저

KMO FINAL TEST, 도서출판 세화, 2007 공저

책으로부터의 문제(Problems from the book), 씨실과날실, 2010 감수

초등·중학 新 영재수학의 지름길, 씨실과날실, 2016, 2019 감수

e-mail : tamrakhj@hanmail.net

이주형

멘사수학연구소 경시팀장

주요사항

KMO FINAL TEST, 도서출판 세화, 2007 공저

365일 수학愛미치다(도형편), 씨실과날실, 2009 저

올림피아드 초등수학 클래스, 씨실과날실, 2018 감수

올림피아드 중등수학 베스트, 씨실과날실, 2018 감수

101 대수, 씨실과날실, 2009, 번역

책으로부터의 문제(Problems from the book), 씨실과날실, 2010 번역

초등·중학 新 영재수학의 지름길, 씨실과날실, 2016, 2019 감수

영재학교/과학고 합격수학, 씨실과날실, 2017, 공저

e-mail : buraqui.lee@gmail.com

신인숙

아주대학교 강의교수

주요사항

아주대학교 과학영재교육원 강사 역임

경기도 영재교육담당교원직무연수 강사 역임

올림피아드 초등수학 클래스, 씨실과날실, 2018 감수

올림피아드 중등수학 베스트, 씨실과날실, 2018 감수

101 대수, 씨실과날실, 2009 감수

책으로부터의 문제(Problems from the book), 씨실과날실, 2010 번역

초등·중학 新 영재수학의 지름길, 씨실과날실, 2016, 2019 감수

영재학교/과학고 합격수학, 씨실과날실, 2017, 공저

e-mail : isshin@ajou.ac.kr

이 책의 내용에 관하여 궁금한 점이나 상담을 원하시는 독자 여러분께서는 E-MAIL이나 전화로 연락을 주시거나 도서출판 세화 (www.sehwapub.co.kr) 게시판에 글을 남겨 주시면 적절한 확인 절차를 거쳐서 풀이에 관한 상세 설명이나 국내의 경시대회 일정 안내 등을 받을수 있습니다.

KMO BIBLE
한국수학올림피아드 바이블 프리미엄 제3권 기하

도서출판세화	1판 1쇄 발행	2008년 1월 1일	(주)씨실과 날실	3판 1쇄 개정·증보판 발행	2013년 1월 15일
	1판 4쇄 발행	2008년 7월 1일		4판 1쇄 개정판 발행	2014년 3월 10일
	1판 5쇄 발행	2009년 1월 1일		5판 1쇄 개정판 발행	2015년 3월 10일
	1판 6쇄 발행	2009년 4월 1일		6판 1쇄 개정판 발행	2016년 9월 10일
	1판 7쇄 발행	2010년 3월 10일		7판 1쇄 개정판 발행	2018년 1월 30일
	2판 1쇄 개정·증보판 발행	2011년 3월 20일		8판 1쇄 개정판 발행	2019년 7월 20일
	2판 2쇄 발행	2012년 1월 1일		8판 2쇄 발행	2021년 1월 10일
				9판 1쇄 발행	2022년 3월 20일
				10판 1쇄 발행	2023년 11월 20일

저자 | 류한영, 강형종, 이주형, 신인숙 **펴낸이** | 구정자

펴낸곳 | (주)씨실과 날실 **출판등록** |(등록번호: 2007.6.15 제302-2007-000035호)

주소 | 경기도 파주시 회동길 325-22(서패동 469-2) 1층 **전화** | (031)955-9445 **fax** | (031)955-9446

판매대행 | 도서출판 세화 **출판등록** |(등록번호: 1978.12.26 제1-338호)

구입문의 | (031)955-9331~2 **편집부** | (031)955-9333 **fax** | (031)955-9334

주소 | 경기도 파주시 회동길 325-22(서패동 469-2)

정가 17,000원

머리말

KMO BIBLE 프리미엄시리즈를 발간하면서

수학은 자연과학을 가장 잘 표현하는 언어입니다. 우리가 일상생활을 하면서 늘 가까이 느끼고 같이 숨쉬고 있는 학문입니다. 이와 같이 기본적이면서도 가장 중요한 학문인 수학에 관심 있고, 열정 있는 학생들을 위하여 각 나라마다 수학올림피아드가 매년 개최됩니다. 수학 영재를 발굴하고 자신의 수학적 재능을 표현할 수 있는 수학올림피아드 준비하는 학생, 과학영재교육원 시험 준비생, 특목고 준비생들에게 조금이나마 도움이 되길 바라는 마음으로 이 책을 출간하게 되었습니다.

한국수학올림피아드(The Korea Mathematical Olympiad, KMO)는 대한수학회에서 주관하며, 중등부, 고등부 구분하여 1차시험과 2차시험으로 나누어져 있습니다. 2006년도부터 1차시험은 주관식 단답형 20 문항, 100점 만점으로 구성되어 있고, 각 문항의 배점은 난이도에 따라 4점, 5점, 6점으로 구성되어 있으며, 답안은 OMR 카드에 주관식 단답형(000~999)으로 기재하게 되어 있습니다. 2차시험은 오전, 오후로 나눠서 2시간 30분동안 4문항씩 총 8문항, 56점 만점으로 구성되어 있고, 각 문항의 배점은 7점이며, 주관식 서술형으로 되어 있습니다. 본 대회의 출제범위는 국제수학올림피아드(IMO)의 출제범위와 동일하며 기하, 정수론, 함수 및 부등식, 조합 등 4분야로 나누어 문제가 출제됩니다. (미적분은 제외됩니다.) 중등부에서는 고등부보다는 다소 적은 수학적 지식을 갖고도 풀 수 있는 문제가 출제됩니다. 중등부 한국수학올림피아드 응시 지원대상은 (1) 중학교 재학생 또는 이에 준하는 자, (2) 탁월한 수학적 재능이 있는 초등학생입니다. 또한 중등부와 고등부 입상자에게 한국수학올림피아드 2차 시험 응시자격을 부여하고, 한국수학올림피아드 최종시험은 KMO 2차시험 고등부 금, 은, 동상 수상자 및 중등부 금상 이상 수상자에게 응시자격이 부여합니다.

국제수학올림피아드(International Mathematical Olympiad, IMO)는 1950년에 창설되었고, 한 나라의 기

초과학 또는 과학교육 수준을 가늠하는 국제 청소년 수학경시대회로서 대회를 통하여 수학영재의 조기 발굴 및 육성, 세계 수학자 및 수학 영재들의 국제 친선 및 문화교류, 수학교육의 정보교환 등을 목적으로 합니다. 1959년 루마니아에서 동구권 7개국 참가로 시작된 본 대회는 국제과학올림피아드 중에서도 가장 전통있는 대회로 참가국이 구주, 미주, 아주지역으로 점차 확대되었습니다. 우리나라는 지난 1988년 제 29회 호주대회에 처음 참가하였고, 제 41회 국제수학올림피아드(IMO-2000)은 대전에서 개최하였습니다. 매년 참가하여 꾸준히 좋은 성적을 거두고 있으며 6명의 대표를 선출하여 참가하고 있습니다.

본 교재의 시리즈는 제1권 정수론, 제2권 대수(함수 및 부등식), 제3권 기하, 제4권 조합, 제5권 1차 모의 고사, 제6권 2차 모의고사 총 6권으로 구성되었으며, 각 권마다 KMO에 필요한 개념정리를 통해서 KMO 1차시험과 2차시험에 필요한 필수 내용을 학습할 수 있게 하였고, KMO를 비롯한 IMO, 미국, 캐나다, 러 시아 등 세계 여러 나라의 올림피아드 문제와 국내 유명 대학에서 실시하고 있는 수학경시대회의 문제를 예제, 연습문제, 종합문제에 포함시켜 실전 감각을 높이고자 하였습니다. 또한, 연습문제와 종합문제에는 별도의 표시(★)를 하여 문제의 난이도 및 중요도를 알 수 있게 하였습니다.

본 교재의 출판을 맡아주신 (주) 씨실과 날실 관계자 여러분께 심심한 사의를 표합니다. 아무쪼록 이 책이 수학올림피아드 준비하는 학생 여러분들에게 조금이나마 도움이 되길 바랍니다.

끝으로, 수학올림피아드, 영재학교 대비 교재 등의 출간에 열정적으로 일 하시다가 갑작스럽게 운명을 달리하신 故 박정석 사장님의 명복을 빕니다.

저자 일동

일러두기

약어 설명

- AMC : 미국수학콘테스트

- AMO : 호주수학올림피아드

- APMO : 아시아-태평양 수학올림피아드

- ARML : 미국지역수학리그

- Baltic : Baltic Ways

- BMO : 영국수학올림피아드

- ChMO : 중국수학올림피아드

- CMO : 캐나다수학올림피아드

- CRUX : CRUX Mathematicorum with Mathematical Mayhem

- FHMC : Five Hundred Mathematical Challenge

- HKMO : 홍콩수학올림피아드

- HKPSC : IMO 홍콩대표선발시험

- HMMT : 하버드-MIT 수학토너먼트

- HMO : 헝가리수학올림피아드

- IMO : 국제수학올림피아드

- IrMO : 이란수학올림피아드

- ItMO : 이탈리아수학올림피아드

- JMO : 일본수학올림피아드

- KJMO : 한국주니어수학올림피아드

- KMO : 한국수학올림피아드

- MathRef : Mathematical Reflections

- MOT : Mathematical Olympiad Treasures

- PMO : 폴란드수학올림피아드

- RMO : 러시아수학올림피아드

- RoMO : 루마니아수학올림피아드

- SMO : 스위스수학올림피아드

- USAMO : 미국수학올림피아드

- VMO : 베트남수학올림피아드

기호 설명

- $\overline{AB} \parallel \overline{CD}$: 직선(또는 선분) AB와 CD가 평행하다.

- $\overline{AB} \perp \overline{CD}$: 직선(또는 선분) AB와 CD가 수직이다.

- $\triangle ABC$: 삼각형 ABC 또는 삼각형 ABC의 넓이

- $\square ABCD$: 사각형 $ABCD$ 또는 사각형 $ABCD$의 넓이

- $\triangle ABC = \triangle DEF$: 삼각형 ABC와 삼각형 DEF의 넓이가 같다.

- $\triangle ABC \sim \triangle DEF$: 삼각형 ABC와 삼각형 DEF는 닮음이다.

- $\triangle ABC \equiv \triangle DEF$: 삼각형 ABC와 삼각형 DEF는 합동이다.

차 례

제 1 장

삼각형과 사각형의 성질

- 꼭 암기해야 할 내용

- 피타고라스의 정리
- 삼각형의 닮음
- 내각 이등분선의 정리, 외각 이등분선의 정리
- 삼각형의 중점연결정리
- 삼각형의 오심
- 파푸스의 중선정리

1.1   삼각형과 사각형의 기본성질

- 이 절의 주요 내용

- 삼각형의 정의와 기본성질

- 삼각형의 합동조건 : SSS합동, SAS합동, ASA합동

- 이등변삼각형의 기본성질

- 직각삼각형의 합동조건 : RHA합동, RHS합동

- 사각형의 정의와 기본성질

정리 **1.1.1 (평행선과 각)** ─────────

다음 그림에서 두 직선 l과 m이 평행($l \parallel m$)하면, 다음이 성립한다.

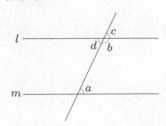

(1) (동측내각) $a + b = 180°$이다.

(2) (동위각) $a = c$이다.

(3) (엇각) $a = d$이다.

정리 **1.1.2 (삼각형의 기본성질)** ─────────

다음 그림의 삼각형 ABC에서 다음이 성립한다.

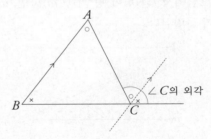

(1) 삼각형 ABC의 내각에 대하여 $\angle A + \angle B + \angle C = 180°$이다.

(2) 삼각형 ABC의 외각에 대하여 $\angle C$의 외각$= \angle A + \angle B$이다.

(3) 삼각형의 두 변의 길이의 합은 나머지 다른 한 변의 길이보다 길다. 즉, $\overline{AB} + \overline{BC} > \overline{CA}$, $\overline{BC} + \overline{CA} > \overline{AB}$, $\overline{CA} + \overline{AB} > \overline{BC}$이다.

정리 1.1.3 (외각의 성질) _____

다음 그림에서 $a+b=c+d$가 성립한다.

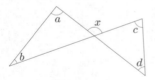

증명 그림에서 외각의 성질에 의하여 $a+b=x$, $c+d=x$이므로 $a+b=c+d$이다.

정리 1.1.4 (외각의 성질) _____

다음 그림에서 l과 m이 평행($l \parallel m$)하면, $a+c=b+d$가 성립한다.

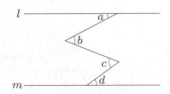

증명 아래 그림과 같이 평행선(점선)을 그리면, •, ×, ∘로 표시된 각 끼리 엇각으로 같다.

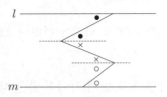

정리 1.1.5 (각도 공식) _____

다음이 성립한다.

(1) 아래 그림에서, $x=a+b+c$이다.

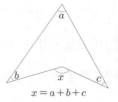

$$x = a+b+c$$

증명 아래 그림으로 부터 성립함을 알 수 있다.

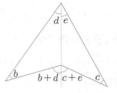

(2) 아래 그림에서, $a+b+c+d+e=180°$이다.

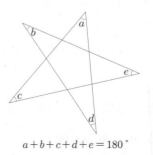

$$a+b+c+d+e = 180°$$

증명 아래 그림으로 부터 성립함을 알 수 있다.

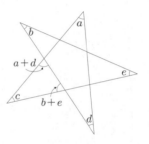

(3) 아래 그림에서, $x = 90° + \dfrac{a}{2}$이다.

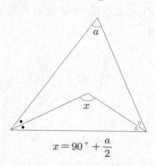

$$x = 90° + \frac{a}{2}$$

증명 $\bullet = c$, $\circ = d$라 하면, $x = 180° - (c + d) \cdots$ ①이고, $2c + 2d = 180° - a$로 부터 $c + d = 90° - \dfrac{a}{2} \cdots$ ②이다. ②를 ①에 대입하면 $x = 90° + \dfrac{a}{2}$이다.

(4) 아래 그림에서, $x = \dfrac{a}{2}$이다.

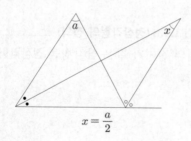

$$x = \frac{a}{2}$$

증명 $\bullet = c$, $\circ = d$라 하면, $x + c = d$로 부터 $x = d - c \cdots$ ①이고, $a + 2c = 2d$로 부터 $d - c = \dfrac{a}{2} \cdots$ ②이다. ②를 ①에 대입하면 $x = \dfrac{a}{2}$이다.

(5) 아래 그림에서, $x = \dfrac{a+b}{2}$이다.

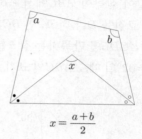

$$x = \frac{a+b}{2}$$

증명 $\bullet = c$, $\circ = d$라 하면, $x = 180° - (c + d) \cdots$ ①이고, $2c + 2d = 360° - (a + b)$로 부터 $c + d = 180° - \dfrac{a+b}{2} \cdots$ ②이다. ②를 ①에 대입하면 $x = \dfrac{a+b}{2}$이다.

(6) 아래 그림에서, $x = \dfrac{a}{2}$이다.

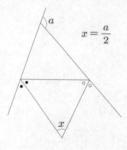

$$x = \frac{a}{2}$$

증명 $\bullet = c$, $\circ = d$라 하면, $x = 180° - (c + d) \cdots$ ①이고, $2c + 2d + a = 360°$(외각의 합)로 부터 $c + d = 180° - \dfrac{a}{2} \cdots$ ②이다. ②를 ①에 대입하면 $x = \dfrac{a}{2}$이다.

예제 **1.1.6** _____

그림과 같이 삼각형 ABC에서 $\angle B$의 이등분선과 변 AC의 교점을 D라 하고, 변 BC의 연장선 위에 $\angle BDC = \angle CDE$를 만족하는 점 E를 잡는다. $\angle A = 35°$, $\angle E = 32°$일 때, $\angle ABC$의 크기는 몇 도(°)인가?

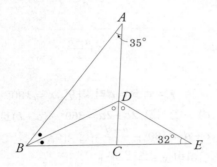

풀이 _____

정리 **1.1.7 (삼각형의 합동조건)** _____

다음 세 가지 조건 중 하나를 만족하면 두 삼각형은 합동이다.

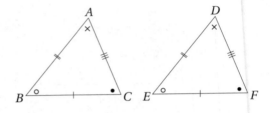

(1) (SSS합동) 대응하는 세 변의 길이가 모두 같을 때,

(2) (SAS합동) 대응하는 두 변의 길이가 같고 그 끼인각이 같을 때,

(3) (ASA합동) 한 변의 길이가 같고 대응하는 양 끝각의 크기가 같을 때,

정의 **1.1.8 (정삼각형의 정의)** _____

세 변의 길이가 같은 삼각형을 정삼각형이라고 한다.

정의 **1.1.9 (이등변삼각형의 정의)** _____

두 변의 길이가 같은 삼각형을 이등변삼각형이라고 한다.

풀이 $\angle ABD = \angle DBC = a$, $\angle BDC = \angle CDE = b$라 하면, $\triangle ABD$에서 $b = a + 35°$ ··· ①이다. 또, $\triangle DBE$에서 $2b + a + 32° = 180°$ ··· ②이다. ②에 ①을 대입하면,

$$2(a + 35°) + a + 32° = 180°$$

이다. 이를 정리하면 $3a = 78°$이다. 즉, $a = 26°$이다. 따라서 $\angle ABC = 52°$이다.

정리 **1.1.10 (이등변삼각형의 기본성질)**
이등변삼각형에서 다음이 성립한다.

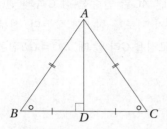

(1) 이등변삼각형의 두 밑각의 크기는 서로 같다.

(2) 두 내각의 크기가 같은 삼각형은 이등변삼각형이다.

(3) 이등변삼각형의 꼭지각의 이등분선은 밑변을 수직이등분한다.

증명

(1) $\overline{AB} = \overline{AC}$인 이등변삼각형 ABC에서, $\angle A$의 이등분선이 밑변 BC와 만나는 점을 D라고 하자. 그러면, $\triangle ABD$와 $\triangle ACD$에서 $\overline{AB} = \overline{AC}$, $\overline{AD}$는 공통, $\angle BAD = \angle CAD$이므로 $\triangle ABD \equiv \triangle ACD$(SAS합동)이다. 따라서 $\angle B = \angle C$이다.

(2) $\angle B = \angle C$인 삼각형 ABC에서 $\angle A$의 이등분선과 변 BC와의 교점을 D라고 하자. $\triangle ABD$와 $\triangle ACD$에서 $\angle BAD = \angle CAD$, $\overline{AD}$는 공통, $\angle ADB = \angle ADC$이므로 $\triangle ABD \equiv \triangle ACD$(ASA합동)이다. 따라서 $\overline{AB} = \overline{AC}$이다.

(3) 삼각형 ABC가 $\overline{AB} = \overline{AC}$, $\angle BAD = \angle CAD$를 만족한다고 하자. $\triangle ABD$와 $\triangle ACD$에서

$\overline{AB} = \overline{AC}$, $\overline{AD}$는 공통, $\angle BAD = \angle CAD$이므로 $\triangle ABD \equiv \triangle ACD$(SAS합동)이다. 따라서 $\overline{BD} = \overline{CD}$, $\angle ADB = \angle ADC$이다. 그런데, $\angle ADB + \angle ADC = 180°$이므로 $\angle ADB = \angle ADC = 90°$이다. 즉, $\overline{AD} \perp \overline{BC}$이다.

정리 **1.1.11** _____

삼각형 ABC에서 $\overline{AB} > \overline{AC}$이면 $\angle C > \angle B$이다. 또 역도 성립한다.

증명

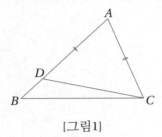

[그림1]

[그림1]과 같이 $\overline{AC} = \overline{AD}$를 만족하는 점 D를 변 AB위에 잡으면, 삼각형 ADC는 이등변삼각형이다. 즉, $\angle ADC = \angle ACD$이다. 또, $\angle B + \angle DCB = \angle ADC$이다. 따라서

$$\angle C = \angle ACD + \angle DCB = \angle ADC + \angle DCB$$
$$= \angle B + 2\angle DCB > \angle B$$

이다.

(역의 증명) [그림2]와 같이 $\angle B = \angle DCB$를 만족하는 점 D를 변 AB 위에 잡으면, 삼각형 DBC는 이등변삼각형이므로 $\overline{BD} = \overline{CD}$이다. 따라서

$$\overline{AB} = \overline{AD} + \overline{DB} = \overline{AD} + \overline{DC} > \overline{AC}$$

이다.

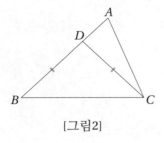

[그림2]

예제 **1.1.12** _____

$\overline{AB} = \overline{AC}$인 삼각형 ABC에서, 변 AB위의 점 D를 잡고, 변 AC위 연장선(점 C쪽의 연장선) 위에 $\overline{BD} = \overline{CE}$가 되도록 점 E를 잡는다. 선분 DE와 변 BC와의 교점을 G라 할 때, $\overline{DG} = \overline{GE}$임을 보여라.

풀이

풀이

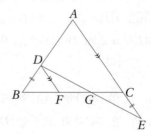

점 D를 지나 선분 AE에 평행한 직선과 변 BC와의 교점을 F라 하자. 그러면, $\angle FDG = \angle CEG$, $\angle DGF = \angle EGC$이다. $\angle BFD = \angle BCA = \angle DBF$이므로, $\overline{DF} = \overline{DB} = \overline{CE}$이다. 따라서 $\triangle DFG \equiv \triangle ECG$(ASA합동)이다. 그러므로 $\overline{DG} = \overline{GE}$이다.

예제 **1.1.13** _____

$\overline{AB} > \overline{AC}$인 $\triangle ABC$에서, 꼭짓점 B, C에서 변 CA, AB에 내린 수선의 발을 각각 E, F라 하자. 선분 BE 또는 그 연장선(점 E쪽의 연장선) 위에 $\overline{CA} = \overline{BP}$가 되는 점 P를 잡고, 선분 CF 또는 그 연장선(점 F쪽의 연장선) 위에 $\overline{AB} = \overline{CQ}$가 되는 점 Q를 잡는다. 이때, $\overline{AP} \perp \overline{AQ}$임을 보여라.

풀이

예제 **1.1.14** _____

정삼각형 ABC에서, 변 CA, AB 위에 각각 점 D, E를 잡고, 선분 BD와 CE의 교점을 P라 하면, 사각형 $AEPD$의 넓이와 삼각형 BPC의 넓이가 같게 된다. 이때, $\angle BPE$의 크기를 구하여라.

풀이

풀이

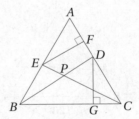

점 E에서 변 CA에 내린 수선의 발을 F, 점 D에서 변 BC에 내린 수선의 발을 G라 하자. 그러면, $\square AEPD = \triangle BPC$이므로, $\triangle AEC = \triangle BCD$이다. 또, $\overline{AC} = \overline{BC}$이므로, $\overline{EF} = \overline{DG}$이다. 그리고, $\angle A = \angle C = 60°$이므로, $\triangle AEF \equiv \triangle CDG$(ASA합동)이다. 즉, $\overline{AE} = \overline{CD}$이다. 그러므로 $\triangle AEC \equiv \triangle CDB$이다. 따라서 $\angle DBC = \angle ECD$이다. 그러므로 $\angle BPE = \angle PBC + \angle PCB = \angle PCD + \angle PCB = 60°$ 이다.

풀이

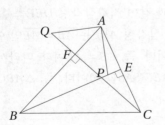

$\overline{AB} \perp \overline{CQ}$, $\overline{BE} \perp \overline{CA}$로 부터, $\angle ABE = \angle QCA$이다. 또, $\overline{AB} = \overline{CQ}$, $\overline{CA} = \overline{BP}$이므로, $\triangle ABP \equiv \triangle QCA$(SAS합동)이다. 즉, $\angle BAP = \angle CQA$이다. 따라서 $\angle QAP = \angle QAF + \angle BAP = \angle QAF + \angle CQA = 180° - 90° = 90°$이다. 즉, $\overline{AP} \perp \overline{AQ}$이다.

예제 **1.1.15** ———————

한 변의 길이가 10인 정삼각형 ABC의 외부에 $\overline{DB} = \overline{DC}$, $\angle BDC = 120°$가 되도록 점 D를 잡고, 점 M과 N을 $\angle MDN = 60°$가 되도록 각각 변 AB, AC 위에 잡는다. 이때, 삼각형 AMN의 둘레의 길이를 구하여라.

풀이

풀이

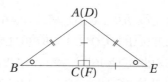

$\angle DBC = \angle DCB = 30°$이므로, $\overline{DC} \perp \overline{AC}$, $\overline{DB} \perp \overline{AB}$이다. 변 AB의 연장선(점 B쪽의 연장선) 위에 $\overline{BP} = \overline{NC}$가 되는 점 P를 잡으면, $\triangle DCN$과 $\triangle DBP$는 합동이다. 그러므로 $\overline{DP} = \overline{DN}$이다. $\angle PDM = 60° = \angle MDN$이므로, $\triangle PDM$과 $\triangle MDN$은 합동이다. 따라서 $\overline{PM} = \overline{MN}$이다. 그러므로 $\overline{MN} = \overline{PM} = \overline{BM} + \overline{BP} = \overline{BM} + \overline{NC}$이다. 따라서 $\triangle AMN$의 둘레의 길이는 20이다.

정리 **1.1.16 (직각삼각형의 합동조건)** ———

두 직각삼각형이 다음 두 조건 중 하나를 만족하면, 서로 합동이다.

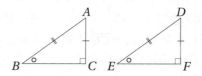

(1) (RHA합동) 빗변의 길이와 한 예각의 크기가 같을 때,

(2) (RHS합동) 빗변의 길이와 다른 변의 길이가 각각 같을 때,

증명

(1) $\overline{AB} = \overline{DE}$, $\angle B = \angle E$라고 가정하면, $\angle A + \angle B + \angle C = \angle D + \angle E + \angle C = 180°$에서 $\angle A = \angle D$이다. 따라서 $\triangle ABC \equiv \triangle DEF$(ASA합동)이다.

(2) $\overline{AC} = \overline{DF}$이고, $\angle C = \angle F = 90°$이므로 그림과 같이 직각삼각형 DEF를 옮겨서 붙이면, 삼각형 ABE는 $\overline{AB} = \overline{AE}$인 이등변삼각형이다. 즉, $\angle B = \angle E$이다. 따라서 $\triangle ABC \equiv \triangle AEC$(SAS합동)이다. 즉, $\triangle ABC \equiv \triangle DEF$이다.

예제 **1.1.17** _____

삼각형 ABC에서 변 BC의 중점을 D라 하자. 점 D에서 변 AB, AC에 내린 수선의 발을 각각 E, F라 할 때, $\overline{DE} = \overline{DF}$이면 삼각형 ABC는 이등변삼각형임을 증명하여라.

풀이

예제 **1.1.18** _____

$\angle C = 90°$인 직각이등변삼각형 ABC에서, 변 BC의 중점을 D라 하고, 점 C에서 선분 AD에 내린 수선과 변 AB와의 교점을 E라 하고, 선분 CE와 AD의 교점을 F라 하자. 그러면, $\angle CDF = \angle BDE$임을 보여라.

풀이

풀이

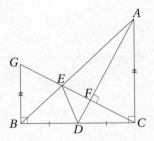

점 B를 지나 변 CA에 평행한 직선과 선분 CE의 교점을 G라 하자. 그러면, $\overline{AC} = \overline{CB}$, $\angle CAD = \angle BCG = 90° - \angle ACF$이므로, $\triangle ACD \equiv \triangle CBG$이다. 즉, $\angle CDF = \angle BGC = \angle BGE$이다. 또, $\overline{BD} = \overline{CD} = \overline{BG}$, $\angle DBE = \angle GBE = 45°$이므로, $\triangle BGE \equiv \triangle BDE$이다. 따라서 $\angle CDF = \angle BGE = \angle BDE$이다.

풀이

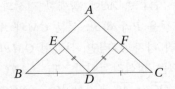

$\triangle DBE$와 $\triangle DCF$에서 $\overline{BD} = \overline{CD}$, $\angle BED = \angle CFD = 90°$, $\overline{DE} = \overline{DF}$이므로 $\triangle BDE \equiv \triangle CDF$(RHS합동)이다. 따라서 $\angle B = \angle C$이다. 즉, 삼각형 ABC는 이등변삼각형이다.

예제 **1.1.19**

정사각형 $ABCD$에서 변 DA의 중점을 E라 하고, 대각선 BD와 선분 CE와의 교점을 F라 하자. 그러면, $\overline{AF} \perp \overline{BE}$임을 보여라.

풀이

예제 **1.1.20**

$\overline{AB} = \overline{BC}$인 이등변삼각형 ABC에서, $\angle B = 20°$이다. $\angle MCA = 60°$, $\angle NAC = 50°$이 되도록 점 M, N을 각각 변 AB, BC 위에 잡는다. 이때, $\angle NMC$의 크기를 구하여라.

풀이

풀이

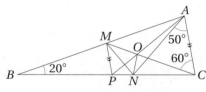

점 M을 지나 변 AC에 평행한 직선과 변 BC와의 교점을 P라 하고, 선분 CM과 AP의 교점을 O라 하자. 그러면, 삼각형 OMP와 삼각형 OAC는 정삼각형이다. 또, $\angle ANC = 50°$이므로, $\overline{OC} = \overline{AC} = \overline{CN}$이다. $\angle NCO = 20°$, $\angle NOC = 80°$이므로, $\angle PON = 40°$이다. 그런데, $\angle OPN = 40°$이므로, $\overline{ON} = \overline{PN}$이다. 그러므로 $\triangle ONM$과 $\triangle PNM$은 합동이다. 따라서 $\angle NMC = \angle NMO = \frac{1}{2}\angle PMO = 30°$이다.

풀이

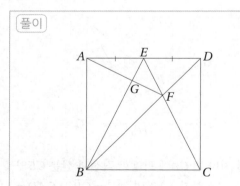

선분 AF와 BE의 교점을 G라 하자. 그러면, $\overline{AF} \perp \overline{BE}$임을 보이는 것은 $\angle EAG = \angle ABG$를 보이는 것으로 충분하다. 대칭성의 원리에 의하여 $\triangle ABE \equiv \triangle DCE$, $\triangle ADF \equiv \triangle CDF$이다. 따라서 $\angle EAG = \angle DCF = \angle ABG$이다.

예제 **1.1.21** _____

$\angle C = 90°$인 직각이등변삼각형 ABC에서, 변 AC 위에 점 D를 잡고, 점 A에서 BD의 연장선(점 D쪽의 연장선)위에 내린 수선의 발을 E라 하면, $\overline{AE} = \frac{1}{2}\overline{BD}$이다. 이때, 선분 BD가 $\angle ABC$를 이등분함을 보여라.

풀이

예제 **1.1.22** _____

한 변의 길이가 16인 정사각형 $ABCD$에서 변 CD의 중점을 Q라 하자. 변 CD위에 $\angle BAP = 2\angle DAQ$가 되는 점 P를 잡는다. $\overline{AP} = 20$일 때, 선분 CP의 길이를 구하여라.

풀이

풀이

선분 AE의 연장선과 변 BC 또는 그 연장선과의 교점을 F라 하자. $\overline{AC} = \overline{BC}$로 부터 $\angle FAC = 90° - \angle AFC = \angle DBC$이다. 그러므로 $\triangle FAC$와 $\triangle DBC$는 합동이다. 따라서 $\overline{AF} = \overline{BD} = 2\overline{AE}$이다. 즉, $\overline{AE} = \overline{EF}$이다. 그러므로 $\triangle AEB$와 $\triangle FEB$는 합동이다. 따라서 $\angle ABE = \angle FBE$이다.

풀이

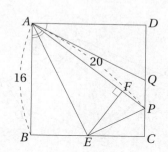

변 BC의 중점을 E라고 하자. 선분 EA와 EP를 긋고, 점 E에서 선분 AP에 내린 수선의 발을 F라 하자. 직각삼각형 ABE와 ADQ에서 $\overline{AB} = \overline{AD}$, $\overline{AE} = \overline{AQ}$이므로 $\triangle ABE \equiv \triangle ADQ$(RHS합동)이다. 즉, $\angle BAE = \angle DAQ = \angle PAE$이다. 따라서 $\triangle ABE \equiv \triangle AFE$(RHA합동)이다.

직각삼각형 EFP와 ECP에서 $\overline{EF} = \overline{BE} = \overline{EC}$, $\overline{EP}$는 공통이므로, $\triangle EFP \equiv \triangle ECP$(RHS합동)이다. 따라서 $\overline{PC} = \overline{FP} = 20 - 16 = 4$이다.

예제 **1.1.23**

오각형 $ABCDE$에서 $\angle ABC = \angle AED = 90°$, $\overline{AB} = \overline{CD} = \overline{AE} = \overline{BC} + \overline{DE} = 2$일 때, 오각형 $ABCDE$의 넓이를 구하여라.

풀이

예제 **1.1.24**

정삼각형 ABC의 내부에 $\angle ADC = 150°$이 되도록 점 D를 잡는다. $\overline{AD}, \overline{BD}, \overline{CD}$를 세 변으로 하는 삼각형은 직각삼각형임을 보여라.

풀이

풀이

변 CB의 연장선(점 B쪽의 연장선) 위에 $\overline{BP} = \overline{DE}$가 되는 점 P를 잡고, 선분 AC, AD, AP를 긋는다. 직각삼각형 APB와 ADE에서 $\overline{AB} = \overline{AE}$, $\overline{BP} = \overline{DE}$이므로, $\triangle APB \equiv \triangle ADE$이다. 그러므로 $\overline{AP} = \overline{AD}$, $\overline{CP} = \overline{BC} + \overline{DE} = \overline{CD}$이다. 따라서 $\triangle ACD \equiv \triangle ACP$이다. 그러므로 삼각형 ACD의 높이는 선분 AB의 길이와 같다. 즉, 2이다. 따라서 오각형 $ABCDE$의 넓이는 $2\triangle ACD = 2 \cdot \frac{1}{2} \cdot 2 \cdot 2 = 4$이다.

풀이

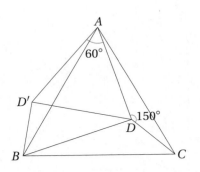

삼각형 ADC를 점 A를 중심으로 시계방향으로 $60°$ 회전이동시킨 후, 점 D가 이동한 점을 D'라 하자. 그러면, $\triangle AD'B \equiv \triangle ADC$이다. 그러므로 $\overline{D'B} = \overline{DC}$, $\overline{AD'} = \overline{AD}$, $\angle DAD' = 60°$이다. 그래서, $\triangle AD'D$는 정삼각형이다. 그러므로 $\overline{D'D} = \overline{AD}$이다. 따라서 $\angle DD'B = 150° - 60° = 90°$이다. 즉, $\triangle BD'D$는 세 변의 길이가 $\overline{AD}, \overline{DB}, \overline{CD}$인 직각삼각형이다.

예제 **1.1.25** _____

$\angle C = 90°$인 직각삼각형 ABC에서, 점 C에서 변 AB에 내린 수선의 발을 D라 하자. 또, $\angle A$의 내각 이등분선과 선분 CD, 변 BC와의 교점을 각각 E, F 라 하고, 점 E를 지나 변 AB에 평행한 직선과 변 BC 와의 교점을 G라 하면, $\overline{CF} = \overline{BG}$임을 보여라.

풀이

예제 **1.1.26** _____

삼각형 ABC에서 $\overline{AC} = 2\overline{AB}$, $\angle A = 2\angle C$일 때, $\overline{AB} \perp \overline{BC}$임을 보여라.

풀이

풀이

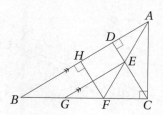

점 F에서 변 AB에 내린 수선의 발을 H라 하자. 그러면, $\angle ACF = \angle AHF = 90°$이다. 그러므로 $\triangle ACF \equiv \triangle AHF$이다. 따라서 $\overline{CF} = \overline{FH}$이다. 또, $\angle ACD = 90° - \angle A = \angle B$이므로, $\angle FEC = \angle ACD + \frac{1}{2}\angle A = \angle B + \frac{1}{2}\angle A = \angle CFE$이다. 따라서 $\overline{CE} = \overline{CF} = \overline{FH}$이다. 또, 가정에서 $\overline{CE} \parallel \overline{FH}$ 이므로, $\triangle ECG \equiv \triangle HFB$이다. 따라서 $\overline{CG} = \overline{FB}$ 이다. 그러므로 $\overline{CF} = \overline{CG} - \overline{FG} = \overline{FB} - \overline{FG} = \overline{GB}$ 이다.

풀이

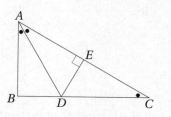

$\angle BAC$의 내각이등분선과 변 BC와의 교점을 D 라고 하고, 점 D에서 변 CA에 내린 수선의 발 을 E라고 하자. 그러면, $\angle DAC = \frac{1}{2}\angle A = \angle C$ 이다. 따라서 $\triangle DEA \equiv \triangle DEC$이다. 그러므로 $\overline{AE} = \overline{EC} = \overline{AB}$이다. 그래서, $\triangle DAE \equiv \triangle DAB$ 이다. 따라서 $\angle ABD = \angle AED = 90°$이다. 그러 므로 $\overline{AB} \perp \overline{BC}$이다.

예제 **1.1.27** _____

$\overline{AB} = \overline{AD}$, $\angle BAD = 60°$, $\angle BCD = 120°$인 사각형 $ABCD$에서, $\overline{BC} + \overline{DC} = \overline{AC}$임을 보여라.

풀이

예제 **1.1.28** _____

$\angle B = \angle C = 80°$인 이등변삼각형 ABC에서, 변 AB 위에 $\angle BPC = 30°$가 되는 점 P를 잡으면, $\overline{AP} = \overline{BC}$ 임을 보여라.

풀이

풀이

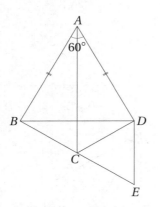

변 BC의 연장선(점 C쪽의 연장선) 위에 $\overline{CE} = \overline{CD}$가 되는 점 E를 잡는다. 선분 BD, DE를 긋는다. 그러면, 주어진 조건으로부터 삼각형 ABD와 삼각형 CDE는 정삼각형이다. $\angle ADB = \angle CDE = 60°$이므로, $\angle ADC = 60° + \angle BDC = \angle BDE$이다. 또, $\overline{BD} = \overline{AD}$, $\overline{CD} = \overline{ED}$이므로, $\triangle ADC \equiv \triangle BDE$이다. 따라서 $\overline{AC} = \overline{BE} = \overline{BC} + \overline{CE} = \overline{BC} + \overline{CD}$이다.

풀이

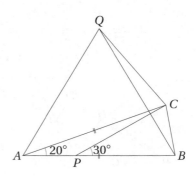

$\angle CBQ = \angle BAC = 20°$, $\overline{AB} = \overline{BQ}$를 동시에 만족하는 점 Q를 $\angle ABC$의 안쪽에 잡는다. 선분 AQ, CQ를 긋는다. $\angle ABQ = 80° - 20° = 60°$이므로, $\triangle ABQ$는 정삼각형이다. 즉, $\overline{AQ} = \overline{AB} = \overline{AC}$이다. $\angle CAQ = 60° - 20° = 40°$이므로, $\angle AQC = \frac{1}{2}(180° - 40°) = 70°$이다. 그러므로 $\angle BQC = 70° - 60° = 10°$이다. 또, $\angle ACP = 30° - 20° = 10° = \angle BQC$이므로, $\triangle ACP \equiv \triangle BQC$이다. 따라서 $\overline{AP} = \overline{BC}$이다.

정의 **1.1.29** _____

주요 사각형의 정의는 다음과 같다.

(1) 사다리꼴 : 한 쌍의 대변이 평행한 사각형

(2) 평행사변형 : 두 쌍의 대변이 각각 평행한 사각형

(3) 직사각형 : 네 내각의 크기가 모두 같은 사각형

(4) 마름모 : 네 변의 길이가 모두 같은 사각형

(5) 정사각형 : 네 변의 길이가 모두 같고, 네 내각의 크기가 모두 같은 사각형

정리 **1.1.30 (평행사변형의 성질)** _____

임의의 평행사변형은 다음 조건을 모두 만족한다. 역으로, 다음 조건 중 어느 하나만이라도 성립하면 그 사각형은 평행사변형이다.

(1) 두 쌍의 대변의 길이가 서로 같다.

(2) 두 쌍의 대각의 크기가 각각 같다.

(3) 두 대각선이 서로 다른 것을 이등분한다.

(4) 한 쌍의 대변의 길이가 같고, 그 대변이 평행하다.

정리 **1.1.31** _____

직사각형, 마름모, 정사각형의 성질은 다음과 같다.

(1) 직사각형은 두 대각선의 길이가 같고 서로 다른 것을 이등분한다. 그 역도 성립한다.

(2) 마름모의 두 대각선은 서로 다른 것을 수직이등분한다. 역으로, 두 대각선이 서로 다른 것을 수직이등분하는 사각형은 마름모이다.

(3) 정사각형의 두 대각선의 길이가 같고, 서로 다른 것을 수직이등분한다. 역으로, 두 대각선의 길이가 같고, 서로 다른 것을 수직이등분하는 사각형은 정사각형이다.

정리 **1.1.32** _____

볼록사각형 $ABCD$에서 두 대각선 AC와 BD의 교점을 O라고 하자. 그러면, 사각형 $ABCD$는 네 개의 삼각형 ABO, BCO, CDO, DAO로 나누어지고,

$$\triangle ABO \cdot \triangle CDO = \triangle BCO \cdot \triangle DAO$$

가 성립한다.

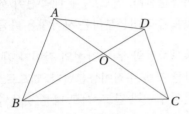

증명 $\overline{AO} = a$, $\overline{BO} = b$, $\overline{CO} = c$, $\overline{DO} = d$라 하자. 그러면,

$$\triangle ABO = \frac{1}{2}ab\sin\angle AOB$$
$$\triangle CDO = \frac{1}{2}cd\sin\angle COD = \frac{1}{2}cd\sin\angle AOB$$
$$\triangle BCO = \frac{1}{2}bc\sin\angle BOC$$
$$\qquad = \frac{1}{2}bc\sin(180° - \angle AOB) = \frac{1}{2}bc\sin\angle AOB$$
$$\triangle DAO = \frac{1}{2}da\sin\angle DOA$$
$$\qquad = \frac{1}{2}da\sin(180° - \angle AOB) = \frac{1}{2}da\sin\angle AOB$$

이다. 따라서

$$\triangle ABO \cdot \triangle CDO = \frac{1}{4}abcd\sin^2\angle AOB$$
$$= \triangle BCO \cdot \triangle DAO$$

이다.

참고 삼각형의 넓이 공식(정리 4.2.7)

예제 **1.1.33** _____

$\overline{AD} /\!/ \overline{BC}$인 사다리꼴 $ABCD$에서 대각선의 교점을 O라 하자. $\triangle AOD = 20$, $\triangle OBC = 80$일 때, $\triangle OCD$의 넓이를 구하여라.

풀이

풀이

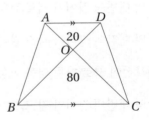

높이와 밑변의 길이가 같으므로, $\triangle ABD = \triangle ACD$이다.

그러므로 $\triangle OAB = \triangle OCD$이다. 따라서

$$(\triangle OCD)^2 = \triangle AOD \cdot \triangle OBC = 20 \cdot 80 = 1600$$

이다. 즉, $\triangle OCD = 40$이다.

정리 **1.1.34 (내각과 외각의 크기, 대각선의 수)** ─
볼록 n각형에 대하여 다음이 성립한다.

(1) 볼록 n각형의 내각의 총합은 $(n-2) \times 180°$
이다.

(2) 정 n각형의 한 내각의 크기는 $\frac{(n-2) \times 180°}{n}$ 이
다.

(3) n각형의 외각의 합은 $360°$이다.

(4) n각형의 대각선의 총수는 $\frac{1}{2}n(n-3)$이다.

(5) 정 n각형의 서로 다른 대각선의 수는 $\left[\frac{n-2}{2}\right]$
이다. 단, $[x]$는 x를 넘지 않는 최대의 정수이
다.

예제 **1.1.35 (KMO, '2009)** _____
볼록오각형 $ABCDE$에서 BE와 BC가 각각 CD
와 AD에 평행하고, $\overline{BC} = \overline{ED}$, $\overline{AB} = \overline{CD}$이다.
$\angle BCD = 130°$이고, $\angle ACE = x°$일 때, x를 구하여
라.

풀이

풀이

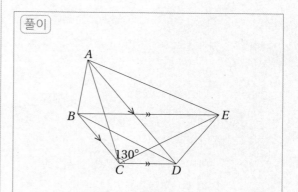

문제의 조건으로부터 사각형 $ABCD$와 사각
형 $BCDE$는 등변사다리꼴이다. 또, $\overline{AB} =$
$\overline{CD}$, $\overline{BC} = \overline{DE}$, $\angle ABC = \angle CDE = 130°$이
므로, $\triangle ABC \equiv \triangle CDE$이다. 따라서 $\angle BCA +$
$\angle DCE = \angle BCA + \angle BAC = 50°$이다. 그리
고, $\angle BCD = 130°$이므로, $\angle ACE = \angle BCD -$
$\angle ACB - \angle DCE = 80°$이다.

예제 **1.1.36 (KJMO, '2019)** _____
다음 그림의 직사각형 $ABCD$에서 $\overline{AB} = 1$, $\overline{AD} = 2$
이다. 점 P가 변 BC 위의 점으로 $\overline{AP} = 2$일 때,
$\angle CPD$의 크기는 몇 도($°$)인가?

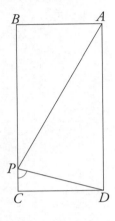

풀이

풀이 아래 그림과 같이 변 BA의 연장선 위에
$\overline{AB'} = \overline{AB}$가 되도록 점 B'를 잡고, 변 CD의 연
장선 위에 $\overline{CD'} = \overline{CD}$가 되도록 점 C'를 잡고, 변
$B'C'$ 위에 $\overline{AP'} = \overline{AP}$인 점 P'를 잡고, 변 AD와
선분 PP'의 교점을 H라 한다.

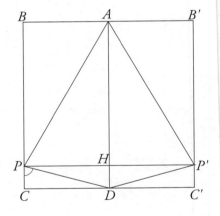

삼각형 APP'에서 $\overline{AP} = \overline{PP'} = \overline{AP'} = 2$이므로,
삼각형 APP'는 정삼각형이다. 즉, $\angle PAP' = 60°$
이다. 따라서 $\angle PAD = 30°$이다.
또, 삼각형 APD에서 $\overline{AP} = \overline{AD} = 2$이므로,

$$\angle APD = \angle ADP = \frac{180° - 30°}{2} = 75°$$

이다. 따라서 $\angle CPD = \angle ADP = 75°$(엇각)이다.

예제 **1.1.37 (KJMO, '2019)** _____

그림의 사각형 $ABCD$에서 변 AB와 CD는 평행하다. $\overline{AB} = \overline{DE} = \overline{EF} = \overline{FG} = \overline{GC}$이고, $\angle BCD = 60°$, $\angle CDB = 40°$일 때, $\angle ADB + \angle AEB + \angle AFB + \angle AGB$는 몇 도(°)인가?

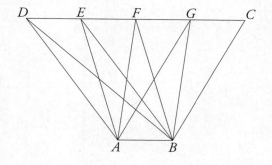

풀이

풀이 아래 그림에서 사각형 $ABED$, $ABFE$, $ABGF$, $ABCG$가 모두 평행사변형이므로, 엇각이 모두 같다. 즉, $\angle ADB = \angle DBE$, $\angle AEB = \angle EBF$, $\angle AFB = \angle FBG$, $\angle AGB = \angle GBC$이다.

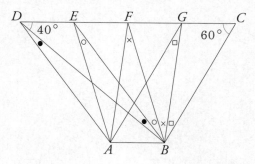

그러므로

$$\angle ADB + \angle AEB + \angle AFB + \angle AGB = \angle DBC$$

이다. 주어진 조건 $\angle BCD = 60°$, $\angle CDB = 40°$으로부터 $\angle DBC = 80°$이다. 따라서 구하는

$$\angle ADB + \angle AEB + \angle AFB + \angle AGB = 80°$$

이다.

예제 **1.1.38 (KJMO, '2019)** _____

다음 그림과 같이 가로 줄의 간격과 세로 줄의 간격이 똑같고, 수직하게 만나는 모눈종이에 그린 두 선분 AB와 CD가 점 E에서 만날 때, $\angle BEC$의 크기는 몇 도($\degree$)인가? (단, A, B, C, D는 모눈종이의 가로 줄과 세로 줄이 만나는 점이다.)

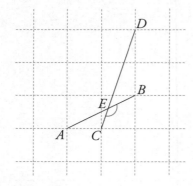

풀이

풀이 그림과 같이 점 A를 지나 선분 CD에 평행한 직선 위에 $\overline{AF} = \overline{CD}$인 점 F를 잡고, 직선 AC와 직선 DB의 교점을 G라 한다.

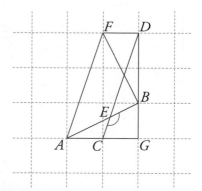

삼각형 ABG와 삼각형 BFD는 합동이므로, $\angle ABF = 90\degree$이다. 또, $\overline{AB} = \overline{BF}$이므로, 삼각형 ABF는 직각이등변삼각형이다. 즉, $\angle FAB = 45\degree$이다.

선분 AF와 선분 CD는 평행하므로, $\angle AEC = \angle FAE = 45\degree$(엇각)이다. 따라서 $\angle BEC = 135\degree$이다.

예제 **1.1.39 (KJMO, '2020)** _____

다음 그림과 같이 모눈종이에 A, B, C, D를 각각 중심으로 하는 원이 있다. A, B, C, D는 모눈종이의 가로줄과 세로줄이 만나는 점이며 이 점들에서 두 개의 원이 만난다. 점 D, E, F, G에서도 두 개의 원이 만난다. $\angle EAB + \angle AFG$는 몇 도($°$)인가?

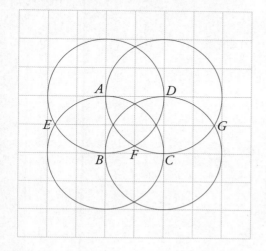

풀이

풀이 그림에서, 두 원의 반지름이 같으므로, $\overline{AE} = \overline{EB} = \overline{AB} = \overline{AF} = \overline{AD} = \overline{FD} = \overline{DG}$이다. 그러므로 삼각형 AEB와 삼각형 AFD는 정삼각형이고, 삼각형 DFG는 직각이등변삼각형이다.

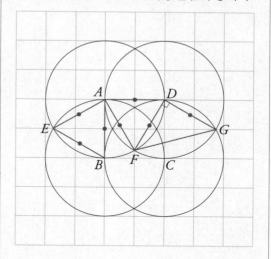

따라서

$$\angle EAB + \angle AFG = \angle EAB + \angle AFD + \angle DFG$$
$$= 60° + 60° + 45°$$
$$= 165°$$

이다.

예제 **1.1.40 (KJMO, '2020)** ──────────

다음 그림에서 사각형 $ABCD$는 정사각형이고, $\overline{AE} = \overline{EF} = \overline{FD} = \overline{BG}$이다. $\angle BEG + \angle BFG + \angle BDG$는 몇 도($°$)인가?

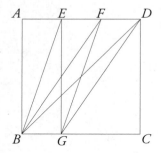

풀이

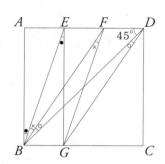

$\overline{AB} \parallel \overline{EG}$이므로 $\angle ABE = \angle BEG$(엇각)이고, $\overline{EB} \parallel \overline{FG}$이므로 $\angle EBF = \angle BFG$(엇각)이고, $\overline{FB} \parallel \overline{DG}$이므로 $\angle FBD = \angle BDG$(엇각)이다. 또, $\angle ABE + \angle EBF + \angle FBD = \angle ABD = 45°$이다. 따라서 $\angle BEG + \angle BFG + \angle BDG = 45°$이다.

예제 **1.1.41 (KJMO, '2021)** _____

다음 그림에서 ∠ABC = 50°, ∠ACB = 25°이고,
$\overline{AB} = \overline{CD}$이다. ∠BAD는 몇 도(°)인가?

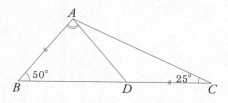

풀이

풀이   ∠B의 이등분선과 점 A를 지나 변 BC
에 평행한 직선과의 교점을 E라 하면, ∠CAE =
∠AEB = 25°(엇각)이다. 즉, 삼각형 ABE는 이
등변삼각형이다. 따라서 $\overline{AB} = \overline{AE}$이다. 즉, 사
각형 ADCE는 평행사변형이다.

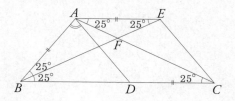

선분 AC와 BE의 교점을 F라 하면, $\overline{AF} = \overline{EF}$,
$\overline{FB} = \overline{FC}$이다. 그러므로 $\overline{AC} = \overline{EB}$이다.
삼각형 ABC와 삼각형 ECB에서 $\overline{BC}$는 공통이
고, $\overline{AC} = \overline{EB}$, ∠ACB = ∠EBC이므로 △ABC ≡
△ECB(SAS합동)이다. 즉, $\overline{AB} = \overline{EC} = \overline{AD}$이다.
따라서 삼각형 ABD는 이등변삼각형이다. 그
러므로 ∠ADB = ∠ABD = 50°이다. 즉, 구하는
∠BAD = 80°이다.

예제 **1.1.42 (KJMO, '2022)** ─────────

다음 그림에서 정사각형 ABCD 위에 점 E, F에 대하여 $\angle BAE = 10°$, $\angle AFD = 55°$이다. 이때, $\angle FEC$는 몇 도(°)인가?

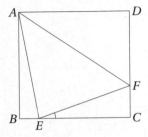

풀이

풀이 그림과 같이, 삼각형 AFD를 점 A를 중심으로 시계방향으로 90° 회전이동한다. 이때, 점 D는 점 B로 옮겨지고, 점 F가 옮겨진 점을 G라 한다. 삼각형 AGE와 삼각형 AFE에서 $\overline{AG} = \overline{AF}$이고, $\angle GAE = \angle FAE$, $\overline{AE}$는 공통이므로 $\triangle AGE \equiv \triangle FAE$(SAS합동)이다. 즉, $\angle AEG = \angle AEF = 80°$이다.

따라서 $\angle FEC = 180° - 2 \times 80° = 20°$이다.

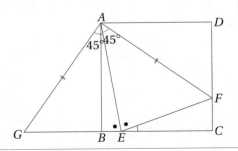

예제 **1.1.43 (KJMO, '2022)** _____

다음 그림에서 $\overline{AB} = \overline{AD} = \overline{AC}$이고, $\angle BAD$는 $\angle DAC$의 세 배이며, $\angle ACB$는 $\angle BCD$의 두 배이다. 이때, $\angle BAD$는 몇 도($°$)인가?

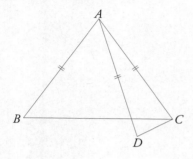

풀이

풀이 그림과 같이, $\angle CAD = \bullet$, $\angle BCD = \circ$이라 하면, $\angle BAD = 3 \times \bullet$, $\angle ABC = \angle ACD = 2 \times \circ$, $\angle ADC = 3 \times \circ$이다. 삼각형의 세 내각의 합은 $180°$이므로,

$$4 \times \bullet + 4 \times \circ = 180°, \quad \bullet + 6 \times \circ = 180°$$

이다. 이 두 식으로 부터 $3 \times \bullet = 2 \times \circ$이다. 그러므로 $10 \times \bullet = 180°$이다. 즉, $\bullet = 18°$이다. 따라서 $\angle BAD = 3 \times \bullet = 54°$이다.

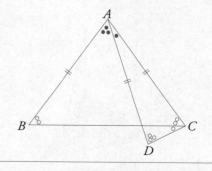

예제 **1.1.44 (KJMO, '2022)** _____

가로줄의 간격과 세로줄의 간격이 똑같고 수직하게 만나는 모눈종이에 그린 아래 그림에서 두 각의 크기 x, y의 합은 몇 도(°)인가?

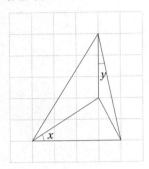

풀이

예제 **1.1.45 (KMO, '2023)** _____

정육각형 $ABCDEF$이 넓이가 12일 때, 삼각형 ACE의 넓이를 구하여라.

풀이

풀이 아래 그림과 같이, 각 y를 포함한 삼각형을 이동한다. 그러면 색칠한 삼각형은 직각이등변삼각형이다. 따라서 $x + y = 45°$이다.

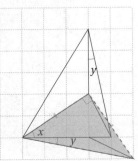

풀이   삼각형 ACE의 넓이는 정육각형 $ABCDEF$의 넓이의 절반이다. 따라서 삼각형 ACE의 넓이는 6이다.

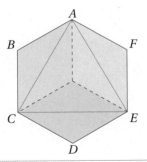

1.2 피타고라스의 정리와 활용

- 이 절의 주요 내용

- 피타고라스의 정리

정리 **1.2.1 (피타고라스의 정리)**

$\angle C = 90°$인 직각삼각형 ABC에서, $\overline{BC}^2 + \overline{CA}^2 = \overline{AB}^2$이 성립한다. 또, 역도 성립한다.

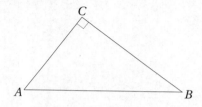

증명 아래 그림은 합동인 큰 정사각형으로, [그림1]은 $\overline{BC}$와 $\overline{CA}$를 한 변으로 하는 정사각형과 $\triangle ABC$와 합동인 네 개의 직각삼각형으로 이루어진 정사각형이고, [그림2]는 $\overline{AB}$를 한 변으로 하는 정사각형과 $\triangle ABC$와 합동인 네 개의 직각삼각형으로 이루어진 정사각형이다.

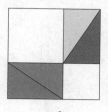 

[그림1]   [그림2]

따라서 $\overline{BC}^2 + \overline{CA}^2 = \overline{AB}^2$이 성립한다.

예제 **1.2.2**

$\angle C = 90°$인 직각삼각형에서, $\angle A$의 이등분선과 변 BC와의 교점을 D라 하면, $\overline{CD} = 3$, $\overline{BD} = 5$이다. 이 때, 선분 AC의 길이를 구하여라.

풀이

풀이

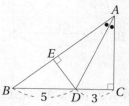

점 D에서 변 AB에 내린 수선의 발을 E라 하자. 그러면, $\triangle ADC \equiv \triangle ADE$이다. 즉, $\overline{AC} = \overline{AE}$, $\overline{DE} = \overline{CD} = 3$이다. $\triangle BDE$에 피타고라스의 정리를 적용하면, $\overline{BE} = 4$이다. $\overline{AC} = \overline{AE} = x$라 하고, $\triangle ABC$에 피타고라스의 정리를 적용하면, $(x+4)^2 = x^2 + 8^2$이다. 이를 풀면, $x = 6$이다. 즉, $\overline{AC} = 6$이다.

예제 **1.2.3**

정사각형 $ABCD$의 내부에 $\overline{PA} : \overline{PB} : \overline{PC} = 1 : 2 : 3$ 이 되도록 점 P를 잡는다. 이때, $\angle APB$의 크기를 구하여라.

풀이

예제 **1.2.4**

육각형 $ABCDEF$에서 선분 BF와 AE의 교점을 O라 하면, 크기순으로 5개의 직각이등변삼각형 ABO, BCO, CDO, DEO, EFO과 한 개의 삼각형 AOF이 만들어진다. $\overline{OA} = 16$일 때, 삼각형 AOF의 넓이를 구하여라.

풀이

풀이

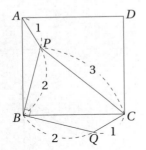

$\overline{PA} = 1$, $\overline{PB} = 2$, $\overline{PC} = 3$이라고 가정해도 일반성을 잃지 않는다. 삼각형 APB를 점 B를 기준으로 시계방향으로 $90°$ 회전이동시킨 후, 점 P가 이동한 점을 Q라고 하자. 그러면, 삼각형 BPQ는 직각이등변삼각형이다. 따라서 $\overline{PQ}^2 = 2\overline{PB}^2 = 8$, $\overline{CQ}^2 = \overline{PA}^2 = 1$이다. 그러므로 $\overline{PC}^2 = 9 = \overline{CQ}^2 + \overline{PQ}^2$, $\angle CQP = 90°$이므로, 피타고라스의 정리에 의하여 따라서 $\angle APB = \angle CQB = 90° + 45° = 135°$이다.

풀이

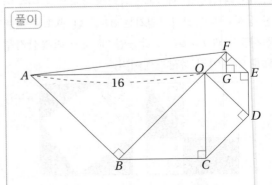

$\overline{OC} = \frac{1}{\sqrt{2}}\overline{OB} = \frac{1}{2}\overline{OA} = 8$, $\overline{OE} = \frac{1}{\sqrt{2}}\overline{OC} = \frac{1}{4}\overline{OA} = 4$이다. $\triangle EFO$와 $\triangle ABO$는 닮음이므로,

$$\overline{EF} = \overline{OF} = \frac{1}{4}\overline{OB} = \frac{1}{4\sqrt{2}}\overline{OA} = 2\sqrt{2}$$

이다. 점 F에서 대각선 AE에 내린 수선의 발을 G라 하자. 그러면, $\overline{FG} = \frac{1}{\sqrt{2}}\overline{OF} = 2$이다. 따라서 $\triangle AOF = \frac{1}{2} \cdot \overline{AO} \cdot \overline{FG} = 16$이다.

1.2.5

정사각형 $ABCD$에서, 변 AD의 중점을 M, 선분 MD의 중점을 N이라 하자. 그러면, $\angle NBC = 2\angle ABM$임을 보여라.

풀이

1.2.6

$\angle C = 90°$인 $\triangle ABC$에서, $\overline{AB} = 30$, $\overline{AC} = 18$이다. $\angle A$의 이등분선과 변 BC와의 교점 D라 하면, $\overline{BD} : \overline{DC} = 5 : 3$이다. 점 D에서 변 AB에 내린 수선의 발을 E라 할 때, 선분 DE의 길이를 구하여라.

풀이

풀이

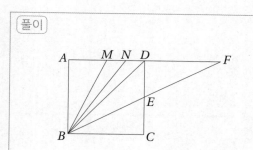

정사각형 $ABCD$의 한 변의 길이를 a라 하자. 변 CD의 중점을 E라 하자. 변 AD의 연장선(점 D 쪽의 연장선)과 선분 BE의 연장선(점 E쪽의 연장선)과의 교점을 F라 하자. 그러면, $\overline{DF} = \overline{BC} = a$이다. 직각삼각형 ABM과 직각삼각형 CBE는 대각선 BD에 대하여 대칭이므로, $\angle ABM = \angle CBE$이다. 이제 $\angle NBE = \angle EBC$임을 보이면 충분하다. 이것을 보이는 것은 $\angle DFE = \angle EBC$이므로, $\angle NBF = \angle BFN$을 보이면 된다. 주어진 조건으로부터, $\overline{AN} = \frac{3}{4}a$이고, $\overline{NB} = \sqrt{\left(\frac{3}{4}a\right)^2 + a^2} = \frac{5}{4}a$이다. 또, $\overline{NF} = \frac{1}{4}a + a = \frac{5}{4}a$이므로, $\overline{NF} = \overline{BN}$이다. 즉, $\angle NBF = \angle BFN$이다.

풀이

대칭성의 원리에 의하여 $\overline{DE} = \overline{DC}$, $\overline{AE} = \overline{AC} = 18$이다. 그러므로 $\overline{EB} = 12$이다. $\overline{CD} = 3x$라고 두면, $\overline{BD} = 5x$이다. 피타고라스의 정리에 의하여 $(5x)^2 - (3x)^2 = 12^2$이다. 이를 풀면, $x = 3$이다. 따라서 $\overline{DE} = \overline{CD} = 9$이다.

예제 **1.2.7**

$\angle C = 90°$인 $\triangle ABC$에서, $\overline{BC} = 24$, $\overline{AC} = 12$이다. 변 AB의 수직이등분선과 변 AB, BC와의 교점을 각각 D, E라 할 때, 선분 CE의 길이를 구하여라.

풀이

예제 **1.2.8**

직사각형 $ABCD$에서, 점 C에서 대각선 BD에 내린 수선의 발을 E라 하면, $\overline{BE} = \frac{1}{4}\overline{BD}$이고, $\overline{CE} = 10$이다. 이때, 선분 AC의 길이를 구하여라.

풀이

풀이

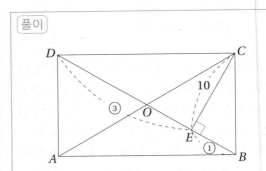

대각선 BD와 AC의 교점을 O라 하자. 그러면, 주어진 조건으로부터 $\overline{OE} = \frac{1}{2}\overline{BD} - \frac{1}{4}\overline{BD} = \frac{1}{4}\overline{BD}$ 이다. $\overline{OE} = x$라 두면, $\overline{OC} = \overline{OD} = 2x$이다. 피타고라스의 정리로부터 $\overline{OC}^2 - \overline{OE}^2 = \overline{CE}^2$이다. 즉, $(2x)^2 - x^2 = 10^2$이다. 이를 풀면, $x^2 = \frac{100}{3}$이다. 따라서 $\overline{AC} = 4x = \frac{40\sqrt{3}}{3}$이다.

풀이

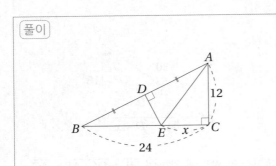

선분 AE를 긋고, $\overline{CE} = x$라 하자. 그러면, $\overline{AE} = \overline{EB} = 24 - x$이다. 피타고라스의 정리에 의하여 $\overline{AE}^2 = \overline{AC}^2 + \overline{CE}^2$이다. 즉, $(24 - x)^2 = 12^2 + x^2$ 이다. 이를 풀면, $x = 9$이다. 따라서 $\overline{CE} = 9$이다.

예제 **1.2.9**

$\overline{AB} = \overline{AC} = 4$인 이등변삼각형 ABC에서 변 BC 위에 100개의 점 P_1, P_2, $\cdots$, P_{100}이 있다. $k_i = \overline{AP_i}^2 + \overline{BP_i} \cdot \overline{P_iC}$(여기서, $i = 1, 2, \cdots, 100$)라고 놓자. 이때, $k_1 + k_2 + \cdots + k_{100}$을 구하여라.

풀이

예제 **1.2.10**

직사각형 $ABCD$의 내부에 $\overline{PA} = 6$, $\overline{PB} = 8$, $\overline{PC} = 10$이 되는 점 P를 잡는다. 이때, 선분 PD의 길이를 구하여라.

풀이

풀이

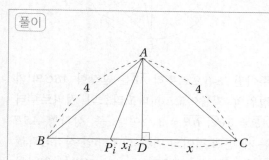

점 A에서 변 BC에 내린 수선의 발을 D라 하자. 그러면, $\overline{BD} = \overline{DC}$이다. $\overline{BD} = \overline{DC} = x$, $\overline{DP_i} = x_i$라 두자. 그러면, 피타고라스의 정리에 의하여, $1 \le i \le 100$인 i에 대하여,

$$\begin{aligned} k_i &= \overline{AP_i}^2 + \overline{BP_i} \cdot \overline{P_iC} \\ &= \overline{AP_i}^2 + (x - x_i)(x + x_i) \\ &= \overline{AP_i}^2 - x_i^2 + x^2 \\ &= \overline{AD}^2 + x^2 \\ &= \overline{AB}^2 = 16 \end{aligned}$$

이다. 따라서 $k_1 + k_2 + \cdots + k_{100} = 1600$이다.

풀이

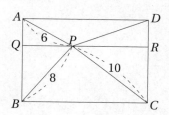

점 P를 지나 변 AD에 평행한 직선과 변 AB, CD와의 교점을 각각 Q, R이라 하자. 그러면,

$$\begin{aligned} \overline{AP}^2 + \overline{PC}^2 &= \overline{PQ}^2 + \overline{AQ}^2 + \overline{PR}^2 + \overline{CR}^2 \\ &= \overline{PQ}^2 + \overline{RD}^2 + \overline{PR}^2 + \overline{BQ}^2 \\ &= (\overline{PQ}^2 + \overline{BQ}^2) + (\overline{PR}^2 + \overline{RD}^2) \\ &= \overline{PB}^2 + \overline{PD}^2 \end{aligned}$$

이다. 따라서 $\overline{PD}^2 = \overline{PA}^2 + \overline{PC}^2 - \overline{PB}^2 = 36 + 100 - 64 = 72$이다. 즉, $\overline{PD} = 6\sqrt{2}$이다.

예제 **1.2.11 (KMO, '2010)** ───────

볼록사각형 $ABCD$에 대하여 $\triangle ABC$의 외심이 O
이고, 직선 AO가 $\triangle ABC$의 외접원과 만나는 점이
E이다. $\angle D = 90°$, $\angle BAE = \angle CDE$, $\overline{AB} = 4\sqrt{2}$,
$\overline{AC} = \overline{CE} = 5$일 때, $\sqrt{10}(\overline{DE})$의 값을 구하여라.

풀이

풀이

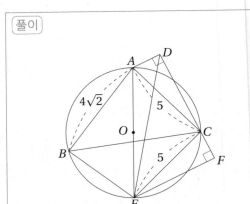

주어진 조건으로부터 $\overline{AE}$는 삼각형 ABC의 외
접원의 지름이고, 피타고라스의 정리로부터
$\overline{AE} = 5\sqrt{2}$, $\overline{BE} = 3\sqrt{2}$이다. 즉, 삼각형 ABE
는 세 변의 길이의 비가 $3:4:5$인 직각삼각형
이다. $\angle BAE = \angle CDE = \alpha$, $\angle ACD = \beta$라 하
고, 점 E에서 직선 CD에 내린 수선의 발을 F
라 하자. 또, $\overline{CD} = a$, $\overline{AD} = b$라 하자. 그러면,
삼각형 CEF와 ACD에서 $\angle ECF = 90° - \beta$이므
로, $\angle CEF = \angle ACD$이다. 그러므로 삼각형 CEF
와 ACD는 합동(ASA합동)이다. 따라서 $\overline{CF} = b$,
$\overline{EF} = a$이다. 그런데, 삼각형 ABE와 DFE는 닮
음이므로, $a : (a + b) = 3 : 4$이다. 즉, $a = 3b$이다.
따라서 삼각형 ADC에서 $5^2 = a^2 + b^2 = 10b^2$이
다. 이를 풀면 $b = \dfrac{\sqrt{10}}{2}$이다. 또, 삼각형 DEF에
서 $\overline{DE}^2 = a^2 + (a + b)^2 = 25b^2$이다. 이를 풀면
$\overline{DE} = 5b = \dfrac{5\sqrt{10}}{2}$이다. 따라서 $\sqrt{10}(\overline{DE}) = 25$이
다.

예제 **1.2.12 (KMO, '2014)** _____

각 C가 90°인 직각삼각형 ABC가 있다. 변 AB 위의 점 M을 중심으로 하고, 두 변 AC, BC와 모두 접하는 원의 반지름이 12이다. 변 AB의 B쪽으로의 연장선 위에 점 N을 중심으로 하고 점 B를 지나며 직선 AC와 접하는 원이 직선 AB와 만나는 점을 $D(\neq B)$라 하자. $\overline{AM} = 15$일 때, 선분 BD의 길이를 구하여라.

풀이

풀이

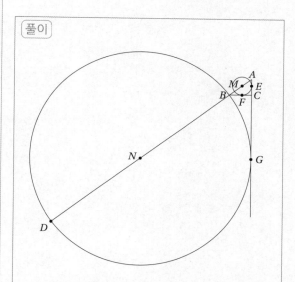

선분 BD의 길이를 $2x$라 하자. 점 M을 중심으로 하는 원과 변 AC, BC와의 접점을 각각 E, F라 하고, 점 N을 중심으로 하는 원과 직선 AC와의 접점을 G라 하자. 그러면, $\overline{EM} = \overline{MF} = \overline{CF} = \overline{EC} = 12$이다. 삼각형 AME는 직각삼각형이므로, 피타고라스의 정리에 의하여 $\overline{AE} = 9$이다. 삼각형 AME와 삼각형 MBF는 닮음이므로, $\overline{BF} = 16$, $\overline{MB} = 20$이다. 또, 삼각형 AME와 삼각형 ANG도 닮음이므로, $\overline{AM} : \overline{EM} = \overline{AN} : \overline{NG}$에서 $15 : 12 = (35+x) : x$이다. 이를 풀면, $x = 140$이다. 따라서 $\overline{BD} = 280$이다.

예제 **1.2.13 (KMO, '2015)** ————

삼각형 ABC에서 $\angle A = 90°$, $\angle B = 60°$, $\overline{AB} = \sqrt{3}+1$ 이다. 반지름이 1인 원 O_1이 변 AB와 변 AC에 모두 접하고 원 O_2가 변 AB, 변 BC, 원 O_1에 모두 접한다. 원 O_2의 반지름을 r이라 할 때, $300r$의 값을 구하여라.

풀이

풀이

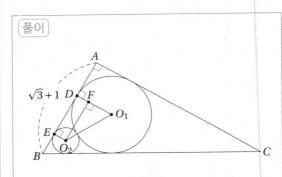

두 원의 중심 O_1, O_2에서 변 AB에 내린 수선의 발을 각각 D, E라 하자. 또, O_2에서 선분 O_1D에 내린 수선이 발을 F라 하자. 그러면, $\overline{BE} = \sqrt{3}r$, $\overline{AD} = 1$, $\overline{O_2F} = \overline{DE} = \sqrt{3} - \sqrt{3}r$이다. 삼각형 FO_1O_2가 직각삼각형이므로 피타고라스의 정리를 이용하면,

$$(1+r)^2 = (1-r)^2 + (\sqrt{3} - \sqrt{3}r)^2$$

이다. 이를 풀면 $r = \frac{1}{3}$이다. 따라서 구하는 답은 $300r = 100$이다.

예제 **1.2.14 (KMO, '2020)** _____

직사각형 $ABCD$에서 $\overline{AB} = 8$, $\overline{BC} = 12$이다. 변 AB, BC, AD의 중점을 각각 E, F, G라 하고, 선분 AG와 GD의 중점을 각각 J, K라 하자. 선분 DE와 선분 JF, KF의 교점을 각각 P, Q라 할 때, $\left(\frac{21}{8} \times \overline{PQ}\right)^2$의 값을 구하여라.

풀이

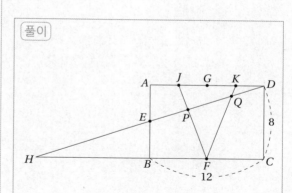

풀이

선분 DE의 연장선과 변 BC의 연장선의 교점을 H라 하면, $\overline{DH} = 2 \times \overline{DE}$이다. 삼각형 AED에서 피타고라스의 정리에 의하여 $\overline{DE} = \sqrt{12^2 + 4^2} = 4\sqrt{10}$이므로, $\overline{DH} = 8\sqrt{10}$이다.

삼각형 PJD와 삼각형 PFH은 닮음비가 $1:2$인 닮음이므로 $\overline{PD} : \overline{PH} = 1 : 2 = 7 : 14$이다.

삼각형 QKD와 삼각형 QFH는 닮음비가 $1:6$인 닮음이므로 $\overline{QD} : \overline{QH} = 1 : 6 = 3 : 18$이다.

따라서 $\overline{HP} : \overline{PQ} : \overline{QD} = 14 : 4 : 3$이다. 즉, $\overline{PQ} = 8\sqrt{10} \times \frac{4}{21} = \frac{32\sqrt{10}}{21}$이다.

그러므로, $\left(\frac{21}{8} \times \overline{PQ}\right)^2 = 160$이다.

[예제] **1.2.15 (KMO, '2021)** ──────────

선분 AB가 지름인 반원의 호 위에 점 C와 D가 있다. 선분 CD를 지름으로 하는 원이 점 E에서 선분 AB에 접한다. 선분 AB의 중점 O에서 E까지 거리는 1이다. $\overline{CD} = 12$일 때, $(\overline{AB})^2$의 값을 구하여라.

[풀이]

[풀이] 선분 CD의 중점을 O_1이라 하면, $\overline{O_1E} = \frac{1}{2}\overline{CD} = 6$이다.

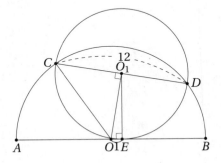

직각삼각형 O_1OE에서 피타고라스의 정리에 의하여 $\overline{OO_1} = \sqrt{1^2 + 6^2} = \sqrt{37}$이다.

직각삼각형 COO_1에서 피타고라스의 정리에 의하여 $\overline{CO} = \sqrt{(\sqrt{37})^2 + 6^2} = \sqrt{73}$이다.

따라서 $\overline{AB} = 2\sqrt{73}$이다. 즉, $(\overline{AB})^2 = 292$이다.

예제 **1.2.16 (KMO, '2023)** ──────────

평행사변형 $ABCD$에서 두 변 AB와 BC의 길이는 각각 5와 7이고 대각선 AC의 길이는 6이다. 원 O 가 점 A와 C를 지나고 점 C에서 직선 BC에 접한다. 직선 AD와 원 O가 만나는 점 $E(\neq A)$라 할 때 $42\overline{DE}$ 의 값을 구하여라.

풀이

풀이 점 A에서 변 BC의 내린 수선의 발을 H 라 하고, 점 C에서 변 AD에 내린 수선의 발을 F 라 하자. 그러면 직각삼각형 ABH와 직각삼각형 CDF는 합동이다.

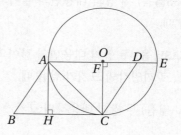

직각삼각형 ABH와 AHC에서 피타고라스의 정리에 의하여 $\overline{AH}^2 = \overline{AB}^2 - \overline{BH}^2 = \overline{AC}^2 - \overline{HC}^2$ 이 성립한다. 이 식에 $\overline{AB} = 5$, $\overline{AC} = 6$, $\overline{HC} = 7 - \overline{BH}$를 대입하여 정리하면 $\overline{BH} = \dfrac{19}{7}$이다. 즉, $\overline{HC} = \overline{AF} = \dfrac{30}{7}$이다. 따라서 $\overline{DE} = \overline{FE} - \overline{FD} = \dfrac{30}{7} - \dfrac{19}{7} = \dfrac{11}{7}$이다. 즉, $42\overline{DE} = 66$이다.

1.3 삼각형의 닮음과 각 이등분선의 정리

- 이 절의 주요 내용

- 삼각형의 닮음

- 직각삼각형의 닮음

- 내각이등분선의 정리

- 외각이등분선의 정리

정리 **1.3.1 (삼각형의 닮음조건)** ────────

두 삼각형은 다음 세 조건 중 어느 하나를 만족하면 닮음이다.

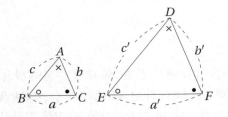

(1) (SSS닮음) 세 쌍의 대응변의 길이의 비가 같을 때,

(2) (SAS닮음) 두 쌍의 대응변의 길이의 비가 같고, 그 끼인각의 크기가 같을 때,

(3) (AA닮음) 두 쌍의 대응각의 크기가 같을 때,

정리 **1.3.2 (삼각형과 선분의 길이의 비)** ────

$\triangle ABC$에서 변 BC에 평행한 직선이 변 AB, AC 또는 그 연장선과 만나는 점을 각각 D, E라고 하면, 다음이 성립한다.

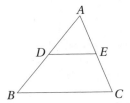

(1) $\dfrac{\overline{AD}}{\overline{AB}} = \dfrac{\overline{AE}}{\overline{AC}} = \dfrac{\overline{DE}}{\overline{BC}}$이다.

(2) $\dfrac{\overline{AD}}{\overline{DB}} = \dfrac{\overline{AE}}{\overline{EC}}$이다.

증명

(1) $\triangle ABC$와 $\triangle ADE$에서 $\angle A$는 공통(또는 맞꼭지각), $\angle ADE = \angle ABC$(동위각 또는 엇각)이므로 $\triangle ABC$와 $\triangle ADE$는 닮음이다. 따라서 $\dfrac{\overline{AD}}{\overline{AB}} = \dfrac{\overline{AE}}{\overline{AC}} = \dfrac{\overline{DE}}{\overline{BC}}$이다.

(2) 점 C를 지나 변 AB에 평행한 직선이 선분 DE 또는 그 연장선과 만나는 점을 F라고 하면, $\triangle ADE$와 $\triangle CFE$에서 $\overline{AD} \parallel \overline{CF}$이므로

$\angle EAD = \angle ECF$, $\angle EDA = \angle EFC$이다. 따라서 $\triangle ADE$와 $\triangle CFE$는 닮음이다. 따라서 $\dfrac{\overline{AD}}{\overline{CF}} = \dfrac{\overline{AE}}{\overline{EC}}$이다. 그런데, $\square DBCF$는 평행사변형이므로 $\overline{CF} = \overline{DB}$이다. 따라서 $\dfrac{\overline{AD}}{\overline{CF}} = \dfrac{\overline{AD}}{\overline{DB}} = \dfrac{\overline{AE}}{\overline{EC}}$이다.

따름정리 **1.3.3** _____

$\triangle ABC$에서 D, E가 각각 선분 AB, AC 또는 그 연장선 위의 점일 때,

$$\frac{\overline{AD}}{\overline{AB}} = \frac{\overline{AE}}{\overline{AC}} \quad \text{또는} \quad \frac{\overline{AD}}{\overline{DB}} = \frac{\overline{AE}}{\overline{EC}}$$

을 만족하면 $\overline{DE} \parallel \overline{BC}$이다.

증명 $\triangle ADE$와 $\triangle ABC$에서 $\dfrac{\overline{AD}}{\overline{AB}} = \dfrac{\overline{AE}}{\overline{AC}}$, $\angle A$는 공통이므로 $\triangle ADE$와 $\triangle ABC$는 닮음이다. 따라서 $\angle ADE = \angle ABC$이다. 즉, $\overline{BE} \parallel \overline{BC}$이다.

예제 **1.3.4 (KMO, '2009)** _____

직사각형 $ABCD$에서 $\overline{AD} = 400$, $\overline{AB} = 222$이다. 두 변 AD와 BC의 중점을 각각 E, F라 하고, 선분 BF의 중점을 G라 하자. 선분 EG와 AF의 교점을 X라 하고 선분 EF와 XD의 교점을 H라 할 때, 선분 HF의 길이를 구하여라.

풀이

풀이

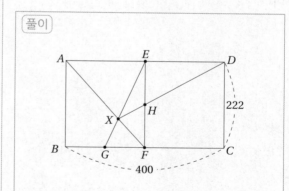

삼각형 AEX와 삼각형 FGX는 닮음비가 $2 : 1$인 닮음이다. 그러므로 $\overline{AX} : \overline{FX} = 2 : 1$이다. 또, $\overline{AB} \parallel \overline{EF} \parallel \overline{DC}$이므로, 삼각형 ABX와 삼각형 FHX는 닮음비가 $2 : 1$인 닮음이다. 즉, $\overline{AB} : \overline{HF} = 2 : 1$이다. 따라서 $\overline{HF} = 111$이다.

정리 **1.3.5 (내각의 이등분선의 정리)** ————

삼각형 ABC에서 $\angle A$의 이등분선과 변 BC의 교점을 D라 하면,

$$\overline{AB} : \overline{AC} = \overline{BD} : \overline{DC}$$

가 성립한다.

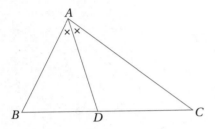

증명 점 C를 지나 AD에 평행한 직선이 변 AB의 연장선과 만나는 점을 E라 하자. 그러면, $\angle BAD =$ $\angle AEC$(동위각), $\angle CAD = \angle ACE$(엇각)이다. 그런데, $\angle BAD = \angle CAD$이므로 삼각형 ACE는 이등변 삼각형이다. 따라서

$$\overline{AB} : \overline{AC} = \overline{AB} : \overline{AE} = \overline{BD} : \overline{DC}$$

이다.

정리 **1.3.6 (외각의 이등분선의 정리)** ————

삼각형 ABC에서 $\angle A$의 외각의 이등분선과 변 BC의 연장선과의 교점을 D라 하면,

$$\overline{AB} : \overline{AC} = \overline{BD} : \overline{DC}$$

가 성립한다.

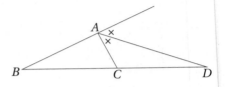

증명 변 AB의 연장선 위에 한 점 F를 잡자. 또, 점 C를 지나 선분 AD에 평행한 직선이 변 AB와 만나는 점을 E라고 하자. 그러면, $\overline{AD} \parallel \overline{EC}$이므로

$$\overline{BA} : \overline{AE} = \overline{BD} : \overline{DC} \tag{1}$$

이다. 또한,

$$\angle FAD = \angle AEC \quad \text{(동위각)} \tag{2}$$

$$\angle DAC = \angle ACE \quad \text{(엇각)} \tag{3}$$

이다. 그런데, $\angle FAD = \angle DAC$이므로, 식 (2)와 (3) 으로 부터 $\triangle AEC$에서

$$\overline{AC} = \overline{AE} \tag{4}$$

이다. 식 (1)과 (4)로 부터

$$\overline{BA} : \overline{AC} = \overline{BD} : \overline{DC}$$

이다.

예제 **1.3.7 (KMO, '2021)**

평행사변형 $ABCD$에서 $\angle BAD = 120°$, $\overline{AB} = 2\sqrt{3}$, $\overline{AD} = 3 + \sqrt{3}$이다. 점 E와 F는 각각 변 AB와 AD 위의 점으로 $\overline{AE} = \overline{AF} = \sqrt{3}$을 만족한다. 각 BCD의 이등분선이 선분 DE와 만나는 점을 P, 직선 FP와 BC의 교점을 Q라 할 때, $(\overline{PQ} + 3)^2$의 값을 구하여라.

풀이

풀이 선분 DE의 연장선과 변 CB의 연장선의 교점을 R이라 하면, $\overline{RB} = 3 + \sqrt{3}$이다.

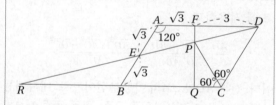

삼각형 RCD에서 내각이등분선의 정리에 의하여 $\overline{CD} : \overline{CR} = \overline{DP} : \overline{PR} = 2\sqrt{3} : 2(3 + \sqrt{3}) = 1 : (1 + \sqrt{3})$ 이다. 또, 삼각형 PDF와 삼각형 PRQ가 닮음이고, 닮음비는 $\overline{PF} : \overline{PQ} = \overline{DF} : \overline{RQ} = \overline{PD} : \overline{PR} = 1 : (1 + \sqrt{3})$이다. $\overline{DF} = 3$이므로 $\overline{RQ} = 3 + 3\sqrt{3}$이다. 즉, $\overline{BQ} = 2\sqrt{3}$, $\overline{QC} = 3 - \sqrt{3}$이다.

선분 AQ를 연결하면, $\angle ABC = 60°$이고, $\overline{AB} = \overline{BQ}$이므로 삼각형 ABQ는 정삼각형이다. 즉, $\overline{AQ} = 2\sqrt{3}$이다.

또, $\angle FAQ = 60°$이고, $\overline{AF} = \sqrt{3}$, $\overline{AQ} = 2\sqrt{3}$이므로 $\angle AFQ = 90°$이다. 따라서 삼각형 PQC는 한 내각이 $60°$인 직각삼각형이다. 즉, $\overline{PQ} = \overline{QC} \times \sqrt{3} = 3\sqrt{3} - 3$이다.

따라서 $(\overline{PQ} + 3)^2 = (3\sqrt{3})^2 = 27$이다.

정리 **1.3.8**

삼각형 ABC에서 $\angle A$의 이등분선과 변 BC의 교점을 D라 할 때,

$$\overline{AD}^2 = \overline{AB} \cdot \overline{AC} - \overline{BD} \cdot \overline{DC}$$

이 성립한다.

증명1

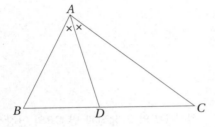

$\triangle ABD$과 $\triangle ACD$에 제 2코사인 법칙(정리 4.2.4참고)를 적용하면,

$$\frac{\overline{AD}^2 + \overline{AB}^2 - \overline{BD}^2}{2\overline{AD} \cdot \overline{AB}} = \frac{\overline{AD}^2 + \overline{AC}^2 - \overline{DC}^2}{2\overline{AD} \cdot \overline{AC}}$$

이다. 선분 AD가 $\angle A$의 이등분선이므로, 내각이등분선의 정리에 의하여 $\overline{AB} : \overline{AC} = \overline{BD} : \overline{DC}$가 성립한다. 이를 위 식에 대입하여 정리하면

$$\overline{AD}^2 = \overline{AB} \cdot \overline{AC} - \overline{BD} \cdot \overline{DC}$$

이다.

증명2 스튜워트의 정리(정리 1.6.1)에 의하여

$$\overline{AB}^2 \cdot \overline{DC} + \overline{AC}^2 \cdot \overline{BD} = \overline{BC}\left(\overline{BD} \cdot \overline{DC} + \overline{AD}^2\right) \quad (1)$$

가 성립한다. 내각이등분선의 정리에 의하여

$$\overline{AB} : \overline{AC} = \overline{BD} : \overline{DC}$$

이 성립한다. 즉,

$$\overline{AB} = \frac{\overline{AC}}{\overline{DC}} \cdot \overline{BD}, \quad \overline{AC} = \frac{\overline{AB}}{\overline{BD}} \cdot \overline{DC}$$

이다. 이를 식 (1)의 좌변에 대입하면,

$$\begin{aligned}
&\overline{AB}^2 \cdot \overline{DC} + \overline{AC}^2 \cdot \overline{BD} \\
&= \overline{AB} \cdot \frac{\overline{AC}}{\overline{DC}} \cdot \overline{BD} \cdot \overline{DC} + \overline{AC} \cdot \frac{\overline{AB}}{\overline{BD}} \cdot \overline{DC} \cdot \overline{BD} \\
&= \overline{AC} \cdot \overline{AB}\left(\overline{DC} + \overline{BD}\right) \\
&= \overline{AC} \cdot \overline{AB} \cdot \overline{BC}
\end{aligned} \quad (2)$$

이다. 식 (1)의 우변과 식 (2)의 우변을 비교하면

$$\overline{BC}\left(\overline{BD} \cdot \overline{DC} + \overline{AD}^2\right) = \overline{AC} \cdot \overline{AB} \cdot \overline{BC}$$

이다. 양변을 $\overline{BC}$로 나누고 정리하면

$$\overline{AD}^2 = \overline{AB} \cdot \overline{AC} - \overline{BD} \cdot \overline{DC}$$

이다.

예제 **1.3.9 (KMO, '2013)** _____

삼각형 ABC에 대하여 각 C의 이등분선이 선분 AB 와 만나는 점을 D라 하고 직선 CD와 평행하고 점 B를 지나는 직선이 직선 AC와 만나는 점을 E라 하자. $\overline{AD} = 4$, $\overline{BD} = 6$, $\overline{BE} = 15$일 때, $\overline{BC}^2$의 값을 구하여라.

풀이

풀이

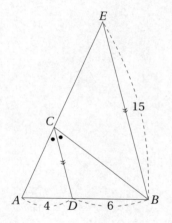

선분 CD가 $\angle C$의 내각이등분선이므로, $\overline{CA} : \overline{CB} = \overline{AD} : \overline{DB} = 4 : 6$이다. $\overline{AC} = 4x$, $\overline{BC} = 6x$ 라 하자. 정리 1.3.8에 의하여

$$\overline{DC}^2 = 24x^2 - 24$$

이다. 삼각형 ADC와 삼각형 ABE는 닮음비가 $2 : 5$인 닮음이다. $\overline{BE} = 15$이므로, $\overline{DC} = 6$이다. 즉, $\overline{DC}^2 = 36$이다. 그러므로

$$\overline{DC}^2 = 24x^2 - 24 = 36, \quad 4x^2 = 10$$

이다. 따라서 $\overline{BC}^2 = 36x^2 = 90$이다.

예제 **1.3.10 (KMO, '2022)** ────────

삼각형 ABC에서 $\overline{BC} = 12$이다. 각 B의 이등분선과 변 AC의 교점을 D, 각 C의 이등분선과 변 AB의 교점을 E라 할 때, $\overline{BE} = 6$, $\overline{CD} = 8$이다. 삼각형 ABC의 넓이를 S라 할 때, $\frac{4}{\sqrt{7}}S$의 값을 구하여라.

풀이

풀이　$\overline{AE} = a$, $\overline{AD} = b$라고 하면, 내각이등분선의 정리에 의하여

$$\overline{BC} : \overline{BA} = \overline{CD} : \overline{DA}, \quad \overline{CA} : \overline{CB} = \overline{AE} : \overline{EB}$$

이다. 즉, $12 : (6 + a) = 8 : b$, $(b + 8) : 12 = a : 6$이다. 이를 정리하면

$$12b = 8(6 + a), \quad 12a = 6(b + 8)$$

이다. 두 식을 연립하여 풀면 $a = 9$, $b = 10$이다.

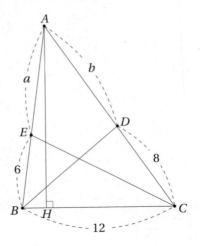

점 A에서 변 BC에 내린 수선의 발을 H라 하고, $\overline{BH} = x$, $\overline{HC} = 12 - x$라 하면, 피타고라스의 정리에 의하여 $\overline{AH}^2 = 15^2 - x^2 = 18^2 - (12 - x)^2$이다. 이를 정리하면 $24x = 45$이다. 즉, $x = \frac{15}{8}$이다.

그러므로 $\overline{AH} = \sqrt{15^2 - \left(\frac{15}{8}\right)^2} = \frac{45\sqrt{7}}{8}$이다.

따라서 삼각형 ABC의 넓이는 $S = \frac{1}{2} \times 12 \times \frac{45\sqrt{7}}{8} = \frac{135\sqrt{7}}{4}$이다. 즉, $\frac{4}{\sqrt{7}}S = 135$이다.

한국수학올림피아드 바이블 프리미엄 을 아래 배치

정리 **1.3.11 (직각삼각형의 닮음)**

삼각형 ABC에서 $\angle A = 90°$이고, 점 A에서 변 BC에 내린 수선의 발을 H라 할 때, 다음이 성립한다.

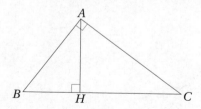

(1) $\overline{AB}^2 = \overline{BH} \cdot \overline{BC}$.

(2) $\overline{AC}^2 = \overline{CH} \cdot \overline{BC}$.

(3) $\overline{AH}^2 = \overline{BH} \cdot \overline{CH}$.

(4) $\overline{AB} \cdot \overline{AC} = \overline{AH} \cdot \overline{BC}$.

증명

(1) $\triangle ABC$와 $\triangle HBA$에서 $\angle BAC = \angle BHA = 90°$, $\angle B$는 공통이므로 $\triangle ABC$와 $\triangle HBA$는 닮음(AA닮음)이다. 따라서 $\overline{AB} : \overline{HB} = \overline{BC} : \overline{BA}$이다. 즉, $\overline{AB}^2 = \overline{BH} \cdot \overline{BC}$이다.

(2) $\triangle ABC$와 $\triangle HAC$에서 $\angle BAC = \angle AHC = 90°$, $\angle C$는 공통이므로 $\triangle ABC$와 $\triangle HAC$는 닮음(AA닮음)이다. 따라서 $\overline{BC} : \overline{AC} = \overline{AC} : \overline{HC}$이다. 즉, $\overline{AC}^2 = \overline{CH} \cdot \overline{BC}$이다.

(3) $\triangle HBA$와 $\triangle HAC$에서 $\angle BHA = \angle AHC = 90°$, $\angle ABH = \angle CAH$이므로, $\triangle HBA$와 $\triangle HAC$는 닮음(AA닮음)이다. 따라서 $\overline{HB} : \overline{HA} = \overline{AH} : \overline{CH}$이다. 즉, $\overline{AH}^2 = \overline{BH} \cdot \overline{CH}$이다.

(4) $\triangle ABC = \frac{1}{2}\overline{AB} \cdot \overline{AC} = \frac{1}{2}\overline{BC} \cdot \overline{AH}$이므로 $\overline{AB} \cdot \overline{AC} = \overline{BC} \cdot \overline{AH}$이다.

예제 **1.3.12**

$\angle C = 90°$인 직각삼각형 ABC에서 $\overline{AC} = 3$, $\overline{BC} = 4$이고, 점 C에서 빗변 AB에 내린 수선의 발을 D라고 할 때, 선분 CD의 길이를 구하여라.

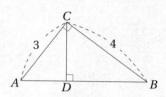

$\angle ACD = 90° - \angle CAD = \angle ABC$이므로 $\triangle ACD$와 $\triangle ABC$는 닮음이다. 또한, 피타고라스 정리에 의하여 $\overline{AB} = 5$이다. $\dfrac{\overline{CD}}{\overline{CA}} = \dfrac{\overline{BC}}{\overline{BA}}$이므로 $\overline{CD} = \dfrac{12}{5}$이다.

예제 **1.3.13** _____

$\angle A : \angle B : \angle C = 1 : 2 : 4$인 삼각형 ABC에서,

$$\frac{1}{\overline{AB}} + \frac{1}{\overline{AC}} = \frac{1}{\overline{BC}}$$

임을 보여라.

풀이

풀이

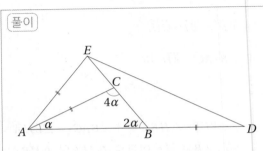

$\frac{1}{\overline{AB}} + \frac{1}{\overline{AC}} = \frac{1}{\overline{BC}}$을 증명하는 것은 $\frac{\overline{AB} + \overline{AC}}{\overline{AB}} = \frac{\overline{AC}}{\overline{BC}}$
임을 증명하는 것과 같다.

이를 증명하기 위하여 닮은 삼각형을 만들자.
변 AB의 연장선(점 B쪽의 연장선) 위에 $\overline{BD} = \overline{AC}$인 점 D를 잡고, 변 BC의 연장선(점 C쪽의 연장선) 위에 $\overline{AC} = \overline{AE}$가 되는 점 E를 잡는다.
선분 DE와 AE를 긋는다.

이제, $\angle A = \alpha$, $\angle B = 2\alpha$, $\angle C = 4\alpha$라 하자. 그러면, $7\alpha = 180°$이다. $\angle AEC = \angle ACE = 3\alpha$이므로,

$$\angle CAE = \alpha = \angle CAB, \ \angle BAE = 2\alpha = \angle EBA$$

이다. 또, $\angle DBE = \angle BAE + \angle AEB = 5\alpha$이므로, $\angle EDA = \frac{1}{2}(180° - 5\alpha) = \alpha$이고, $\triangle DAE$와 $\triangle ABC$는 닮음이다.
따라서 $\frac{\overline{AD}}{\overline{AB}} = \frac{\overline{AE}}{\overline{BC}}$이다. 즉, $\frac{\overline{AB} + \overline{AC}}{\overline{AB}} = \frac{\overline{AC}}{\overline{BC}}$이다.

[예제] **1.3.14 (KMO, '2005)** _____

사각형 $ABCD$에서 $\angle A = 90°$, $\angle B = 75°$, $\angle C = 90°$, $\angle D = 105°$이다. 두 대각선 AC와 BD의 교점 X가 $\angle BXA = 105°$를 만족시킬 때, 선분의 길이의 비 $\overline{BX} : \overline{XD}$는?

[풀이]

[풀이]

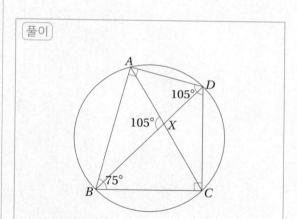

사각형 $ABCD$의 대각의 합이 $180°$이므로 사각형 $ABCD$는 원에 내접한다. 또한, $\angle ABX = \angle DCA$이므로, $\triangle ABX$와 $\triangle ACD$, $\triangle DCX$가 닮음이라는 성질을 이용하면, $\angle DAX = \angle BAX = 45°$이다. $\overline{AD} = a$라 두면, 삼각비에 의하여 $\overline{AB} = \sqrt{3}a$, $\overline{BC} = \overline{CD} = \sqrt{2}a$이다. 그리고, $\triangle ABD$에서 선분 AX가 $\angle BAD$의 이등분선이므로, $\sqrt{3}a : a = \overline{BX} : \overline{XD}$이다. 따라서 $\overline{BX} : \overline{XD} = \sqrt{3} : 1$이다.

예제 **1.3.15 (KMO, '2010)** ――――――
두 삼각형 ABC와 DEF에서 $\angle A = 60°$, $\overline{AB} = 36$, $\overline{AC} = 40$이고, $\angle D = 60°$, $\overline{DE} = 18$이다. $\angle ABC + \angle DEF = 180°$일 때, 선분 DF의 길이를 구하여라.

풀이

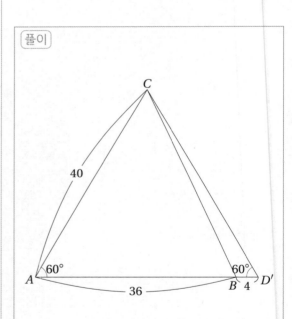

풀이

변 AB 위의 연장선(점 B쪽의 연장선) 위에 $\overline{BD'} = 4$가 되는 점 D'를 잡는다. 그러면, 삼각형 $AD'C$는 정삼각형이고, $\angle ABC + \angle D'BC = 180°$, $\angle D' = 60°$이다. 그러므로 $\triangle D'BC$와 $\triangle DEF$는 닮음비가 $\overline{D'B} : \overline{DE} = 4 : 18$인 닮음이다. 따라서 $\overline{DF} = 180$이다.

예제 **1.3.16 (KMO, '2015)** _____

외접원의 반지름의 길이가 10인 삼각형 ABC에서 $\overline{AB} = 12$이고 $\overline{AC} : \overline{BC} = 7 : 5$이다. 각 C의 이등분선이 변 AB와 만나는 점을 D라 할 때, 삼각형 ABC의 외부에 있는 원 O가 점 D에서 변 AB에 접하고 삼각형 ABC의 외접원에 내접한다. 원 O의 반지름의 길이를 r이라 할 때, $36r$의 값을 구하여라. (단, 각 C는 예각)

풀이

풀이

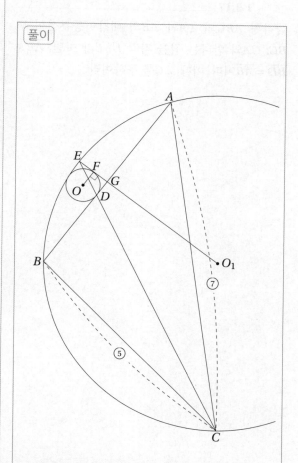

삼각형 ABC의 외접원의 중심을 O_1, 선분 CD의 연장선과 삼각형 ABC의 외접원과의 교점을 E, O에서 선분 O_1E에 내린 수선의 발을 F, 선분 O_1E와 변 AB와의 교점을 G라 하자. 내각이등분선의 정리에 의하여 $\overline{CA} : \overline{CB} = \overline{AD} : \overline{DB} = 7 : 5$이므로 $\overline{AD} = 7$, $\overline{DB} = 5$이다. 또, $\overline{AG} = 6$, $\overline{GD} = 1$이다. $\overline{O_1A} = 10$이므로 피타고라스의 정리에 의하여 $\overline{O_1G} = 8$이다. 이제 삼각형 O_1FO에 피타고라스의 정리를 적용하면

$$(8 + r)^2 + 1^2 = (10 - r)^2$$

이다. 이를 풀면 $r = \dfrac{35}{36}$이다. 따라서 구하는 답 $36r = 35$이다.

예제 **1.3.17** _____

삼각형 ABC의 $\angle A$와 $\angle B$의 내각이등분선이 변 BC, CA와 만나는 점을 각각 D, E라 하면, $\overline{AE} + \overline{BD} = \overline{AB}$이다. 이때, $\angle C$를 구하여라.

풀이

풀이

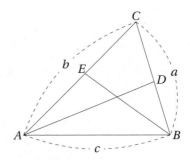

$\overline{BC} = a$, $\overline{CA} = b$, $\overline{AB} = c$라 하자. 내각이등분선의 정리에 의하여

$$\overline{AE} = b \cdot \frac{c}{a+c}, \quad \overline{BD} = a \cdot \frac{c}{b+c}$$

이다. 이를 $\overline{AE} + \overline{BD} = \overline{AB}$에 대입하면,

$$\frac{bc}{a+c} + \frac{ac}{b+c} = c$$

이다. 이를 정리하면, $a^2 + b^2 = ab + c^2$이다. 제 2 코사인 법칙(정리 4.2.4)에 의하여

$$\cos \angle C = \frac{a^2 + b^2 - c^2}{2ab} = \frac{ab}{2ab} = \frac{1}{2}$$

이므로, $\angle C = 60°$이다.

1.4 삼각형의 중점연결정리

- 이 절의 주요 내용

- 삼각형의 중점연결정리

정리 **1.4.1 (삼각형의 중점연결정리)** _____

삼각형 ABC에서 변 AB, AC의 중점을 각각 D, E라
하면, $\overline{DE} /\!/ \overline{BC}$, $\overline{DE} = \frac{1}{2}\overline{BC}$가 성립한다.

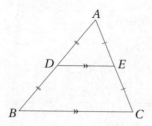

증명 $\overline{AD} : \overline{AB} = 1 : 2 = \overline{AE} : \overline{AC}$이고, $\angle A$는 공
통각이므로 삼각형 ADE와 ABC는 닮음이다. 따라
서 $\angle ADE = \angle ABC$이다. 동위각이 서로 같으므로
$\overline{DE} /\!/ \overline{BC}$는 평행하다. 또, $\overline{DE} : \overline{BC} = \overline{AD} : \overline{AB} = 1 :$
2이므로 $\overline{DE} = \frac{1}{2}\overline{BC}$이다.

예제 **1.4.2** _____

삼각형 ABC에서 변 BC위에 $\overline{PC} = 3\overline{BP}$인 점 P, 변
CA위에 $\overline{AQ} = \overline{QC}$인 점 Q를 잡자. 또, 점 Q를 지나
서 변 BC에 평행한 직선과 선분 AP와의 교점을 R,
선분 AP와 BQ의 교점을 S라 할 때, $\overline{AR} : \overline{RS}$를 구
하여라.

풀이

풀이

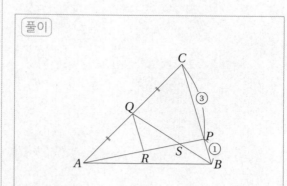

$\overline{AQ} = \overline{QC}$, $\overline{RQ} /\!/ \overline{PC}$이므로 삼각형 중점연결정
리에 의하여 $\overline{RQ} = \frac{1}{2}\overline{PC}$이다. 한편 $\overline{BP} = \frac{1}{3}\overline{PC}$
이므로 $\overline{BP} : \overline{RQ} = \frac{1}{3}\overline{PC} : \frac{1}{2}\overline{PC} = 2 : 3$, $\overline{PS} : \overline{SR} =$
$\overline{BP} : \overline{RQ} = 2 : 3$이다. 따라서 $\overline{RS} = \frac{3}{5}\overline{PR} = \frac{3}{5}\overline{AR}$
이다. 즉, $\overline{AR} : \overline{RS} = 5 : 3$이다.

[예제] **1.4.3** —————————————————

볼록사각형 $ABCD$에서 $\angle ABC = \angle CDA = 90°$, $\angle BCD > \angle BAD$이다. 이때, $\overline{AC} > \overline{BD}$임을 보여라.

[풀이]

[풀이]

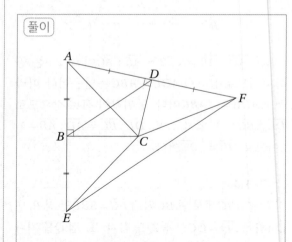

변 AB의 연장선(점 B쪽의 연장선) 위에 $\overline{AB} = \overline{BE}$를 만족하는 점 E를 잡고, 변 AD의 연장선 (점 D쪽의 연장선) 위에 $\overline{AD} = \overline{DF}$를 만족하는 점 F를 잡는다. 삼각형 중점연결정리에 의해, $\overline{BD} /\!/ \overline{EF}$이고, $\overline{EF} = 2\overline{BD}$이다. 선분 BC와 DC가 각각 선분 AE, AF의 수직이등분선이므로, $\overline{EC} = \overline{AC} = \overline{FC}$이다. 삼각부등식에 의하여 $\overline{EC} + \overline{FC} > \overline{EF}$이다. 즉, $2\overline{AC} > 2\overline{BD}$이다. 따라서 $\overline{AC} > \overline{BD}$이다.

예제 **1.4.4**

삼각형 ABC에서 점 A에서 변 BC에 내린 수선의 발을 D라 하고, 변 BC의 중점을 E라 하자. $\angle B = 2\angle C$일 때, $\overline{AB} = 2\overline{DE}$임을 보여라.

풀이

예제 **1.4.5**

삼각형 ABC에서 점 A에서 변 BC에 내린 수선의 발을 D라 하고, 변 BC의 중점을 E라 하자. $\overline{AB} = 2\overline{DE}$일 때, $\angle B = 2\angle C$임을 보여라.

풀이

풀이

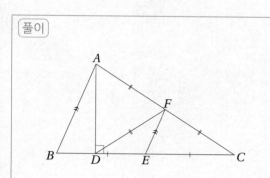

변 AC의 중점을 F라 하자. 선분 EF, DF를 긋는다. 삼각형 중점연결정리에 의해 $\overline{AB} = 2\overline{EF}$이다. 따라서 $\overline{DE} = \overline{EF}$임을 보이면 된다. 선분 DF는 직각삼각형 ADC에서 빗변에 내린 중선이므로, $\overline{DF} = \overline{FC} = \overline{AF}$이다. 그러므로 $\angle CDF = \angle C$이다. $EF \parallel AB$이므로, $\angle CEF = \angle B = 2\angle C$이다. 따라서 $\angle DFE = \angle CEF - \angle CDF = \angle C = \angle EDF$이다. 그러므로 $\overline{DE} = \overline{EF}$이다. 즉, $\overline{AB} = 2\overline{DE}$이다.

풀이

변 AC의 중점을 F라 하자. 선분 DF, EF를 긋는다. 그러면, 삼각형 중점연결정리에 의하여, $\overline{EF} = \frac{1}{2}\overline{AB} = \overline{ED}$이다. 그러므로 $\angle DFE = \angle EDF$이다. $\overline{AF} = \overline{FC}$이고, $\angle ADC = 90°$이므로, $\overline{DF} = \overline{AF} = \overline{FC}$이다. 따라서 $\angle C = \angle EDF = \frac{1}{2}\angle CEF = \frac{1}{2}\angle B$이다. 즉, $\angle B = 2\angle C$이다.

예제 **1.4.6** _____

$\overline{AB} < \overline{AC}$인 삼각형 ABC에서 변 CA 위에 $\overline{AB} = \overline{CD}$가 되는 점 D를 잡는다. 선분 AD, BC의 중점을 각각 E, F라 하고, 변 BA의 연장선(점 A쪽의 연장선)과 선분 FE의 연장선(점 E쪽의 연장선)과의 교점을 M이라 할 때, $\overline{AM} = \overline{AE}$임을 보여라.

풀이

풀이

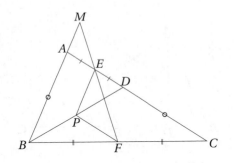

선분 BD를 긋고, 선분 BD의 중점을 P라 하자. 선분 PE와 PF를 긋는다. 그러면, 삼각형 중점연결정리에 의하여

$$\overline{PE} = \frac{1}{2}\overline{AB} = \frac{1}{2}\overline{CD} = \overline{PF}$$

이고, $\overline{PE} \parallel \overline{BM}$, $\overline{AC} \parallel \overline{PF}$이다. 그러므로 $\angle AME = \angle PEF = \angle PFE = \angle AEM$이다. 따라서 $\overline{AM} = \overline{AE}$이다.

예제 **1.4.7** _____

$\overline{AD} \parallel \overline{BC}$인 사다리꼴 $ABCD$에서 $\angle B = 30°$, $\angle C = 60°$, $\overline{BC} = 14$이다. 변 AB, BC, CD, DA의 중점을 각각 E, M, F, N이라 하면, $\overline{MN} = 6$이다. 이때, 선분 EF의 길이를 구하여라.

풀이

풀이

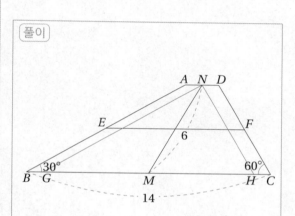

주어진 조건으로 부터 $\overline{EF} = \frac{1}{2}(\overline{AD} + \overline{BC})$이다. 이제 선분 AD의 길이를 구하면 된다. 점 N을 지나 변 AB, DC에 평행한 선과 변 BC와의 교점을 각각 G, H라 하자. $\overline{AD} \parallel \overline{BC}$이므로, 사각형 $ABGN$과 $NHCD$는 모두 평행사변형이다. 따라서 $\overline{BG} = \overline{AN} = \overline{CH} = \overline{ND}$이다. $\angle NGH = \angle ABH = 30°$, $\angle NHG = \angle DCG = 60°$이므로, $\angle GNH = 180° - 30° - 60° = 90°$이다. 또, $\overline{BM} = \overline{CM}$이므로, $\overline{GM} = \overline{MH}$이다.

따라서 $\overline{GH} = 2\overline{NM} = 12$이고, $\overline{AD} = 14 - 12 = 2$이다. 그러므로 $\overline{EF} = \frac{1}{2}(2 + 14) = 8$이다.

예제 **1.4.8** ─────────────

볼록사각형 $ABCD$의 내부에 $\angle AOB = \angle COD =$ 120°, $\overline{AO} = \overline{OB}$, $\overline{CO} = \overline{OD}$가 되도록 점 O를 잡는다. 변 AB, BC, CD의 중점을 각각 K, L, M이라 할 때, $\triangle KLM$이 정삼각형임을 보여라.

풀이

풀이

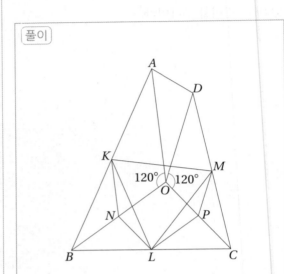

$\triangle KLM$이 정삼각형임을 보이는 것은 $\overline{KL} = \overline{ML}$, $\angle KLM = 60°$임을 보이는 것과 같다. 선분 OB, OC의 중점을 각각 N, P라 하자. 선분 NK, NL, PL, PM을 긋는다. 그러면,

$$\overline{KN} = \frac{1}{2}\overline{OA} = \frac{1}{2}\overline{OB} = \overline{PL},$$
$$\overline{NL} = \frac{1}{2}\overline{OC} = \frac{1}{2}\overline{OD} = \overline{PM}$$

이다. $\overline{NK} \parallel \overline{OA}$, $\overline{NL} \parallel \overline{OC}$, $\overline{PL} \parallel \overline{OB}$, $\overline{PM} \parallel \overline{OD}$이고, $\angle KNL = \angle AOC = 120° + \angle BOC = \angle BOD = \angle LPM$이므로, $\triangle KNL \equiv \triangle LPM$이다. 따라서 $\overline{KL} = \overline{LM}$이다. 또,

$$\angle KLM = \angle KLN + \angle NLP + \angle PLM$$
$$= \angle PML + \angle LPC + \angle PLM$$
$$= 180° - \angle CPM$$
$$= 180° - 120° = 60°$$

이다. 따라서 $\triangle KLM$은 정삼각형이다.

예제 **1.4.9**

예각삼각형 ABC에서 변 AB, AC 위에 각각 점 P, Q를 잡는다. 또, 삼각형 ABC의 내부에 $\overline{AB} \perp \overline{DP}$, $\overline{AC} \perp \overline{DQ}$이 되도록 점 D를 잡는다. 변 BC의 중점을 M이라 하자. 그러면, $\angle BDP = \angle CDQ$일 필요충분조건(동치조건)이 $\overline{PM} = \overline{QM}$ 임을 보여라.

풀이

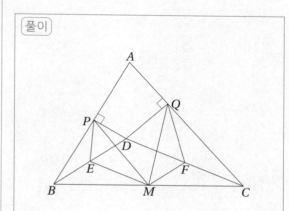

풀이

$\angle BDP = \angle CDQ$라고 가정하자. 선분 BD, CD의 중점을 각각 E, F라 하자. 선분 EP, ME, MF, FQ를 긋는다. 그러면, 직각삼각형의 외심과 삼각형 중점연결정리로부터 $\overline{EP} = \frac{1}{2}\overline{BD} = \overline{MF}$, $\overline{ME} = \frac{1}{2}\overline{CD} = \overline{FQ}$이다. $\angle BDP = \angle CDQ$이므로, $\angle PBD = \angle QCD$이다. 따라서 $\angle PED = 2\angle PBD = 2\angle DCQ = \angle DFQ$ 이다. 사각형 $DEMF$가 평행사변형이므로, $\angle DEM = \angle DFM$이다. 그러므로 $\angle PEM = \angle MFQ$이다. 따라서 $\triangle PEM \equiv \triangle MFQ$이다. 즉, $\overline{PM} = \overline{QM}$이다.

역으로, $\overline{PM} = \overline{QM}$라고 가정하자. 그러면, $\triangle PEM \equiv \triangle MFQ$이다. 또, 위에서와 같은 이유로, $\angle PEM = \angle MFQ$, $\angle DEM = \angle MFD$ 이다. 그러므로 $\angle PED = \angle DFQ$이다. 즉, $2\angle PBE = 2\angle DCQ$, $\angle PBE = \angle DCQ$이다. 따라서 $\angle BDP = 90° - \angle PBD = 90° - \angle DCQ = \angle CDQ$이다.

예제 **1.4.10**

사각형 $ABCD$에서 변 AD, BC의 중점을 각각 E, F라 하자. AB와 CD가 평행하지 않을 때, $\overline{EF} < \frac{1}{2}(\overline{AB} + \overline{CD})$임을 보여라.

풀이

예제 **1.4.11**

정사각형 $ABCD$에서 두 대각선 AC와 BD의 교점을 O라 하고, $\angle CAB$의 이등분선과 대각선 BD, 변 BC와의 교점을 각각 E, F라고 하면, $2\overline{OE} = \overline{CF}$임을 보여라.

풀이

풀이

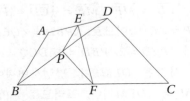

대각선 BD의 중점을 P라 하자. PE, PF를 연결하자. 그러면, 삼각형 중점연결정리에 의하여

$$\overline{PE} = \frac{1}{2}\overline{AB}, \quad \overline{PF} = \frac{1}{2}\overline{CD}$$

이다. 삼각형 PEF에 삼각부등식을 적용하면,

$$\overline{EF} < \frac{1}{2}(\overline{AB} + \overline{CD})$$

이다.

풀이

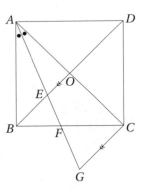

점 C를 지나 대각선 BD에 평행한 직선과 선분 AF의 연장선(점 F 쪽의 연장선)과의 교점을 G라 하자. 그러면, 삼각형 중점연결정리에 의하여 $\overline{CG} = 2\overline{OE}$이다. 또, $\angle CFG = \angle AFB = 67.5°$, $\angle CGF = 67.5°$이므로 $\overline{CF} = \overline{CG} = 2\overline{OE}$이다.

예제 **1.4.12** _____

$\overline{AB} \parallel \overline{DC}$, $\overline{AD} = \overline{BC}$인 등변사다리꼴 $ABCD$에서 대각선 AC와 BD의 교점을 O라고 하고, 선분 AO, DO, 변 BC의 중점을 각각 P, Q, R이라 하자. $\angle AOB = 60°$이면, $\triangle PQR$이 정삼각형임을 보여라.

풀이

풀이

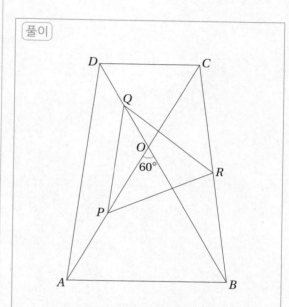

선분 BP, CQ를 긋는다. $\triangle ABO$와 $\triangle CDO$는 정삼각형이므로, $\overline{BP} \perp \overline{AO}$, $\overline{CQ} \perp \overline{DO}$이다. 그러므로 선분 PR은 직각삼각형 CPB의 빗변에 내린 중선이고, 선분 QR은 직각삼각형 CQB의 빗변에 내린 중선이다. 따라서

$$\overline{PR} = \overline{BR} = \overline{CR} = \overline{QR}$$

이다. 또, 삼각형 중점연결정리에 의하여

$$\overline{PQ} = \frac{1}{2}\overline{AD} = \frac{1}{2}\overline{BC} = \overline{PR} = \overline{QR}$$

이다. 따라서 $\triangle PQR$은 정삼각형이다.

예제 **1.4.13** _____

삼각형 ABC에서 변 BC의 중점을 D, $\angle ABC$의 내각이등분선과 변 CA와의 교점을 E라 하고, 선분 AD와 BE는 서로 수직이며, 점 O에서 만난다고 하자. $\overline{BE} = \overline{AD} = 16$일 때, 삼각형 ABC의 세 변의 길이를 구하여라.

풀이

풀이

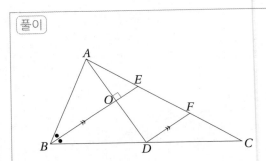

점 D를 지나 선분 BE에 평행한 직선과 변 AC와의 교점을 F라 하자. 그러면, $\overline{EF} = \overline{FC}$, $\overline{DF} = \frac{1}{2}\overline{BE} = 8$이다. $\angle ABO = \angle DBO$, $\overline{BO}$는 공통이므로, 직각삼각형 ABO와 DBO는 합동이다. 따라서 $\overline{AO} = \overline{OD} = 8$, $\overline{OE} = \frac{1}{2}\overline{DF} = 4$이다. 그러므로 $\overline{BO} = 12$이다.

삼각형 중점연결정리와 피타고라스의 정리에 의하여, $\overline{FC} = \overline{EF} = \overline{AE} = \sqrt{\overline{AO}^2 + \overline{OE}^2} = 4\sqrt{5}$이다. 그러므로

$$\overline{AC} = 3\overline{AE} = 12\sqrt{5},$$

$$\overline{AB} = \sqrt{\overline{BO}^2 + \overline{AO}^2} = 4\sqrt{13},$$

$$\overline{BC} = 2\overline{BD} = 2\overline{AB} = 8\sqrt{13}$$

이다.

[예제] **1.4.14** _____

삼각형 ABC에서 변 AB, AC를 각각 빗변으로 하는 직각삼각형 ABD, ACE를 삼각형 ABC의 외부에 그리면, $\angle ABD = \angle ACE$이다. 변 BC의 중점을 M이라 할 때, $\overline{DM} = \overline{ME}$임을 보여라.

[풀이]

[풀이]

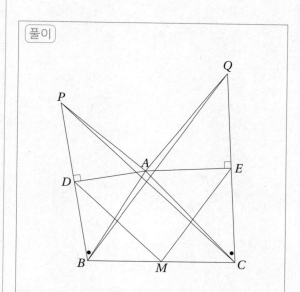

선분 BD의 연장선(점 D쪽의 연장선) 위에 $\overline{BD} = \overline{PD}$가 되는 점 P를 잡고, 선분 CE의 연장선(점 E쪽의 연장선) 위에 $\overline{CE} = \overline{QE}$가 되는 점 Q을 잡는다. 선분 CP, AP, BQ, AQ를 긋는다. 그러면, $\overline{PC} = 2\overline{DM}$, $\overline{BQ} = 2\overline{EM}$이다. 이제, $\overline{PC} = \overline{BQ}$을 보이면 된다. 선분 AD, AE는 각각 선분 BP, CQ의 수직이등분선이므로, $\overline{AP} = \overline{AB}$이고, $\overline{AC} = \overline{AQ}$이다. 게다가, $\angle PAC = 360° - 2\angle DAB - \angle BAC = 360° - 2\angle EAC - \angle BAC = \angle BAQ$이다. 그러므로 $\triangle PAC \equiv \triangle BAQ$이다. 따라서 $\overline{PC} = \overline{BQ}$이다.

예제 **1.4.15** _____

$\overline{AB} > \overline{AC}$인 삼각형 ABC에서, 변 BC의 중점을 D라 하고, $\overline{BE} = \overline{AC}$인 점 E를 선분 AD위에 잡는다. 선분 BE의 연장선(점 E쪽의 연장선)과 변 CA와의 교점을 F라 할 때, $\overline{AF} = \overline{EF}$임을 보여라.

풀이

풀이

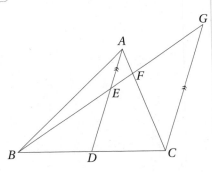

점 C를 지나 선분 $\overline{AD}$에 평행한 직선과 선분 BF의 연장선(점 F쪽의 연장선)과의 교점을 G라 하자. $\angle EAF = \angle FCG$이므로, $\angle AEF = \angle FGC$이다. 그러므로 $\triangle EAF$과 $\triangle GCF$는 닮음이다. 따라서

$$\frac{\overline{AF}}{\overline{EF}} = \frac{\overline{FC}}{\overline{FG}} = \frac{\overline{AF}+\overline{FC}}{\overline{EF}+\overline{FG}} = \frac{\overline{AC}}{\overline{EG}}$$

이다. 삼각형 중점연결정리에 의하여 $\overline{BE} = \overline{EG}$이다. 그러므로 $\overline{EG} = \overline{AC}$이다. 즉, $\overline{AF} = \overline{EF}$이다.

1.5 삼각형의 오심

- 이 절의 주요 내용

- 삼각형의 오심 : 내심, 외심, 무게중심, 수심, 방심

정의 **1.5.1 (내심)**

삼각형의 내심은 세 내각의 이등분선의 교점으로 내접원의 중심이다.

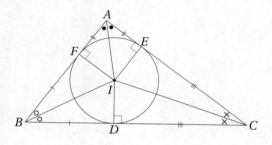

정리 **1.5.2 (내심의 기본성질(1))**

내심에서 세 변에 이르는 거리는 같다.

증명 $\triangle ABC$의 내심 I에서 세 변 BC, CA, AB에 내린 수선의 발을 각각 D, E, F라 하면, $\angle FAI = \angle EAI$, $\angle AFI = \angle AEI = 90°$, $\overline{AI}$는 공통이므로 $\triangle AIF \equiv \triangle AIE$(RHA합동)이다. 따라서 $\overline{IF} = \overline{IE}$이다. 마찬가지로, $\triangle BIF \equiv \triangle BID$(RHA합동)이므로 $\overline{IF} = \overline{ID}$이다. 따라서 $\overline{IE} = \overline{IF} = \overline{ID}$이므로 내심 I에서 세 변에 이르는 거리는 같다.

정리 **1.5.3 (내심의 기본성질(2))**

삼각형 ABC에서 변 BC, CA, AB의 길이를 각각 a, b, c라 하고, 반지름이 r인 내접원과 변 BC, CA, AB와의 교점을 각각 D, E, F라고 하면,

$$\overline{AE} = \overline{AF}, \quad \overline{BF} = \overline{BD}, \quad \overline{CD} = \overline{CE}$$

이다. $a + b + c = 2s$라고 할 때, 다음이 성립한다.

(1) $\overline{AE} = \overline{AF} = s - a$, $\overline{BF} = \overline{BD} = s - b$, $\overline{CD} = \overline{CE} = s - c$이다.

(2) 삼각형 ABC의 넓이 S는 $S = \frac{1}{2}(a + b + c)r = sr$이다.

증명

(1) $\overline{AE} = \overline{AF} = \dfrac{b+c-a}{2} = \dfrac{a+b+c}{2} - a = s - a$이다.

마찬가지로, $\overline{BF} = \overline{BD} = s - b$, $\overline{CD} = \overline{CE} = s - c$이다.

(2) $\triangle ABC = \triangle ABI + \triangle BCI + \triangle CAI$이므로,

$\triangle ABC = \frac{1}{2}cr + \frac{1}{2}ar + \frac{1}{2}br = \frac{1}{2}(a+b+c)r = sr$

이다.

정의 **1.5.4 (외심)** ────────────
삼각형의 외심은 세 변의 수직이등분선의 교점으로 외접원의 중심이다.

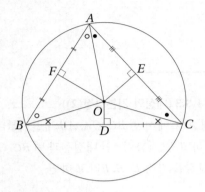

정리 **1.5.5 (외심의 기본성질)** ────────────
외심에서 세 꼭짓점에 이르는 거리는 같다.

증명 삼각형 ABC의 외심 O에서 세 변 BC, CA, AB에 내린 수선의 발을 각각 D, E, F라 하면, $\overline{AF} = \overline{FB}$, $\angle OFA = \angle OFB = 90°$, $\overline{FO}$는 공통이므로 $\triangle AFO \equiv \triangle BFO$(SAS합동)이다. 따라서 $\overline{OA} = \overline{OB}$이다. 마찬가지로, $\triangle BDO \equiv \triangle CDO$(SAS합동)이므로 $\overline{OB} = \overline{OC}$이다. 따라서 $\overline{OA} = \overline{OB} = \overline{OC}$이므로 외심 O에서 세 꼭짓점에 이르는 거리는 같다.

예제 **1.5.6** ────────────
세 점 A, B, C를 중심으로 하는 세 원이 서로 각각에 외접한다고 할 때, 이들 원의 반지름은 각각 $s - a, s - b, s - c$이다. 단, $a = \overline{BC}$, $b = \overline{CA}$, $c = \overline{AB}$, $2s = a + b + c$이다.

풀이

풀이 원의 반지름을 각각 x, y, z라고 하자. 그러면 $y + z = a, z + x = b, x + y = c$이다. 따라서 이들을 더하면 $x + y + z = s$이다. 정리 1.5.3(내심의 기본성질(2))에 의하여 분해되는 선분의 길이는 x, y, z와 동일하다.

예제 **1.5.7** _____

삼각형 ABC에서 내심과 외심을 각각 I, O라고 할 때,

$$\angle OAI = \frac{1}{2}(\angle B - \angle C)$$

임을 증명하여라. 단, $\angle B > \angle C$이다.

풀이

풀이

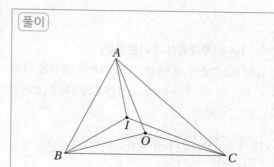

점 O는 삼각형 ABC의 외심이므로 $\angle OBC = \angle OCB$이다. 따라서

$$\angle B - \angle C = \angle OBA - \angle OCA \qquad (1)$$

이다. 또한, $\angle OBA = \angle OAB$, $\angle OCA = \angle OAC$이므로 식 (1)에서

$$\angle B - \angle C = \angle OAB - \angle OAC \qquad (2)$$

이다. 한편 점 I는 삼각형 ABC의 내심이므로, $\angle IAB = \angle IAC$이다. 따라서

$$\angle OAB - \angle OAC$$
$$= (\angle IAB + \angle OAI) - (\angle IAC - \angle OAI)$$
$$= 2\angle OAI$$

이다. 식 (2)로 부터 $\angle B - \angle C = 2\angle OAI$이다. 따라서 $\angle OAI = \frac{1}{2}(\angle B - \angle C)$이다.

정의 **1.5.8 (무게중심)** _____

삼각형의 무게중심은 세 중선의 교점이다.

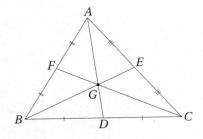

정리 **1.5.9 (무게중심의 기본성질)** _____

삼각형 ABC에서 세 변 BC, CA, AB의 중점을 각각 D, E, F라 하자. 세 중선의 교점을 G라 하자. 그러면 다음이 성립한다.

(1) $\overline{AG}:\overline{GD}=2:1$, $\overline{BG}:\overline{GE}=2:1$, $\overline{CG}:\overline{GF}=2:1$이다.

(2) $\triangle AGF = \triangle GFB = \triangle BGD = \triangle GDC = \triangle CGE = \triangle GEA$이다.

증명

(1) 삼각형 ABD과 직선 FDC에 메넬라우스의 정리(정리 2.2.9 참고)를 적용하면,

$$\frac{\overline{AG}}{\overline{GD}}\cdot\frac{\overline{DC}}{\overline{CB}}\cdot\frac{\overline{BF}}{\overline{FA}}=1, \quad \frac{\overline{AG}}{\overline{GD}}\cdot\frac{1}{2}\cdot\frac{1}{1}=1$$

이므로, $\frac{\overline{AG}}{\overline{GD}}=2$이다. 따라서 $\overline{AG}:\overline{GD}=2:1$ 이다.

같은 방법으로 삼각형 BCE와 직선 AGD에, 삼각형 CAF와 직선 BGE에 각각 메넬라우스의 정리를 적용하면

$$\overline{BG}:\overline{GE}=2:1, \quad \overline{CG}:\overline{GF}=2:1$$

이다.

(2) $\triangle ABG = \triangle ACG$이므로

$$\triangle ABG = 2\triangle AFG = 2\triangle BFG$$
$$= 2\triangle AEG = 2\triangle CGE = \triangle ACG$$

이다. 즉, $\triangle AFG = \triangle BFG = \triangle AEG = \triangle CEG$이다. 또한, $\triangle ABG = \triangle BCG$이므로

$$\triangle ABG = 2\triangle AFG = 2\triangle BFG$$
$$= 2\triangle BDG = 2\triangle CDG = \triangle BCG$$

이다. 즉, $\triangle AFG = \triangle BFG = \triangle BDG = \triangle CDG$이다. 따라서

$$\triangle AGF = \triangle GFB = \triangle BGD$$
$$= \triangle GDC = \triangle CGE = \triangle GEA$$

이다.

예제 **1.5.10**

삼각형의 세 중선의 길이를 세 변을 갖는 삼각형의
넓이와 처음 삼각형의 넓이의 비를 구하여라.

풀이

풀이

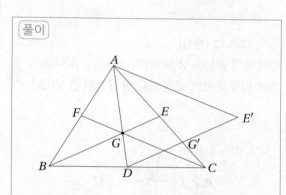

삼각형 ABC에서 세 변 BC, CA, AB의 중점을
각각 D, E, F라 하자. 세 중선의 교점을 G라
하자. 점 D를 지나 선분 BE에 평행한 선 위에
$\overline{BE} = \overline{DE'}$인 점 E'을 잡으면 사각형 $BDE'E$는
평행사변형이다. 그러면, 사각형 $DCE'E$는 평
행사변형이다. 선분 EC의 중점을 G'라 하자. 삼
각형 $E'AD$의 세 변은 중선과 같고, 모두 중선에
평행하다. 따라서

$$\frac{\triangle ABC}{\triangle E'AD} = \frac{\triangle CAD}{\triangle G'AD} = \frac{\overline{CA}}{\overline{G'A}} = \frac{4}{3}$$

이다. 즉, 넓이의 비는 $4 : 3$이다.

정의 **1.5.11 (수심)** _____

삼각형의 수심은 세 꼭짓점에서 대변에 내린 수선의 교점이다.

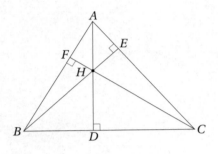

정의 **1.5.12 (방심)** _____

삼각형의 방심은 한 내각의 이등분선과 다른 두 외각의 이등분선의 교점으로 방접원의 중심이다.

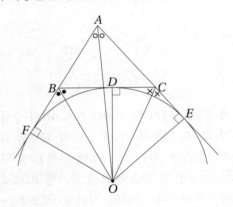

예제 **1.5.13** _____

삼각형 ABC에서 $\overline{BC} = a$, $\overline{CA} = b$, $\overline{AB} = c$이고, 변 BC, CA, AB와 접하는 방접원의 반지름을 각각 r_a, r_b, r_c라고 할 때,

$$\triangle ABC = (s-a)r_a = (s-b)r_b = (s-c)r_c$$

가 성립함을 보여라. 단, $s = \dfrac{a+b+c}{2}$이다.

풀이

풀이 변 BC에 접하는 방접원의 중심을 O_a라고 하자. 그러면,

$$\begin{aligned}
\triangle ABC &= \triangle ABO_a + \triangle ACO_a - \triangle BCO_a \\
&= \frac{1}{2}cr_a + \frac{1}{2}br_a - \frac{1}{2}ar_a \\
&= \frac{1}{2}(b+c-a)r_a \\
&= (s-a)r_a
\end{aligned}$$

이다. 마찬가지로

$$\triangle ABC = (s-b)r_b, \quad \triangle ABC = (s-c)r_c$$

임을 알 수 있다.

예제 **1.5.14**

삼각형 ABC에서 내접원의 반지름을 r이라고 하고, 변 BC, CA, AB와 접하는 방접원의 반지름을 각각 r_a, r_b, r_c라고 할 때,

$$\frac{1}{r_a} + \frac{1}{r_b} + \frac{1}{r_c} = \frac{1}{r}$$

가 성립함을 보여라.

풀이

예제 **1.5.15 (KMO, '1987)**

반지름의 길이가 $2r$인 반원 O에 반지름의 길이가 r인 원 O'이 내접하고 있다. 원 O'에 외접하고 반원 O에 내접하는 원 O''의 반지름의 길이를 구하여라.

풀이

풀이 예제 1.5.13로 부터

$$\triangle ABC = (s-a)r_a = (s-b)r_b = (s-c)r_c = sr$$

이고, 이로 부터

$$\frac{r}{r_a} = \frac{s-a}{s}, \quad \frac{r}{r_b} = \frac{s-b}{s}, \quad \frac{r}{r_c} = \frac{s-c}{s}$$

이다. 위 세 식을 변변 더하면

$$\frac{r}{r_a} + \frac{r}{r_b} + \frac{r}{r_c} = \frac{s-a}{s} + \frac{s-b}{s} + \frac{s-c}{s} = 1$$

이다. 따라서 $\frac{1}{r_a} + \frac{1}{r_b} + \frac{1}{r_c} = \frac{1}{r}$이다.

풀이

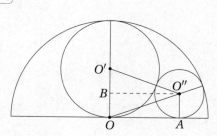

원 O''의 반지름의 길이를 x라 하면 $\overline{OO''} = 2r - x$, $\overline{O'O''} = r + x$, $\overline{OB} = x$, $\overline{O'B} = r - x$이다. 직각삼각형 $OO''B$와 $O'O''B$에서 $\overline{O''B}^2 = \overline{OO''}^2 - \overline{OB}^2 = \overline{O'O''}^2 - \overline{O'B}^2$이므로 $(2r-x)^2 - x^2 = (r+x)^2 - (r-x)^2$이다. 이를 풀면 $x = \frac{r}{2}$이다.

[예제] **1.5.16** _____

삼각형 ABC에서 외심, 무게중심, 수심을 각각 O, G, H라 하자. 이때, 세 점 O, G, H가 한 직선 위에 있음을 증명하고, $\overline{GH} = 2\overline{OG}$임을 증명하여라.

[풀이]

[풀이]

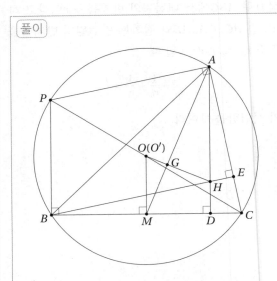

점 A에서 변 BC에 내린 수선의 발을 D, 점 B에서 변 CA에 내린 수선의 발을 E, 변 BC의 중점을 M이라 하고, 선분 CO의 연장선과 삼각형 ABC의 외접원과의 교점을 P라 하자.

$\overline{CP}$는 외접원의 지름이므로 $\overline{BP} \perp \overline{BC}$이어서 $\overline{BP} /\!/ \overline{AD}$이다. 즉, $\overline{BP} /\!/ \overline{AH}$이다. 마찬가지로, $\overline{AP} \perp \overline{CA}$이어서 $\overline{AP} /\!/ \overline{BE}$이다. 즉, $\overline{AP} /\!/ \overline{BH}$이다. 따라서 사각형 $APBH$는 평행사변형이다. 즉, $\overline{AH} = \overline{BP}$이다.

삼각형 CPB에서 점 O와 점 M이 각각 변 CP, BC의 중점이므로, 삼각형 중점연결정리에 의하여 $\overline{BP} = 2\overline{OM}$이다. 그러므로 $\overline{AH} = 2\overline{OM}$이다.

한편, 선분 HG의 연장선과 직선 OM이 만나는 점을 O'라 하면, $\overline{AH} /\!/ \overline{O'M}$이다. $\overline{AG} : \overline{GM} = 2 : 1$이므로 $\overline{AH} = 2\overline{O'M}$이다. 따라서 $\overline{OM} = \overline{O'M}$이다. 즉, 점 O와 O'는 같은 점이다. 그러므로 세 점 O, G, H는 한 직선 위에 있다.

또, 삼각형 AGH와 삼각형 MGO는 닮음비가 $2 : 1$인 닮음이므로 $\overline{OG} : \overline{GH} = 1 : 2$이다 즉, $\overline{GH} = 2\overline{OG}$이다.

예제 **1.5.17 (KMO, '2018)** _____

삼각형 ABC의 세 변의 길이가 각각 $AB = 4$, $BC = 5$, $CA = 6$이다. 삼각형 ABC의 수심을 H, 외심을 O라 하고 직선 AO와 직선 BH, CH의 교점을 각각 X, Y라고 하자. $\dfrac{\overline{XY}}{\overline{HX}} \times 120$의 값을 구하여라.

풀이

풀이

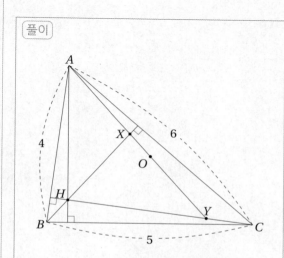

$\angle ACY = 90° - \angle A$, $\angle CAY = 90° - \angle B$이므로

$$\angle AYH = \angle ACY + \angle CAY$$
$$= 180° - (\angle A + \angle B)$$
$$= \angle C$$

이다. 또,

$$\angle XHY = \angle XHC = 90° - (90° - \angle A) = \angle A$$

이다. 따라서, 삼각형 HXY와 삼각형 ABC는 닮음(AA닮음)이다. 그러므로

$$120 \times \frac{\overline{XY}}{\overline{HX}} = 120 \times \frac{\overline{BC}}{\overline{AB}} = 120 \times \frac{5}{4} = 150$$

이다.

예제 **1.5.18 (KMO, '2020)** _____

직사각형 $ABCD$에서 $\overline{AB} = 5$, $\overline{BC} = 3$이다. 변 CD 위의 점 E를 $\overline{BA} = \overline{BE}$가 되도록 잡자. 삼각형 ABE 의 내접원의 반지름을 $a + b\sqrt{10}$이라 할 , $60(a + b)$ 의 값을 구하여라. (단, a, b는 유리수)

풀이

풀이

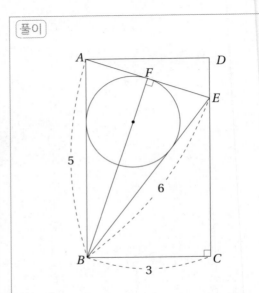

삼각형 BEC에서 피타고라스의 정리에 의하여 $\overline{EC} = 4$이다. 그러므로 $\overline{DE} = 1$, $\overline{AE} = \sqrt{10}$이다.

점 B에서 선분 AE에 내린 수선의 발을 F라 하면, 점 F는 선분 AE의 중점이므로, $\overline{AF} = \dfrac{\sqrt{10}}{2}$이 다. 그러므로 $\overline{BF} = \dfrac{3\sqrt{10}}{2}$이다.

삼각형 ABE의 내접원의 반지름을 r이라 하면,

$$\triangle ABE = \frac{1}{2} \times \sqrt{10} \times \frac{3\sqrt{10}}{2} = \frac{1}{2} \times r \times (10 + \sqrt{10})$$

이다. 이를 정리하면 $r = \dfrac{15}{10 + \sqrt{10}} = \dfrac{5}{3} - \dfrac{1}{6}\sqrt{10}$이 다. 따라서 $a = \dfrac{5}{3}$, $b = -\dfrac{1}{6}$이다.

그러므로 $60(a + b) = 90$이다.

예제 **1.5.19 (KMO, '2022)** _____

삼각형 ABC의 세 변의 길이가 각각 $\overline{AB} = 8$, $\overline{BC} = 9$, $\overline{CA} = 10$이다. 점 D는 변 BC위의 점으로 $\overline{BD} = 4$인 점이다. 변 AB와 AC의 중점은 각각 E, F라 할 때, 삼각형 DEF의 외접원과 선분 AD가 만나는 점을 K라 하자. $6(\overline{AK})^2$의 값을 구하여라.

풀이

풀이 삼각형 ABC에서 $\overline{AB} : \overline{AC} = \overline{BD} : \overline{DC} = 4 : 5$가 성립하므로, 선분 AD는 $\angle A$의 내각이등분선이다. 또, 삼각형 EBD는 이등변삼각형이므로, $\angle B$의 내각이등분선과 선분 DE의 수직이등분선이 동일하다. 마찬가지로, 삼각형 DCF는 이등변삼각형이므로, $\angle C$의 내각이등분선과 변 DF의 수직이등분선이 동일하다. 즉, 삼각형 ABC의 내심과 삼각형 DEF의 외심은 같다. 이 점 O라 한다.

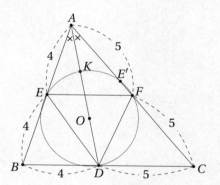

삼각형 DEF의 외접원과 변 AC와의 교점 중 점 F가 아닌 점을 E'라 하면, $\overline{AE'} = \overline{AE} = 4$이다. 방멱의 원리(원과 비례의 성질)에 의하여 $\overline{AK} \times \overline{AD} = \overline{AE'} \times \overline{AF} = 20$이다.

또, 선분 AD가 $\angle A$의 내각이등분선이므로, 정리 1.3.8에 의하여

$$\overline{AD}^2 = \overline{AB} \times \overline{AC} - \overline{BD} \times \overline{DC} = 80 - 20 = 60$$

이다. 즉, $\overline{AD} = \sqrt{60}$이다.

따라서 $6(\overline{AK})^2 = 6 \times \left(\dfrac{20}{\sqrt{60}}\right)^2 = 40$이다.

예제 **1.5.20 (KMO, '2022)** ────

삼각형 ABC의 세 변의 길이가 각각 $\overline{AB} = 6$, $\overline{BC} = 11$, $\overline{CA} = 8$이다. 변 BC, CA, AB가 삼각형 ABC의 내접원에 각각 D, E, F에서 접한다. 변 AB와 AC의 중점을 연결한 직선이 직선 DE, DF와 각각 점 P, Q에서 만날 때, $6\overline{PQ}$의 값을 구하여라.

풀이

풀이 변 AB, AC의 중점을 각각 M, N이라고 하면, 삼각형 중점연결정리에 의하여 $\overline{MN} \parallel \overline{BC}$이고 $\overline{MN} = \frac{1}{2}\overline{BC} = \frac{11}{2}$이다.

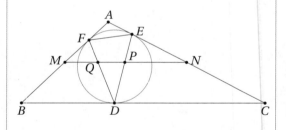

$\overline{AF} = \overline{AE}$, $\overline{BF} = \overline{BD}$, $\overline{CD} = \overline{CE}$이므로,

$$\overline{AF} = \overline{AE} = \frac{\overline{AB} + \overline{AC} - \overline{BC}}{2} = \frac{3}{2}$$

이다. 즉, $\overline{FM} = \frac{3}{2}$, $\overline{FB} = \frac{9}{2}$, $\overline{EN} = \frac{5}{2}$, $\overline{EC} = \frac{13}{2}$이다.

$\overline{FM} : \overline{FB} = \overline{MQ} : \overline{BD}$이므로 $\overline{MQ} = \frac{3}{2}$이다.

$\overline{EN} : \overline{EC} = \overline{PN} : \overline{DC}$이므로, $\overline{PN} = \frac{5}{2}$이다.

따라서 $\overline{PQ} = \frac{11}{2} - \left(\frac{3}{2} + \frac{5}{2}\right) = \frac{3}{2}$이다. 즉, $6\overline{PQ} = 9$이다.

예제 **1.5.21 (KMO, '2023)**

내심이 I인 삼각형 ABC의 세 변 AB, BC, CA의 길이의 비가 $4:5:6$이다. 직선 AI와 BI가 삼각형 ABC의 외접원과 만나는 점을 각각 $D(\neq A)$, $E(\neq B)$라 하고 직선 DE와 변 AC의 교점을 K라 하자. $\overline{IK}=30$일 때, 변 BC의 길이를 구하여라.

풀이

풀이 선분 EC를 그린다.

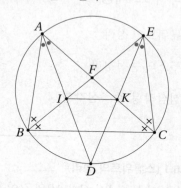

내심과 원주각의 성질에 의하여

$$\angle BAD = \angle DAC = \angle BED = \angle DEC$$

이고,

$$\angle ABE = \angle EBC = \angle BCA = \angle ACE$$

이다. 그러므로 삼각형 ABC와 삼각형 ECB는 합동(ASA합동)이다. 또, 점 K는 삼각형 EBC의 내심이다. 즉, $\overline{IK} \parallel \overline{BC}$이다.

삼각형 ABC에서 내각이등분선의 정리에 의하여

$$\overline{AF}:\overline{FC} = \overline{AB}:\overline{BC} = 4:5$$

이다. 즉,

$$\overline{AB}:\overline{BC}:\overline{AF} = 4:5:\left(6 \times \frac{4}{4+5}\right) = 12:15:8$$

이다. 삼각형 ABF에서 내각이등분선의 정리에 의하여

$$\overline{BI}:\overline{IF} = \overline{AB}:\overline{AF} = 12:8 = 3:2$$

이다. 그러므로 삼각형 FIK와 삼각형 FBC는 닮음비가 $2:5$인 닮음이다. 즉, $\overline{BC} = \overline{IK} \times \frac{5}{2} = 75$이다.

1.6   스튜워트의 정리, 파푸스의 중선정리, 수족삼각형

- 이 절의 주요 내용

- 스튜워트의 정리

- 파푸스의 중선정리

- 수심삼각형, 수족삼각형

정리 **1.6.1 (스튜워트의 정리)** ───────

삼각형 ABC에서 변 BC, CA, AB의 길이를 각각 a, b, c라 하자. 또 점 D가 변 BC위의 한 점이고, 선분 AD, BD, CD의 길이를 각각 p, m, n이라 하자. 그러면

$$b^2 m + c^2 n = a(p^2 + mn)$$

이 성립한다.

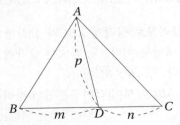

증명1 점 A에서 변 BC에 내린 수선의 발을 P라 하고, $\overline{DP} = x$, $\overline{AP} = y$라 하자. $\triangle ABP$에서

$$c^2 = (m-x)^2 + y^2 = m^2 - 2xm + p^2 \qquad (1)$$

이다. $\triangle ACP$에서

$$b^2 = (n+x)^2 + y^2 = n^2 + 2xn + p^2 \qquad (2)$$

이다. 식 $(1) \times n + (2) \times m$를 하면,

$$\begin{aligned}
b^2 m + c^2 n &= m^2 n + np^2 + n^2 m + mp^2 \\
&= (m+n)(mn + p^2) \\
&= a(mn + p^2)
\end{aligned}$$

이다.

증명2 $\triangle ADB$와 $\triangle ADC$에서 $\cos\angle ADB + \cos\angle ADC = 0$이므로 제 2코사인법칙을 이용하면

$$\frac{p^2 + \left(\frac{m}{m+n}\right)^2 a^2 - c^2}{p \cdot \frac{m}{m+n} a} + \frac{p^2 + \left(\frac{n}{m+n}\right)^2 a^2 - b^2}{p \cdot \frac{n}{m+n} a} = 0$$

$$\frac{p^2 + \left(\frac{m}{m+n}\right)^2 a^2 - c^2}{m} + \frac{p^2 + \left(\frac{n}{m+n}\right)^2 a^2 - b^2}{n} = 0$$

이다. 양변에 mn을 곱하여 정리하면

$$(m+n)p^2 + \frac{a^2 mn}{m+n} = mb^2 + nc^2$$

이다. $m + n = a$이므로

$$a(p^2 + mn) = mb^2 + nc^2$$

이다.

[정리] **1.6.2 (파푸스의 중선정리)** —————
삼각형 ABC에서 변 BC의 중점을 M이라 하면,

$$\overline{AB}^2 + \overline{AC}^2 = 2(\overline{BM}^2 + \overline{AM}^2)$$

이 성립한다.

[증명]

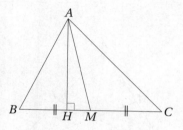

꼭짓점 A에서 변 BC에 내린 수선의 발을 H라 하자. 그러면 피타고라스의 정리에 의하여,

$$\overline{AB}^2 = \overline{BH}^2 + \overline{AH}^2, \qquad \overline{AC}^2 = \overline{CH}^2 + \overline{AH}^2$$

이 성립한다. $\overline{BH}^2 + \overline{CH}^2 = (\overline{BM} - \overline{HM})^2 + (\overline{HM} + \overline{MC})^2 = 2\overline{BM}^2 + 2\overline{MH}^2$이므로 위 두 식으로 부터

$$\begin{aligned}
\overline{AB}^2 + \overline{AC}^2 &= \overline{BH}^2 + \overline{CH}^2 + 2\overline{AH}^2 \\
&= 2\overline{BM}^2 + 2(\overline{MH}^2 + \overline{AH}^2) \\
&= 2(\overline{AM}^2 + \overline{MB}^2)
\end{aligned}$$

이다.

[정리] **1.6.3** —————
삼각형 ABC에서 변 BC를 $m : n$으로 내분하는 점을 D라 하면,

$$n\overline{AB}^2 + m\overline{AC}^2 = n\overline{BD}^2 + m\overline{CD}^2 + (m+n)\overline{AD}^2$$

이 성립한다.

[증명] 정리 1.6.1(스튜워트의 정리)에 의하여

$$\begin{aligned}
&n\overline{AB}^2 + m\overline{AC}^2 \\
&= \overline{BC}\left\{\overline{AD}^2 + \left(\frac{\overline{BC}}{m+n}\right)^2 mn\right\}\left(\frac{m+n}{\overline{BC}}\right) \\
&= (m+n)\overline{AD}^2 + \frac{\overline{BC}^2}{m+n}mn \\
&= (m+n)\overline{AD}^2 + \frac{m}{m+n}\overline{BC}\cdot n BC \\
&= (m+n)\overline{AD}^2 + \overline{BD}\cdot n(\overline{BD} + \overline{DC}) \\
&= (m+n)\overline{AD}^2 + n\overline{BD}^2 + n\overline{BD}\cdot\overline{DC} \\
&= (m+n)\overline{AD}^2 + n\overline{BD}^2 + m\cdot\frac{n}{m+n}\overline{BC}\cdot\overline{DC} \\
&= (m+n)\overline{AD}^2 + n\overline{BD}^2 + m\overline{DC}^2
\end{aligned}$$

이다.

[따름정리] **1.6.4** —————
세 변의 길이가 $\overline{BC} = a$, $\overline{CA} = b$, $\overline{AB} = c$인 삼각형 ABC에서 중선 AM의 길이는 $\frac{1}{2}\sqrt{2b^2 + 2c^2 - a^2}$이다. 단, 점 M는 변 BC의 중점이다.

[증명] $\overline{AM} = p$라고 하자. 파푸스의 중선정리(정리 1.6.2)에 의하여, $\overline{BM} = \frac{1}{2}a$이므로

$$2\left(p^2 + \frac{1}{4}a^2\right) = b^2 + c^2$$

이다. 이를 정리하면 $p = \frac{1}{2}\sqrt{2b^2 + 2c^2 - a^2}$이다.

예제 **1.6.5 (KMO, '2005)** _____

삼각형 ABC에서 세 변 BC, CA, AB의 중점을 각
각 K, L, M이라 하자. $\overline{AB}^2 + \overline{BC}^2 + \overline{CA}^2 = 200$일 때,
$\overline{AK}^2 + \overline{BL}^2 + \overline{CM}^2$의 값은?

풀이

풀이

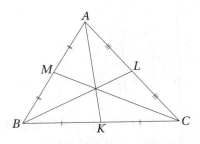

파푸스의 중선 정리(정리 1.6.2)에 의하여 다음
이 성립한다.

$$\overline{AB}^2 + \overline{AC}^2 = 2\left(\overline{AK}^2 + \left(\frac{\overline{BC}}{2}\right)^2\right)$$

$$\overline{AC}^2 + \overline{BC}^2 = 2\left(\overline{CM}^2 + \left(\frac{\overline{AB}}{2}\right)^2\right)$$

$$\overline{BC}^2 + \overline{AB}^2 = 2\left(\overline{BL}^2 + \left(\frac{\overline{AC}}{2}\right)^2\right)$$

위 세 식을 변변 더하면

$$\overline{AB}^2 + \overline{BC}^2 + \overline{CA}^2$$
$$= \overline{AK}^2 + \overline{CM}^2 + \overline{BL}^2 + \frac{\overline{AB}^2 + \overline{BC}^2 + \overline{CA}^2}{4}$$

이다. 이를 정리하면,

$$\frac{3}{4}(\overline{AB}^2 + \overline{BC}^2 + \overline{CA}^2) = \overline{AK}^2 + \overline{CM}^2 + \overline{BL}^2$$

이다. 따라서

$$\overline{AK}^2 + \overline{CM}^2 + \overline{BL}^2 = \frac{3}{4} \times 200 = 150$$

이다.

예제 **1.6.6 (Euler의 도형문제)** _____

사각형 $ABCD$의 네 변 AB, BC, CD, DA의 길이를 각각 a, b, c, d라고 하고, 대각선 BD, AC의 중점을 각각 E, F라고 하자. 이때,

$$a^2 + b^2 + c^2 + d^2 = \overline{BD}^2 + \overline{AC}^2 + 4\overline{EF}^2$$

이 성립함을 증명하여라.

풀이

풀이

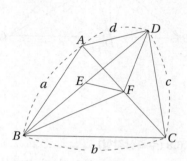

△ABC와 △ACD에서 중선정리에 의하여

$$a^2 + b^2 = 2(\overline{BF}^2 + \overline{AF}^2), \quad c^2 + d^2 = 2(\overline{DF}^2 + \overline{AF}^2)$$

이다. 위 두 식을 변변 더하면,

$$a^2 + b^2 + c^2 + d^2 = 2(\overline{BF}^2 + \overline{DF}^2) + 4\overline{AF}^2 \quad (1)$$

이다. 또, △BFD에서 중선정리에 의하여

$$\overline{BF}^2 + \overline{DF}^2 = 2(\overline{EF}^2 + \overline{DE}^2) \quad (2)$$

이고, 점 E, F는 각각 대각선 BD, AC이므로

$$4\overline{DE}^2 = \overline{BD}^2 \quad (3)$$

$$4\overline{AF}^2 = \overline{AC}^2 \quad (4)$$

이다. 따라서 식 (1)~(4)로부터

$$a^2 + b^2 + c^2 + d^2 = 4(\overline{EF}^2 + \overline{DE}^2) + 4\overline{AF}^2$$
$$= 4\overline{EF}^2 + \overline{BD}^2 + \overline{AC}^2$$

이다.

정의 **1.6.7 (수심삼각형)** _____
삼각형의 세 수선의 발을 이어서 생기는 삼각형을
수심삼각형이라 한다.

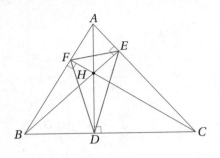

정의 **1.6.8 (수족삼각형)** _____
삼각형 ABC의 내부의 임의의 점 P에서 삼각형
ABC의 세 변 BC, CA, AB에 내린 수선의 발을 각
각 D, E, F라 할 때, 삼각형 DEF를 삼각형 ABC의
수족삼각형이라 하고, 점 P를 수족점이라고 한다.
또, 수족점 P가 삼각형 ABC의 외심이면, 삼각형
DEF는 삼각형 ABC의 중점삼각형이다. 즉, 세 점
D, E, F는 각각 변 BC, CA, AB의 중점이다. 수족점
P가 삼각형 ABC의 수심이면, 삼각형 DEF는 삼각
형 ABC의 수심삼각형이다.

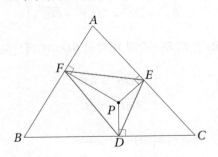

정리 **1.6.9** _____
예각삼각형 ABC에서 꼭짓점 A, B, C에서 변 BC,
CA, AB에 내린 수선의 발을 각각 D, E, F라 하고,
삼각형 ABC의 수심을 H라 하자. 그러면, 다음이
성립한다.

(1) 점 H는 삼각형 DEF의 내심이다.

(2) 점 A는 삼각형 HBC의 수심이다.

(3) 점 A는 삼각형 DEF의 방심이다.

증명 (2)의 증명은 자명하므로, (1), (3)을 증명한
다.

(1) 삼각형 FBH와 삼각형 ECH는 닮음이므로,
    $\angle FBH = \angle ECH$이다. 또, 사각형 $FBDH$
    와 사각형 $EHDC$는 마주보는 내각의 합
    이 $180°$이므로 각각 원에 내접한다. $\angle FBH$
    와 $\angle FDH$는 호 FH에 대한 원주각이므로
    $\angle FBH = \angle FDH$이다. 또, $\angle ECH$와 $\angle EDH$
    는 호 HE에 대한 원주각이므로 $\angle ECH =$
    $\angle EDH$이다. 따라서 $\angle FDH = \angle EDH$이다.
    같은 방법으로 $\angle FEH = \angle DEH$, $\angle EFH =$
    $\angle DFH$이다. 따라서 점 H는 삼각형 DEF의
    내심이다.

(3) DE의 연장선(점 E쪽의 연장선) 위에 한 점
    X를, DF의 연장선(점 F쪽의 연장선)위에 점
    Y를 잡는다. (1)로부터

$$\angle FDH = \angle EDH \tag{a}$$

이다. 또, $\angle AEX = \angle CED = 90° - \angle DEH$,
$\angle AEF = 90° - \angle FEH$, $\angle FEH = \angle DEH$이므
로,

$$\angle AEX = \angle AEF \tag{b}$$

이다. 같은 방법으로

$$\angle AFE = \angle AFY \tag{c}$$

이다. 따라서 (a), (b), (c)에 의하여, 점 A는 삼각형 DEF의 방심이다.

[예제] **1.6.10** _____

삼각형 DEF를 삼각형 ABC의 수족삼각형이라 하고, 점 P를 수족점이라고 하자. 또, 삼각형 ABC의 외접원의 반지름의 길이를 R이라 할 때, 다음을 증명하여라.

$$\overline{EF} = \frac{\overline{BC} \cdot \overline{AP}}{2R}, \quad \overline{FD} = \frac{\overline{CA} \cdot \overline{BP}}{2R}, \quad \overline{DE} = \frac{\overline{AB} \cdot \overline{CP}}{2R}.$$

[풀이]

[풀이]

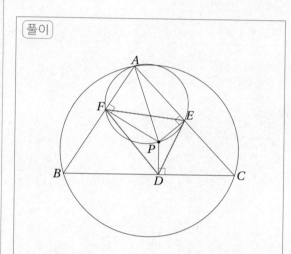

$\angle AFP = \angle AEP = 90°$이므로, $\overline{AP}$는 삼각형 AFE의 외접원의 지름이다. 따라서 삼각형 AFE과 삼각형 ABC에서 사인법칙(정리 4.2.1)에 의해

$$\frac{\overline{FE}}{\sin A} = \overline{AP}, \quad \frac{\overline{BC}}{\sin A} = 2R$$

이다. 위 두 식을 연립하면,

$$\overline{EF} = \frac{\overline{BC} \cdot \overline{AP}}{2R}$$

이다. 같은 방법으로

$$\overline{FD} = \frac{\overline{CA} \cdot \overline{BP}}{2R}, \quad \overline{DE} = \frac{\overline{AB} \cdot \overline{CP}}{2R}$$

이다.

1.7 연습문제

연습문제 **1.1** ★★★ ⎯⎯⎯⎯⎯⎯

$\angle C = 90°$인 직각삼각형 ABC의 빗변 AB의 중점을 M, 꼭짓점 C에서 빗변 AB에 내린 수선의 발을 H라고 할 때, 선분 CH, CM은 $\angle C$를 삼등분한다. 이때, $\triangle CHM : \triangle ABC$를 구하여라.

연습문제 **1.2** ★★ ⎯⎯⎯⎯⎯⎯

삼각형 ABC에서 변 AC의 중점을 M, 변 BC의 사등분점을 점 B에 가까운 점부터 P, Q, R이라 하자. 이때, 선분 BM은 선분 AP, AQ, AR에 의하여 네 부분으로 나누어진다. 이 네 부분의 길이를 각각 a, b, c, d라고 할 때, $a : b : c : d$를 구하여라. 단, $a > b > c > d$이다.

연습문제 **1.3** ★★

$\triangle PQR$의 세 변 QP, RQ, PR의 연장선 위에 $\dfrac{\overline{PA}}{\overline{QP}} = \dfrac{\overline{QB}}{\overline{RQ}} = \dfrac{\overline{RC}}{\overline{PR}} = a$가 되게 각각 점 A, B, C를 잡아 $\triangle ABC$를 만들 때, $\triangle ABC$의 넓이가 $\triangle PQR$의 61배가 되도록 할 때, a의 값을 구하여라.

연습문제 **1.4** ★★

사다리꼴 $ABCD$에서 $\overline{AB} /\!/ \overline{CD}$이다. $\angle C$의 이등분선은 선분 AD에 수직이고, 점 E에서 만나며, $\overline{DE} = 2\overline{AE}$라 한다. 이때, 선분 CE로 나누어지는 사다리꼴의 두 부분의 넓이를 비를 구하여라.

연습문제 **1.5** ★★_____
정삼각형 ABC에서 $\overline{AE} = \overline{BD}$가 되도록 변 BC의 연장선 위에 점 D, 변 BA의 연장선 위에 점 E를 잡는다. 이때, $\overline{CE} = \overline{DE}$임을 증명하여라.

연습문제 **1.6** ★★_____
선분 AB와 선분 BC는 수직이다. 선분 AB와 선분 BC의 중점을 각각 D, E라 하고, 선분 AE와 CD의 교점을 F라 하자. $\overline{AB} = x$, $\overline{BC} = y$일 때, $\triangle FEC$의 넓이를 x, y를 써서 나타내어라.

연습문제 **1.7** ★★★★

한 변의 길이가 3인 정삼각형 ABC의 변 AB의 중점을 M, 변 AC의 중점을 N이라 하고, 선분 MN위의 임의의 점 D에 대하여 선분 BD의 연장선과 변 AC와의 교점을 E, 선분 CD의 연장선과 변 AB와의 교점을 F라 하자. $\dfrac{1}{CE} + \dfrac{1}{BF} = 1$임을 증명하여라.

연습문제 **1.8** ★

높이가 4이고, 두 대각선이 수직인 사다리꼴에서 한 대각선의 길이가 5일 때, 이 사다리꼴의 넓이를 구하여라.

연습문제 **1.9** ★★★────────────

삼각형 ABC의 내심을 I, 세 변 BC, CA, AB의 길이를 각각 a, b, c라고 할 때, $\dfrac{\triangle IBC}{\triangle ABC}$를 a, b, c로 나타내어라.

연습문제 **1.10** ★★★────────────

내심과 무게중심이 일치하는 삼각형은 정삼각형임을 보여라.

연습문제 1.11 ★★★_____

내심과 외심이 일치하는 삼각형은 정삼각형임을
보여라.

연습문제 1.12 ★★★_____

외심과 수심이 일치하는 삼각형은 정삼각형임을
보여라.

연습문제 **1.13** ★★——————————————
한 변의 길이가 9인 정삼각형 ABC에서 변 BC의 삼등분점을 D, E라 할 때, $\overline{AD}^2$의 길이를 구하여라. 단, 점 B에 가까운 점이 D이다.

연습문제 **1.14** ★★——————————————
정삼각형 ABC에서 $\overline{AE} = \overline{CD}$가 되도록 점 D와 E를 각각 변 BC, CA 위에 잡고, 선분 AD와 BE의 교점을 P, 점 B에서 직선 AD에 내린 수선의 발을 Q라 할 때, $\angle PBQ$의 크기를 구하여라.

연습문제 **1.15** ★★★

$\angle C = 90°$인 직각삼각형 ABC에서 빗변 AB 위의 임의의 한 점 D를 잡아 변 BC에 내린 수선의 발을 E라 하자. $\overline{BE} = \overline{AC}$, $\overline{BD} = \frac{1}{2}$, $\overline{BC} + \overline{DE} = 1$일 때, $\angle ABC$의 크기를 구하여라.

연습문제 **1.16** ★★

삼각형 ABC에서 변 CA의 중점을 M, $\overline{BD} = \frac{1}{2}\overline{DC}$가 되는 변 BC위에 점을 D, 선분 AD와 BM의 교점을 E라 하자. 이때, $\overline{BE} = \overline{EM}$임을 증명하여라.

연습문제 **1.17** ★★★★————————————
정사각형 $ABCD$의 내부에 $\overline{PA} = 1$, $\overline{PB} = 2$, $\overline{PC} = 3$
이 되도록 점 P를 잡을 때, $\angle APB$의 크기와 정사각
형 $ABCD$의 한 변의 길이를 구하여라.

연습문제 **1.18** ★★★————————————
직사각형 $ABCD$에서 $\overline{AB} : \overline{DA} = 3 : 4$이고, $\angle A$와
$\angle D$의 이등분선이 밑변 BC와 만나는 점을 각각 F,
E라 하자. 또, 두 이등분선 AF와 DE의 교점을 G라
하자. 이때, $\frac{\triangle EFG}{\square ABCD}$를 구하여라.

연습문제 **1.19** ★★─────────────

평행사변형 $ABCD$에서 변 BC의 중점을 E, 변 CD의 중점을 F라 할 때, $\dfrac{\triangle AEF}{\square ABCD}$를 구하여라.

연습문제 **1.20** ★★★─────────────

삼각형 ABC에서 각 A의 이등분선이 변 BC와 만나는 점을 D라 하고, 점 D에서 변 AB에 평행인 직선을 그어 변 AC와 만나는 점을 E라 하자. 또 점 E에서 변 BC에 평행인 직선을 그어 변 AB와 만나는 점을 F라 하자. $\overline{AF} = 64$, $\overline{FB} = 52$, $\overline{BD} = 80$일 때, 선분 AE의 길이를 구하여라.

연습문제 **1.21** ★★★————————
예각삼각형 ABC에서 $\angle A = 50°$이고, 점 I와 O를 각각 삼각형 ABC의 내심과 외심이라고 하자. $\angle OBI = 10°$일 때, $\angle ICB$의 크기를 구하여라.

연습문제 **1.22** ★————————
사각형 $ABCD$에서 $\angle B = 90°$이고, 대각선 AC는 변 CD에 수직이고, $\overline{AB} = 18$, $\overline{BC} = 21$이고, $\overline{CD} = 14$이다. 이때, 사각형 $ABCD$의 둘레의 길이를 구하여라.

삼각형 ABC에서 변 BC, CA, AB의 중점을 각각 D, E, F라 하자. 중선 AD, BE, CF의 길이가 각각 9, 12, 15일 때, 삼각형 ABC의 넓이를 구하여라.

$\overline{BC} = 5$인 예각삼각형 ABC에서, 점 E는 $\overline{BE} \perp \overline{AC}$를 만족하는 변 AC위의 점이다. 또 점 F는 $\overline{AF} = \overline{BF}$를 만족하는 변 AB위의 점이다. $\overline{BE} = \overline{CF} = 4$일 때, 삼각형 ABC의 넓이를 구하여라.

연습문제 **1.25** ★★─────

지름 AB와 지름이 아닌 현 CD가 점 H에서 수직으로 만난다. 지름 AB의 길이는 두 자리수라고 하자. 또 현 CD의 길이는 AB의 길이의 십의 자리 숫자와 일의 자리 숫자가 바뀐 두 자리수라 하자. 선분 OH의 길이가 양의 유리수라고 할 때, 선분 AB의 길이를 구하여라. 단, O는 원의 중심이다.

연습문제 **1.26** ★★★★★─────

정삼각형 ABC의 외접원 위의 임의의 점 P에 대하여 $\overline{PA}^2 + \overline{PB}^2 + \overline{PC}^2$의 값이 일정함을 증명하여라.

연습문제 **1.27** ★★★★——————————

점 P는 삼각형 ABC의 내부의 한 점이다. 점 P에서 변 BC, CA, AB에 내린 수선의 발을 각각 D, E, F라 할 때,

$$\frac{\overline{AB}^2 + \overline{BC}^2 + \overline{CA}^2}{4} \leq \overline{AF}^2 + \overline{BD}^2 + \overline{CE}^2$$

이 성립함을 증명하여라.

연습문제 **1.28** ★★★——————————

삼각형 ABC에서 $\angle B = 50°$, $\angle C = 70°$이다. $\overline{BP} = \overline{PQ} = \overline{QC}$가 되도록 변 AB와 변 CA 위에 각각 점 P, Q를 잡자. 이때, $\angle APQ$을 구하여라.

연습문제 **1.29** ★★────────────

삼각형 ABC에서 변 BC의 중점을 M, $\overline{AB} = 6$, $\overline{CA} = 10$, $\overline{AM} = 2\sqrt{13}$일 때, $\triangle ABC$의 넓이를 구하여라.

연습문제 **1.30** ★★────────────

삼각형 ABC의 변 BC, CA, AB의 중점을 각각 D, E, F라 할 때,

$$4(\overline{AD}^2 + \overline{BE}^2 + \overline{CF}^2) = 3(\overline{BC}^2 + \overline{CA}^2 + \overline{AB}^2)$$

이 성립함을 보여라.

연습문제 **1.31** ★★————————
$\angle A = 60°$, $\angle B = 30°$이고, $\overline{AB} = 8$인 삼각형 ABC의 내부의 점 P에서 세 변 BC, CA, AB에 내린 수선의 발을 각각 D, E, F라 하자. $\overline{PD}^2 + \overline{PE}^2 + \overline{PF}^2$의 최솟값을 구하여라.

연습문제 **1.32** ★★————————
삼각형 ABC에 대하여 $\overline{BC} = a$, $\overline{CA} = b$, $\overline{AB} = c$라 하자. $a = c$이고, $a^2 = b^2 + ba$일 때, $\angle B = x°$이다. x의 값을 구하여라.

$\angle B$와 $\angle C$가 모두 예각인 삼각형 ABC의 꼭짓점 A에서 변 BC에 내린 수선의 발을 D라 하고, $\angle B$의 이등분선이 변 AD, AC와 만나는 점을 각각 E, F라 하자. $\overline{AE} : \overline{ED} = 3 : 2$이고, $\overline{AE} = \overline{AF}$일 때, $\dfrac{\triangle ABC}{\triangle CEF}$의 값을 구하여라.

삼각형 ABC의 내심 I를 지나고 직선 AI에 수직인 직선이 직선 BC와 점 D에서 만난다. $\overline{AB} = 30$, $\overline{CA} = 60$, $\overline{CD} = 50$일 때 선분 BC의 길이를 구하여라.

연습문제 풀이

연습문제풀이 **1.1 (KMO, '1987)**

$\angle C = 90°$인 직각삼각형 ABC의 빗변 AB의 중점을 M, 꼭짓점 C에서 빗변 AB에 내린 수선의 발을 H라고 할 때, 선분 CH, CM은 $\angle C$를 삼등분한다. 이 때, $\triangle CHM : \triangle ABC$를 구하여라.

풀이

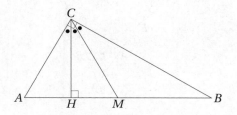

일반성을 잃지 않고, $\angle A > \angle C$인 경우를 생각한다. 점 M이 $\triangle ABC$의 외심이므로 $\overline{AM} = \overline{BM} = \overline{CM}$이다. $\triangle HCM$에서 $\angle HCM = 30°$이므로 $\angle CMH = 60°$이다. 그러므로 $\triangle ACM$은 정삼각형이다. 따라서 $\overline{AH} = \overline{HM}$이고, $\overline{AM} = \overline{MB}$이므로 $\overline{AB} = 2\overline{AM} = 4\overline{HM}$이다. 따라서 $\triangle CHM : \triangle ABC = 1 : 4$이다.

연습문제풀이 **1.2**

삼각형 ABC에서 변 AC의 중점을 M, 변 BC의 사등분점을 점 B에 가까운 점부터 P, Q, R이라 하자. 이때, 선분 BM은 선분 AP, AQ, AR에 의하여 네 부분으로 나누어진다. 이 네 부분의 길이를 각각 a, b, c, d라고 할 때, $a : b : c : d$를 구하여라. 단, $a > b > c > d$이다.

풀이

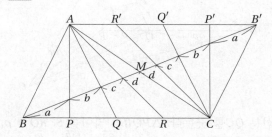

$\overline{BC} \parallel \overline{AB'}$, $\overline{AB} \parallel \overline{CB'}$인 점 B'를 잡으면 $\triangle ABC \equiv \triangle CB'A$이다. 또한 점 M에 대한 점 P, Q, R의 대칭인 점 P', Q', R'를 잡으면, 이 점은 선분 AB'의 사등분점이다. $\overline{AP} \parallel \overline{CP'}$이고, $\overline{BP} : \overline{PC} = 1 : 3$이므로 삼각형의 닮음비에 의하여

$$\overline{BP} : \overline{PC} = a : 2(b+c+d) = 1 : 3$$

이다. 즉,

$$3a = 2(b+c+d) \qquad (1)$$

이다. 같은 방법으로 $\overline{AQ} \parallel \overline{CQ'}$이므로

$$a + b = 2(c+d) \qquad (2)$$

이다. 또한, $\overline{AR} \parallel \overline{CR'}$이므로

$$a + b + c = 6d \qquad (3)$$

이다. 식 (1), (2), (3)을 연립하여 풀면 $a : b : c : d = 42 : 28 : 20 : 15$이다.

연습문제풀이 **1.3**

$\triangle PQR$의 세 변 QP, RQ, PR의 연장선 위에 $\dfrac{\overline{PA}}{\overline{QP}} = \dfrac{\overline{QB}}{\overline{RQ}} = \dfrac{\overline{RC}}{\overline{PR}} = a$가 되게 각각 점 A, B, C를 잡아 $\triangle ABC$를 만들 때, $\triangle ABC$의 넓이가 $\triangle PQR$의 61배가 되도록 할 때, a의 값을 구하여라.

풀이

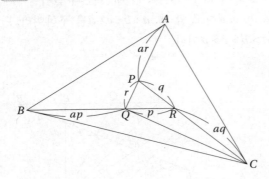

선분 QC를 긋는다. $\triangle PQR$의 넓이를 S, $\overline{RQ} = p$, $\overline{PR} = q$, $\overline{QP} = r$이라 하면 $\dfrac{\overline{PA}}{\overline{QP}} = \dfrac{\overline{QB}}{\overline{RQ}} = \dfrac{\overline{RC}}{\overline{PR}} = a$ 에서 $\overline{RC} = aq$, $\overline{QB} = ap$, $\overline{PA} = ar$이다. 따라서 $\triangle CQR = aS$, $\triangle BCQ = a\triangle CQR = a^2S$이다. 따라서 $\triangle BCR = aS + a^2S = S(a^2 + a)$이다. 같은 방법으로 $\triangle ABQ = \triangle ACP = aS + a^2S = S(a^2 + a)$이다. 따라서 $\triangle ABC = 3S(a^2 + a) + S = 61S$이다. 즉, $a^2 + a - 20 = (a + 5)(a - 4) = 0$이다. $a > 0$이므로 $a = 4$이다.

연습문제풀이 **1.4**

사다리꼴 $ABCD$에서 $\overline{AB} \parallel \overline{CD}$이다. $\angle C$의 이등분선은 선분 AD에 수직이고, 점 E에서 만나며, $\overline{DE} = 2\overline{AE}$라 한다. 이때, 선분 CE로 나누어지는 사다리꼴의 두 부분의 넓이를 비를 구하여라.

풀이

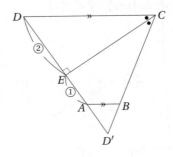

변 DA, CB의 연장선의 교점을 D'이라 하자. 선분 CE는 $\angle BCD$의 이등분선이고, 선분 DD'에 수직이므로 $\triangle CDE \equiv \triangle CD'E$이다. $\overline{ED} = \overline{ED'}$, $\overline{DE} = 2\overline{AE}$이므로 $\overline{DD'} : \overline{AD'} = 4 : 1$이다. $\overline{AB} \parallel \overline{CD}$이므로 $\triangle D'AB$와 $\triangle D'DC$는 닮음이다. 따라서 $\triangle D'DC : \triangle D'AB = 16 : 1$이다. 따라서 $\triangle D'AB$의 넓이를 S라 하면 $\triangle D'DC = 16S$이다. 또, $\triangle EDC = \dfrac{1}{2}\triangle D'DC = \dfrac{1}{2} \cdot 16S = 8S$이다. 그러므로 $\square ABCE = 16S - S - 8S = 7S$이다. 따라서 $\triangle EDC : \square ABCE = 8S : 7S = 8 : 7$이다.

연습문제풀이 **1.5**

정삼각형 ABC에서 $\overline{AE} = \overline{BD}$가 되도록 변 BC의 연장선 위에 점 D, 변 BA의 연장선 위에 점 E를 잡는다. 이때, $\overline{CE} = \overline{DE}$임을 증명하여라.

풀이

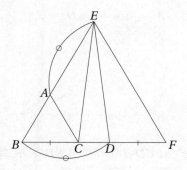

선분 BD의 연장선 위에 $\overline{DF} = \overline{BC}$가 되도록 점 F를 잡는다. 그러면

$$\overline{BE} = \overline{BA} + \overline{AE} = \overline{BC} + \overline{BD} = \overline{BF}$$

이다. 또, $\angle B = 60°$이므로 $\triangle BEF$는 정삼각형이다. 따라서 $\angle F = 60°$이다. 즉, $\overline{EF} = \overline{BE}$이다.
삼각형 BCE와 FDE에서 $\angle B = \angle F = 60°$, $\overline{DF} = \overline{BC}$, $\overline{EF} = \overline{BE}$이므로 $\triangle BCE \equiv \triangle FDE$(SAS합동)이다. 따라서 $\overline{CE} = \overline{DE}$이다.

연습문제풀이 **1.6**

선분 AB와 선분 BC는 수직이다. 선분 AB와 선분 BC의 중점을 각각 D, E라 하고, 선분 AE와 CD의 교점을 F라 하자. $\overline{AB} = x$, $\overline{BC} = y$일 때, $\triangle FEC$의 넓이를 x, y를 써서 나타내어라.

풀이

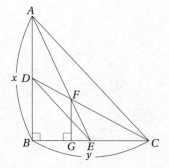

선분 AC를 긋고, 점 F에서 밑변 BC에 내린 수선의 발을 G라 하자. 점 F는 $\triangle ABC$의 무게중심이므로 $\overline{CF} : \overline{FD} = 2 : 1$이다. 즉, $\overline{CD} : \overline{CF} = 3 : 2$이다. 또, $\overline{FG} /\!/ \overline{DB}$이므로 $\triangle CFG$와 $\triangle CDB$는 닮음이다. 따라서 $\overline{DB} : \overline{FG} = 3 : 2$이다. 즉, $\overline{FG} = \frac{x}{2} \times \frac{2}{3} = \frac{x}{3}$이다. 따라서 $\triangle FEC = \frac{1}{2} \times \frac{x}{3} \times \frac{y}{2} = \frac{xy}{12}$이다.

연습문제풀이 **1.7**

한 변의 길이가 3인 정삼각형 ABC의 변 AB의 중점을 M, 변 AC의 중점을 N이라 하고, 선분 MN위의 임의의 점 D에 대하여 선분 BD의 연장선과 변 AC와의 교점을 E, 선분 CD의 연장선과 변 AB와의 교점을 F라 하자. $\dfrac{1}{CE} + \dfrac{1}{BF} = 1$임을 증명하여라.

풀이

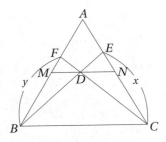

$\overline{CE} = x$, $\overline{BF} = y$라고 하자. 삼각형 중점연결정리에 의해 $\overline{MN} \parallel \overline{BC}$이므로 $\overline{DN} \parallel \overline{BC}$이다. $\triangle EDN$와 $\triangle EBC$는 닮음이므로

$$\frac{\overline{DN}}{\overline{BC}} = \frac{\overline{EN}}{\overline{CE}} = \frac{\overline{CE} - \overline{NC}}{\overline{CE}}$$

이다. 그런데, $\overline{CE} = x$, $\overline{NC} = \dfrac{3}{2}$이므로

$$\overline{DN} = 3 \times \frac{x - \frac{3}{2}}{x} = \frac{3(2x-3)}{2x}$$

이다. 마찬가지로, $\triangle FMD$과 $\triangle FBC$가 닮음이므로

$$\frac{\overline{DM}}{\overline{BC}} = \frac{\overline{FM}}{\overline{BF}} = \frac{\overline{BF} - \overline{MB}}{\overline{BF}}$$

이다. 그런데, $\overline{BF} = y$, $\overline{MB} = \dfrac{3}{2}$이므로

$$\overline{DM} = 3 \times \frac{y - \frac{3}{2}}{y} = \frac{3(2y-3)}{2y}$$

이다. 따라서 $\overline{MD} + \overline{DN} = \overline{MN} = \dfrac{1}{2}\overline{BC} = \dfrac{3}{2}$이다. 즉,

$$\frac{3(2x-3)}{2x} + \frac{3(2y-3)}{2y} = \frac{3}{2}$$

이다. 이를 정리하면 $\dfrac{1}{x} + \dfrac{1}{y} = 1$이다. 즉, $\dfrac{1}{CE} + \dfrac{1}{BF} = 1$이다.

연습문제풀이 **1.8**

높이가 4이고, 두 대각선이 수직인 사다리꼴에서 한 대각선의 길이가 5일 때, 이 사다리꼴의 넓이를 구하여라.

풀이

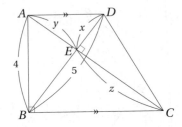

사다리꼴 $ABCD$에서 대각선 BD와 AC의 교점을 E라 하자. $\overline{ED} = x$, $\overline{AE} = y$, $\overline{CE} = z$라 하면 $\triangle AED$와 $\triangle CEB$의 닮음에 의하여 $\dfrac{5-x}{x} = \dfrac{z}{y}$이다. 즉, $\dfrac{5}{x} = \dfrac{y+z}{y}$이다. 피타고라스의 정리와 삼각비에 의하여, $\dfrac{y}{x} = \dfrac{4}{3}$이다. 그러므로 사다리꼴의 넓이는

$$\frac{1}{2} \times 5 \times (y+z) = \frac{1}{2} \times 5 \times \left(\frac{5y}{x}\right) = \frac{25}{2} \times \frac{4}{3} = \frac{50}{3}$$

이다.

연습문제풀이 1.9

삼각형 ABC의 내심을 I, 세 변 BC, CA, AB의 길이를 각각 a, b, c라고 할 때, $\dfrac{\triangle IBC}{\triangle ABC}$를 a, b, c로 나타내어라.

풀이

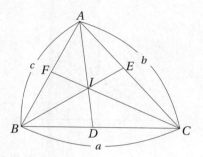

선분 AI, BI, CI의 연장선과 변 BC, CA, AB와의 교점을 각각 D, E, F라고 하자. 그러면 각의 이등분선의 정리에 의하여 $\overline{DB} : \overline{DC} = c : b$이므로 $\overline{DB} = \dfrac{ca}{b+c}$이다. 따라서

$$\overline{AI} : \overline{ID} = \overline{AB} : \overline{BD} = c : \frac{ca}{b+c} = b+c : a$$

이다. 따라서 $\dfrac{\triangle IBC}{\triangle ABC} = \dfrac{\overline{ID}}{\overline{AD}} = \dfrac{a}{a+b+c}$이다.

연습문제풀이 1.10

내심과 무게중심이 일치하는 삼각형은 정삼각형임을 보여라.

풀이

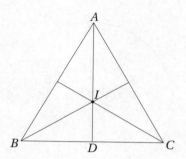

삼각형 ABC에서 내심을 I라 하자. 각 A의 이등분선 AI가 변 BC가 만나는 점을 D라고 하면, 내심과 무게중심이 일치하므로 $\overline{BD} = \overline{CD}$이다.

각의 이등분선의 정리에 의하여 $\overline{AB} = \overline{AC}$이다.

마찬가지로, $\overline{AB} = \overline{BC} = \overline{CA}$이다. 따라서 삼각형 ABC는 정삼각형이다.

연습문제풀이 **1.11** _____
내심과 외심이 일치하는 삼각형은 정삼각형임을
보여라.

풀이

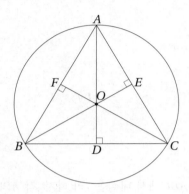

삼각형 ABC에서 외심을 O라 하자. 내심과 외
심이 일치하므로 외심에서 세 변 BC, CA, AB
에 내린 수선의 발을 각각 D, E, F라 하자. 그
러면, $\triangle AOF \equiv \triangle BOF$(RHS합동), $\triangle BOD \equiv$
$\triangle COD$(RHS합동), $\triangle COE \equiv \triangle AOE$(RHS합동)
이고, $\triangle AOE \equiv \triangle AOF$(RHS합동), $\triangle BOF \equiv$
$\triangle BOD$(RHS합동), $\triangle COD \equiv \triangle COE$(RHS합동)이
다. 따라서 $\overline{AB} = \overline{BC} = \overline{CA}$이다. 즉, 삼각형 ABC는
정삼각형이다.

연습문제풀이 **1.12** _____
외심과 수심이 일치하는 삼각형은 정삼각형임을
보여라.

풀이

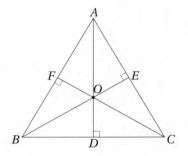

수심을 O라고 하자. 삼각형 ABC에서 변 BC의 중
점을 D라 하자. 수심의 정의에서 $\overline{AO} \perp \overline{BC}$이고,
외심의 정의에서 $\overline{OD} \perp \overline{BC}$이다. 그러므로 세 점
A, O, D는 한 직선의 위의 점이다. 그러면, $\overline{BD} =$
$\overline{DC}$, $\angle ADB = \angle ADC$, $\overline{AD}$가 공통이므로 $\triangle ADB \equiv$
$\triangle ADC$이다. 따라서 $\overline{AB} = \overline{AC}$이다. 마찬가지로,
$\overline{AB} = \overline{BC} = \overline{CA}$이다. 즉, 삼각형 ABC는 정삼각형
이다.

연습문제풀이 **1.13** _____

한 변의 길이가 9인 정삼각형 ABC에서 변 BC의 삼등분점을 D, E라 할 때, $\overline{AD}^2$의 길이를 구하여라. 단, 점 B에 가까운 점이 D이다.

풀이1

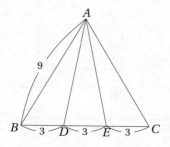

점 D는 변 BC를 $1:2$로 내분하는 점이므로 스튜워트의 정리에 의하여,

$$\overline{AC}^2 + 2\overline{AB}^2 = 3(\overline{AD}^2 + \overline{BD} \cdot \overline{CD})$$

이다. 그러면 $81 + 162 = 3(\overline{AD}^2 + 18)$이다. 따라서 $\overline{AD}^2 = 63$이다.

풀이2 제 2 코사인 법칙(정리 4.2.4)을 이용하면, $\overline{AD}^2 = \overline{AC}^2 + \overline{DC}^2 - 2 \cdot \overline{AC} \cdot \overline{DC} \cos 60°$이다. 따라서 $\overline{AD}^2 = 81 + 36 - 54 = 63$이다.

연습문제풀이 **1.14** _____

정삼각형 ABC에서 $\overline{AE} = \overline{CD}$가 되도록 점 D와 E를 각각 변 BC, CA 위에 잡고, 선분 AD와 BE의 교점을 P, 점 B에서 직선 AD에 내린 수선의 발을 Q라 할 때, $\angle PBQ$의 크기를 구하여라.

풀이

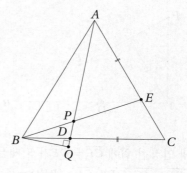

$\triangle ABC$가 정삼각형이므로 $\overline{AB} = \overline{BC} = \overline{CA}$, $\angle ABC = \angle BCA = \angle CAB = 60°$이다. $\triangle ADC$와 $\triangle BEA$에서 $\overline{AE} = \overline{CD}$, $\angle BAE = \angle ACD$, $\overline{AB} = \overline{AC}$이므로 $\triangle ADC \equiv \triangle BEA$이다. 따라서 $\angle DAC = \angle EBA$이다. 또, $\overline{BQ} \perp \overline{AD}$이고, $\angle QPB = \angle PAB + \angle PBA = \angle PAB + \angle DAC = 60°$이므로 $\angle PBQ = 30°$이다.

연습문제풀이 **1.15** _____

$\angle C = 90°$인 직각삼각형 ABC에서 빗변 AB 위의 임의의 한 점 D를 잡아 변 BC에 내린 수선의 발을 E라 하자. $\overline{BE} = \overline{AC}$, $\overline{BD} = \frac{1}{2}$, $\overline{BC} + \overline{DE} = 1$일 때, $\angle ABC$의 크기를 구하여라.

풀이

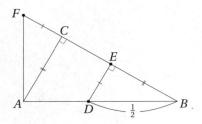

변 BC의 연장선 위에 $\overline{CF} = \overline{DE}$가 되게끔 점 F를 잡으면 $\overline{BE} = \overline{AC}$, $\overline{DE} = \overline{CF}$, $\angle BED = \angle ACF$이므로 $\triangle BED \equiv \triangle ACF$(SAS합동)이다.
$\angle BAC + \angle ABC = 90°$, $\angle BAC + \angle FAC = 90°$이므로 $\triangle ABF$는 직각삼각형이다.
직각삼각형 ABF에서 $\overline{AF} = \overline{BD} = \frac{1}{2}$, $\overline{BF} = \overline{BC} + \overline{CF} = \overline{BC} + \overline{DE} = 1$이다.
따라서 삼각비에 의하여 $\angle ABC = 30°$이다.

연습문제풀이 **1.16** _____

삼각형 ABC에서 변 CA의 중점을 M, $\overline{BD} = \frac{1}{2}\overline{DC}$가 되는 변 BC위에 점을 D, 선분 AD와 BM의 교점을 E라 하자. 이때, $\overline{BE} = \overline{EM}$임을 증명하여라.

풀이

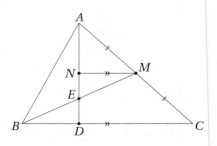

점 M을 지나면서 변 BC에 평행한 선이 선분 AD와 만나는 점을 N이라고 하자. 그러면 삼각형 중점연결정리에 의하여, $\overline{MN} = \frac{1}{2}\overline{DC} = \overline{BD}$이다. 따라서 $\triangle MNE$와 $\triangle BDE$에서 $\overline{MN} = \overline{DB}$, $\angle NME = \angle EBD$, $\angle MNE = \angle BDE$이므로 $\triangle MNE \equiv \triangle BDE$(ASA합동)이다.
따라서 $\overline{BE} = \overline{EM}$이다.

연습문제풀이 **1.17** _____

정사각형 $ABCD$의 내부에 $\overline{PA}=1$, $\overline{PB}=2$, $\overline{PC}=3$이 되도록 점 P를 잡을 때, $\angle APB$의 크기와 정사각형 $ABCD$의 한 변의 길이를 구하여라.

풀이

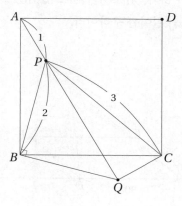

먼저 $\angle APB$의 크기를 구하자. $\triangle APB$를 점 B를 중심으로 하여 시계방향으로 $90°$만큼 회전시켜서 $\triangle CQB$를 얻는다. 단, 점 Q는 점 P를 점 B를 중심으로 $90°$ 회전시킨 점이다. 그러면, $\triangle APB \equiv \triangle CQB$이다. 선분 PQ를 긋는다. 그러면 $\angle PBQ = 90°$, $\overline{PB} = \overline{QB} = 2$이므로 $\angle PQB = \angle QPB = 45°$이다. 따라서 $\overline{PQ} = 2\sqrt{2}$이다. 또, $\triangle PQC$에서 $\overline{PC} = 3$, $\overline{CQ} = 1$, $\overline{PQ} = 2\sqrt{2}$이므로 $\overline{PC}^2 = \overline{QC}^2 + \overline{PQ}^2$이다. 즉, 피타고라스 정리가 성립한다. 그러므로 $\angle PQC = 90°$이다. 따라서 $\angle APB = \angle CQB = \angle PQC + \angle PQB = 90° + 45° = 135°$이다.

이제 정사각형 $ABCD$의 한 변의 길이를 구하자. $\angle APB + \angle BPQ = 135° + 45° = 180°$이므로 세 점 A, P, Q는 한 직선 위에 있다. 따라서 $\overline{AQ} = 2\sqrt{2} + 1$이다. 직각삼각형 AQC에서 $\overline{AC}^2 = 1^2 + (1 + 2\sqrt{2})^2 = 10 + 4\sqrt{2}$이다. 따라서 정사각형 $ABCD$의 한 변의 길이는 $\dfrac{\sqrt{10+4\sqrt{2}}}{\sqrt{2}} = \sqrt{5 + 2\sqrt{2}}$이다.

연습문제풀이 **1.18** _____

직사각형 $ABCD$에서 $\overline{AB} : \overline{DA} = 3 : 4$이고, $\angle A$와 $\angle D$의 이등분선이 밑변 BC와 만나는 점을 각각 F, E라 하자. 또, 두 이등분선 AF와 DE의 교점을 G라 하자. 이때, $\dfrac{\triangle EFG}{\square ABCD}$를 구하여라.

풀이

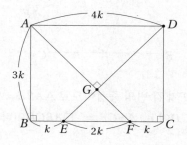

$\overline{AB} = 3k$, $\overline{DA} = 4k$라 하자. 단, $k > 0$이다. 그러면 $\square ABCD = 12k^2$이다. $\triangle ABF$와 $\triangle CDE$는 직각이등변삼각형이므로 $\overline{BF} = \overline{CE} = 3k$이다. 따라서 $\overline{EF} = 2k$이다. 그런데, $\triangle ADG$와 $\triangle EFG$도 직각이등변삼각형이므로 그 높이는 각각 $2k$와 k이다. 따라서 $\triangle EFG = \dfrac{1}{2} \times 2k \times k = k^2$이므로, $\dfrac{\triangle EFG}{\square ABCD} = \dfrac{1}{12}$이다.

연습문제풀이 **1.19**

평행사변형 $ABCD$에서 변 BC의 중점을 E, 변 CD의 중점을 F라 할 때, $\dfrac{\triangle AEF}{\square ABCD}$를 구하여라.

풀이

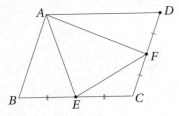

점 E와 F가 각 변의 중점이므로 $\triangle ABE = \triangle AFD = \frac{1}{4}\square ABCD$이고, $\triangle ECF = \frac{1}{8}\square ABCD$이다. 그러므로

$$\triangle AEF = \square ABCD - \triangle ABE - \triangle AFD - \triangle ECF$$
$$= \left(1 - \frac{1}{4} - \frac{1}{4} - \frac{1}{8}\right)\square ABCD$$
$$= \frac{3}{8}\square ABCD$$

이다. 따라서 $\dfrac{\triangle AEF}{\square ABCD} = \dfrac{3}{8}$이다.

연습문제풀이 **1.20**

삼각형 ABC에서 각 A의 이등분선이 변 BC와 만나는 점을 D라 하고, 점 D에서 변 AB에 평행인 직선을 그어 변 AC와 만나는 점을 E라 하자. 또 점 E에서 변 BC에 평행인 직선을 그어 변 AB와 만나는 점을 F라 하자. $\overline{AF} = 64$, $\overline{FB} = 52$, $\overline{BD} = 80$일 때, 선분 AE의 길이를 구하여라.

풀이

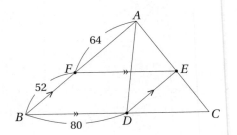

$\overline{AB} \parallel \overline{DE}$이므로 $\angle BAD = \angle ADE$(엇각)이고, 선분 AD가 $\angle A$의 이등분선이므로 $\angle BAD = \angle DAE$이다. 그러면 $\angle DAE = \angle ADE$이므로 $\triangle ADE$는 $\overline{AE} = \overline{DE}$인 이등변삼각형이다. 한편 $\overline{FB} \parallel \overline{DE}$이고, $\overline{FE} \parallel \overline{BD}$이므로 $\square FBDE$는 평행사변형이다. 따라서 $\overline{FB} = \overline{DE}$이다. 그런데 위에서 $\overline{AE} = \overline{DE}$이므로 $\overline{AE} = \overline{FB} = 52$이다.

연습문제풀이 **1.21** _____

예각삼각형 ABC에서 $\angle A = 50°$이고, 점 I와 O를 각각 삼각형 ABC의 내심과 외심이라고 하자. $\angle OBI = 10°$일 때, $\angle ICB$의 크기를 구하여라.

풀이

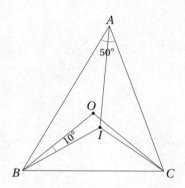

점 O와 점 C, 점 I와 점 A를 각각 잇는 선분을 그린다. $\angle A = 50°$이고, 점 O는 $\triangle ABC$의 외심이므로 $\angle BOC = 100°$이다. $\triangle OBC$는 $\overline{OB} = \overline{OC}$인 이등변삼각형이므로 $\angle OBC = 40°$이다. 또, 점 I가 $\triangle ABC$의 내심이므로 $\angle IBC = \angle IBA$이고, $\angle ICB = \angle ICA$이므로

$$2\angle IBC + 2\angle ICB + 50° = 180°$$

이다. 즉,

$$\angle IBC + \angle ICB = 65° \tag{1}$$

이다. $\angle OBC = 40°$이므로 $\angle IBC = 30°$ 또는 $\angle IBC = 50°$이다. 따라서 (1)에 의해 $\angle ICB = 35°$ 또는 $\angle ICB = 15°$이다. 그런데, $\angle ICB = 15°$인 경우는 $\angle C = 30°$이므로 성립하지 않는다. 즉, $\angle OBC > \angle IBC$이다. 따라서 $\angle ICB = 35°$이다.

연습문제풀이 **1.22** _____

사각형 $ABCD$에서 $\angle B = 90°$이고, 대각선 AC는 변 CD에 수직이고, $\overline{AB} = 18$, $\overline{BC} = 21$이고, $\overline{CD} = 14$이다. 이때, 사각형 $ABCD$의 둘레의 길이를 구하여라.

풀이

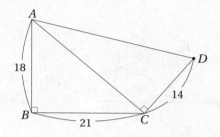

피타고라스의 정리를 이용하면,

$$
\begin{aligned}
\overline{AD} &= \sqrt{14^2 + \overline{AC}^2} \\
&= \sqrt{14^2 + 18^2 + 21^2} \\
&= \sqrt{961} = 31
\end{aligned}
$$

이다. 따라서 사각형 $ABCD$의 둘레의 길이는 84이다.

연습문제풀이 **1.23** _____

삼각형 ABC에서 변 BC, CA, AB의 중점을 각각 D, E, F라 하자. 중선 AD, BE, CF의 길이가 각각 9, 12, 15일 때, 삼각형 ABC의 넓이를 구하여라.

풀이

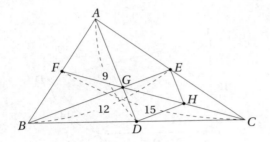

삼각형 ABC의 무게중심을 G라 하자. 또, 선분 CG의 중점을 H라 하자. 무게중심의 성질과 삼각형 중점연결정리를 이용하면

$$\overline{GD} = \frac{1}{3}\overline{AD} = 3,$$
$$\overline{HD} = \frac{1}{2}\overline{BG} = \frac{1}{2}\cdot\frac{2}{3}\overline{BE} = 4,$$
$$\overline{GH} = \frac{1}{3}\overline{CF} = 5$$

임을 알 수 있다. 그러므로 삼각형 GDH는 넓이가 6인 직각삼각형이다. 따라서 $\triangle GDH = \frac{1}{12}\triangle ABC$ 이므로, 삼각형 ABC의 넓이는 72이다.

연습문제풀이 **1.24** _____

$\overline{BC} = 5$인 예각삼각형 ABC에서, 점 E는 $\overline{BE} \perp \overline{AC}$를 만족하는 변 AC위의 점이다. 또 점 F는 $\overline{AF} = \overline{BF}$를 만족하는 변 AB위의 점이다. $\overline{BE} = \overline{CF} = 4$일 때, 삼각형 ABC의 넓이를 구하여라.

풀이

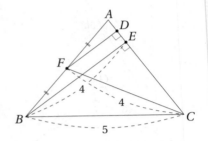

점 F에서 변 AC에 내린 수선의 발을 D라고 하자. 피타고라스의 정리에 의하여 $\overline{EC} = \sqrt{\overline{BC}^2 - \overline{BE}^2} = \sqrt{5^2 - 4^2} = 3$이다. 삼각형 중점연결정리에 의하여 $\overline{FD} = \frac{1}{2}\overline{BE} = 2$이다. 그러므로 $\overline{DC} = \sqrt{\overline{CF}^2 - \overline{FD}^2} = \sqrt{4^2 - 2^2} = 2\sqrt{3}$이다. 이로부터 $\overline{AD} = \overline{DE} = 2\sqrt{3} - 3$이다. 따라서

$$\begin{aligned}\triangle ABC &= \triangle ABE + \triangle BEC \\ &= \frac{1}{2}\cdot 4\cdot 2(2\sqrt{3}-3) + \frac{1}{2}\cdot 4\cdot 3 \\ &= 8\sqrt{3} - 6\end{aligned}$$

이다.

연습문제풀이 **1.25** ─────────

지름 AB와 지름이 아닌 현 CD가 점 H에서 수직으로 만난다. 지름 AB의 길이는 두 자리수라고 하자. 또 현 CD의 길이는 AB의 길이의 십의 자리 숫자와 일의 자리 숫자가 바뀐 두 자리수라 하자. 선분 OH의 길이가 양의 유리수라고 할 때, 선분 AB의 길이를 구하여라. 단, O는 원의 중심이다.

풀이

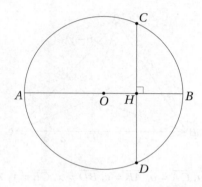

x, y를 지름 AB의 각각 십의 자리 숫자와 일의 자리 숫자라고 하자. 즉, $\overline{AB} = 10x + y$이다. 그러면 $\overline{CD} = 10y + x$이다. $\overline{OH} = p$라고 하자. 점 H는 선분 CD의 중점이므로 피타고라스의 정리에 의하여

$$\left(\tfrac{1}{2}\overline{AB}\right)^2 - p^2 = \left(\tfrac{1}{2}\overline{CD}\right)^2$$

이다. 그러므로

$$p = \frac{1}{2}\sqrt{\overline{AB}^2 - \overline{CD}^2}$$
$$= \frac{1}{2}\sqrt{99(x^2 - y^2)}$$
$$= \frac{3}{2}\sqrt{11(x-y)(x+y)}$$

이다. p는 유리수이고, $1 \le x, y \le 9$이므로 $x + y = 11$, $x - y = 1$ 또는 4이다. 이를 풀면 $x = 6$, $y = 5$이다. 따라서 $\overline{AB} = 65$이다.

연습문제풀이 **1.26** ─────────

정삼각형 ABC의 외접원 위의 임의의 점 P에 대하여 $\overline{PA}^2 + \overline{PB}^2 + \overline{PC}^2$의 값이 일정함을 증명하여라.

풀이

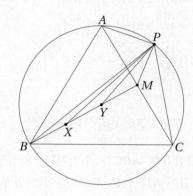

점 P가 호 AC 위에 있다고 가정해도 일반성을 잃지 않는다. 정삼각형 ABC의 외접원의 반지름의 길이를 R, 변 AC의 중점을 M이라 하고, 선분 BM의 삼등분점을 각각 X, Y라 하자. (점 B에 가까운 점이 X이다.) 그러면 점 Y는 정삼각형 ABC의 무게중심이므로, 외접원의 중심(외심)이다. $\triangle PAC$에서 파푸스의 중선정리에 의하여

$$\overline{PA}^2 + \overline{PC}^2 = 2(\overline{PM}^2 + \overline{AM}^2) \qquad (1)$$

이고, $\triangle PBY$에서 파푸스의 중선정리에 의하여

$$\overline{PB}^2 + \overline{PY}^2 = 2(\overline{PX}^2 + \overline{BX}^2) \qquad (2)$$

이다. $\triangle PXM$에서 파푸스의 중선정리에 의하여

$$\overline{PX}^2 + \overline{PM}^2 = 2(\overline{XY}^2 + \overline{PY}^2) \qquad (3)$$

그런데, $\overline{BX} = \overline{XY} = \overline{YM}$이므로 식 (1), (2), (3)에

의하여

$$\overline{PA}^2 + \overline{PB}^2 + \overline{PC}^2 + \overline{PY}^2$$
$$= 2(\overline{PM}^2 + \overline{PX}^2) + 2\overline{AM}^2 + 2\overline{BX}^2$$
$$= 4\overline{XY}^2 + 4\overline{PY}^2 + 2\overline{AM}^2 + 2\overline{BX}^2$$
$$= 4\overline{PY}^2 + 6\overline{XY}^2 + 2\overline{AM}^2$$
$$= 4R^2 + 6\left(\frac{R}{2}\right)^2 + 2\left(\frac{AC}{2}\right)^2$$
$$= \frac{11}{2}R^2 + \frac{\overline{AC}^2}{2}$$

이다. 즉,

$$\overline{PA}^2 + \overline{PB}^2 + \overline{PC}^2 = \frac{9}{2}R^2 + \frac{\overline{AC}^2}{2}$$

이다. 정삼각형 ABC가 주어지면, 외접원의 반지름의 길이 R과 선분 AC의 길이는 일정하므로 $\overline{PA}^2 + \overline{PB}^2 + \overline{PC}^2$도 일정하다.

연습문제풀이 **1.27**

점 P는 삼각형 ABC의 내부의 한 점이다. 점 P에서 변 BC, CA, AB에 내린 수선의 발을 각각 D, E, F라 할 때,

$$\frac{\overline{AB}^2 + \overline{BC}^2 + \overline{CA}^2}{4} \leq \overline{AF}^2 + \overline{BD}^2 + \overline{CE}^2$$

이 성립함을 증명하여라.

풀이

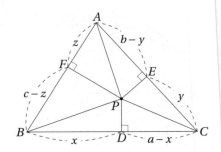

$\overline{BC} = a$, $\overline{CA} = b$, $\overline{AB} = c$, $\overline{BD} = x$, $\overline{CE} = y$, $\overline{AF} = z$라 하자. $\frac{1}{4}(a^2 + b^2 + c^2) \leq x^2 + y^2 + z^2$임을 보이면 된다. 그러면 $\overline{FB} = c - z$, $\overline{DC} = a - x$, $\overline{EA} = b - y$이다. $\triangle PBD$, $\triangle PDC$, $\triangle PCE$, $\triangle PEA$, $\triangle PAF$, $\triangle PFB$의 여섯 개의 직각삼각형에 피타고라스의 정리를 적용하면,

$$\overline{PB}^2 + \overline{PC}^2 + \overline{PA}^2$$
$$= x^2 + \overline{PD}^2 + y^2 + \overline{PE}^2 + z^2 + \overline{PF}^2$$
$$= (a - x)^2 + \overline{PD}^2 + (b - y)^2 + \overline{PE}^2 + (c - z)^2 + \overline{PF}^2$$

이다. 위 식을 정리하면 $ax + by + cz = \frac{1}{2}(a^2 + b^2 + c^2)$이다. 그러므로 코시-슈바르츠 부등식에 의하여

$$\frac{1}{4}(a^2 + b^2 + c^2)^2 = (ax + by + cz)^2$$
$$\leq (a^2 + b^2 + c^2)(x^2 + y^2 + z^2)$$

이다. 즉, $\frac{1}{4}(a^2 + b^2 + c^2) \leq (x^2 + y^2 + z^2)$이다. 등호는 $\frac{a}{x} = \frac{b}{y} = \frac{c}{z}$일 때 성립한다.

연습문제풀이 **1.28** _____

삼각형 ABC에서 $\angle B = 50°$, $\angle C = 70°$이다. $\overline{BP} = \overline{PQ} = \overline{QC}$가 되도록 변 AB와 변 CA 위에 각각 점 P, Q를 잡자. 이때, $\angle APQ$을 구하여라.

풀이

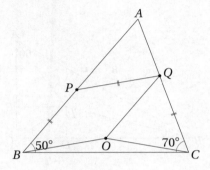

선분 PB와 PQ를 이웃한 두 변으로 하는 평행사변형을 그리고 나머지 한 점을 O라 하면, $\angle OQC = \angle A = 60°$이다. 따라서 $\triangle OCQ$는 정삼각형이다. 즉, $\angle QCO = 60°$이다. 그러므로 $\angle OCB = \angle C - \angle QCO = 70° - 60° = 10°$이다. 또한, $\triangle OBC$는 이등변삼각형이므로, $\angle OBC = \angle OCB = 10°$이다. 따라서 $\angle PBO = \angle B - \angle OBC = 50° - 10° = 40°$이다. 즉, $\angle APQ = \angle PBO = 40°$이다.

연습문제풀이 **1.29** _____

삼각형 ABC에서 변 BC의 중점을 M, $\overline{AB} = 6$, $\overline{CA} = 10$, $\overline{AM} = 2\sqrt{13}$일 때, $\triangle ABC$의 넓이를 구하여라.

풀이

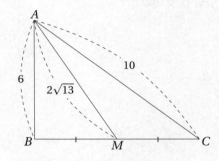

파푸스의 중선정리에 의하여

$$\overline{AB}^2 + \overline{AC}^2 = 2(\overline{AM}^2 + \overline{BM}^2)$$

에서

$$36 + 100 = 2(52 + \overline{BM}^2)$$

이다. 따라서 $\overline{BM} = 4$이고, $\overline{BC} = 8$이다. $\overline{AB}^2 + \overline{BC}^2 = \overline{CA}^2$이 성립하므로 피타고라스의 정리로 부터 $\triangle ABC$는 직각삼각형이다. 따라서 $\triangle ABC = \dfrac{1}{2} \times 8 \times 6 = 24$이다.

연습문제풀이 **1.30** _____

삼각형 ABC의 변 BC, CA, AB의 중점을 각각 D, E, F라 할 때,

$$4(\overline{AD}^2 + \overline{BE}^2 + \overline{CF}^2) = 3(\overline{BC}^2 + \overline{CA}^2 + \overline{AB}^2)$$

이 성립함을 보여라.

풀이

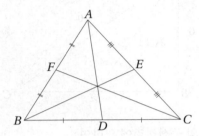

$\overline{BD} = \dfrac{1}{2}\overline{BC}$이므로 $\overline{BD}^2 = \dfrac{1}{4}\overline{BC}^2$이다. 이 식을 파푸스의 중선정리

$$\overline{AB}^2 + \overline{AC}^2 = 2(\overline{AD}^2 + \overline{BD}^2)$$

에 대입하여 정리하면

$$4\overline{AD}^2 = 2\overline{AB}^2 + 2\overline{CA}^2 - \overline{BC}^2 \qquad (1)$$

이다. 마찬가지로

$$4\overline{BE}^2 = 2\overline{BC}^2 + 2\overline{AB}^2 - \overline{CA}^2 \qquad (2)$$

$$4\overline{CF}^2 = 2\overline{CA}^2 + 2\overline{BC}^2 - \overline{AB}^2 \qquad (3)$$

이다. 식 (1), (2), (3)을 변변 더하면

$$4(\overline{AD}^2 + \overline{BE}^2 + \overline{CF}^2) = 3(\overline{BC}^2 + \overline{CA}^2 + \overline{AB}^2)$$

이다.

연습문제풀이 **1.31 (KMO, '2011)** _____

$\angle A = 60°$, $\angle B = 30°$이고, $\overline{AB} = 8$인 삼각형 ABC의 내부의 점 P에서 세 변 BC, CA, AB에 내린 수선의 발을 각각 D, E, F라 하자. $\overline{PD}^2 + \overline{PE}^2 + \overline{PF}^2$의 최솟값을 구하여라.

풀이

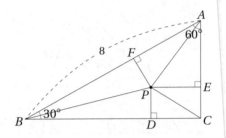

$\angle A = 60°$, $\angle B = 30°$이므로 삼각형 ABC는 직각삼각형이고, 삼각비에 의하여 $\overline{CA} = 4$, $\overline{BC} = 4\sqrt{3}$이다. 그러므로

$$\triangle ABC = \frac{1}{2} \cdot \overline{BC} \cdot \overline{CA} = \frac{1}{2}(\overline{AB} \cdot \overline{PF} + \overline{BC} \cdot \overline{PD} + \overline{CA} \cdot \overline{PE})$$

이다. 즉,

$$4\sqrt{3} = \sqrt{3} \cdot \overline{PD} + \overline{PE} + 2 \cdot \overline{PF}$$

이다. 따라서 코시-슈바르츠 부등식에 의하여

$$(\sqrt{3}^2 + 1^2 + 2^2)(\overline{PD}^2 + \overline{PE}^2 + \overline{PF}^2)$$
$$\geq (\sqrt{3} \cdot \overline{PD} + \overline{PE} + 2 \cdot \overline{PF})^2$$

이다. 즉, $\overline{PD}^2 + \overline{PE}^2 + \overline{PF}^2 \geq 6$이다. 그러므로 $\overline{PD}^2 + \overline{PE}^2 + \overline{PF}^2$의 최솟값은 6이다.

연습문제풀이 **1.32 (KMO, '2011)**

삼각형 ABC에 대하여 $\overline{BC} = a$, $\overline{CA} = b$, $\overline{AB} = c$라 하자. $a = c$이고, $a^2 = b^2 + ba$일 때, $\angle B = x°$이다. x 의 값을 구하여라.

풀이

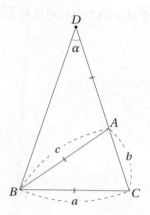

변 CA의 연장선 위에 $\overline{AD} = \overline{AB}$인 점 D를 잡으면 조건에 의하여 $\overline{CB}^2 = \overline{CA} \cdot \overline{CD}$가 성립한다. 즉, $\dfrac{\overline{CB}}{\overline{CA}} = \dfrac{\overline{CD}}{\overline{CB}}$이다. 또, $\angle C$는 공통이므로, 삼각형 CBA 와 삼각형 CDB는 닮음이다. 이제, $\angle CDB = \alpha$ 라 하면, $\angle DBA = \alpha$, $\angle BAC = 2\alpha$이다. 그러므로 $\angle BCA = 2\alpha$, $\angle ABC = \alpha$이다. 따라서 $5\alpha = 180°$이 므로, $\alpha = 36°$이다. 즉, $x = 36$이다.

연습문제풀이 **1.33 (KMO, '2012)**

$\angle B$와 $\angle C$가 모두 예각인 삼각형 ABC의 꼭짓점 A 에서 변 BC에 내린 수선의 발을 D라 하고, $\angle B$의 이등분선이 변 AD, AC와 만나는 점을 각각 E, F라 하자. $\overline{AE} : \overline{ED} = 3 : 2$이고, $\overline{AE} = \overline{AF}$일 때, $\dfrac{\triangle ABC}{\triangle CEF}$의 값을 구하여라.

풀이

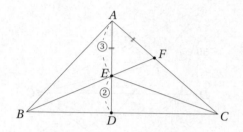

$\angle ABE = \alpha$, $\angle BAE = \beta$라 하면, 주어진 조건으로부 터 $\angle DBE = \alpha$, $\angle AEF = \alpha + \beta = \angle AFE$이다. 그런 데, $2\alpha + \beta = 90°$이므로, $\angle BAF = 90°$이고, $\angle EAF = 2\alpha$, $\angle ACD = \beta$이다. 삼각형 BAD에서 내각이등분 선의 정리에 의하여 $\overline{BA} : \overline{BD} = \overline{AE} : \overline{ED} = 3 : 2$이고, 또, 직각삼각형의 닮음에 의하여 $\overline{BA}^2 = \overline{BD} \times \overline{BC}$ 이므로, $\overline{BA} : \overline{BD} : \overline{DC} = 6 : 4 : 5$이다. 그러므로 $\overline{AF} : \overline{FC} = 6 : 9 = 2 : 3$이다. 따라서

$$\triangle CEF = \triangle ABC \times \frac{5}{9} \times \frac{6}{10} \times \frac{3}{5} = \triangle ABC \times \frac{1}{5}$$

이다. 그러므로 $\dfrac{\triangle ABC}{\triangle CEF} = 5$이다.

1.34 (KMO, '2012) —————

삼각형 ABC의 내심 I를 지나고 직선 AI에 수직인 직선이 직선 BC와 점 D에서 만난다. $\overline{AB} = 30$, $\overline{CA} = 60$, $\overline{CD} = 50$일 때 선분 BC의 길이를 구하여라.

풀이

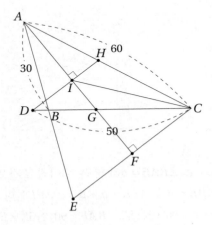

변 AC와 DI의 연장선과의 교점을 H, 변 BC와 선분 AI의 연장선과의 교점을 G라 하자. 또, 점 C에서 선분 AG의 연장선의 위에 내린 수선의 발을 F라 하고, 선분 CF의 연장선과 변 AB의 연장선과의 교점을 E라 하자.

그러면, 삼각형 AEC는 $\overline{AE} = \overline{AC}$인 이등변삼각형이다. 즉, $\overline{AE} = 60$이다. 그러므로 점 B는 변 AE의 중점이다. 즉, 점 G는 삼각형 AEC의 무게중심이다.

$\overline{BG} = x$라 하면, $\overline{GC} = 2x$이고, $\overline{DB} = 50 - 3x$이다. 또, 점 I가 삼각형 ABC의 내심이므로, 내각이등분선의 정리에 의하여

$$\overline{AI} : \overline{IG} = \overline{AC} : \overline{CG} = 60 : 2x$$

이다. 그러므로

$$\overline{AI} : \overline{IG} : \overline{GF} = 60 : 2x : 30 + x$$

이다. 삼각형 GID와 삼각형 GFC는 닮음이므로,

$$\overline{DG} : \overline{GC} = 2x : 30 + x$$

이다. 즉,

$$50 - 2x : 2x = 2x : 30 + x$$

이다. 이를 풀면 $x = 15$이다. 따라서 $\overline{BC} = 45$이다.

제 2 장

체바의 정리와 메넬라우스의 정리, 변환, 등각켤레점

- 꼭 암기해야 할 내용

- 넓이 비에 대한 간단한 정리
- 체바의 정리
- 메넬라우스의 정리
- 평행이동, 대칭이동, 회전이동

2.1 넓이 비에 대한 간단한 정리

- 이 절의 주요 내용

- 삼각형 넓이 비에 대한 정리

- 정삼각형, 정사각형, 정육각형의 등분

- 반 아우벨의 정리, 제르곤의 정리

도움정리 2.1.1 _____

삼각형 ABC에서, 변 BC 위에 임의의 한 점 D를 잡자. 그러면 $\dfrac{\triangle ABD}{\triangle ACD} = \dfrac{\overline{BD}}{\overline{DC}}$가 성립한다. 즉, 높이가 일정한 삼각형의 넓이는 밑변의 길이에 비례한다.

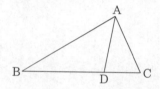

정리 2.1.2 (삼각형 넓이의 비에 대한 정리) _____

평행하지 않은 두 선분 AB와 PQ의 교점 또는 그 연장선의 교점을 M이라고 하면, $\dfrac{\triangle ABP}{\triangle ABQ} = \dfrac{\overline{PM}}{\overline{QM}}$이 성립한다.

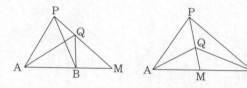

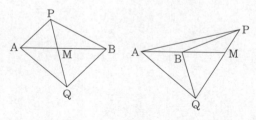

증명 도움정리 2.1.1로 부터

$$\frac{\triangle ABP}{\triangle ABQ} = \frac{\triangle ABP}{\triangle AMP} \cdot \frac{\triangle AMP}{\triangle AMQ} \cdot \frac{\triangle AMQ}{\triangle ABQ}$$
$$= \frac{\overline{AB}}{\overline{AM}} \cdot \frac{\overline{PM}}{\overline{QM}} \cdot \frac{\overline{AM}}{\overline{AB}}$$
$$= \frac{\overline{PM}}{\overline{QM}}$$

이다.

[예제] **2.1.3** _____

점 P가 삼각형 ABC의 한 내부의 한 점이다. 직선 AP, BP, CP가 각각 변 BC, CA, AB와 만나는 점을 D, E, F라 하면, $\dfrac{\overline{PD}}{\overline{AD}} + \dfrac{\overline{PE}}{\overline{BE}} + \dfrac{\overline{PF}}{\overline{CF}} = 1$이 성립함을 증명하여라.

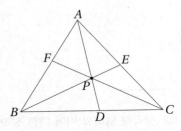

[풀이]

[예제] **2.1.4** _____

그림과 같이 볼록사각형 $ABCD$가 있다. 변 DA와 CB, 변 AB와 DC, 변 AC와 KL, 변 DB와 KL의 연장선의 교점들을 각각 K, L, G, F라 하면, $\dfrac{\overline{KF}}{\overline{FL}} = \dfrac{\overline{KG}}{\overline{GL}}$이 성립함을 증명하여라.

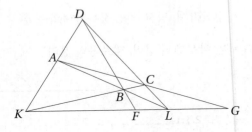

[풀이]

[풀이] 정리 2.1.2(삼각형 넓이의 비에 대한 정리)로 부터

$$\frac{\overline{PD}}{\overline{AD}} + \frac{\overline{PE}}{\overline{BE}} + \frac{\overline{PF}}{\overline{CF}} = \frac{\triangle PBC}{\triangle ABC} + \frac{\triangle APC}{\triangle ABC} + \frac{\triangle ABP}{\triangle ABC}$$
$$= \frac{\triangle ABC}{\triangle ABC} = 1$$

이다.

[풀이] 정리 2.1.2(삼각형 넓이의 비에 대한 정리)로 부터

$$\frac{\overline{KF}}{\overline{LF}} = \frac{\triangle KBD}{\triangle LBD} = \frac{\triangle KBD}{\triangle KBL} \cdot \frac{\triangle KBL}{\triangle LBD} = \frac{\overline{CD}}{\overline{CL}} \cdot \frac{\overline{AK}}{\overline{AD}}$$
$$= \frac{\triangle ACD}{\triangle ACL} \cdot \frac{\triangle ACK}{\triangle ACD} = \frac{\triangle ACK}{\triangle ACL} = \frac{\overline{KG}}{\overline{LG}}$$

이다.

예제 **2.1.5 (HKPSC, '1998)**

$\triangle ABC$의 세 변 AB, BC, CA위에 각 점 E, F, G가 $\overline{AE}:\overline{EB} = \overline{BF}:\overline{FC} = \overline{CG}:\overline{GA} = 1:3$을 만족한다고 하자. 세 점 K, L, M을 각각 선분 AF와 CE, 선분 BG와 AF, 선분 CE와 BG의 교점이라고 하자. $\triangle ABC$의 넓이를 1이라고 할 때, $\triangle KLM$의 넓이를 구하여라.

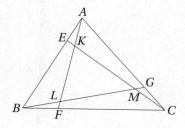

풀이

풀이 $\triangle ABL$의 넓이를 S라 하자. 정리 2.1.2(삼각형 넓이의 비에 대한 정리)에 의해, $\triangle CAL = 3S$이고, $\triangle BCL = \frac{S}{3}$이다. 주어진 조건에 의해서 $\triangle ABL + \triangle BCL + \triangle CAL = \triangle ABC = 1$이므로 $S + \frac{S}{3} + 3S = 1$이다. 따라서 $S = \frac{3}{13}$이다. 즉, $\triangle ABL = \frac{3}{13}$이다. 마찬가지로, $\triangle BCM = \triangle CAK = \frac{3}{13}$임을 알 수 있다. 그러므로

$$\triangle KLM = \triangle ABC - \triangle ABL - \triangle BCM - \triangle CAK$$
$$= 1 - \frac{3}{13} - \frac{3}{13} - \frac{3}{13} = \frac{4}{13}$$

이다.

예제 **2.1.6 (KJMO, '2022)** —————————

다음 그림에서 평행사변형 $ABCD$의 넓이는 36, $\triangle ABE$의 넓이는 6, $\triangle AFD$의 넓이는 9이다. 이때 $\triangle AEF$의 넓이는?

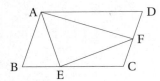

풀이

풀이 $\triangle AFD$의 넓이는 평행사변형 $ABCD$의 넓이의 $\frac{1}{4}$이므로 $\overline{DF} = \overline{FC}$이다. 그림과 같이, 선분 AF의 연장선과 변 BC의 연장선의 교점을 G라 하면, $\triangle AFD \equiv \triangle GFC$(ASA합동)이다. 또, $\triangle ABE = 6$이므로 $\overline{BE} : \overline{EC} = 1 : 2$이다. 따라서 $\overline{BE} : \overline{EC} : \overline{CG} = 1 : 2 : 3$이다. 즉, $\triangle FEC = 6$이다. 그러므로 삼각형 AEF의 넓이는 $36 - (6+6+9) = 15$이다.

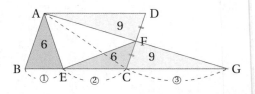

정리 **2.1.7 (정사각형의 등분(1))** _____

그림과 같이, 정사각형의 변을 이등분하는 점과 꼭 짓점을 연결하여 생긴 내부의 정사각형의 넓이는 큰 정사각형의 넓이의 $\frac{1}{5}$이다.

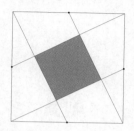

증명 아래 그림으로부터 큰 정사각형을 내부의 정 사각형과 합동인 5개의 작은 정사각형으로 나뉘어 진다. 따라서 내부의 정사각형의 넓이는 큰 정사각 형 넓이의 $\frac{1}{5}$이다.

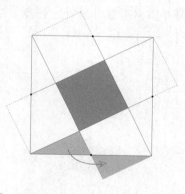

정리 **2.1.8 (정삼각형의 등분(1))** _____

그림과 같이, 정삼각형의 변을 삼등분하는 점과 꼭 짓점을 연결하여 생긴 내부의 정삼각형의 넓이는 큰 정삼각형의 넓이의 $\frac{1}{7}$이다.

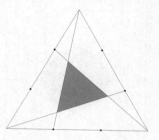

증명 아래 그림으로부터 큰 정삼각형은 7개의 넓 이가 같은 삼각형으로 나뉘어진다. 따라서 내부의 정삼각형의 넓이는 큰 정삼각형의 넓이의 $\frac{1}{7}$이다.

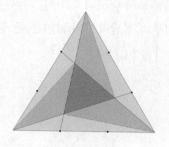

정리 **2.1.9 (정사각형의 등분(2))** _____
그림과 같이, 정사각형의 변을 이등분하는 점과 꼭
짓점을 연결하여 생긴 내부의 정팔각형의 넓이는
큰 정사각형의 넓이의 $\frac{1}{6}$이다.

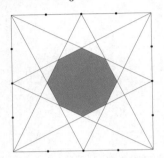

증명 아래 그림에서, $\triangle EAF = \triangle ABC \times \frac{1}{3}$이므로,
큰 정사각형의 넓이의 $\frac{1}{12}$이다. 또, $\triangle DFB$의 넓이
는 큰 정사각형의 넓이의 $\frac{1}{8}$이다.
따라서 내부의 정팔각형의 넓이는 큰 정사각형의
넓이의 $1 - \left(\frac{1}{12} + \frac{1}{8}\right) \times 4 = \frac{1}{6}$이다.

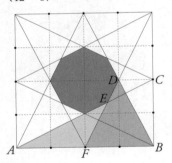

참고 그림에서 $\overline{DE} : \overline{EF} = \overline{CE} : \overline{EA} = \overline{DC} : \overline{AF} = 1 :$
2이다. 그러므로

$$\triangle EAF = \triangle EAB \times \frac{1}{2} = \triangle ABC \times \frac{2}{3} \times \frac{1}{2} = \triangle ABC \times \frac{1}{3}$$

이다.

정리 **2.1.10 (정삼각형의 등분(2))** _____
그림과 같이, 정삼각형의 변을 삼등분하는 점과 꼭
짓점을 연결하여 생긴 내부의 육각형의 넓이는 큰
정삼각형의 넓이의 $\frac{1}{10}$이다.

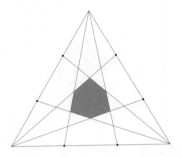

증명 아래 그림에서 $\triangle VQT = \triangle PQT \times \frac{1}{4}$이므
로, 큰 정삼각형의 넓이의 $\frac{1}{6}$이다. 또, $\triangle WTR =$
$\triangle PTR \times \frac{2}{5}$이므로, 큰 정삼각형의 넓이의 $\frac{2}{15}$이다.
따라서 내부의 육각형의 넓이는 큰 정삼각형의 넓
이의 $1 - \left(\frac{1}{6} + \frac{2}{15}\right) \times 3 = \frac{1}{10}$이다.

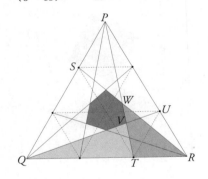

참고 그림에서 $\overline{VT} : \overline{PV} = \overline{UT} : \overline{PQ} = 1 : 3$이다. 그
러므로 $\triangle VQT = \triangle PQT \times \frac{1}{4}$이다. $\overline{PW} : \overline{WT} = \overline{PR} :$
$\overline{ST} = 3 : 2$이므로, $\triangle WTR = \triangle PTR \times \frac{2}{5}$이다.

정리 **2.1.11 (정육각형의 등분(1))**

그림과 같이, 정육각형의 변을 이등분하는 점과 꼭짓점을 연결하여 생긴 내부의 정육각형의 넓이는 큰 정육각형의 넓이의 $\frac{1}{13}$이다.

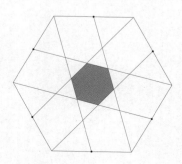

증명 아래 그림에서 $\overline{EH} : \overline{HB} = \overline{GE} : \overline{BD} = 5 : 8$이 므로, $\triangle HBD = \triangle EBD \times \frac{8}{13}$이다. $\triangle EBD$는 $\triangle FDB$ 과 밑변 $\overline{BD}$가 공통이고, 높이가 $\frac{3}{4}$이므로 $\triangle EBD = \triangle FBD \times \frac{3}{4}$이다. 또, $\triangle FBD$는 큰 정육각형의 넓이의 $\frac{1}{3}$이다. 그러므로 $\triangle HBD$의 넓이는 큰 정육각형의 넓이의 $\frac{1}{3} \times \frac{3}{4} \times \frac{8}{13} = \frac{2}{13}$이다. 따라서 내부의 정육각형의 넓이는 큰 정육각형의 넓이의 $1 - \frac{2}{13} \times 6 = \frac{1}{13}$이다.

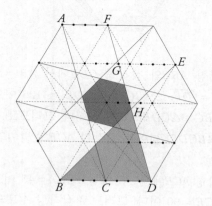

정리 **2.1.12 (정육각형의 등분(2))**

그림과 같이, 정삼각형의 변을 이등분하는 점과 꼭짓점을 연결하여 생긴 내부의 정십이각형의 넓이는 큰 정육각형의 넓이의 $\frac{1}{14}$이다.

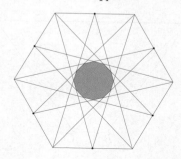

증명 아래 그림에서 $\overline{OS} : \overline{SR} = \overline{OQ} : \overline{PR} = 4 : 3$이 므로, $\triangle SQR = \triangle OQR \times \frac{3}{7}$이고, $\triangle OQR$의 넓이는 큰 정육각형의 넓이의 $\frac{1}{6}$이므로, $\triangle SQR$의 넓이는 큰 정육각형의 넓이의 $\frac{3}{7} \times \frac{1}{6} = \frac{1}{14}$이다. $\triangle URT$는 큰 정육각형의 넓이의 $\frac{1}{12}$이다. 따라서 구하는 내부의 정십이각형의 넓이는 큰 정육각형의 넓이의 $1 - \left(\frac{1}{14} + \frac{1}{12} \right) \times 6 = \frac{1}{14}$이다.

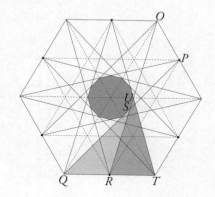

예제 **2.1.13 (KJMO, '2019)** ─────────

그림의 사각형 $ABCD$에서 $\angle ACB = 45°$, $\angle BAC = 10°$, $\angle ADC = 55°$, $\overline{AB} = \overline{CD}$이고 $\overline{AC} = 10$이다. 사각형 $ABCD$의 넓이는?

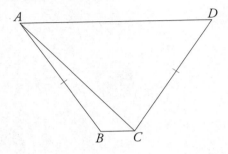

풀이

풀이 아래 그림과 같이 변 AD의 연장선 위에 $\overline{DE} = \overline{BC}$가 되도록 점 E를 잡는다.

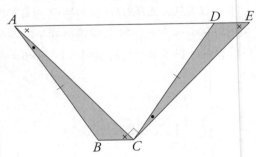

삼각형 ABC와 삼각형 CDE에서 $\overline{AB} = \overline{CD}$, $\overline{BC} = \overline{DE}$, $\angle ABC = \angle CDE = 125°$이므로, $\triangle ABC \equiv \triangle CDE$(SAS합동)이다. 그러므로 사각형 $ABCD$의 넓이는 삼각형 ACE의 넓이와 같다.

삼각형 ACE에서 $\angle CAE = \angle CEA = 45°$이므로, $\angle ACE = 90°$이다. 그러므로 삼각형 ACE의 넓이는 $10 \times 10 \div 2 = 50$이다. 즉, 사각형 $ABCD$의 넓이는 50이다.

예제 **2.1.14 (KJMO, '2019)** ─────────

다음 그림처럼 넓이가 144인 정사각형 $ABCD$의 내부에 직사각형 $EFGH$가 놓여있다. 변 EF는 변 AB와 평행하고 변EH는 변 AD와 평행하다. 사각형 $AGCH$의 넓이와 사각형 $BHDE$의 넓이가 각각 정사각형 $ABCD$의 넓이의 $\frac{1}{4}$배, $\frac{1}{3}$배일 때, 직사각형 $EFGH$의 넓이는?

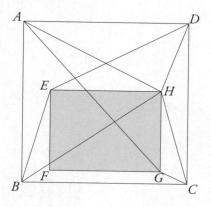

풀이

풀이 그림과 같이 변 EH의 연장선과 변 AB와의 교점을 I라 하고, 변 GH의 연장선과 변 AD와의 교점을 J라 한다. 또, 정사각형 $ABCD$의 넓이가 144이므로 $\overline{AD} = \overline{AB} = 12$이다.

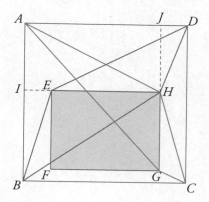

사각형 $AGCH$의 넓이는 삼각형 AHG의 넓이와 삼각형 CHG의 넓이의 합이므로

$$\begin{aligned}
144 \times \frac{1}{4} &= \frac{1}{2} \times \overline{HG} \times \overline{AJ} + \frac{1}{2} \times \overline{HG} \times \overline{JD} \\
&= \frac{1}{2} \times \overline{HG} \times (\overline{AJ} + \overline{JD}) \\
&= \frac{1}{2} \times \overline{HG} \times \overline{AD}
\end{aligned}$$

이다. $\overline{AD} = 12$이므로 $\overline{HG} = 6$이다.

사각형 $BHDE$의 넓이는 삼각형 DEH의 넓이와 삼각형 BEH의 넓이의 합이므로

$$\begin{aligned}
144 \times \frac{1}{3} &= \frac{1}{2} \times \overline{EH} \times \overline{AI} + \frac{1}{2} \times \overline{EH} \times \overline{IB} \\
&= \frac{1}{2} \times \overline{EH} \times (\overline{AI} + \overline{IB}) \\
&= \frac{1}{2} \times \overline{EH} \times \overline{AB}
\end{aligned}$$

이다. $\overline{AB} = 12$이므로 $\overline{EH} = 8$이다.

따라서 직사각형 $EFGH$의 넓이는 $\overline{EH} \times \overline{HG} = 8 \times 6 = 48$이다.

예제 **2.1.15 (KJMO, '2019)** ————————
내각의 크기가 모두 같고 6개의 변의 길이가 각각
1, 2, 3, 4, 5, 6인 육각형 중 가장 넓은 것의 넓이는
한 변의 길이가 1인 정삼각형의 넓이의 몇 배인가?

풀이

그림과 같이, 내각의 크기가 모두 같은 육각형 $ABCDEF$에서 이웃하지 않은 세 변 AB, CD, EF의 연장선(또는 세 변 BC, DE, FA의 연장선)의 교점을 각각 P, Q, R(또는 X, Y, Z)라 하면, 삼각형 PQR(또는 삼각형 XYZ)는 정삼각형이다.

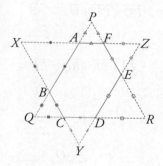

그림에서, $\overline{AF} + \overline{AB} + \overline{BC} = \overline{BC} + \overline{CD} + \overline{DE} = \overline{DE} + \overline{EF} + \overline{FA}$이다. $\overline{AF} = a$, $\overline{AB} = b$, $\overline{BC} = c$, $\overline{CD} = d$, $\overline{DE} = e$, $\overline{EF} = f$, 정삼각형 PQR의 한 변의 길이 $a+b+c$를 s라 하면,

$$2 \times (a+c+e) + b + d + f = 3 \times s \qquad (*)$$

이다. 네 개의 정삼각형 PQR, PAF, QBC, RDE의 넓이의 비는 $s^2 : a^2 : c^2 : e^2$이다.

따라서 육각형 $ABCDEF$의 넓이는 한 변의 길이가 1인 정삼각형의 넓이의 $(s^2 - a^2 - c^2 - e^2)$배다. (정삼각형 XYZ를 기준으로 할 경우, 정삼각형 XYZ의 한 변의 길이 $(b+c+d)$를 t라 하면, 육각형 $ABCDEF$의 넓이는 한 변의 길이가 1인 정삼각형의 넓이의 $(t^2 - b^2 - d^2 - f^2)$배다.) $a+b+c+d+e+f = 21$이므로, $(*)$를 정리하면

$$s = 7 + \frac{a+c+e}{3}$$

이다. 여기서, $1+2+3 \le a+c+e \le 4+5+6$이므로, $s = 9, 10, 11, 12$가 가능하다.

(i) $s = 9$일 때, 즉 $a+c+e = 6$이다. 편의상 $a = 1$, $c = 2$, $e = 3$이라 하면, $b = 6$, $d = 4$, $f = 5$이다. 그러므로 육각형 $ABCDEF$의 넓이는 한 변의 길이가 1인 정삼각형의 넓이의 $81 - (1 + 4 + 9) = 67$배다.

(ii) $s = 10$일 때, 즉 $a+c+e = 9$이다. 편의상 $a = 1$, $c = 3$, $e = 5$라 하면, $b = 6$, $d = 2$, $e = 4$이다. 그러므로 육각형 $ABCDEF$의 넓이는 한 변의 길이가 1인 정삼각형의 넓이의 $100 - (1 + 9 + 25) = 65$배이다.

(iii) $s = 11$일 때, 즉 $a+c+e = 12$이다. 이때는 $b + d + f = 9$이므로, (ii)에서 삼각형 PQR 대신 삼각형 XYZ를 기준으로 구하면 된다. 그러므로 육각형 $ABCDEF$의 넓이는 한 변의 길이가 1인 정삼각형의 넓이의 $121 - (4 + 16 + 36) = 65$배다.

(iv) $s = 12$일 때, 즉, $a+c+e = 15$이다. 이때는 $b + d + f = 6$이므로, (i)에서 삼각형 PQR 대신 삼각형 XYZ를 기준으로 구하면 된다. 그러므로 육각형 $ABCDEF$의 넓이는 한 변의 길이가 1인 정삼각형의 넓이의 $144 - (16 + 25 + 36) = 67$배다.

따라서 (i) ~ (iv)로부터 구하는 답은 67배다.

예제 **2.1.16 (KJMO, '2020)** _____

다음 그림에서 삼각형 ABC는 한 변의 길이가 10 인 정삼각형이고, 삼각형 DEF는 한 변의 길이가 13인 정삼각형인데, 변 BC와 변 DE가 평행하게 놓여있다. 그림의 육각형 $PQRSTU$의 둘레의 길이는 얼마인가?

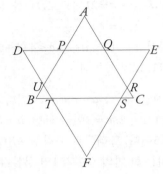

풀이

풀이　그림과 같이, 삼각형 ABC와 삼각형 DEF가 정삼각형이므로, 삼각형 APQ, DUP, BTU, FST, CRS, EQR은 모두 정삼각형이다. 즉, $\overline{PQ} = \overline{AP}$, $\overline{UT} = \overline{UB}$, $\overline{TS} = \overline{FS}$, $\overline{QR} = \overline{RE}$이다. 그러므로

$$\overline{PQ} + \overline{PU} + \overline{UT} = \overline{AB}$$

이고,

$$\overline{TS} + \overline{SR} + \overline{RQ} = \overline{EF}$$

이다.

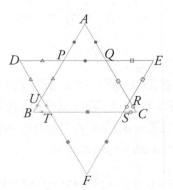

따라서 육각형 $PQRSTU$의 둘레의 길이는 $\overline{AB} + \overline{FE} = 10 + 13 = 23$이다.

예제 **2.1.17 (KJMO, '2020)** _____

아래의 첫번째 그림과 같이 한 변의 길이가 30cm 인 정사각형 $ABCD$ 모양의 종이의 변 AD 위에 선분 AE의 길이가 6cm인 점 E가 있다. 아래의 두번째 그림에서 선분 BE를 따라 종이를 접어서 꼭짓점 A가 종이에 닿은 점이 G이고, 꼭짓점 C가 점 G에 닿도록 접은 선이 변 CD와 만나는 점이 F이다. 직각삼각형 EDF의 넓이는 몇 cm^{2}인가?

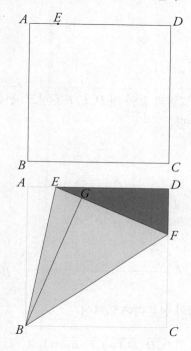

풀이

풀이 $\overline{DF} = x$라 하면,

$$\overline{FC} = 30 - x, \quad \overline{EF} = 6 + (30 - x) = 36 - x$$

이다. 또, $\triangle ABE = \triangle GBE$, $\triangle FGB = \triangle FCB$이다.

삼각형 ABE의 넓이는 $\frac{1}{2} \times 6 \times 30 = 90$이고, 삼각형 EDF이 넓이는 $\frac{1}{2} \times 24 \times x = 12x$이므로,

$$2 \times \frac{1}{2} \times (36 - x) \times 30 + 12x = 900$$

이다. 이를 정리하면

$$1080 - 18x = 900, \quad x = 10$$

이다. 따라서 구하는 삼각형 EDF의 넓이는 $12x = 120$이다.

예제 **2.1.18 (KJMO, '2020)** —————

$\overline{CA} = \overline{CB}$인 다음 그림의 삼각형 ABC의 넓이가 1200cm²인데, 빗금 쳐진 세 부분의 넓이가 모두 같다. 빗금 쳐지지 않은 부분의 넓이는 몇 cm²인가?

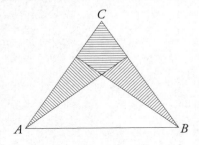

풀이

풀이 그림과 같이 점 D, E, F를 잡고, 선분 CF를 긋는다.

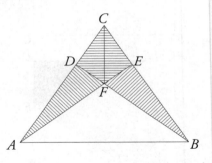

넓이비와 선분비에 의하여

$$\overline{CD} : \overline{DA} = \overline{CE} : \overline{EB} = 1 : 2$$

이고,

$$\overline{AF} : \overline{FE} = \overline{BF} : \overline{FD} = 3 : 1$$

이다. 따라서

$$\begin{aligned}
\triangle AFB &= \triangle ABE \times \frac{3}{4} \\
&= \left(\triangle ABC \times \frac{2}{3} \right) \times \frac{3}{4} \\
&= 1200 \times \frac{2}{3} \times \frac{3}{4} = 600
\end{aligned}$$

이다. 즉, 빗금 쳐지지 않은 부분의 넓이는 600cm²이다.

예제 **2.1.19 (KJMO, '2020)** _____

다음 그림과 같이 직사각형 여섯 개를 맞붙여 놓았다. 빗금친 직사각형의 넓이는 몇 cm²인가?

115cm²	230cm²	
240cm²	360cm²	215cm²
?cm²		

풀이

풀이 그림과 같이 점 $A \sim O$를 잡는다.

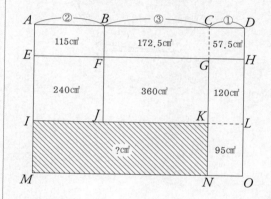

그러면,

$$\overline{AB} : \overline{BD} = 115 : 230 = 2 : 4$$

$$\overline{EF} : \overline{FG} = 240 : 360 = 2 : 3$$

이다. 그러므로

$$\overline{AB} : \overline{BC} : \overline{CD} = \overline{EF} : \overline{FG} : \overline{GH} = 2 : 3 : 1$$

이다. 즉, 사각형 $FJKG$의 넓이가 360cm² 이므로, 사각형 $GKLH$의 넓이는 120cm²이다. 즉, 사각형 $KNOL$의 넓이는 95cm²이다. 또, $\overline{IK} : \overline{KL} = \overline{AC} : \overline{CD} = 5 : 1$이다.

따라서 빗금친 직사각형의 넓이는 사각형 $KNOL$의 넓이의 5배이므로, 구하는 넓이는 $95 \times 5 = 475$cm²이다.

예제 **2.1.20 (KJMO, '2021)** _____

정육각형 $ABCDEF$의 변 AB, BC, CD, DE, EF, FA에 대하여 각각 꼭짓점 A, B, C, D, E, F로부터 변의 길이의 $\frac{1}{10}$이 되는 지점에 그림과 같이 점 P, Q, R, S, T, U를 잡았다. 육각형 $ABCDEF$의 넓이가 100이라면, 육각형 $PQRSTU$의 넓이는?

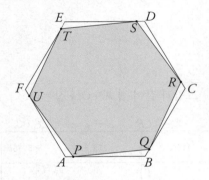

풀이

풀이 그림과 같이 대각선 EB, FC, AD를 긋고, 교점을 O라 한다. 선분 FD를 그린다.

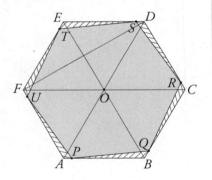

삼각형 EFD의 넓이는 정육각형 $ABCDEF$의 넓이의 $\frac{1}{6}$이다.

삼각형의 넓이비(각)에 의하여,

$$\triangle ETS = \triangle EFD \times \frac{1}{10} \times \frac{9}{10}$$
$$= \triangle EFD \times \frac{9}{100}$$

이다. 빗금친 삼각형은 모두 삼각형 ETS와 합동이므로, 빗금친 삼각형의 넓이의 합은 $100 \times \frac{1}{6} \times \frac{9}{100} \times 6 = 9$이다.

따라서 육각형 $PQRSTU$의 넓이는 $100 - 9 = 91$이다.

예제 **2.1.21 (KJMO, '2021)**

다음 그림에서 $\angle ABC = \angle CDE = 90°$이고, $\overline{AB} = 10$, $\overline{CD} = 30$일 때, 삼각형 BCE의 넓이는?

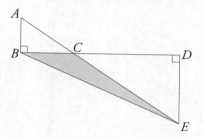

풀이

풀이 그림과 같이, 점 A와 점 D를 연결한다.

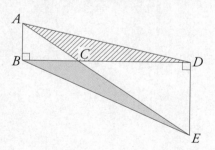

$\overline{AB}$와 $\overline{DE}$가 평행하므로, $\triangle ABE = \triangle ABD$이다. 양변에 $\triangle ABC$를 빼면, $\triangle BCE = \triangle ACD$이다. 삼각형 ACD의 넓이는 $\frac{1}{2} \times 30 \times 10 = 150$이다. 따라서 구하는 삼각형 BCE의 넓이는 150이다.

예제 **2.1.22 (KJMO, '2021)** _____

다음 그림과 같이 직사각형 $AEHD$를 세 개의 작은
직사각형으로 분할했을 때, $\overline{AC} = 14$, $\overline{FH} = 20$이고,
직사각형 $AEFB$의 넓이는 58, 직사각형 $CGHD$의
넓이는 100이다. 전체 직사각형 $AEHD$의 넓이는?

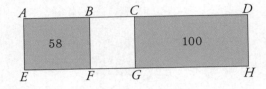

풀이

풀이 직사각형 $BFGC$의 넓이를 S라 하면,

$$(58 + S) : (S + 100) = 14 : 20,$$

$$20 \times (58 + S) = 14 \times (S + 100)$$

이다. 이를 정리하면 $S = 40$이다. 따라서 구하는
직사각형 $AEHD$의 넓이는 198이다.

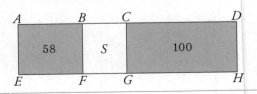

예제 **2.1.23 (KJMO, '2022)** _____

한 변의 길이가 4인 정사각형 $ABCD$를 그린 후, 정사각형 $ABCD$의 대각선을 지름으로 하는 원과 변 AD를 지름으로 하는 원을 그렸다. 이때 그림의 색칠한 부분의 넓이는?

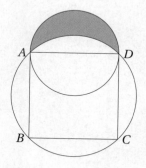

풀이

풀이 문제에서 색칠한 부분은 [그림1]의 색칠한 부분에서 [그림2]의 빗금친 부분을 뺀 것과 같다.

[그림1]에서 색칠한 부분의 넓이는 $2 \times 2 \times 3.14 \times \frac{180}{360} + 4 \times 2 \times \frac{1}{2} = 10.28$이다.

[그림2]에서 삼각형 AOD의 넓이를 구하는 두 가지 방법으로부터 $AO \times OD = 4 \times 2$이다. 즉, $AO \times AO = 8$이다. 빗금친 부분의 넓이는 $8 \times 3.14 \times \frac{90}{360} = 6.28$이다.

따라서 구하는 색칠한 부분의 넓이는 $10.28 - 6.28 = 4$이다.

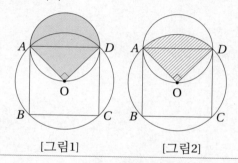

[그림1]   [그림2]

예제 **2.1.24 (KJMO, '2022)** ───────────

다음 그림의 마름모 $ABCD$에서 $\overline{AC} : \overline{BD} = 1 : 2$이
다. 직선 ℓ은 선분 AC와 선분 BD의 교점 O를 지
나고, 선분 AB와 선분 CD를 만난다. 직선 ℓ 위의
두 점 E, F에 대하여 선분 AE와 선분 DF는 직선 ℓ
과 수직이고, $\overline{AE} = 7$, $\overline{DF} = 5$이다. 사각형 $AEFD$의
넓이는?

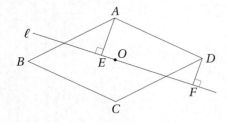

풀이

풀이 아래 그림과 같이, 대각선 AC와 BD를
긋는다. 그러면, $\angle AOD = 90°$이고, $\angle OAE =$
$\angle DOF$이다. 그러므로 삼각형 AEO와 삼각형
OFD는 닮음이고 닮음비는 $\overline{AO} : \overline{OD} = 1 : 2$이
다.
$\overline{AE} = 7$, $\overline{DF} = 5$이므로 $\overline{OF} = 14$, $\overline{OE} = 2.5$이다.
그러므로 사각형 $AEFD$의 넓이는

$$(7 + 5) \times (14 + 2.5) \times \frac{1}{2} = 99$$

이다.

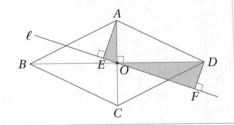

예제 **2.1.25 (KJMO, '2022)** _____

$\triangle ABC$에서 $\overline{AB} = 100$, $\overline{AC} = 36$이고 $\angle BAC = 120°$이다. 그림처럼 선분 BC를 한 변으로 하는 정삼각형 $\triangle BCD$를 그렸을 때 선분 AD의 길이는?

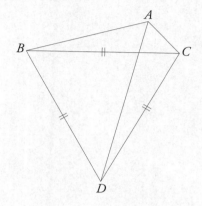

풀이

풀이 그림과 같이 삼각형 ACE가 정삼각형이 되도록 점 E를 잡는다.

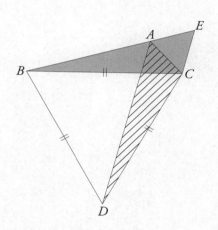

$\angle BAC + \angle CAE = 180°$이므로 세 점 B, A, E는 한 직선 위에 있다.

삼각형 EBC와 삼각형 ADC에서

$$\overline{BC} = \overline{DC}, \overline{EC} = \overline{AC}, \angle BCE = \angle DCA$$

이므로 $\triangle EBC \equiv \triangle ADC$(SAS합동)이다.

따라서

$$\overline{AD} = \overline{BE} = \overline{BA} + \overline{AC} = 136$$

이다.

예제 **2.1.26 (KJMO, '2022)** _____

한 변의 길이가 각각 27, 36, 15인 세 정사각형이 그림과 같이 놓여 있다. 선분 OB가 색칠된 부분의 넓이를 이등분할 때, 선분 AB의 길이는?

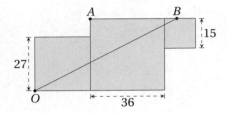

풀이

풀이 세 정사각형의 넓이의 합은 $27 \times 27 + 36 \times 36 + 15 \times 15 = 2250$이다. 아래 그림과 같이, 점 D를 잡으면, 빗금친 부분의 넓이는 $27 \times 9 = 243$이다. 삼각형 ODB의 넓이는

$$\frac{\overline{DO} \times \overline{DB}}{2} = \frac{2250}{2} + 243 = 1368$$

이므로, $\overline{DB} = 76$이다. 즉, $\overline{AB} = 76 - 27 = 49$이다.

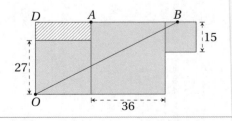

[예제] **2.1.27 (KJMO, '2023)** _____

그림과 같이 서로 다른 크기의 두 정사각형이 겹쳐져 있다. 두 정사각형의 중심은 일치하며, 빗금친 삼각형은 넓이가 각각 8과 1인 이등변 삼각형이다. 작은 정사각형의 넓이는 얼마인가?

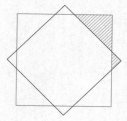

[풀이]

[풀이] 그림과 같이 작은 정사각형을 분할하면, 작은 정사각형은 넓이가 8인 이등변 삼각형 4개와 넓이가 1인 이등변 삼각형 40개로 이루어졌다.

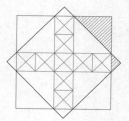

따라서 작은 정사각형의 넓이는 $4 \times 8 + 40 \times 1 = 72$이다.

예제 **2.1.28 (KJMO, '2023)** ————————

정사각형 $ABCD$의 한 변 AB에서 점 E를 잡고, 점 A와 점 C에서 선분 DE에 내린 수선의 발을 각각 P와 Q라 하자. $\overline{AP} = 7$, $\overline{CQ} = 16$일 때, 정사각형 $ABCD$의 넓이는 얼마인가?

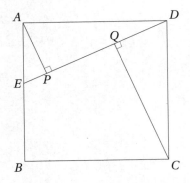

풀이

풀이 그림과 같이, 점 B에서 선분 CQ, 선분 AP의 연장선에 내린 수선의 발을 각각 R, S라 한다. 직각삼각형 APD와 DQC에서

$$\overline{AD} = \overline{DC}, \quad \angle ADP = 90° - \angle CDQ = \angle DCQ$$

이므로 $\triangle APD \equiv \triangle DQC$(RHA합동)이다. 즉, $\overline{QD} = \overline{AP} = 7$, $\overline{PQ} = 9$이다.

그림과 같이, 정사각형 $ABCD$는 네 개의 합동인 직각삼각형과 정사각형 $PQRS$로 분할된다. 따라서 정사각형 $ABCD$의 넓이는

$$\frac{1}{2} \times 7 \times 16 \times 4 + 9 \times 9 = 305$$

이다.

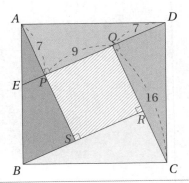

정리 **2.1.29 (반 아우벨의 정리)** _____

삼각형 ABC내의 한 점 O에서 만나는 세 직선 AO, BO, CO가 대변과 각각 D, E, F에서 교차하면

$$\frac{\overline{AO}}{\overline{DO}} = \frac{\overline{AF}}{\overline{BF}} + \frac{\overline{AE}}{\overline{CE}}$$

가 성립한다.

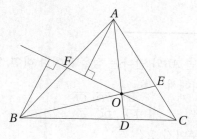

증명 삼각형 넓이의 비에 대한 정리(정리 2.1.2)로 부터

$$\frac{\overline{AF}}{\overline{FB}} = \frac{\triangle AOC}{\triangle BOC}, \quad \frac{\overline{AE}}{\overline{EC}} = \frac{\triangle ABO}{\triangle BOC}$$

이다. 위 두 식을 변변 더하면

$$\frac{\overline{AF}}{\overline{FB}} + \frac{\overline{AE}}{\overline{EC}} = \frac{\triangle AOC + \triangle ABO}{\triangle BOC} = \frac{\square ABOC}{\triangle BOC} = \frac{\overline{AO}}{\overline{OD}}$$

이다.

정리 **2.1.30 (제르곤의 정리)** _____

$\triangle ABC$에서 내부의 한 점 O를 잡고, O와 꼭짓점 A, B, C를 이은 직선이 대변과 만나는 점을 각각 P, Q, R이라 하면

$$\frac{\overline{OP}}{\overline{AP}} + \frac{\overline{OQ}}{\overline{BQ}} + \frac{\overline{OR}}{\overline{CR}} = 1$$

이다.

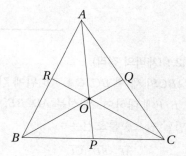

증명 삼각형의 넓이의 비에 대한 정리(정리 2.1.2)로 부터

$$\begin{aligned}\frac{\overline{OP}}{\overline{AP}} + \frac{\overline{OQ}}{\overline{BQ}} + \frac{\overline{OR}}{\overline{CR}} &= \frac{\triangle OBC}{\triangle ABC} + \frac{\triangle OCA}{\triangle ABC} + \frac{\triangle OAB}{\triangle ABC} \\ &= \frac{\triangle OBC + \triangle OAB + \triangle OCA}{\triangle ABC} \\ &= \frac{\triangle ABC}{\triangle ABC} = 1\end{aligned}$$

이다.

2.2 체바의 정리와 메넬라우스의 정리

- 이 절의 주요 내용

- 체바의 정리, 메넬라우스의 정리

- 파스칼의 정리, 파푸스의 정리, 데자르그의 정리

정리 **2.2.1 (체바의 정리)** —————————

삼각형 ABC의 세 변 BC, CA, AB 위에 각각 주어진 점 D, E, F에 대하여, 세 선분 AD, BE, CF가 한 점에서 만날 필요충분조건은

$$\frac{\overline{AF}}{\overline{FB}} \cdot \frac{\overline{BD}}{\overline{DC}} \cdot \frac{\overline{CE}}{\overline{EA}} = 1$$

이다.

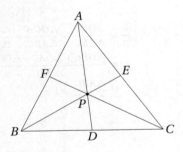

증명 그림에서

$$\frac{\overline{BD}}{\overline{DC}} = \frac{\triangle ABD}{\triangle ADC} = \frac{\triangle PBD}{\triangle PDC} = \frac{\triangle ABD - \triangle PBD}{\triangle ADC - \triangle PDC} = \frac{\triangle ABP}{\triangle CAP}$$

이다. 마찬가지로,

$$\frac{\overline{CE}}{\overline{EA}} = \frac{\triangle BCP}{\triangle ABP}, \qquad \frac{\overline{AF}}{\overline{FB}} = \frac{\triangle CAP}{\triangle BCP}$$

이다. 따라서 위 세 식을 변변 곱하면,

$$\frac{\overline{AF}}{\overline{FB}} \cdot \frac{\overline{BD}}{\overline{DC}} \cdot \frac{\overline{CE}}{\overline{EA}} = \frac{\triangle CAP}{\triangle BCP} \cdot \frac{\triangle ABP}{\triangle CAP} \cdot \frac{\triangle BCP}{\triangle ABP} = 1$$

이다.

역으로, 선분 AD와 BE의 교점을 P라 하고, 직선

CP가 변 AB와 만나는 점을 F'이라 하면, 앞의 결과에 의해서

$$\frac{\overline{AF'}}{\overline{F'B}} \cdot \frac{\overline{BD}}{\overline{DC}} \cdot \frac{\overline{CE}}{\overline{EA}} = 1$$

이고, 주어진 조건

$$\frac{\overline{AF}}{\overline{FB}} \cdot \frac{\overline{BD}}{\overline{DC}} \cdot \frac{\overline{CE}}{\overline{EA}} = 1$$

으로 부터

$$\frac{\overline{AF'}}{\overline{F'B}} = \frac{\overline{AF}}{\overline{FB}}$$

이다. 따라서 $F = F'$이다. 즉, 세 선분 AD, BE, CF는 한 점에서 만난다.

한국수학올림피아드 바이블 프리미엄

[정리] 2.2.2 (체바의 정리(삼각함수)) ──────

삼각형 ABC의 세 변 BC, CA, AB 위에 각각 주어진 점 D, E, F에 대하여, 세 선분 AD, BE, CF가 한 점에서 만날 필요충분조건은 $\dfrac{\sin\angle ABE}{\sin\angle DAB}\cdot\dfrac{\sin\angle BCF}{\sin\angle EBC}\cdot\dfrac{\sin\angle CAD}{\sin\angle FCA}=1$이다.

[증명] 삼각형 ABP에서 사인법칙(정리 4.2.1)에 의해 $\dfrac{\sin\angle ABE}{\sin\angle DAB}=\dfrac{\sin\angle ABP}{\sin\angle PAB}=\dfrac{\overline{AP}}{\overline{BP}}$이다. 같은 방법으로 $\triangle BCP$와 $\triangle CAP$에서 사인법칙에 의해

$$\frac{\sin\angle BCF}{\sin\angle EBC}=\frac{\overline{BP}}{\overline{CP}},\quad \frac{\sin\angle CAD}{\sin\angle FCA}=\frac{\overline{CP}}{\overline{AP}}$$

이다. 따라서

$$\frac{\sin\angle ABE}{\sin\angle DAB}\cdot\frac{\sin\angle BCF}{\sin\angle EBC}\cdot\frac{\sin\angle CAD}{\sin\angle FCA}=\frac{\overline{AP}}{\overline{BP}}\cdot\frac{\overline{BP}}{\overline{CP}}\cdot\frac{\overline{CP}}{\overline{AP}}=1$$

이다.
(역의 증명) $\triangle ABD$와 $\triangle ACD$에서 사인법칙에 의해

$$\frac{\overline{AB}}{\overline{BD}}=\frac{\sin\angle ADB}{\sin\angle DAB},\quad \frac{\overline{DC}}{\overline{CA}}=\frac{\sin\angle CAD}{\sin\angle ADC}$$

이다. $\angle ADC+\angle ADB=180°$이므로, $\sin\angle ADB=\sin\angle ADC$이다. 따라서 $\dfrac{\overline{DC}}{\overline{BD}}\cdot\dfrac{\overline{AB}}{\overline{CA}}=\dfrac{\sin\angle CAD}{\sin\angle DAB}$이다. 같은 방법으로

$$\frac{\overline{AE}}{\overline{EC}}\cdot\frac{\overline{BC}}{\overline{AB}}=\frac{\sin\angle ABE}{\sin\angle EBC},\quad \frac{\overline{BF}}{\overline{FA}}\cdot\frac{\overline{CA}}{\overline{BC}}=\frac{\sin\angle BCF}{\sin\angle FCA}$$

이다. 따라서

$$\begin{aligned}\frac{\overline{BF}}{\overline{FA}}\cdot\frac{\overline{DC}}{\overline{BD}}\cdot\frac{\overline{EA}}{\overline{CE}}&=\frac{\overline{DC}}{\overline{BD}}\cdot\frac{\overline{AB}}{\overline{CA}}\cdot\frac{\overline{AE}}{\overline{EC}}\cdot\frac{\overline{BC}}{\overline{AB}}\cdot\frac{\overline{BF}}{\overline{FA}}\cdot\frac{\overline{CA}}{\overline{BC}}\\&=\frac{\sin\angle CAD}{\sin\angle DAB}\cdot\frac{\sin\angle ABE}{\sin\angle EBC}\cdot\frac{\sin\angle BCF}{\sin\angle FCA}=1\end{aligned}$$

이다. 즉, $\dfrac{\overline{AF}}{\overline{FB}}\cdot\dfrac{\overline{BD}}{\overline{DC}}\cdot\dfrac{\overline{CE}}{\overline{EA}}=1$이다. 따라서 체바의 정리(정리 2.2.1)로 부터 세 선분 AD, BE, CF는 한 점에서 만난다.

[예제] 2.2.3 ──────

서로 합동인 아닌 두 삼각형 ABC, $A'B'C'$의 대응변이 서로 평행할 때, 세 직선 AA', BB', CC'은 한 점에서 만남을 증명하여라.

[풀이]

[풀이]

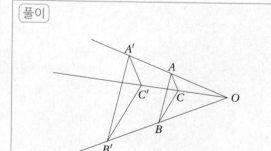

직선 BB'과 CC'이 만나는 점을 O라고 하고, 직선 OA와 $A'B'$이 점 A_1에서 만난다고 하자. 그러면 $\triangle A'B'C'$과 $\triangle ABC$가 닮음이므로

$$\frac{\overline{A'B'}}{\overline{AB}}=\frac{\overline{B'C'}}{\overline{BC}}=\frac{\overline{OB'}}{\overline{OB}}=\frac{\overline{A_1B'}}{\overline{AB}}$$

이다. 그러므로 점 A_1과 A'는 같은 점이다. 따라서 세 직선 AA', BB', CC'는 한 점에서 만난다.

예제 **2.2.4 (KMO, '2009)** ─────────

예각삼각형 ABC의 세 꼭짓점 A, B, C를 BC, CA, AB에 대하여 대칭이동한 점을 A', B', C'이라 하자. 두 직선 $B'C$와 BC의 교점을 D, 두 직선 $A'C$와 AC'의 교점을 E, 두 직선 $A'B$와 AB'의 교점을 F라 할 때, 세 직선 AD, BE, CF가 한 점에서 만남을 보여라.

풀이

풀이

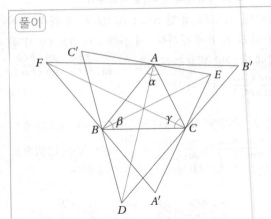

$\angle BAC = \alpha$, $\angle ABC = \beta$, $\angle BCA = \gamma$라 하자. 그러면, $\angle BAC = \angle BAC' = \alpha$, $\angle ABC = \angle A'BC = \beta$, $\angle ACB = \angle A'CB = \gamma$, $\angle CAE = 180° - 2\alpha$, $\angle ACE = 180° - 2\gamma$이다. 그러므로

$$\angle CEA = 180° - (180° - 2\alpha) - (180° - 2\gamma)$$
$$= 2(\alpha + \gamma) - 180° = 180° - 2\beta$$

이다. 그런데, $\angle ABA' = 2\beta$이므로, $\angle ABA' + \angle AEA' = 180°$이다. 즉, 네 점 A, B, A', E은 한 원 위에 있다. 그러면, 현 AB와 BA'에 대한 원주각이 같으므로, $\angle AEB = \angle BEA' = 90° - \beta$이다. 삼각형 BCE에서 $\angle BEC = 90° - \beta$, $\angle BCE = 180° - \gamma$이다. 따라서

$$\angle EBC = 180° - (90° - \beta) - (180° - \gamma) = \beta + \gamma - 90°$$

이다. 같은 방법으로, $\angle FCB = \beta + \gamma - 90°$이다. 그러므로 $\angle EBC = \angle FCB$이다.

같은 방법으로, $\angle BAD = \angle ABE$, $\angle DAC = \angle ACF$이다. 그러므로

$$\frac{\sin \angle EBC}{\sin \angle FCB} \cdot \frac{\sin \angle ACF}{\sin \angle DAC} \cdot \frac{\sin \angle BAD}{\sin \angle ABE} = 1$$

이다. 따라서 체바의 정리(삼각함수)에 의하여, 세 직선 AD, BE, CF는 한 점에서 만난다.

예제 **2.2.5**

삼각형의 세 중선은 한 점에서 만난다.

풀이

풀이

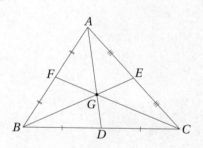

삼각형 ABC에서 변 BC, CA, AB의 중점을 각각 D, E, F라 하자. 그러면, 선분 AD, BE, CF가 중선이므로

$$\frac{\overline{AF}}{\overline{FB}} = \frac{\overline{BD}}{\overline{DC}} = \frac{\overline{CE}}{\overline{EA}} = 1$$

이다. 따라서

$$\frac{\overline{AF}}{\overline{FB}} \cdot \frac{\overline{BD}}{\overline{DC}} \cdot \frac{\overline{CE}}{\overline{EA}} = 1$$

이다. 체바의 정리의 역에 의하여 세 선분 AD, BE, CF는 한 점에서 만난다.

예제 **2.2.6**

삼각형의 세 수선은 한 점에서 만난다.

풀이

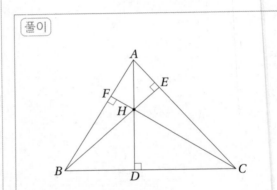

풀이

삼각형 ABC에서 $\overline{BC} = a$, $\overline{CA} = b$, $\overline{AB} = c$라 하자. 또, 꼭짓점 A, B, C에서 변 BC, CA, AB에 내린 수선의 발을 각각 D, E, F라 하자. 그러면 삼각비에 의하여,

$$\frac{\overline{AF}}{\overline{FB}} = \frac{b\cos A}{a\cos B}, \quad \frac{\overline{BD}}{\overline{DC}} = \frac{c\cos B}{b\cos C}, \quad \frac{\overline{CE}}{\overline{EA}} = \frac{a\cos C}{c\cos A}$$

이므로

$$\frac{\overline{AF}}{\overline{FB}} \cdot \frac{\overline{BD}}{\overline{DC}} \cdot \frac{\overline{CE}}{\overline{EA}} = 1$$

이다. 체바의 정리의 역에 의하여 세 선분 AD, BE, CF는 한 점에서 만난다.

예제 **2.2.7**

삼각형의 세 내각의 이등분선은 한 점에서 만난다.

풀이

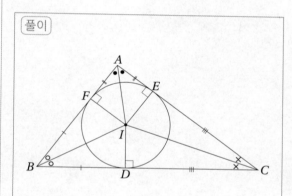

풀이

삼각형 ABC에서 $\overline{BC} = a$, $\overline{CA} = b$, $\overline{AB} = c$라 하자. 또, $\angle A$, $\angle B$, $\angle C$의 내각의 이등분선이 변 BC, CA, AB와 만나는 점을 각각 D, E, F라 하자. 그러면 내각의 이등분선의 정리에 의하여,

$$\frac{\overline{AF}}{\overline{FB}} = \frac{b}{a}, \quad \frac{\overline{BD}}{\overline{DC}} = \frac{c}{b}, \quad \frac{\overline{CE}}{\overline{EA}} = \frac{a}{c}$$

이다. 따라서

$$\frac{\overline{AF}}{\overline{FB}} \cdot \frac{\overline{BD}}{\overline{DC}} \cdot \frac{\overline{CE}}{\overline{EA}} = \frac{b}{a} \cdot \frac{c}{b} \cdot \frac{a}{c} = 1$$

이다. 체바의 정리의 역에 의하여 세 선분 AD, BE, CF는 한 점에서 만난다.

예제 **2.2.8**

삼각형의 한 내각의 이등분선과 다른 두 외각의 이등분선은 한 점에서 만난다.

풀이

풀이

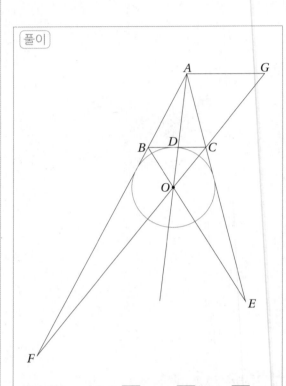

삼각형 ABC에서 $\overline{BC} = a$, $\overline{CA} = b$, $\overline{AB} = c$ 라 하자. 또, $\angle A$의 내각의 이등분선이 변 BC 와 만나는 점을 D라 하고, $\angle B$, $\angle C$의 외각의 이등분선이 변 CA, AB의 연장선과 만나는 점을 E, F라 하자. 그리고, 점 A에서변 BC에 평행선을 그어 직선 FC와 만나는 점을 G라 하자. 이 때, $\triangle ACG$는 이등변삼각형이고, $\overline{AG} = b$이므로, $\dfrac{\overline{AF}}{\overline{FB}} = \dfrac{\overline{AG}}{\overline{BC}} = \dfrac{b}{a}$이다. 마찬가지로, $\dfrac{\overline{CE}}{\overline{EA}} = \dfrac{a}{c}$가 된 다. 또한, 선분 AD는 $\angle A$의 내각의 이등분선이 므로, $\dfrac{\overline{BD}}{\overline{DC}} = \dfrac{c}{b}$이다. 따라서

$$\frac{\overline{AF}}{\overline{FB}} \cdot \frac{\overline{BD}}{\overline{DC}} \cdot \frac{\overline{CE}}{\overline{EA}} = 1$$

이다. 체바의 정리의 역에 의하여 세 선분 AD, BE, CF는 한 점에서 만난다.

정리 **2.2.9 (메넬라우스의 정리)** —————

직선 ℓ이 삼각형 ABC에서 세 변 BC, CA, AB 또는 그 연장선과 각각 점 D, E, F에서 만나면

$$\frac{\overline{AF}}{\overline{FB}} \cdot \frac{\overline{BD}}{\overline{DC}} \cdot \frac{\overline{CE}}{\overline{EA}} = 1$$

이 성립한다. 역으로 위의 식이 성립하면, 세 점 D, E, F는 한 직선 위에 있다.

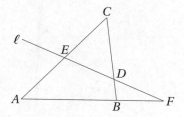

증명 점 X, Y를 직선 ℓ 위의 임의의 점이라고 하자. 그러면

$$\frac{\overline{AF}}{\overline{FB}} \cdot \frac{\overline{BD}}{\overline{DC}} \cdot \frac{\overline{CE}}{\overline{EA}} = \frac{\triangle AXY}{\triangle BXY} \cdot \frac{\triangle BXY}{\triangle CXY} \cdot \frac{\triangle CXY}{\triangle AXY} = 1$$

이다.

역으로, 선분 DE의 연장선이 변 AB 또는 그 연장선과 만나는 점을 F'라 하면

$$\frac{\overline{AF'}}{\overline{F'B}} \cdot \frac{\overline{BD}}{\overline{DC}} \cdot \frac{\overline{CE}}{\overline{EA}} = 1$$

이다. 이를 $\frac{\overline{AF}}{\overline{FB}} \cdot \frac{\overline{BD}}{\overline{DC}} \cdot \frac{\overline{CE}}{\overline{EA}} = 1$과 비교하면 $\frac{\overline{AF}}{\overline{FB}} = \frac{\overline{AF'}}{\overline{F'B}}$이다. 따라서 두 점 F와 F'는 선분 AB를 같은 비로 내분하거나 외분한다. 즉, 점 F과 F'는 일치한다. 따라서 세 점 D, E, F는 한 직선 위에 있다.

정리 **2.2.10 (메넬라우스의 정리(삼각함수))** —————

직선 ℓ이 삼각형 ABC에서 세 변 BC, CA, AB 또는 그 연장선과 각각 점 D, E, F에서 만나면

$$\frac{\sin \angle AEF}{\sin \angle EFA} \cdot \frac{\sin \angle DFB}{\sin \angle BDF} \cdot \frac{\sin \angle CDE}{\sin \angle DEC} = 1$$

이 성립한다. 역으로 위의 식이 성립하면, 세 점 D, E, F는 한 직선 위에 있다.

증명 정리 2.2.9의 그림에서 $\triangle AFE$, $\triangle BFD$, $\triangle CDE$에 사인법칙을 적용하면,

$$\frac{\overline{AF}}{\overline{EA}} = \frac{\sin \angle AEF}{\sin \angle EFA}, \quad \frac{\overline{BD}}{\overline{FB}} = \frac{\sin \angle DFB}{\sin \angle BDF}, \quad \frac{\overline{CE}}{\overline{DC}} = \frac{\sin \angle CDE}{\sin \angle DEC}$$

이다. 또한, $\sin \angle AEF = \sin \angle DEC$, $\sin \angle DFB = \sin \angle EFA$, $\sin \angle CDE = \sin \angle BDF$이다. 따라서

$$\begin{aligned}
\frac{\overline{AF}}{\overline{FB}} \cdot \frac{\overline{BD}}{\overline{DC}} \cdot \frac{\overline{CE}}{\overline{EA}} &= \frac{\overline{AF}}{\overline{EA}} \cdot \frac{\overline{BD}}{\overline{FB}} \cdot \frac{\overline{CE}}{\overline{DC}} \\
&= \frac{\sin \angle AEF}{\sin \angle EFA} \cdot \frac{\sin \angle DFB}{\sin \angle BDF} \cdot \frac{\sin \angle CDE}{\sin \angle DEC} \\
&= 1
\end{aligned}$$

이다. 그러므로 성립한다.

예제 **2.2.11**

그림과 같이 볼록사각형 $ABCD$가 있다. 변 DA와 CB, 변 AB와 DC, 변 AC와 KL, 변 DB와 KL의 연장선의 교점들을 각각 K, L, G, F라 두면, $\dfrac{\overline{KF}}{\overline{FL}} = \dfrac{\overline{KG}}{\overline{GL}}$이 성립함을 증명하여라.

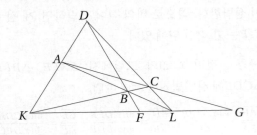

풀이

예제 **2.2.12 (KMO, '2020)**

이등변삼각형 ABC에서 $\overline{AB} = \overline{AC} = 60$, $\overline{BC} = 45$이다. 변 AC위에 $\overline{CD} = 10$이 되도록 점 D를 잡자. 점 D와 변 BC의 중점을 연결한 직선 AB와 만나는 점을 E라 할 때, 선분 BE의 길이를 구하여라.

풀이

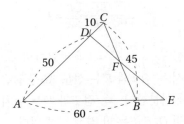

풀이 $\triangle DKL$과 점 B에 체바의 정리를 적용하면,

$$\frac{\overline{DA}}{\overline{AK}} \cdot \frac{\overline{KF}}{\overline{FL}} \cdot \frac{\overline{LC}}{\overline{CD}} = 1 \qquad (1)$$

이다. $\triangle DKL$과 직선 ACG에 메넬라우스의 정리를 적용하면,

$$\frac{\overline{DA}}{\overline{AK}} \cdot \frac{\overline{KG}}{\overline{GL}} \cdot \frac{\overline{LC}}{\overline{CD}} = 1 \qquad (2)$$

이다. 식 (1)을 식 (2)으로 나누면 $\dfrac{\overline{KF}}{\overline{FL}} = \dfrac{\overline{KG}}{\overline{GL}}$이다.

변 BC의 중점을 F라 하고, $\overline{BE} = x$라 하자. 삼각형 ABC와 직선 DFE에 대하여 메넬라우스의 정리를 적용하면,

$$\frac{\overline{AE}}{\overline{EB}} \times \frac{\overline{BF}}{\overline{FC}} \times \frac{\overline{CD}}{\overline{DA}} = \frac{60+x}{x} \times \frac{1}{1} \times \frac{1}{5} = 1$$

이다. 이를 정리하면 $60 + x = 5x$이다. 즉, $x = 15$이다. 따라서 $\overline{BE} = 15$이다.

예제 **2.2.13 (KMO, ' 2008)** _____

원 위에 네 점 A, B, C, D가 순서대로 있다. 선분 AC와 BD의 교점이 G이고, 선분 BC 위의 한 점 E와 G를 연결한 직선과 선분 AD와의 교점이 F이다.

$$\frac{\overline{AG}}{\overline{GC}} = \frac{3}{2}, \quad \frac{\overline{AG}}{\overline{GB}} = 2, \quad \frac{\overline{CE}}{\overline{EB}} = \frac{11}{9}$$

일 때, $\dfrac{\overline{AF}}{\overline{FD}} \times 320$의 값을 구하여라.

풀이

풀이

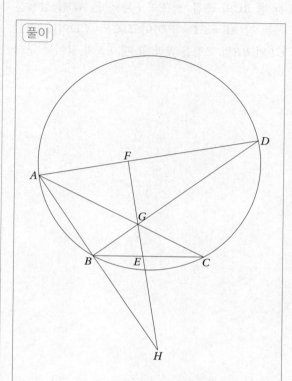

선분 AB의 연장선과 FE의 연장선과의 교점을 H라 하자. $\triangle AGD \sim \triangle BGC$($AA$닮음)이므로, $\dfrac{\overline{AG}}{\overline{GB}} = \dfrac{\overline{DG}}{\overline{CG}} = 2$이다. 즉, $\overline{DG} = 2\overline{CG}$이다. 이제 $\overline{BG} = 3k$라 하면, $\overline{AG} = 6k$, $\overline{GC} = 4k$, $\overline{DG} = 8k$이다. 그러므로 $\overline{BG} : \overline{GD} = 3 : 8$이다.

$\triangle ABC$와 직선 GEH에 메넬라우스의 정리를 적용하면

$$\frac{\overline{AG}}{\overline{GC}} \cdot \frac{\overline{CE}}{\overline{EB}} \cdot \frac{\overline{BH}}{\overline{HA}} = 1$$

이다. 그러므로 $\dfrac{\overline{AH}}{\overline{HB}} = \dfrac{11}{6}$이다. 또, $\triangle ABD$와 직선 FGH에 메넬라우스의 정리를 적용하면

$$\frac{\overline{AF}}{\overline{FD}} \cdot \frac{\overline{DG}}{\overline{GB}} \cdot \frac{\overline{BH}}{\overline{HA}} = 1$$

이다. 그러므로 $\dfrac{\overline{AF}}{\overline{FD}} = \dfrac{11}{16}$이다. 따라서 $\dfrac{\overline{AF}}{\overline{FD}} \times 320 = 220$이다.

예제 **2.2.14 (KMO, '2019)** _____

삼각형 ABC에서 $\overline{AB} = 180$와 $\overline{AC} = 132$이다. 점 D 는 변 BC의 중점, 점 E와 F는 선분 AD를 삼등분 하는 점($\overline{AE} = \overline{EF} = \overline{FD}$)이고, $\overline{CF} = \overline{CD}$이다. 직선 CF와 BE의 교점을 X라 할 때, $\overline{EX}$의 길이를 구하 여라.

풀이

풀이

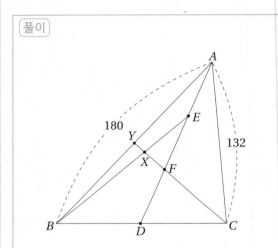

$\triangle CFD$가 이등변삼각형이므로, $\angle CFE = \angle BDF$이고, $\overline{AF} = \overline{ED}$, $\overline{CF} = \overline{DB}$이므로, 삼각 형 ACF와 삼각형 EBD는 합동(SAS합동)이다. 그러므로 $\overline{BE} = 132$이다.

직선 CX와 변 AB의 교점을 Y라 하자. 삼각 형 ABD와 직선 CFY에 대하여 메넬라우스 정리를 적용하면,

$$\frac{\overline{AY}}{\overline{YB}} \cdot \frac{\overline{BC}}{\overline{CD}} \cdot \frac{\overline{DF}}{\overline{FA}} = \frac{\overline{AY}}{\overline{YB}} \cdot \frac{2}{1} \cdot \frac{1}{2} = 1$$

에서 $\frac{\overline{AY}}{\overline{YB}} = 1$이다. 삼각형 ABE와 직선 FXY에 대하여 메넬라우스 정리를 적용하면,

$$\frac{\overline{AY}}{\overline{YB}} \cdot \frac{\overline{BX}}{\overline{XE}} \cdot \frac{\overline{EF}}{\overline{FA}} = \frac{1}{1} \cdot \frac{\overline{BX}}{\overline{XE}} \cdot \frac{1}{2} = 1$$

에서 $\frac{\overline{BX}}{\overline{XE}} = 2$이다. 따라서 $\overline{EX} = \frac{1}{3}\overline{BE} = 132 \times \frac{1}{3} = 44$이다.

예제 **2.2.15 (KMO, '2020)** _____

이등변삼각형 ABC에서 $\overline{AB} = \overline{AC} = 20$, $\overline{BC} = 30$ 이다. 선분 AC의 A쪽 연장선 위에 $\overline{AD} = 60$이 되도록 점 D를 잡고, 선분 AB의 B쪽의 연장선 위에 $\overline{BE} = 80$이 되도록 점 E를 잡자. 선분 AE의 중점 F와 삼각형 CDE의 무게중심 G를 연결한 직선 FG와 $\angle DAE$의 이등분선이 만나는 점을 K라 할 때, $6 \times \overline{GK}$의 값을 구하여라.

풀이

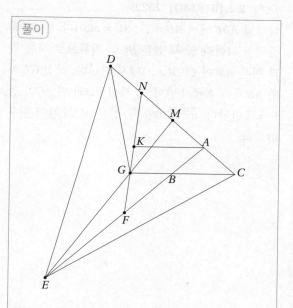

풀이

선분 CD의 중점을 M, 선분 CD와 직선 FG의 교점을 N이라 하자. 그러면, G가 무게중심이므로 $\overline{EG} : \overline{GM} = 2 : 1$이다.

삼각형 EAM과 직선 FGN에 대하여 메넬라우스의 정리를 적용하면, $\dfrac{\overline{AF}}{\overline{FE}} \times \dfrac{\overline{EG}}{\overline{GM}} \times \dfrac{\overline{MN}}{\overline{NA}} = 1$, $\dfrac{1}{1} \times \dfrac{2}{1} \times \dfrac{\overline{MN}}{\overline{NA}} = 1$ 이다. 따라서 $\overline{AN} = 2 \times \overline{MN}$이다. 즉, $\overline{AM} = \overline{MN} = 20$이다.

삼각형 NAF와 직선 MGE에 대하여 메넬라우스의 정리를 적용하면, $\dfrac{\overline{NG}}{\overline{GF}} \times \dfrac{\overline{FE}}{\overline{EA}} \times \dfrac{\overline{AM}}{\overline{MN}} = 1$, $\dfrac{\overline{NG}}{\overline{GF}} \times \dfrac{1}{2} \times \dfrac{1}{1} = 1$이다. 따라서 $\overline{NG} = 2 \times \overline{GF}$이다.

삼각형 ANF에서 각 이등분선의 정리에 의하여 $\overline{AN} : \overline{AF} = \overline{NK} : \overline{KF} = 4 : 5$이다. 즉, $\overline{NK} : \overline{KG} : \overline{GF} = 4 : 2 : 3$이다.

삼각형 ABC에서 제 2 코사인 법칙(정리 4.2.4)에 의하여 $\cos A = \dfrac{20^2 + 20^2 - 30^2}{2 \times 20 \times 20} = -\dfrac{1}{8}$이다. 그러므로 $\cos \angle NAF = \cos(180° - \angle BAC) = \dfrac{1}{8}$이다.

따라서 삼각형 ANF에서 제 2 코사인 법칙에 의하여 $\overline{NF}^2 = 40^2 + 50^2 - 2 \times 40 \times 50 \times \dfrac{1}{8} = 3600$ 이다. 즉, $\overline{NF} = 60$이고, $\overline{GK} = 60 \times \dfrac{2}{9} = \dfrac{40}{3}$이다. 그러므로 $6 \times \overline{GK} = 80$이다.

예제 **2.2.16 (KMO, '2022)** _____

삼각형 ABC에서 $\overline{AB} = 27$, $\overline{BC} = 30$이다. 변 BC의 중점을 M이라 할 때 선분 BC를 지름으로 하는 원과 선분 AM이 점 $D(\neq A)$에서 만난다. 직선 CD와 변 AB가 점 E에서 만나고, 직선 BD와 변 AC가 점 F에서 만난다. $\overline{EF} = 10$일 때, 선분 AC의 길이를 구하여라.

풀이

풀이

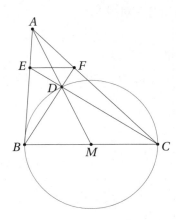

세 직선 AM, BF, CE는 한 점 D에서 만나므로, 체바의 정리의 역에 의하여

$$\frac{\overline{AE}}{\overline{EB}} \times \frac{\overline{BM}}{\overline{MC}} \times \frac{\overline{CF}}{\overline{FA}} = 1$$

이다. $\overline{BM} = \overline{MC}$이므로 $\overline{AE} : \overline{EB} = \overline{AF} : \overline{FC}$이다. 즉, $\overline{EF} \parallel \overline{BC}$이다.

$\overline{EF} = 10$, $\overline{BC} = 30$이므로 $\overline{AE} : \overline{EB} = 1 : 2$, $\overline{ED} : \overline{DC} = 1 : 3$이다. 그러므로 $\overline{AD} = \overline{DM}$이다.

$\angle BDC = 90°$이므로 $\overline{BM} = \overline{MC} = \overline{DM} = 15$이다. 즉, $\overline{AM} = 30$이다.

삼각형 ABC에서 파푸스의 중선 정리에 의하여

$$\overline{AB}^2 + \overline{AC}^2 = 2(\overline{BM}^2 + \overline{AM}^2)$$

이다. 즉,

$$27^2 + \overline{AC}^2 = 2(15^2 + 30^2), \quad \overline{AC}^2 = 1521 = 39^2$$

이다. 따라서 $\overline{AC} = 39$이다.

정리 **2.2.17 (파스칼의 정리)**

점 A, B, C, D, E, F를 원주 상에 있는 임의의 점이라 하자. 현 AB와 현 DE의 교점을 J, 현 BC와 현 EF의 교점을 L, 현 CD와 현 AF의 교점을 K라 하면, 점 J, K, L은 한 직선 위에 있다.

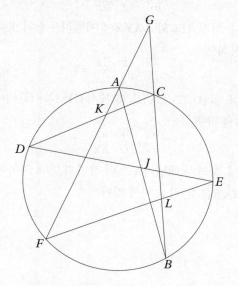

증명 현 BC와 DE의 교점을 I라 하면, 직선 CKD와 $\triangle GHI$에 메넬라우스의 정리를 적용하면

$$\frac{\overline{GK}}{\overline{KH}} \cdot \frac{\overline{HD}}{\overline{DI}} \cdot \frac{\overline{IC}}{\overline{CG}} = 1 \tag{1}$$

이다. 직선 AJB와 $\triangle GHI$에 메넬라우스의 정리를 적용하면

$$\frac{\overline{GA}}{\overline{AH}} \cdot \frac{\overline{HJ}}{\overline{JI}} \cdot \frac{\overline{IB}}{\overline{BG}} = 1 \tag{2}$$

이다. 직선 FLE와 $\triangle GHI$에 메넬라우스의 정리를 적용하면

$$\frac{\overline{GF}}{\overline{FH}} \cdot \frac{\overline{HE}}{\overline{EI}} \cdot \frac{\overline{IL}}{\overline{LG}} = 1 \tag{3}$$

이다. 방멱의 원리로 부터

$$\overline{IB} \cdot \overline{IC} = \overline{DI} \cdot \overline{EI} \tag{4}$$

$$\overline{HD} \cdot \overline{HE} = \overline{FH} \cdot \overline{AH} \tag{5}$$

$$\overline{GA} \cdot \overline{GF} = \overline{CG} \cdot \overline{BG} \tag{6}$$

이다. 식 (1), (2), (3)을 변변 곱하고, 식 (4), (5), (6)을 이용하면

$$\frac{\overline{GK}}{\overline{KH}} \cdot \frac{\overline{HJ}}{\overline{JI}} \cdot \frac{\overline{IL}}{\overline{LG}} = 1$$

이다. 따라서 메넬라우스의 정리의 역에 의하여, 점 J, K, L은 한 직선 위에 있다.

[정리] **2.2.18 (파푸스의 정리)** _____

평면에서 A, E, C가 한 직선 위의 서로 다른 세 점
이고, D, F, B가 (세 점 A, E, C 지나는 직선과 다른)
한 직선 위의 서로 다른 세 점이면, 선분 AB와 DE
의 교점 P, 선분 BC와 FE의 교점 Q, 선분 CD와 AF
의 교점 R은 한 직선 위에 있다.

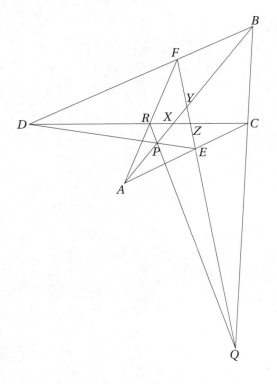

[증명] 직선 AB와 CD의 교점을 X, 직선 AB와 EF
의 교점을 Y, 직선 CD와 EF의 교점을 Z라 하자.
그러면, 직선 BCQ와 $\triangle XYZ$에 메넬라우스의 정
리를 적용하면

$$\frac{\overline{BX}}{\overline{BY}} \cdot \frac{\overline{QY}}{\overline{QZ}} \cdot \frac{\overline{CZ}}{\overline{CX}} = 1 \qquad (1)$$

이다. 직선 EPD와 $\triangle XYZ$에 메넬라우스의 정리
를 적용하면

$$\frac{\overline{PX}}{\overline{PY}} \cdot \frac{\overline{EY}}{\overline{EZ}} \cdot \frac{\overline{DZ}}{\overline{DX}} = 1 \qquad (2)$$

이다. 직선 ARF와 $\triangle XYZ$에 메넬라우스의 정리를

적용하면

$$\frac{\overline{AX}}{\overline{AY}} \cdot \frac{\overline{FY}}{\overline{FZ}} \cdot \frac{\overline{RZ}}{\overline{RX}} = 1 \qquad (3)$$

이다. 직선 BFD와 $\triangle XYZ$에 메넬라우스의 정리
를 적용하면

$$\frac{\overline{BX}}{\overline{BY}} \cdot \frac{\overline{FY}}{\overline{FZ}} \cdot \frac{\overline{DZ}}{\overline{DX}} = 1 \qquad (4)$$

이다. 직선 AEC와 $\triangle XYZ$에 메넬라우스의 정리를
적용하면

$$\frac{\overline{AX}}{\overline{AY}} \cdot \frac{\overline{EY}}{\overline{EZ}} \cdot \frac{\overline{CZ}}{\overline{CX}} = 1 \qquad (5)$$

이다. 식 (1), (2), (3), (4), (5)에서 (1) × (2) × (3) ÷ {(4) ×
(5)}를 하면

$$\frac{\overline{PX}}{\overline{PY}} \cdot \frac{\overline{QY}}{\overline{QZ}} \cdot \frac{\overline{RZ}}{\overline{RX}} = 1$$

이다. 따라서 메넬라우스의 정리의 역에 의하여 점
P, Q, R은 한 직선 위에 있다.

정리 **2.2.19 (데자르그의 정리)** _____

$\triangle ABC$와 $\triangle A'B'C'$에서 세 직선 AA', BB', CC'가 한 점 O에서 만나고, 직선 BC와 $B'C'$의 교점을 L, 직선 AC와 $A'C'$의 교점을 M, 직선 AB와 $A'B'$의 교점을 N이라 하면, 점 N, L, M은 한 직선 위에 있다.

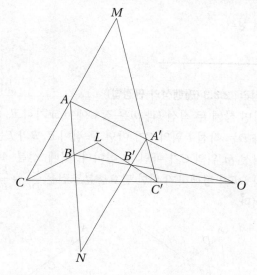

증명   직선 LBC와 $\triangle OB'C'$에 메넬라우스의 정리를 적용하면

$$\frac{\overline{B'L}}{\overline{LC'}} \cdot \frac{\overline{CC'}}{\overline{CO}} \cdot \frac{\overline{OB}}{\overline{BB'}} = 1 \tag{1}$$

이다. 직선 MAC와 $\triangle OC'A'$에 메넬라우스의 정리를 적용하면

$$\frac{\overline{C'M}}{\overline{MA'}} \cdot \frac{\overline{A'A}}{\overline{AO}} \cdot \frac{\overline{OC}}{\overline{CC'}} = 1 \tag{2}$$

이다. 직선 NBA와 $\triangle OA'B'$에 메넬라우스의 정리를 적용하면

$$\frac{\overline{A'N}}{\overline{NB'}} \cdot \frac{\overline{B'B}}{\overline{BO}} \cdot \frac{\overline{OA}}{\overline{AA'}} = 1 \tag{3}$$

이다. 식 (1), (2), (3)을 변변 곱하면

$$\frac{\overline{B'L}}{\overline{LC'}} \cdot \frac{\overline{C'M}}{\overline{MA'}} \cdot \frac{\overline{A'N}}{\overline{NB'}} = 1$$

이다. 따라서 메넬라우스의 정리의 역으로 부터 점 L, M, N은 한 직선 위에 있다.

2.3   합동변환(평행이동, 대칭이동, 회전이동)

- 이 절의 주요 내용

- 합동변환 : 평행이동, 선대칭이동, 회전이동

- 피그나노 문제, 페르마의 점 문제, 에르도스-모델의 정리

정의 **2.3.1 (평행이동)** ─────────

평행이동이란 도형 F_1의 각 점을 동일한 방향을 따라 동일한 거리만큼 평행이동하여 도형 F_2를 얻는 것이다.

정리 **2.3.2 (평행이동의 성질)** ─────────

평행이동 전후의 도형은 다음과 같은 성질을 가진다.

(1) 대응하는 선분이 서로 평행이며, 그 길이는 같다.

(2) 대응하는 두 변이 각각 평행이며, 그 길이는 같다.

정리 **2.3.3 (평행성의 판정법)** ─────────

평면 상에 두 직선 l과 m은 점 C에서 교차하고, A와 D는 직선 l 위의 C가 아닌 두 점이고, B와 E는 직선 m 위의 C가 아닌 두 점이다. 이때, 선분 AB와 DE가 평행하기 위한 필요충분조건은 $\dfrac{\overline{DA}}{\overline{DC}} = \dfrac{\overline{EB}}{\overline{EC}}$이다.

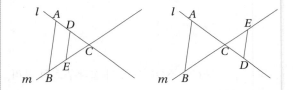

정의 **2.3.4 (대칭변환(대칭이동))** _____
대칭변환(대칭이동)은 일정한 점 또는 도형을 대칭
인 점 또는 도형으로 대응시키는 변환을 말한다. 선
대칭 도형은 한 도형이 직선 l에 의하여 두 부분으로
나누어지고, 두 부분이 직선 l에 대하여 대칭일 때
를 말한다.

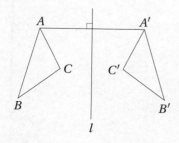

정리 **2.3.5 (대칭변환의 성질)** _____
대칭변환은 다음과 같은 성질을 가진다.

(1) 두 대응점을 이은 선분은 대칭축에 의하여
   수직이등분된다.

(2) 대응하는 두 선분의 연장이 만나는 점은 대
   칭축 위에 있다.

(3) 점대칭이동을 짝수 번 합성하면 평행이동이
   다.

(4) 점대칭이동을 홀수 번 합성하면 다시 점대칭
   이동이다.

정리 **2.3.6 (대칭성의 판정법)** _____
다음 두 가지 성질을 만족하면, 두 도형은 대칭이
다.

(1) 두 대응점을 이은 선분은 대칭축에 의하여
   수직이등분된다.

(2) 대응하는 두 선분의 연장이 만나는 점은 대
   칭축 위에 있다.

정의 **2.3.7 (회전변환(회전이동))** _____
회전변환(회전이동)이란 도형 F_1을 정점(회전중심)
을 중심으로 하여 일정한 방향으로 일정한 각도(회
전각)만큼 회전시켜 도형 F_2를 얻는 것이다.

정리 **2.3.8 (회전변환의 성질)** _____
회전변환 전후의 도형은 다음과 같은 성질을 갖는
다.

(1) 대응하는 선분들의 길이가 같고, 대응하는
   각들의 크기가 같다.

(2) 대응하는 점들의 위치배열 순서가 같다.

(3) 대응하는 임의의 두 선분 사이에 끼인각이
   회전각이다.

예제 **2.3.9**

삼각형 ABC에서 변 AB의 중점을 D, 변 AC의 중점을 E라 하자. $\overline{BE} = \overline{CD}$이면 삼각형 ABC는 이등변삼각형임을 보여라.

풀이

예제 **2.3.10**

$\angle C$와 $\angle D$가 둔각인 볼록사각형 $ABCD$에서, $\overline{BC} = \overline{DA}$이고, 변 AB와 CD의 중점을 각각 M, N이라 하자. 변 AD의 연장선과 선분 MN의 연장선과의 교점을 E, 변 BC의 연장선과 선분 MN의 연장선과의 교점을 F라 할 때, $\angle AEM = \angle BFM$임을 증명하여라.

풀이

풀이

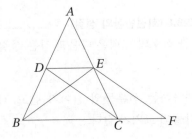

삼각형 중점연결정리에 의하여 $\overline{DE} \parallel \overline{BC}$이다. 변 BC의 연장선 위에 $\overline{EF} \parallel \overline{DC}$가 되게 점 F를 잡으면 $\square DCFE$는 평행사변형이다. 그러므로 $\overline{EF} = \overline{DC} = \overline{BE}$이다. 따라서 $\triangle EBF$는 이등변삼각형이다. 그러므로 $\angle EBC = \angle EFC = \angle DCB$이다. 또, $\overline{BC}$는 공통, $\overline{CD} = \overline{BE}$이므로 $\triangle BCE \equiv \triangle CBD$(SAS합동)이다. 따라서 $\angle ABC = \angle ACB$이다. 즉, $\triangle ABC$는 이등변삼각형이다.

풀이

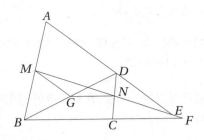

대각선 BD의 중점을 G라 하면 삼각형 중점연결정리에 의하여, $\overline{GN} = \frac{1}{2}\overline{BC}$, $\overline{GM} = \frac{1}{2}\overline{DA}$이다. $\overline{BC} = \overline{DA}$이므로 $\overline{GN} = \overline{GM}$이다. 따라서 $\triangle GNM$는 이등변삼각형이다. 즉, $\angle GNM = \angle GMN$이다. 또, $\overline{GN} \parallel \overline{BC}$, $\overline{GM} \parallel \overline{DA}$이므로, 평행선에서 동위각과 엇각의 성질에 의하여 $\angle BFM = \angle GNM = \angle GMN = \angle AEM$이다.

예제 **2.3.11 (파그나노의 문제)** ────────
$\triangle ABC$의 각 변 위에 꼭짓점이 있는 $\triangle PQR$의 둘레의 길이가 최소가 되는 경우는 언제인가?

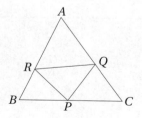

풀이

풀이 다음과 같이 $\triangle ABC$의 각 변 위에 $\triangle PQR$의 둘레가 최소가 되는 경우를 살펴보자.

(i) 점 P를 직선 AB, AC에 대하여 대칭이 동시킨 점을 각각 P', P''이라 하고 직선 $P'P''$이 $\triangle ABC$의 변과 만나는 점을 R', Q'이라 하면 $\triangle PQ'R'$의 둘레의 길이가 $\overline{P'P''}$가 되어 최소이다.

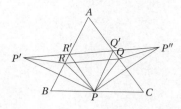

(ii) 점 P의 위치가 변하면 $\overline{P'P''}$가 변하므로 (i)의 경우가 $\triangle PQR$은 둘레가 최소인 삼각형이 아니다. 그런데, 점 P의 위치에 관계없이 $\angle P'AP'' = 2\angle BAC$로 일정하고, $\overline{AP'} = \overline{AP} = \overline{AP''}$이므로 $\overline{AP}$가 가장 짧을 때 $\overline{AP'} = \overline{AP''}$가 최소가 되어 $\overline{P'P''}$가 최소이다.

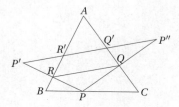

따라서 (i), (ii)에 의하여 점 P가 점 A에서 변 BC에 내린 수선의 발일 때, $\triangle PQR$의 둘레의 길이가 최소이다. 같은 방법으로 점 Q, R이 각각 점 B, C에서 변 CA, AB에 내린 수선의 발일 때, $\triangle PQR$의 둘레의 길이가 최소이다. 즉, $\triangle ABC$에서 꼭짓점에서 내린 수선의 발을 꼭짓점으로 하는 $\triangle PQR$이 둘레의 길이가 최소인 삼각형이다.

예제 **2.3.12**

내각이 모두 120°보다 작은 △ABC의 세 변 AB, BC, CA를 밑변으로 하여 △ABC 밖에 ∠ADB = ∠BEC = ∠CFA = 120°인 이등변삼각형 ABD, BCE, CAF를 그렸을 때, △DEF가 정삼각형임을 보여라.

풀이

풀이

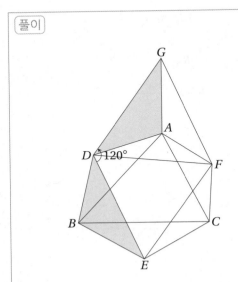

점 D를 중심으로 하여 △DBE를 반시계방향으로 120° 돌리면 ∠ADB = 120°, $\overline{DA} = \overline{DB}$이므로 점 B는 점 A에 대응되고, 점 E는 점 G에 대응된다. 그리고 F와 G를 연결한다. 볼록육각형 ADBECF의 내각의 합이 720°이고, 세 내각이 ∠ADB = ∠BEC = ∠CFA = 120°이므로,

$$\angle DBE + \angle ECF + \angle FAD = 360°$$

이다. 또, ∠DAG = ∠DBE이다. 따라서 ∠GAF = ∠ECF이다. 또한, $\overline{AG} = \overline{BE} = \overline{EC}$, $\overline{AF} = \overline{CF}$이므로 △AFG ≡ △CFE(SAS합동)이다. 따라서 ∠AFG = ∠CFE, $\overline{FG} = \overline{FE}$이다. ∠CFA = 120°이므로 ∠EFG = 120°, ∠EDG = 120°이다. △DEG와 △FEG에서 $\overline{DE} = \overline{DG}$, $\overline{FE} = \overline{FG}$이므로 선분 DF는 두 이등변삼각형의 대칭축이다. 따라서 선분 DF는 ∠EDG와 ∠EFG를 이등분한다. 즉, ∠EDF = 60°, ∠EFD = 60°이다. 따라서 △DEF는 정삼각형이다.

예제 **2.3.13** _____

정사각형 $ABCD$의 내부에 점 E가 있다. E로 부터 세 점 A, B, C 까지의 거리의 합의 최솟값이 $\sqrt{2}+\sqrt{6}$이다. 이때, 정사각형 $ABCD$의 한 변의 길이를 구하여라.

풀이

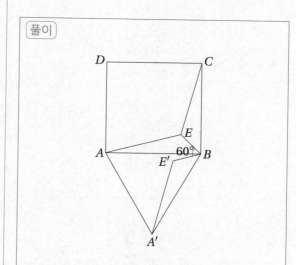

풀이

회전이동을 이용하여 풀자. 점 B를 중심으로 반시계방향으로 $\triangle BEA$를 $60°$회전시켜 $\triangle BE'A'$을 얻으면 $\overline{EE'} = \overline{EB}$, $\overline{E'A'} = \overline{EA}$이다. 따라서 $\overline{CA'}$은 점 E로 부터 세 점 A, B, C까지의 거리의 합의 최솟값이다. 즉, $\overline{CA'} = \sqrt{2}+\sqrt{6}$이다. $\triangle BCA'$에서 $\overline{BC} = \overline{BA'}$, $\angle CBA' = 150°$이다. 정사각형 $ABCD$의 한 변의 길이를 x라 하자. 제 2 코사인법칙을 이용하면, $(\sqrt{2}+\sqrt{6})^2 = x^2 + x^2 - 2x^2 \cos 150° = (2+\sqrt{3})x^2$이다. 이를 풀면, $x^2 = 4$이다. 즉, $x = 2$이다.

예제 **2.3.14**

$\overline{AB} > \overline{AC}$인 $\triangle ABC$에서 $\angle A$의 이등분선이 변 BC와 만나는 점을 D라 하자. 선분 AD 위의 임의의 점 P에 대하여 $\overline{AB} - \overline{AC} > \overline{PB} - \overline{PC}$임을 보여라.

풀이

풀이

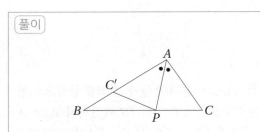

직선 AD에 대하여 점 C와 대칭이 되는 점 C'을 변 AB위에 잡으면 $\overline{AC} = \overline{AC'}$이고, $\angle CAD = \angle C'AD$이다. 또, $\overline{AP}$가 공통이므로 $\triangle AC'P \equiv \triangle ACP$(SAS합동)이다. 따라서 $\overline{PC'} = \overline{PC}$이다. 그러므로 $\overline{PB} - \overline{PC} < \overline{BC'}$이다. 그런데, $\overline{AB} - \overline{AC} = \overline{AB} - \overline{AC'} = \overline{BC'}$이므로 $\overline{AB} - \overline{AC} > \overline{PB} - \overline{PC}$이다.

정리 **2.3.15 (페르마 점 문제)**

삼각형 ABC에서 세 내각이 모두 $120°$보다 작을 때, $\overline{AP} + \overline{BP} + \overline{CP}$가 최소가 되게 하는 점 P이 삼각형 ABC 내부에 유일하게 존재한다. 이 점을 페르마 점이라 한다. 또한, $\angle APB = \angle BPC = \angle CPA = 120°$이된다.

증명

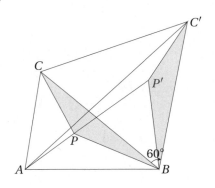

점 P를 삼각형 ABC의 내부의 임의의 점이라고 하자. $\triangle CPB$를 점 B를 중심으로 시계방향으로 $60°$ 회전시킨 도형을 $\triangle C'P'B$라고 하자. 그러면, $\overline{CP} = \overline{C'P'}$이다. $\triangle PP'B$와 $\triangle CC'B$는 정삼각형이다. 그러므로 $\overline{BP} = \overline{PP'}$이다. 따라서

$$\overline{AP} + \overline{BP} + \overline{CP} = \overline{AP} + \overline{PP'} + \overline{P'C'} \geq \overline{AC'}$$

이다. 따라서 $\overline{AP} + \overline{BP} + \overline{CP}$의 최솟값은 $\overline{AC'}$이다. 즉, 점 P와 P'이 모두 선분 AC' 위의 점이다. 따라서 $\angle CPB = \angle C'P'B = 180° - 60° = 120°$이고, APC'이 직선일 때, $\overline{AP} + \overline{BP} + \overline{CP}$가 최솟값을 갖는다.

예제 **2.3.16** _____

삼각형 ABC의 외부에 세 정삼각형 PAB, QBC, RAC의 각 외접원은 한 점에서 만남을 보이고, 이 점이 페르마점임을 보여라.

풀이

풀이

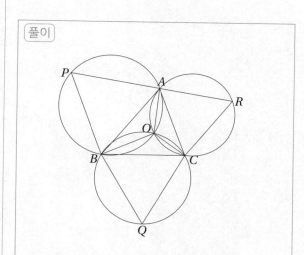

삼각형 PAB의 외접원와 삼각형 RAC의 외접원의 교점을 O라 하자. 그러면, $\angle AOB = 180° - \angle APB$, $\angle AOC = 180° - \angle CRA$이다. $\angle APB + \angle BQC + \angle CRA = 180°$이므로,

$$\angle BOC = 360° - (180° - \angle APB) - (180° - \angle CRA)$$
$$= \angle APB + \angle CRA$$
$$= \angle 180° - \angle BQC$$

이다. 따라서 점 O는 삼각형 QBC의 외접원 위에 있다. 그러므로 삼각형 PAB, QBC, RAC의 각 외접원은 한 점에서 만난다.

$\angle APB = \angle BQC = \angle CRA = 60°$이고, 사각형 $APBO$, $BQCO$, $CRAO$는 각각 원에 내접하므로 $\angle AOB = \angle BOC = \angle COA = 120°$이다. 따라서 점 O는 페르마점이다.

예제 **2.3.17** _____

삼각형 ABC의 외부에 세 정삼각형 PAB, QBC, RAC를 그렸을 때, 세 선분 PC, QA, RB가 서로 $60°$를 이루며, 한 점 O에서 만난다고 한다. 이때, $\overline{OA} = \frac{1}{2}(\overline{OP} + \overline{OR} - \overline{OQ})$임을 보여라.

풀이

풀이

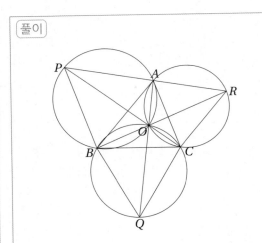

$\angle PAB = \angle POB = 60°$이므로, 네 점 P, B, O, A는 한 원 위에 있다. (제 3장 제 3.1절 참고)
톨레미의 정리(정리 3.2.7)에 의하여

$$\overline{OA} \cdot \overline{PB} + \overline{PA} \cdot \overline{OB} = \overline{OP} \cdot \overline{AB}$$

이다. 삼각형 APB는 정삼각형이므로, 선분 $\overline{PA} = \overline{PB} = \overline{AB}$이다. 따라서 $\overline{OA} + \overline{OB} = \overline{OP}$이다. 같은 방법으로

$$\overline{OB} + \overline{OC} = \overline{OQ}, \quad \overline{OC} + \overline{OA} = \overline{OR}$$

이다. 그러므로

$$\overline{OA} = \frac{1}{2}\left\{(\overline{OA} + \overline{OB}) + (\overline{OC} + \overline{OA}) - (\overline{OB} + \overline{OC})\right\}$$
$$= \frac{1}{2}(\overline{OP} + \overline{OR} - \overline{OQ})$$

이다.

[정리] **2.3.18 (에르도스-모델의 정리)** ──────

삼각형 ABC의 변 또는 내부의 점 P에 대하여, 점 P에서 변 BC, CA, AB에 내린 수선의 발을 각각 D, E, F라 하자. 그러면

$$\overline{PA} + \overline{PB} + \overline{PC} \geq 2(\overline{PD} + \overline{PE} + \overline{PF})$$

가 성립하고, 등호는 △ABC가 정삼각형이고, 점 P가 정삼각형 ABC의 중심인 경우에 한하여 성립한다. 여기서, 중심은 무게중심, 내심을 의미한다. 정삼각형에서는 무게중심과 내심은 일치한다.

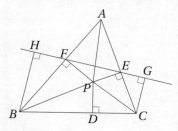

[풀이] 점 B, C에서 직선 EF에 내린 수선의 발을 각각 H, G라 하자. 그러면,

$$\overline{BC} \geq \overline{HG} = \overline{HF} + \overline{FE} + \overline{EG} \tag{1}$$

이다. $\angle AFP = \angle AEP = 90°$이므로 네 점 A, F, P, E는 한 원 위에 있다. 그러므로 호 AE에 대한 원주각 $\angle AFE = \angle APE$이다. 또, $\angle BFH = \angle AFE$이므로, $\angle BFH = \angle AFE = \angle APE$이다. 따라서 △$BFH$와 △$APE$는 닮음(AA닮음)이다. 그러므로 $\dfrac{HF}{BF} = \dfrac{PE}{PA}$이다. 즉,

$$\overline{HF} = \frac{\overline{PE}}{\overline{PA}} \cdot \overline{BF} \tag{2}$$

이다. 같은 방법으로 △CEG와 △APF는 닮음(AA닮음)이다. 그러므로 $\dfrac{EG}{CE} = \dfrac{PF}{PA}$이다. 즉,

$$\overline{EG} = \frac{\overline{PF}}{\overline{PA}} \cdot \overline{CE} \tag{3}$$

이다. □$AFPE$에 톨레미의 정리(정리 3.2.7 참고)를 적용하면

$$\overline{PA} \cdot \overline{EF} = \overline{AF} \cdot \overline{PE} + \overline{AE} \cdot \overline{PF}$$

이다. 즉,

$$\overline{EF} = \frac{\overline{AF} \cdot \overline{PE} + \overline{AE} \cdot \overline{PF}}{\overline{PA}} \tag{4}$$

이다. 식 (1)에 (2), (3), (4)를 대입하면

$$\overline{BC} \geq \frac{\overline{PE}}{\overline{PA}} \cdot \overline{BF} + \frac{\overline{AF} \cdot \overline{PE} + \overline{AE} \cdot \overline{PF}}{\overline{PA}} + \frac{\overline{PF}}{\overline{PA}} \cdot \overline{CE}$$

이다. 양변에 $\dfrac{\overline{PA}}{\overline{BC}}$를 곱하고 정리하면,

$$\overline{PA} \geq \frac{\overline{AB}}{\overline{BC}} \cdot \overline{PE} + \frac{\overline{AC}}{\overline{BC}} \cdot \overline{PF} \tag{5}$$

이다. 같은 방법으로

$$\overline{PB} \geq \frac{\overline{BC}}{\overline{CA}} \cdot \overline{PF} + \frac{\overline{BA}}{\overline{CA}} \cdot \overline{PD} \tag{6}$$

$$\overline{PC} \geq \frac{\overline{CA}}{\overline{AB}} \cdot \overline{PD} + \frac{\overline{CB}}{\overline{AB}} \cdot \overline{PE} \tag{7}$$

이다. 따라서 식 (5), (6), (7)의 세 부등식을 변변 더하면

$$\overline{PA} + \overline{PB} + \overline{PC}$$
$$\geq \left(\frac{\overline{BA}}{\overline{CA}} + \frac{\overline{CA}}{\overline{AB}} \right) \cdot \overline{PD} + \left(\frac{\overline{AB}}{\overline{BC}} + \frac{\overline{CB}}{\overline{AB}} \right) \cdot \overline{PE}$$
$$+ \left(\frac{\overline{AC}}{\overline{BC}} + \frac{\overline{BC}}{\overline{CA}} \right) \cdot \overline{PF}$$

이다. 산술-기하평균 부등식에 의하여

$$\overline{PA} + \overline{PB} + \overline{PC} \geq 2(\overline{PD} + \overline{PE} + \overline{PF})$$

이다. 등호는 $\overline{AB} = \overline{BC} = \overline{CA}$, 점 P가 정삼각형 ABC의 중심일 때 성립한다.

예제 **2.3.19 (MathRef J34, '2006)** ___

$\triangle ABC$에서 내심을 I라 하자. 그러면, $\overline{IA}$, $\overline{IB}$, $\overline{IC}$ 중 적어도 하나는 $\triangle ABC$의 내접원의 지름보다 크거나 같음을 보여라.

풀이

예제 **2.3.20 (KMO, '2009)** ___

넓이가 48인 정삼각형 ABC에서 변 AC의 중점을 D라 하고 수심을 H라 하자. 선분 AD 위의 점 P를 $\angle DPH = 60°$가 되도록 잡고, 삼각형 APH의 외접원이 변 AB와 만나는 점을 $Q(Q \neq A)$, 삼각형 BQH의 외접원이 변 BC와 만나는 점을 $R(R \neq B)$라고 할 때, 삼각형 PQR의 넓이를 구하여라.

풀이

풀이 $\triangle ABC$의 내접원의 반지름의 길이를 r, 내심 I에서 변 BC, CA, AB에 내린 수선의 발을 각각 D, E, F라 하자. 그러면 $\overline{ID} = \overline{IE} = \overline{IF} = r$ 이고, 에로도스-모델의 정리로 부터

$$\overline{AI} + \overline{BI} + \overline{CI} \geq 2(\overline{ID} + \overline{IE} + \overline{IF}) = 6r$$

이다. 따라서 $\overline{AI}$, $\overline{BI}$, $\overline{CI}$ 중 적어도 하나는 $2r$보다 크거나 같다.

풀이

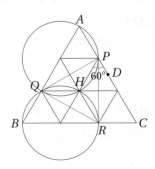

그림과 같이 삼각형 PQR은 정삼각형이고, 한 변의 길이가 $\overline{PQ} = \frac{\sqrt{3}}{2}\overline{AQ} = \frac{\sqrt{3}}{3}\overline{AB}$이다. 따라서 삼각형 PQR의 넓이는 삼각형 ABC의 넓이의 $\frac{1}{3}$이다. 즉, $\triangle PQR = 16$이다.

예제 **2.3.21**

정삼각형 ABC의 변 AB, BC, CA 위에 각각 점 D, E, F를 $\overline{DB} = \frac{1}{4}\overline{AB}$, $\overline{BE} = \frac{1}{2}\overline{BC}$, $\overline{CF} = \frac{3}{4}\overline{CA}$가 되도록 잡는다. 세 점 A, D, F를 지나는 원과 세 점 D, B, E를 지나는 원의 교점을 G라고 할 때, 점 G는 삼각형 ABC의 내부에 존재한다. 삼각형 ABC의 넓이가 160일 때, 세 개의 삼각형 $ADGF$, $DBEG$, $ECFG$ 중에서 넓이가 가장 작은 것의 넓이를 구하여라.

풀이

풀이

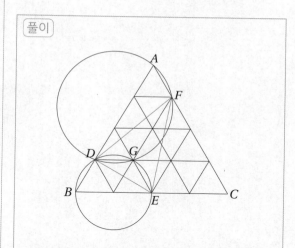

정삼각형 ABC의 각 변을 4등분하고 그 등분점들을 그림과 같이 각 변에 평행하게 이어보자. 그러면, 삼각형 DEF와 점 G는 그림의 위치에 있음을 쉽게 알 수 있다. 작은 정삼각형 하나의 넓이는 원래 정삼각형의 넓이의 $\frac{1}{16}$이고, 세 개의 사각형 $ADGF$, $DBEG$, $ECFG$는 각각 작은 정삼각형 5개, 3개, 8개를 갖는다. 따라서 이 중에서 가장 작은 사각형의 넓이는 $3 \cdot \frac{1}{16} \cdot 160 = 30$이다.

예제 **2.3.22** _____

정육각형 $ABCDEF$의 변 BC, DE 위에 각각 점 P, Q를 잡아 삼각형 APQ를 만들되, 삼각형 APQ의 둘레의 길이가 최소가 되도록 한다. 이때, $\overline{BP} : \overline{PC}$ 와 $\overline{DQ} : \overline{QE}$를 구하여라.

풀이

풀이

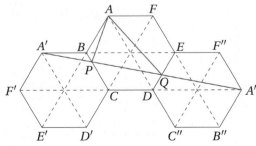

그림과 같이 정육각형 $ABCDEF$를 변 BC에 대하여 대칭이동시킨 정육각형 $A'F'E'D'CB$ 와 변 DE에 대하여 대칭이동시킨 정육각형 $C''B''A''F''ED$를 작도하자. 그러면, 문제에서 삼각형 APQ의 둘레의 길이가 최소가 될 때의 둘레의 길이는 $\overline{A'A''}$임을 알 수 있다. 따라서 $\overline{BP} : \overline{PC} = \overline{A'B} : \overline{CA''} = 1 : 3$이고, $\overline{DQ} : \overline{QE} = \overline{DA''} : \overline{A'E} = 2 : 3$이다.

예제 **2.3.23** _____

$\overline{AD} \parallel \overline{BC}$, $\angle D = \angle C = 90°$인 사다리꼴 $ABCD$에서 $\overline{AB} = \overline{AC}$, $\overline{BC} = \overline{CD}$이다. $\overline{AB} = 15$일 때, 사다리꼴 $ABCD$의 넓이를 구하여라.

풀이

풀이

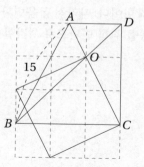

대각선 AC와 BD의 교점을 O라 하자. $\overline{AB} = \overline{AC}$, $\angle BCD = \angle ADC = 90°$이므로, $\overline{AD} : \overline{BC} = 1 : 2$이고, $\overline{AO} : \overline{OC} = 1 : 2$이다. 그러므로 $\overline{OC} = 15 \times \frac{2}{3} = 10$이다. 그림과 같이 변 BC, CD를 3등분하여 작은 정사각형 형태로 나누고, $\overline{OC}$를 한 변으로 하는 정사각형을 그린다. 이 정사각형의 넓이는 작은 정사각형 5개의 넓이와 같고, 사각형 $ABCD$의 넓이는 작은 정사각형 6.75개의 넓이와 같다. 그런데, 작은 정사각형의 넓이는 $10 \times 10 \times \frac{1}{5} = 20$이므로, 사각형 $ABCD$의 넓이는 $20 \times 6.75 = 135$이다.

2.4 닮음변환(Homothety), 소용돌이변환

- 이 절의 주요 내용

- 닮음변환 : 확대, 축소

- 소용돌이변환

정의 **2.4.1 (닮음변환)**

닮음변환은 평행인 평면 π, π'와 점 O가 주어져 있을 때, π 위의 점 P에 직선 OP와 π'와의 교점 P'를 대응시키면, 이에 의하여 π 위의 도형이 π'위의 도형으로 옮기는 것을 말한다.

π 위의 $\triangle ABC$는 π' 위의 $\triangle A'B'C'$로 옮겨지는데, 이것은 $\triangle ABC$를 확대(또는 축소)한 것이므로 서로 닮은 삼각형이다. 따라서 닮음변환은 확대 또는 축소와 이동을 겸한 변환으로 생각할 수 있다.

정의 **2.4.2**

평면 위에서 점 (x, y)를 점 (x', y')로 옮기는 변환

$$x' = k(x\cos\theta - y\sin\theta) + p,$$
$$y' = k(x\sin\theta + y\cos\theta) + q$$

는 점 (x, y)를 원점의 둘레로 θ만큼 회전시키고, 또 평면 π 위의 원점에서의 본래의 거리를 k배한 확대 또는 축소 이동시키고, 다시 x 축에 평행하게 p, y 축에 평행하게 q 만큼 평행이동시킨 점으로 옮기는 변환을 보인다. 즉,

$$\begin{pmatrix} x' \\ y' \end{pmatrix} = \begin{pmatrix} k & 0 \\ 0 & k \end{pmatrix}\begin{pmatrix} \cos\theta & -\sin\theta \\ \sin\theta & \cos\theta \end{pmatrix}\begin{pmatrix} x \\ y \end{pmatrix} + \begin{pmatrix} p \\ q \end{pmatrix}$$

이다. 이 변환을 평면 위의 닮음변환이라고 한다. 또, O를 닮음의 중심, k를 닮음비이라고 한다. 특히, 중심 O에 대하여 도형의 위치가 서로 반대방향일 때, k앞에 음의 부호(−)를 써서 나타낸다.

정리 **2.4.3 (닮음변환의 성질)**

닮음의 중심 O이고, 닮음비가 k인 닮음변환에서 점 A는 점 A'으로, 점 B는 점 B'으로 대응될 때, 다음이 성립한다.

(1) $\dfrac{\overline{A'B'}}{\overline{AB}} = k$이다.

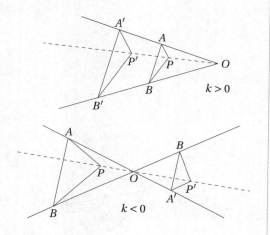

(2) $\overline{AB} \parallel \overline{A'B'}$이다.

(3) $|k| > 1$이면 확대, $|k| < 1$이면 축소이다.

예제 **2.4.4**

$\triangle ABC$에서 세 변 BC, CA, AB의 중점을 각각 A', B', C'라 하자. 그러면, $\triangle ABC$와 $\triangle A'B'C'$는 닮음이고, $\triangle ABC$와 $\triangle A'B'C'$의 무게중심 G가 닮음의 중심이고, 닮음비는 $-\dfrac{1}{2}$이다.

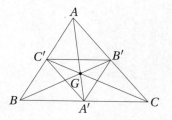

$\overline{AG} : \overline{GA'} = \overline{BG} : \overline{GB'} = \overline{CG} : \overline{GC'} = 2 : 1$이므로 $\triangle ABC$와 $\triangle A'B'C'$은 닮음이고, 점 A와 점 A'이 점 G를 중심으로 서로 반대방향에 있으므로 닮음비는 $-\dfrac{1}{2}$이다.

예제 **2.4.5 (KMO, '2009)** ————————

삼각형 ABC의 내심을 I, 외심을 O라 하자. 세 삼각형 BIC, CIA, AIB의 외심을 각각 D, E, F라 하고, 세 선분 DI, EI, FI의 중점을 각각 P, Q, R라 할 때, 삼각형 PQR의 외심 M은 선분 IO의 중점임을 보여라.

풀이

풀이

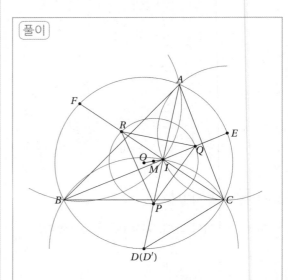

삼각형 ABC의 외접원에서 호 BC의 중점을 D'라 하면, $\angle BCD' = \angle BAD' = \frac{1}{2}\angle CAB$이므로,

$$\angle ICD' = \angle ICB + \angle BCD' = \frac{1}{2}(\angle BCA + \angle CAB)$$

이다. 또, $\angle CID' = \frac{1}{2}(\angle CAB + \angle BCA)$이다. 따라서 $\overline{D'I} = \overline{D'C}$이다.

같은 방법으로 $\overline{D'I} = \overline{D'B}$이다. 따라서 점 D'는 삼각형 BIC의 외심이다. 즉, $D = D'$이다.

같은 방법으로 점 E는 호 CA의 중점이고, 점 F는 호 AB의 중점이다. I를 닮음의 중심으로 하는 $\frac{1}{2}$배 확대변환에 의하여 D, E, F가 P, Q, R로 이동한다. 삼각형 DEF의 외심이 O이므로, 삼각형 PQR의 외심은 선분 IO의 중점이다.

정의 **2.4.6 (소용돌이변환)**

한 직선 위에 있지 않는 세 점 O, A, A'에 대하여, 소용돌이변환(나선변환)은 점 A를 A'로 회전변환과 닮음변환(확대 또는 축소)을 합성하여 옮기는 것이다. 즉, 점 A를 점 O에 중심으로 회전변환하여 확대 또는 축소를 통하여 A'로 옮긴다. 이때, O를 소용돌이변환의 중심(또는 닮음의 중심), $\angle A'OA$를 소용돌이변환의 각, $\dfrac{\overline{OA'}}{\overline{OA}}$를 소용돌이변환의 닮음비라고 한다.

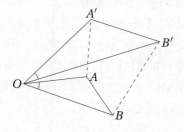

정리 **2.4.7 (소용돌이변환의 성질)**

소용돌이변환의 중심 O이고, 닮음비가 k인 소용돌이변환에서 점 A는 점 A'으로, 점 B는 점 B'으로 대응될 때, 다음이 성립한다.

(1) $\overline{AB} : \overline{A'B'} = \overline{OA} : \overline{OA'}$이다.

(2) 선분 OB와 OB'의 사이각은 $\angle A'OA$와 같다.

예제 **2.4.8**

볼록사각형 $ABCD$에서

$$\overline{AB} \cdot \overline{CD} + \overline{BC} \cdot \overline{DA} \geq \overline{AC} \cdot \overline{BD}$$

가 성립함을 증명하여라.

풀이

풀이

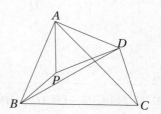

선분 AC를 변 AB로 옮기는 소용돌이변환을 생각하자. 점 D가 이 소용돌이변환으로 옮기지는 점을 P라고 하자. 그러면 $\triangle ADC$와 $\triangle APB$는 닮음이다. 소용돌이변환의 성질(정리 2.4.7)로 부터 $\triangle ABC$와 $\triangle APD$도 닮음이다. 따라서 $\overline{BP} \cdot \overline{AC} = \overline{AB} \cdot \overline{CD}$, $\overline{PD} \cdot \overline{AC} = \overline{BC} \cdot \overline{AD}$이다. 삼각부등식으로 부터 $\overline{BP} + \overline{PD} \geq \overline{BD}$이므로

$$\overline{AB} \cdot \overline{CD} + \overline{BC} \cdot \overline{DA} = (\overline{BP} + \overline{PD}) \cdot \overline{AC} \geq \overline{BD} \cdot \overline{AC}$$

이다. 단, 등호는 점 P가 선분 BD위에 있을 때, 즉, $\angle ACD = \angle ABD$일 때 성립한다. 이 경우는 볼록사각형 $ABCD$가 원에 내접할 때이다.

2.5 등각켤레점

- 이 절의 주요 내용

  • 등각, 등각켤레 정리, 등각켤레점

  • 수선발원 정리

정의 **2.5.1 (등각)**

$\angle UPV$와 점 P를 지나는 직선 l이 있다. l'이 $\angle UPV$의 내각의 이등분선에 대하여 l과 대칭일 때, l'을 $\angle UPV$에 대한 l의 등각이라고 한다.

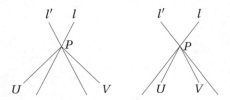

정리 **2.5.2**

직선 l 위의 점 T에서 두 직선 UP, VP에 내린 수선의 발을 각각 X, Y라 할 때, 직선 TP의 등각 l'은 직선 XY에 수직이다.

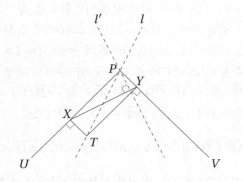

정리 **2.5.3 (등각켤레 정리)**

삼각형 ABC에서 점 P는 꼭짓점 A, B, C로 부터 서로 다른 거리에 있는 점일 때, $\angle CAB$, $\angle ABC$, $\angle BCA$에 대한 직선 AP, BP, CP의 등각은 한 점 P'에서 만난다. 이 점 P'을 $\triangle ABC$에 대한 점 P의 등각켤레점이라고 한다.

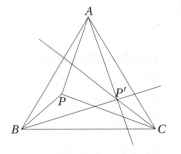

정리 **2.5.4**

$\triangle ABC$에서 한 점 P에 대하여 변 BC, CA, AB에 대한 대칭점을 각각 X, Y, Z라 하면, 점 P의 등각켤레점 P'은 $\triangle XYZ$의 외심이다.

정리 **2.5.5 (수선발원 정리)** ──────

삼각형 ABC에서 점 P와 점 P의 등각켤레점 P'에 대하여, PP'의 중점을 M이라 하자. 점 P에서 세 변 BC, CA, AB에 내린 수선의 발을 각각 X, Y, Z라 하고, 점 P'에서 세 변 BC, CA, AB에 내린 수선의 발을 각각 U, V, W라 할 때, 여섯 점 X, Y, Z, U, V, W는 M을 중심으로 한 원에 있다. 더욱이,

$$\overline{PX} \cdot \overline{P'U} = \overline{PY} \cdot \overline{P'V} = \overline{PZ} \cdot \overline{P'W}$$

이다.

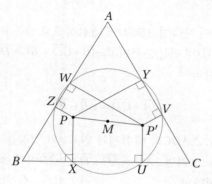

증명

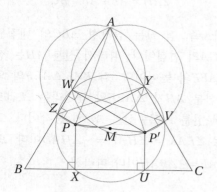

네 점 A, Z, P, Y는 한 원 위에 있고, 또, 네 점 A, W, P', V도 한 원 위에 있다. 그러므로 $\angle AYZ = \angle APZ = \angle AP'V = \angle AWV$이므로, $\angle ZWV = \angle ZYV$이다. 따라서 네 점 Y, Z, V, W는 한 원 위에 있다. 같은 방법으로 네 점 X, Z, W, U는 한 원 위에

있고, 또, 네 점 X, Y, U, V도 한 원 위에 있다. 주어진 조건으로부터 점 M은 선분 XU, YV, ZW의 수직이등분선의 교점이다. 따라서 M은 □$YZWV$의 두 변의 수직이등분선의 교점이므로 □$YZWV$의 외접원의 중심이다. 따라서 $\overline{MY} = \overline{MZ} = \overline{MW} = \overline{MV}$이다. 마찬가지로, 점 M은 □$XUYV$의 두 변의 수직이등분선의 교점이므로 □$XUYV$의 외접원의 중심이다. 따라서 $\overline{MX} = \overline{MU} = \overline{MY} = \overline{MV}$이다. 그러므로

$$\overline{MX} = \overline{MY} = \overline{MZ} = \overline{MU} = \overline{MV} = \overline{MW}$$

이다. 즉, 여섯 점 X, Y, Z, U, V, W는 한 원 위의 점이다. 그 중심은 O이다. $\overline{PX} \cdot \overline{P'U} = \overline{PY} \cdot \overline{P'V} = \overline{PZ} \cdot \overline{P'W}$의 증명은 독자에게 맡긴다.

정리 **2.5.6** ──────

$\triangle ABC$에 대한 점 P의 등각켤레점을 P'라 하자. 두 점 P, P'이 $\triangle ABC$의 내부에 있으면,

$$\frac{\overline{AP} \cdot \overline{AP'}}{\overline{AB} \cdot \overline{AC}} + \frac{\overline{BP} \cdot \overline{BP'}}{\overline{BC} \cdot \overline{BA}} + \frac{\overline{CP} \cdot \overline{CP'}}{\overline{CA} \cdot \overline{CB}} = 1$$

이다.

예제 2.5.7 ────────────

원 O에 외접하는 사각형 $ABCD$에서, $\triangle ABC$와 $\triangle ADC$의 내심을 각각 E, F라 하자. 또, $\triangle AEF$의 외심을 K라 하자. 그러면 세 점 A, K, O가 한 직선 위에 있음을 증명하여라.

풀이

풀이

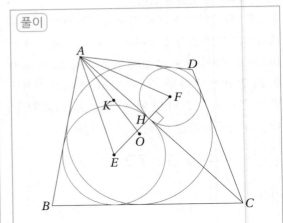

원 O이 사각형 $ABCD$에 내접하므로 선분 AO는 $\angle BAD$의 이등분선이고, $\overline{AB} + \overline{CD} = \overline{BC} + \overline{DA}$이다. 따라서

$$\overline{DA} - \overline{CD} = \overline{AB} - \overline{BC} \qquad (1)$$

이다. $\triangle ADC$의 내접원과 변 CA와 접점을 H라 하자. 그러면 $2\overline{AH} = \overline{AC} + \overline{DA} - \overline{CD}$이다. 식 (1)에 의하여,

$$2\overline{AH} = \overline{AC} + \overline{AB} - \overline{BC}$$

이다. 즉, 점 H는 삼각형 ABC의 내접원과 변 CA의 접점이다. 따라서 선분 AH는 삼각형 AEF의 높이이다. 점 K가 $\triangle AEF$의 외심과 선분 AH가 $\triangle AEF$의 높이라는 조건으로부터 선분 AK는 선분 AH의 등각이다. 그러므로 $\angle EAK = \angle HAF = \frac{1}{2}\angle HAD$이다. 또한, $\angle BAE = \frac{1}{2}\angle BAH$이다. 따라서

$$\begin{aligned} \angle BAK &= \angle BAE + \angle EAK \\ &= \frac{1}{2}\angle BAH + \frac{1}{2}\angle HAD \\ &= \frac{1}{2}\angle BAD \end{aligned}$$

이다. 즉, 선분 AK는 $\angle BAD$의 이등분선이다. 그러므로 세 점 A, K, O는 한 직선 위에 있다.

2.6   연습문제

연습문제 2.1 ★★★――――――――――
점 A, C, E가 한 직선 위에 있고, 세 점 B, D, F가 다른 직선 위에 있다. 두 직선 AB, CD가 각각 직선 DE, FA에 평행하다고 할 때, 직선 EF와 BC는 평행함을 보여라.

연습문제 2.2 ★★――――――――――
$\angle B > 90°$인 평행사변형 $ABCD$의 대각선의 교점을 점 O, 점 O에서 변 BC에 수선을 긋고, 변 BC와의 교점을 E, 변 AB의 연장과의 교점을 점 F라 할 때,

$$\overline{BE}(\overline{AB} + 2\overline{BF}) = \overline{BC} \cdot \overline{BF}$$

가 성립함을 증명하여라.

연습문제 **2.3** ★★_____

$\triangle ABC$의 내부의 점 O를 지나고 변 BC에 평행한 직선이 변 AB, AC와 만나는 점을 각각 D, E라 하고, 점 O를 지나고 변 AC에 평행한 직선이 변 AB, BC와 만나는 점을 각각 F, G라 하고, 또 점 O를 지나고 변 AB에 평행한 직선이 변 BC, AC와 만나는 점을 각각 H, I라고 할 때, $\dfrac{\overline{AF}}{\overline{AB}} + \dfrac{\overline{BH}}{\overline{BC}} + \dfrac{\overline{CE}}{\overline{CA}}$의 값을 구하여라.

연습문제 **2.4** ★_____

$\triangle ABC$에서 두 변 AB, AC위에 각각 $\overline{AQ} : \overline{QB} = 2 : 1$, $\overline{AR} : \overline{RC} = 1 : 2$인 점 Q, R를 잡자. 선분 QR의 연장선이 변 BC의 연장선과 만나는 점을 P라고 할 때, $\overline{PB} : \overline{PC}$를 구하여라.

연습문제 **2.5** ★—————————————

삼각형 ABC에서, 변 BC, CA, AB 위에 각각 점 P, Q, R를 잡으면, $\overline{AR}:\overline{RB} = 2:3$, $\overline{AQ}:\overline{QC} = 4:3$이고, 세 선분 AP, BQ, CR이 한 점에서 만난다. 이때, $\overline{BP}:\overline{PC}$를 구하여라.

연습문제 **2.6** ★—————————————

삼각형 ABC에서, 변 AB, CA 위에 각각 점 D와 E를

$$\overline{AD}:\overline{DB} = 7:5, \quad \overline{AE}:\overline{EC} = 3:4$$

를 만족하도록 잡자. 선분 BE와 CD의 교점을 F라 할 때, $\overline{CF}:\overline{FD}$를 구하여라.

연습문제 **2.7** ★★ ─────────────

$\angle A = 90°$인 직각이등변삼각형 ABC에서, 점 D는 변 AB의 중점이고, 점 A에서 선분 CD위에 내린 수선의 발을 F, 선분 AF의 연장선과 변 BC와의 교점을 E라고 할 때, $\overline{DF}:\overline{FC}$와 $\overline{BE}:\overline{EC}$를 구하여라.

연습문제 **2.8** ★★★ ─────────────

삼각형 ABC에서 변 BC의 중점을 D, 변 AC 위에 $\overline{CE} = 2\overline{AE}$인 점 E를 잡고, 선분 AD와 BE의 교점을 F라고 하자. 이때, $\dfrac{\overline{FD}}{\overline{AF}} + \dfrac{\overline{FE}}{\overline{BF}}$를 구하여라.

삼각형 ABC에서, 두 중선의 길이가 $12, 18$일 때, 이 삼각형 ABC의 넓이의 최댓값을 구하여라.

$\triangle ABC$의 변 AB, AC 위에 각각 두 점 D, E를 잡고, 선분 BE와 선분 CD의 교점을 P라 하자. $\triangle ADE$, $\triangle BPD$, $\triangle CEP$의 넓이가 각각 $5, 8, 3$일 때, $\triangle ABC$의 넓이를 구하여라.

연습문제 **2.11** ★★★

삼각형 ABC에서, $\overline{AX} : \overline{XB} = 3 : 4$, $\overline{BY} : \overline{YC} = 20 : 21$, $\overline{CZ} : \overline{ZA} = 3 : 4$를 만족하도록 점 X, Y Z를 각각 변 AB, BC, CA위에 잡자. 삼각형 ABC의 넓이가 2009일 때, 삼각형 XYZ의 넓이를 구하여라.

연습문제 **2.12** ★★★

$\triangle ABC$에서 변 BC, CA, AB의 중점을 각각 P, Q, R이라고 하자. 또, 선분 AP와 QR이 만나는 점을 M, 선분 CM의 연장선과 변 AB와의 교점을 N이라고 할 때, $\dfrac{\overline{AN}}{\overline{AB}}$를 구하여라.

연습문제 **2.13** ★★★★

정육각형 $ABCDEF$의 내부의 점 M, N이 대각선 AC와 CE 위에 있으며, $\frac{AM}{AC} = \frac{CN}{CE} = r$을 만족한다. 세 점 B, M, N이 한 직선 위에 있을 때, r의 값을 구하여라.

연습문제 **2.14** ★★★

$\triangle ABC$에서 $\angle A$의 외각 이등분선과 변 BC의 연장선과의 교점을 P, $\angle B$의 외각 이등분선과 변 CA의 연장선과의 교점을 Q, $\angle C$의 외각 이등분선과 변 AB의 연장선과의 교점을 R이라 하자. 세 점 P, Q, R은 한 직선 위에 있음을 증명하여라.

연습문제 **2.15** ★★★
$\triangle ABC$의 외접원에서, 점 A에서의 접선과 변 BC의 연장선과의 교점을 D, 점 B에서의 접선과 변 CA의 연장선과의 교점을 E, 점 C에서의 접선과 변 AB의 연장선과의 교점을 F라 할 때, 세 점 D, E, F가 한 직선 위에 있음을 보여라.

연습문제 **2.16** ★★★★
$\angle C = 90°$인 직각삼각형 ABC에서 점 C에서 변 AB에 내린 수선의 발을 K, $\triangle ACK$에서 $\angle ACK$의 이등분선과 변 AK의 교점을 E라고 하자. 점 D가 변 CA의 중점, 점 F가 직선 DE와 CK의 교점일 때, $\overline{BF} \parallel \overline{CE}$임을 보여라.

연습문제 **2.17** ★★★──────────

$\triangle ABC$에서 변 AC위에 점 D를 $\overline{AD} : \overline{DC} = 2 : 1$ 되게 잡고, 변 AB위에 점 E, 변 BC 위에 점 F를 $\overline{BE} : \overline{BF} = 2 : 1$ 되게 잡자. 선분 BD와 선분 EF의 교점을 G라 할 때, $\overline{EG} : \overline{GF}$를 삼각형의 세 변의 길이를 이용해 나타내어라.

연습문제 **2.18** ★★★★──────────

$\overline{AB} = \overline{AC}$인 이등변삼각형 ABC에서 $\triangle ABC$의 외접원에 내접하는 한 원이 변 AB, AC에 각각 점 P, Q에서 접한다고 할 때, 선분 PQ의 중점이 삼각형 ABC의 내심임을 보여라.

연습문제 **2.19** ★★────────────

정삼각형 ABC의 내부에 $\overline{PA} = \overline{PB}$를 만족하는 점 P가 있다. $\angle PBF = \angle PBC$이고, $\overline{BF} = \overline{AB}$인 점 F를 잡을 때, $\angle BFP$를 구하여라.

연습문제 **2.20** ★★★────────────

삼각형 ABC에서 변 AB의 중점을 M, 선분 CM위에 $\overline{CP} = \overline{PQ} = \overline{QM}$이 되도록 점 P, Q를 잡자. 선분 BP의 연장선과 변 AC와의 교점을 X, 선분 BQ의 연장선과 변 AC와의 교점을 Y라 하자. 점 Y가 변 AC의 중점이라고 할 때, $\dfrac{\overline{CX} + \overline{AY}}{\overline{XY}}$를 구하여라.

연습문제 2.21 ★★

$\triangle ABC$에서 점 A에서 변 BC에 내린 수선의 발을 D라 하고, 선분 AD 위의 점 P에 대하여 선분 BP의 연장선과 변 AC와의 교점을 E, 선분 CP의 연장선과 변 AB와의 교점을 F라 할 때, 선분 AD가 $\angle EDF$의 이등분선임을 증명하여라.

연습문제 2.22 ★★★

삼각형 ABC에서 $\overline{BC} : \overline{CA} : \overline{AB} = 3 : 5 : 4$이다. 변 AB 위의 점 E와 변 AC위의 점 F에 대하여 $\overline{AE} : \overline{AF} = 3 : 2$를 만족한다. 변 BC의 중점을 M이라 하고, 선분 AM과 EF의 교점을 Q라 할 때, $120 \times \dfrac{\overline{QE}}{\overline{QF}}$의 값을 구하여라.

연습문제 풀이

점 A, C, E가 한 직선 위에 있고, 세 점 B, D, F가 다른 직선 위에 있다. 두 직선 AB, CD가 각각 직선 DE, FA에 평행하다고 할 때, 직선 EF와 BC는 평행함을 보여라.

풀이 직선 AC와 BD가 평행할 때와 평행하지 않을 때로 나누어 생각하자.

(i) 직선 AC와 BD가 평행할 때, 평행사변형 $ABDE$, $CDFA$에서 $\overline{BD} = \overline{AE}$, $\overline{DF} = \overline{AC}$이므로 $\overline{BF} = \overline{CE}$이다. 사각형 $EFBC$는 평행사변형이므로, $\overline{EF} \parallel \overline{BC}$이다.

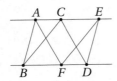

(ii) 직선 AC와 BD가 평행하지 않을 때, 이 두 직선의 교점을 O라고 하자. 그러면 $\triangle OAB$과 $\triangle ODE$가 닮음이므로 $\dfrac{\overline{OA}}{\overline{OB}} = \dfrac{\overline{OE}}{\overline{OD}}$이다. 또, $\triangle OCD$와 $\triangle OAF$가 닮음이므로 $\dfrac{\overline{OC}}{\overline{OD}} = \dfrac{\overline{OA}}{\overline{OF}}$이다. 그러므로 $\overline{OB} \cdot \overline{OE} = \overline{OA} \cdot \overline{OD} = \overline{OC} \cdot \overline{OF}$이다. 그래서 $\dfrac{\overline{OE}}{\overline{OF}} = \dfrac{\overline{OC}}{\overline{OB}}$이다. 따라서 $\overline{EF} \parallel \overline{BC}$이다.

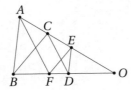

따라서 (i), (ii)에 의하여 $\overline{EF} \parallel \overline{BC}$이다.

$\angle B > 90°$인 평행사변형 $ABCD$의 대각선의 교점을 점 O, 점 O에서 변 BC에 수선을 긋고, 변 BC와의 교점을 E, 변 AB의 연장과의 교점을 점 F라 할 때,

$$\overline{BE}(\overline{AB} + 2\overline{BF}) = \overline{BC} \cdot \overline{BF}$$

가 성립함을 증명하여라.

풀이

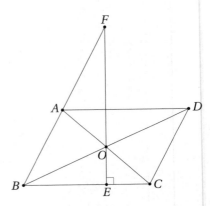

삼각형 ABC와 직선 OEF에 메넬라우스의 정리를 적용하면

$$\frac{\overline{AF}}{\overline{BF}} \cdot \frac{\overline{BE}}{\overline{CE}} \cdot \frac{\overline{CO}}{\overline{OA}} = 1$$

이다. 여기서, $\overline{AO} = \overline{OC}$, $\overline{AF} = \overline{AB} + \overline{BF}$, $\overline{CE} = \overline{BC} - \overline{BE}$이므로,

$$\frac{\overline{AF}}{\overline{BF}} = \frac{\overline{AB} + \overline{BF}}{\overline{BF}}, \quad \frac{\overline{CE}}{\overline{BE}} \cdot \frac{\overline{OA}}{\overline{CO}} = \frac{\overline{CE}}{\overline{BE}} = \frac{\overline{BC} - \overline{BE}}{\overline{BE}} = \frac{\overline{BC}}{\overline{BE}} - 1$$

이다. 정리하면,

$$\frac{\overline{AB} + 2\overline{BF}}{\overline{BF}} = \frac{\overline{BC}}{\overline{BE}}$$

이다. 따라서 $\overline{BE}(\overline{AB} + 2\overline{BF}) = \overline{BC} \cdot \overline{BF}$이다.

연습문제풀이 **2.3** _____

$\triangle ABC$의 내부의 점 O를 지나고 변 BC에 평행한 직선이 변 AB, AC와 만나는 점을 각각 D, E라 하고, 점 O를 지나고 변 AC에 평행한 직선이 변 AB, BC와 만나는 점을 각각 F, G라 하고, 또 점 O를 지나고 변 AB에 평행한 직선이 변 BC, AC와 만나는 점을 각각 H, I라고 할 때, $\dfrac{\overline{AF}}{\overline{AB}} + \dfrac{\overline{BH}}{\overline{BC}} + \dfrac{\overline{CE}}{\overline{CA}}$의 값을 구하여라.

풀이

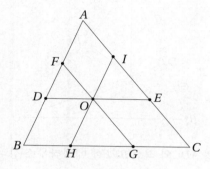

삼각형 넓이 비에 대한 정리로 부터

$$\frac{\overline{AF}}{\overline{AB}} + \frac{\overline{BH}}{\overline{BC}} + \frac{\overline{CE}}{\overline{CA}} = \frac{\triangle AFC}{\triangle ABC} + \frac{\triangle BHA}{\triangle ABC} + \frac{\triangle CEB}{\triangle ABC}$$
$$= \frac{\triangle AOC}{\triangle ABC} + \frac{\triangle BOA}{\triangle ABC} + \frac{\triangle COB}{\triangle ABC}$$
$$= \frac{\triangle AOC + \triangle BOA + \triangle COB}{\triangle ABC}$$
$$= \frac{\triangle ABC}{\triangle ABC} = 1$$

이다.

연습문제풀이 **2.4** _____

$\triangle ABC$에서 두 변 AB, AC위에 각각 $\overline{AQ} : \overline{QB} = 2 : 1$, $\overline{AR} : \overline{RC} = 1 : 2$인 점 Q, R를 잡자. 선분 QR의 연장선이 변 BC의 연장선과 만나는 점을 P라고 할 때, $\overline{PB} : \overline{PC}$를 구하여라.

풀이

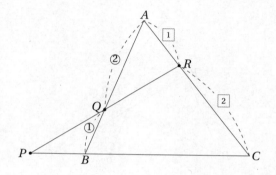

$\triangle ABC$와 직선 QRP에 메넬라우스 정리를 적용하면,

$$\frac{\overline{AQ}}{\overline{QB}} \cdot \frac{\overline{BP}}{\overline{PC}} \cdot \frac{\overline{CR}}{\overline{RA}} = \frac{2}{1} \cdot \frac{\overline{BP}}{\overline{PC}} \cdot \frac{2}{1} = 1$$

이다. 따라서 $\overline{PB} : \overline{PC} = 1 : 4$이다.

연습문제풀이 **2.5** _____

삼각형 ABC에서, 변 BC, CA, AB 위에 각각 점 P, Q, R를 잡으면, $\overline{AR}:\overline{RB}=2:3$, $\overline{AQ}:\overline{QC}=4:3$이고, 세 선분 AP, BQ, CR이 한 점에서 만난다. 이때, $\overline{BP}:\overline{PC}$를 구하여라.

풀이

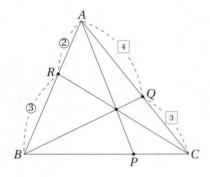

체바의 정리에 의하여

$$\frac{\overline{BR}}{\overline{AR}}\cdot\frac{\overline{CP}}{\overline{BP}}\cdot\frac{\overline{AQ}}{\overline{CQ}}=\frac{3}{2}\cdot\frac{\overline{CP}}{\overline{BP}}\cdot\frac{4}{3}=1$$

이다. 따라서 $\overline{BP}:\overline{PC}=2:1$이다.

연습문제풀이 **2.6** _____

삼각형 ABC에서, 변 AB, CA 위에 각각 점 D와 E를

$$\overline{AD}:\overline{DB}=7:5, \quad \overline{AE}:\overline{EC}=3:4$$

를 만족하도록 잡자. 선분 BE와 CD의 교점을 F라 할 때, $\overline{CF}:\overline{FD}$를 구하여라.

풀이

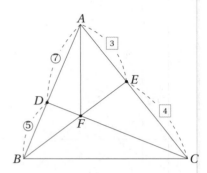

삼각형 ADC와 직선 BFE에 메넬라우스 정리를 적용하면

$$\frac{\overline{EA}}{\overline{CE}}\cdot\frac{\overline{BD}}{\overline{AB}}\cdot\frac{\overline{FC}}{\overline{DF}}=\frac{3}{4}\cdot\frac{5}{12}\cdot\frac{\overline{FC}}{\overline{DF}}=1$$

이다. 따라서 $\overline{CF}:\overline{FD}=16:5$이다.

연습문제풀이 **2.7**

$\angle A = 90°$인 직각이등변삼각형 ABC에서, 점 D는 변 AB의 중점이고, 점 A에서 선분 CD위에 내린 수선의 발을 F, 선분 AF의 연장선과 변 BC와의 교점을 E라고 할 때, $\overline{DF} : \overline{FC}$와 $\overline{BE} : \overline{EC}$를 구하여라.

풀이

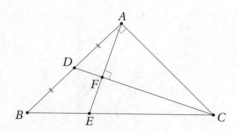

직각삼각형 ADF와 AFC는 닮음비가 $1 : 2$인 닮음이다. 그러므로 $\overline{DF} = \frac{1}{2}\overline{AF}$이고, $\overline{AF} = \frac{1}{2}\overline{FC}$이다.
따라서 $\overline{DF} : \overline{FC} = \frac{1}{2}\overline{AF} : 2\overline{AF} = 1 : 4$이다.
삼각형 CBD과 직선 AFE에 메넬라우스의 정리를 적용하면

$$\frac{\overline{BE}}{\overline{CE}} \cdot \frac{\overline{AD}}{\overline{BA}} \cdot \frac{\overline{FC}}{\overline{DF}} = \frac{\overline{BE}}{\overline{CE}} \cdot \frac{1}{2} \cdot \frac{4}{1} = 1$$

이다. 따라서 $\overline{BE} : \overline{EC} = 1 : 2$이다.

연습문제풀이 **2.8**

삼각형 ABC에서 변 BC의 중점을 D, 변 AC 위에 $\overline{CE} = 2\overline{AE}$인 점 E를 잡고, 선분 AD와 BE의 교점을 F라고 하자. 이때, $\frac{\overline{FD}}{\overline{AF}} + \frac{\overline{FE}}{\overline{BF}}$를 구하여라.

풀이

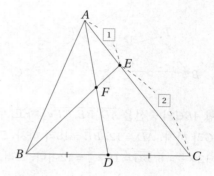

삼각형 ADC와 직선 BFE에 메넬라우스 정리를 적용하면

$$\frac{\overline{CE}}{\overline{EA}} \cdot \frac{\overline{AF}}{\overline{FD}} \cdot \frac{\overline{DB}}{\overline{BC}} = \frac{2}{1} \cdot \frac{\overline{AF}}{\overline{FD}} \cdot \frac{1}{2} = 1$$

이다. 즉, $\frac{\overline{AF}}{\overline{FD}} = 1$이다.
삼각형 BCE와 직선 AFD에 메넬라우스 정리를 적용하면

$$\frac{\overline{CD}}{\overline{DB}} \cdot \frac{\overline{BF}}{\overline{FE}} \cdot \frac{\overline{EA}}{\overline{AC}} = \frac{1}{1} \cdot \frac{\overline{BF}}{\overline{FE}} \cdot \frac{1}{3} = 1$$

이다. 즉, $\frac{\overline{FE}}{\overline{BF}} = \frac{1}{3}$이다. 따라서 $\frac{\overline{FD}}{\overline{AF}} + \frac{\overline{FE}}{\overline{BF}} = \frac{4}{3}$이다.

연습문제풀이 **2.9** _____

삼각형 ABC에서, 두 중선의 길이가 12, 18일 때, 이 삼각형 ABC의 넓이의 최댓값을 구하여라.

풀이

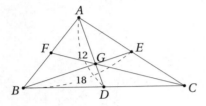

삼각형 ABC의 중선을 $\overline{AD}, \overline{BE}, \overline{CF}$라 하고, 무게중심을 G라 하자. $\overline{AD} = 12$, $\overline{BE} = 18$라 하자. 그러면 $\overline{AG} = 12 \times \frac{2}{3} = 8$, $\overline{BG} = 18 \times \frac{2}{3} = 12$이다. 그러므로

$$\begin{aligned}
\triangle ABG &= \frac{1}{2} \times AG \times BG \times \sin \angle AGB \\
&= \frac{1}{2} \times 8 \times 12 \times \sin \angle AGB \\
&= 48 \times \sin \angle AGB \\
&\leq 48
\end{aligned}$$

이다. $\angle AGB = 90°$이면, 등호가 성립한다. 삼각형 ABG의 넓이는 삼각형 ABC의 넓이의 $\frac{1}{3}$이므로, 삼각형 ABC의 최댓값은 $48 \times 3 = 144$이다.

연습문제풀이 **2.10** _____

$\triangle ABC$의 변 AB, AC 위에 각각 두 점 D, E를 잡고, 선분 BE와 선분 CD의 교점을 P라 하자. $\triangle ADE$, $\triangle BPD$, $\triangle CEP$의 넓이가 각각 5, 8, 3일 때, $\triangle ABC$의 넓이를 구하여라.

풀이

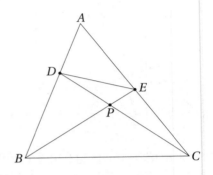

$\triangle PDE$의 넓이를 x, $\triangle PBC$의 넓이를 y라 하자. $\frac{\overline{AD}}{\overline{DB}} = \frac{\triangle ADC}{\triangle DBC} = \frac{\triangle ADE}{\triangle DBE}$이므로 $\frac{x+8}{8+y} = \frac{5}{x+8}$이 성립한다. 이를 정리하면,

$$x^2 + 16x + 24 = 5y \qquad (1)$$

이다. 또, $\frac{\overline{DP}}{\overline{PC}} = \frac{\triangle BDP}{\triangle BPC} = \frac{\triangle EDP}{\triangle EPC}$이므로

$$\frac{8}{y} = \frac{x}{3}, \quad xy = 24 \qquad (2)$$

이다. 식 (1), (2)에 의하여

$$x^3 + 16x^2 + 24x = 5xy = 120$$

이 성립한다. 이를 인수분해하면

$$(x-2)(x^2 + 18x + 60) = 0$$

이다. 그런데 x는 양의 실수이므로 $x = 2$이다. 이것을 식 (2)에 대입하면 $y = 12$를 얻는다. 따라서 $\triangle ABC = 16 + x + y = 30$이다.

삼각형 ABC에서, $\overline{AX} : \overline{XB} = 3 : 4$, $\overline{BY} : \overline{YC} = 20 : 21$, $\overline{CZ} : \overline{ZA} = 3 : 4$를 만족하도록 점 X, Y, Z를 각각 변 AB, BC, CA위에 잡자. 삼각형 ABC의 넓이가 2009일 때, 삼각형 XYZ의 넓이를 구하여라.

풀이

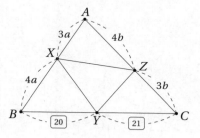

$\overline{AX} = 3a$, $\overline{XB} = 4a$, $\overline{AZ} = 4b$, $\overline{ZC} = 3b$이라 하면

$$\triangle AXZ : \triangle ABC$$
$$= \frac{1}{2} \times 3a \times 4b \times \sin A : \frac{1}{2} \times 7a \times 7b \times \sin A$$
$$= 3 \times 4 : 7 \times 7$$

이므로, $\dfrac{\triangle AXZ}{2009} = \dfrac{3}{7} \cdot \dfrac{4}{7}$이다. 같은 방법을 적용하면,

$$\frac{\triangle BXY}{2009} = \frac{4}{7} \cdot \frac{20}{41}, \qquad \frac{\triangle CYZ}{2009} = \frac{21}{41} \cdot \frac{3}{7}$$

이다. 따라서

$$\frac{\triangle XYZ}{2009} = 1 - \left(\frac{\triangle AXZ}{2009} + \frac{\triangle BXY}{2009} + \frac{\triangle CYZ}{2009} \right)$$
$$= 1 - \left(\frac{3}{7} \cdot \frac{4}{7} + \frac{4}{7} \cdot \frac{20}{41} + \frac{21}{41} \cdot \frac{3}{7} \right)$$
$$= 1 - \frac{1493}{2009}$$

이므로 $\triangle XYZ = 2009 - 1493 = 516$이다.

$\triangle ABC$에서 변 BC, CA, AB의 중점을 각각 P, Q, R이라고 하자. 또, 선분 AP와 QR이 만나는 점을 M, 선분 CM의 연장선과 변 AB와의 교점을 N이라고 할 때, $\dfrac{\overline{AN}}{\overline{AB}}$를 구하여라.

풀이

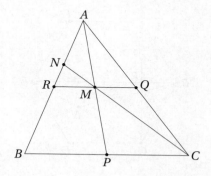

삼각형 중점연결정리에 의하여, $\overline{BC} = 2\overline{CP}$, $\overline{PM} = \overline{MA}$이다. $\triangle ABP$와 직선 NMC에 메넬라우스 정리를 적용하면,

$$\frac{\overline{AN}}{\overline{NB}} \cdot \frac{\overline{BC}}{\overline{CP}} \cdot \frac{\overline{PM}}{\overline{MA}} = \frac{\overline{AN}}{\overline{NB}} \cdot \frac{2}{1} \cdot \frac{1}{1} = 1$$

이다. 즉, $\overline{AN} : \overline{NB} = 1 : 2$이다. 따라서 $\dfrac{\overline{AN}}{\overline{AB}} = \dfrac{\overline{AN}}{\overline{AN} + \overline{NB}} = \dfrac{1}{3}$이다.

연습문제풀이 **2.13 (IMO, '1982)** _____

정육각형 $ABCDEF$의 내부의 점 M, N이 대각선 AC와 CE 위에 있으며, $\frac{\overline{AM}}{\overline{AC}} = \frac{\overline{CN}}{\overline{CE}} = r$을 만족한다. 세 점 B, M, N이 한 직선 위에 있을 때, r의 값을 구하여라.

풀이

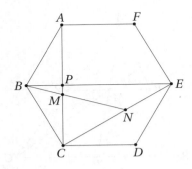

대각선 BE와 AC의 교점을 P라고 하고, $\triangle CPE$와 직선 BMN에 메넬라우스 정리를 적용하면,

$$\frac{\overline{CM}}{\overline{MP}} \cdot \frac{\overline{PB}}{\overline{BE}} \cdot \frac{\overline{EN}}{\overline{NC}} = 1 \qquad (1)$$

이다.

(i) $\overline{AC} = 1$로 두면, $\overline{AM} = r$, $\overline{AP} = \frac{1}{2}$이므로, $\frac{\overline{CM}}{\overline{MP}} = \frac{1-r}{r-\frac{1}{2}} = \frac{2-2r}{2r-1}$ 이다.

(ii) 삼각비를 이용하면, $\overline{PB} = \overline{AB}\cos\angle ABP = \frac{1}{2}\overline{AB} = \frac{1}{4}\overline{BE}$이다. 즉, $\frac{\overline{PB}}{\overline{BE}} = \frac{1}{4}$이다.

(iii) $\overline{CE} = \overline{AC} = 1$, $\overline{NC} = r$, $\overline{EN} = 1-r$이므로, $\frac{\overline{EN}}{\overline{NC}} = \frac{1-r}{r}$이다.

그러므로 (i), (ii), (iii)에서 구한 값을 식 (1)에 대입하면

$$\frac{2-2r}{2r-1} \cdot \frac{1}{4} \cdot \frac{1-r}{r} = 1$$

이다. 이를 풀면 $r > 0$이므로 $r = \frac{\sqrt{3}}{3}$이다.

연습문제풀이 **2.14** _____

$\triangle ABC$에서 $\angle A$의 외각 이등분선과 변 BC의 연장선과의 교점을 P, $\angle B$의 외각 이등분선과 변 CA의 연장선과의 교점을 Q, $\angle C$의 외각 이등분선과 변 AB의 연장선과의 교점을 R이라 하자. 세 점 P, Q, R은 한 직선 위에 있음을 증명하여라.

풀이

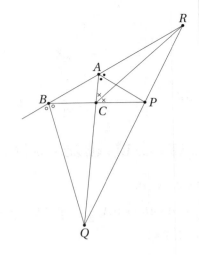

선분 AP가 $\angle A$의 외각의 이등분선이므로

$$\overline{BP} : \overline{PC} = \overline{AB} : \overline{CA}, \quad \text{즉,} \quad \frac{\overline{BP}}{\overline{PC}} = \frac{\overline{AB}}{\overline{CA}} \qquad (1)$$

이다. 마찬가지로, 선분 BQ, CR이 각각 $\angle B$, $\angle C$의 외각 이등분선이므로

$$\frac{\overline{CQ}}{\overline{QA}} = \frac{\overline{BC}}{\overline{AB}}, \quad \frac{\overline{AR}}{\overline{RB}} = \frac{\overline{CA}}{\overline{BC}} \qquad (2)$$

이다. 그러므로 식 (1)과 (2)로 부터

$$\frac{\overline{BP}}{\overline{PC}} \cdot \frac{\overline{CQ}}{\overline{QA}} \cdot \frac{\overline{AR}}{\overline{RB}} = \frac{\overline{AB}}{\overline{CA}} \cdot \frac{\overline{BC}}{\overline{AB}} \cdot \frac{\overline{CA}}{\overline{BC}} = 1$$

이다. 점 P가 변 BC의 연장선 위에 있고, 점 Q, R이 각각 변 CA, AB의 연장선 위에 있으므로 메넬라우스의 정리의 역에 의하여 세 점 P, Q, R은 한 직선 위에 있다.

연습문제풀이 2.15

$\triangle ABC$의 외접원에서, 점 A에서의 접선과 변 BC의 연장선과의 교점을 D, 점 B에서의 접선과 변 CA의 연장선과의 교점을 E, 점 C에서의 접선과 변 AB의 연장선과의 교점을 F라 할 때, 세 점 D, E, F가 한 직선 위에 있음을 보여라.

풀이

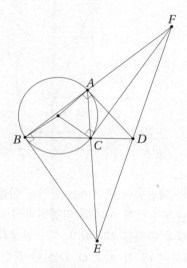

직선 AD가 접선이므로, $\angle CAD = \angle ABD$, $\angle ADC = \angle BDA$이다. 따라서 $\triangle ABD$와 $\triangle CAD$는 닮음(AA닮음)이다. 그러므로 $\dfrac{\overline{AB}}{\overline{AC}} = \dfrac{\overline{AD}}{\overline{CD}}$이다. 즉, $\dfrac{\overline{AB}^2}{\overline{AC}^2} = \dfrac{\overline{AD}^2}{\overline{CD}^2}$이다. 또, 방멱의 원리에 의하여 $\overline{AD}^2 = \overline{CD}\cdot\overline{DB}$이므로,

$$\frac{\overline{AB}^2}{\overline{AC}^2} = \frac{\overline{CD}\cdot\overline{DB}}{\overline{CD}^2} = \frac{\overline{DB}}{\overline{CD}}$$

이다. 같은 방법으로

$$\frac{\overline{AF}}{\overline{FB}} = \frac{\overline{CA}^2}{\overline{BC}^2}, \quad \frac{\overline{CE}}{\overline{EA}} = \frac{\overline{BC}^2}{\overline{AB}^2}$$

이다. 따라서 $\dfrac{\overline{AF}}{\overline{FB}}\cdot\dfrac{\overline{BD}}{\overline{DC}}\cdot\dfrac{\overline{CE}}{\overline{EA}} = 1$이다. 그러므로 메넬라우스의 정리의 역에 의하여 세 점 D, E, F는 한 직선 위에 있다.

연습문제풀이 2.16

$\angle C = 90°$인 직각삼각형 ABC에서 점 C에서 변 AB에 내린 수선의 발을 K, $\triangle ACK$에서 $\angle ACK$의 이등분선과 변 AK의 교점을 E라고 하자. 점 D가 변 CA의 중점, 점 F가 직선 DE와 CK의 교점일 때, $\overline{BF} \parallel \overline{CE}$임을 보여라.

풀이

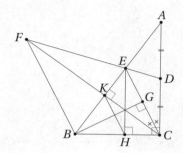

$\triangle ACK$와 직선 DEF에 메넬라우스의 정리를 적용하면, $\dfrac{\overline{KF}}{\overline{FC}}\cdot\dfrac{\overline{CD}}{\overline{DA}}\cdot\dfrac{\overline{AE}}{\overline{EK}} = 1$이다. $\overline{CD} = \overline{DA}$이므로 $\dfrac{\overline{KF}}{\overline{FC}} = \dfrac{\overline{EK}}{\overline{AE}}$이다.

내각의 이등분선의 정리에 의하여 $\dfrac{\overline{EK}}{\overline{AE}} = \dfrac{\overline{CK}}{\overline{CA}}$이다. 즉, $\dfrac{\overline{KF}}{\overline{FC}} = \dfrac{\overline{CK}}{\overline{CA}}$이다.

점 B에서 선분 CE에 내린 수선의 발을 G, 점 E에서 변 BC에 내린 수선의 발을 H라 하면, 네 점 B, K, G, C는 한 원에 있고, $\angle EBG = \angle ECK$이다.

또, $\angle ACK = \angle ABC$, $\angle ACE = \angle ECK$이다. 따라서 $\angle EBG = \angle CBG$이다. 즉, $\overline{BE} = \overline{BC}$이다. 그러므로 $\overline{CK} = \overline{EH}$이다.

$\overline{EH} \parallel \overline{AC}$, $\overline{EC} \parallel \overline{KH}$이므로 $\dfrac{\overline{EH}}{\overline{AC}} = \dfrac{\overline{BH}}{\overline{BC}} = \dfrac{\overline{BK}}{\overline{BE}}$이다. 즉, $\dfrac{\overline{CK}}{\overline{AC}} = \dfrac{\overline{BK}}{\overline{BE}}$이다. 따라서 $\dfrac{\overline{KF}}{\overline{FC}} = \dfrac{\overline{BK}}{\overline{BE}}$이다.

또, $\dfrac{\overline{KF}}{\overline{FC}-\overline{KF}} = \dfrac{\overline{BK}}{\overline{BE}-\overline{BK}}$이다. 즉, $\dfrac{\overline{KF}}{\overline{KC}} = \dfrac{\overline{BK}}{\overline{KE}}$이다.

따라서 $\triangle BKF$와 $\triangle EKC$는 닮음이고, $\angle FBK = \angle CEK$이다. 즉, $\overline{BF} \parallel \overline{CE}$이다.

연습문제풀이 **2.17 (KMO, '1987)** _____

$\triangle ABC$에서 변 AC위에 점 D를 $\overline{AD}:\overline{DC}=2:1$ 되게 잡고, 변 AB위에 점 E, 변 BC 위에 점 F를 $\overline{BE}:\overline{BF}=2:1$ 되게 잡자. 선분 BD와 선분 EF의 교점을 G라 할 때, $\overline{EG}:\overline{GF}$를 삼각형의 세 변의 길이를 이용해 나타내어라.

풀이

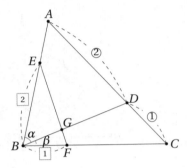

$\angle ABD=\alpha$, $\angle CBD=\beta$라 하면, 삼각형의 넓이의 비에 대한 정리로 부터

$$\triangle ABD:\triangle BCD$$
$$=\frac{1}{2}\overline{AB}\cdot\overline{BD}\cdot\sin\alpha:\frac{1}{2}\overline{BC}\cdot\overline{BD}\cdot\sin\beta$$
$$=\overline{AD}:\overline{DC}=2:1$$

이다. 따라서

$$\overline{AB}\sin\alpha=2\overline{BC}\sin\beta \tag{1}$$

이다. 그러므로 삼각형의 넓이의 비에 대한 정리로 부터

$$\overline{EG}:\overline{GF}=\triangle BEG:\triangle BFG$$
$$=\frac{1}{2}\overline{BE}\cdot\overline{BG}\sin\alpha:\frac{1}{2}\overline{BF}\cdot\overline{BG}\sin\beta$$
$$=2\sin\alpha:\sin\beta \qquad (\overline{BE}=2\overline{BF}\text{이므로})$$
$$=2\sin\alpha:\frac{\overline{AB}}{2\overline{BC}}\sin\alpha \qquad \text{(식 (1)으로 부터)}$$
$$=4\overline{BC}:\overline{AB}$$

이다. 따라서 $\overline{EG}:\overline{GF}=4\overline{BC}:\overline{AB}$이다.

연습문제풀이 **2.18 (IMO, '1978)** _____

$\overline{AB}=\overline{AC}$인 이등변삼각형 ABC에서 $\triangle ABC$의 외접원에 내접하는 한 원이 변 AB, AC에 각각 점 P, Q에서 접한다고 할 때, 선분 PQ의 중점이 삼각형 ABC의 내심임을 보여라.

풀이

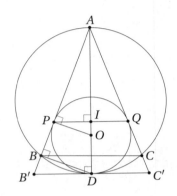

$\triangle ABC$의 외접원에 내접하는 원의 중심을 O라 하자. 이 원과 삼각형 ABC의 외접원과의 교점을 D, 선분 PQ의 중점을 I라 하자. 이등변삼각형의 성질에 의하여 네 점 A, I, O, D는 한 직선 위에 있다. 원 O에 대하여 점 D를 지나는 접선과 변 AB, AC의 연장선과의 교점을 각각 B', C'라 하자. 이제 $\triangle ABC$를 중심 A에 대한 닮음변환 $\triangle AB'C'$를 생각하자. 그러면 닮음비 $k=\dfrac{\overline{AB'}}{\overline{AB}}$이다. 또한, 직각삼각형 AIP, ADB', ABD, APO는 모두 닮음이다. 따라서

$$\frac{\overline{AI}}{\overline{AO}}=\frac{\frac{\overline{AI}}{\overline{AP}}}{\frac{\overline{AO}}{\overline{AP}}}=\frac{\frac{\overline{AD}}{\overline{AB'}}}{\frac{\overline{AD}}{\overline{AB}}}=\frac{\overline{AB}}{\overline{AB'}}=\frac{1}{k}$$

이다. 이 닮음변환은 점 I를 점 O로 보낸다. 점 O는 삼각형 $AB'C'$의 내심이므로 점 I 또한 $\triangle ABC$의 내심이다.

연습문제풀이 **2.19**

정삼각형 ABC의 내부에 $\overline{PA} = \overline{PB}$를 만족하는 점 P가 있다. $\angle PBF = \angle PBC$이고, $\overline{BF} = \overline{AB}$인 점 F를 잡을 때, $\angle BFP$를 구하여라.

풀이

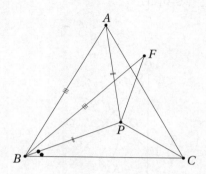

$\overline{PA} = \overline{PB}$, $\overline{PC}$는 공통, $\overline{BC} = \overline{AC}$이므로 $\triangle APC \equiv \triangle BPC$(SSS합동)이다.

또, $\overline{BF} = \overline{BC}$, $\angle PBF = \angle PBC$, $\overline{BP}$는 공통이므로 $\triangle BPF \equiv \triangle BPC$(SAS합동)이다.

따라서

$$\angle BFP = \angle BCP = \angle ACP = \frac{1}{2}\angle C = 30°$$

이다.

연습문제풀이 **2.20**

삼각형 ABC에서 변 AB의 중점을 M, 선분 CM위에 $\overline{CP} = \overline{PQ} = \overline{QM}$이 되도록 점 P, Q를 잡자. 선분 BP의 연장선과 변 AC와의 교점을 X, 선분 BQ의 연장선과 변 AC와의 교점을 Y라 하자. 점 Y가 변 AC의 중점이라고 할 때, $\dfrac{\overline{CX} + \overline{AY}}{\overline{XY}}$를 구하여라.

풀이

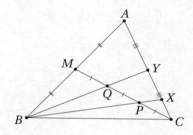

삼각형 ACM과 직선 BPX에 메넬라우스의 정리를 적용하면

$$\frac{\overline{AX}}{\overline{XC}} \cdot \frac{\overline{CP}}{\overline{PM}} \cdot \frac{\overline{MB}}{\overline{BA}} = 1$$

이다. $\dfrac{\overline{CP}}{\overline{PM}} = \dfrac{1}{2}$, $\dfrac{\overline{MB}}{\overline{BA}} = \dfrac{1}{2}$이므로 $\overline{AX} = 4\overline{XC}$이다. 따라서 $\overline{XC} = \dfrac{1}{5}\overline{AC}$이다. 또, $\overline{YC} = \dfrac{1}{2}\overline{AC}$이므로 $\overline{XY} = \dfrac{3}{10}\overline{AC}$이다. 따라서 $\dfrac{\overline{CX} + \overline{AY}}{\overline{XY}} = \dfrac{7}{3}$이다.

연습문제풀이 **2.21**

$\triangle ABC$에서 점 A에서 변 BC에 내린 수선의 발을 D라 하고, 선분 AD 위의 점 P에 대하여 선분 BP의 연장선과 변 AC와의 교점을 E, 선분 CP의 연장선과 변 AB와의 교점을 F라 할 때, 선분 AD가 $\angle EDF$의 이등분선임을 증명하여라.

풀이

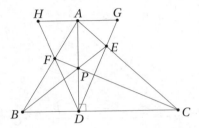

점 A를 지나고 변 BC에 평행한 직선과 선분 DE의 연장선, 선분 DF의 연장선과의 교점을 각각 G, H라 하자. 체바의 정리에 의하여

$$\frac{\overline{BD}}{\overline{DC}} \cdot \frac{\overline{CE}}{\overline{EA}} \cdot \frac{\overline{AF}}{\overline{FB}} = 1 \qquad (1)$$

이다. $\triangle ECD$와 $\triangle EAG$가 닮음(AA닮음)이고, $\triangle FAH$와 $\triangle FBD$가 닮음(AA닮음)이므로,

$$\frac{\overline{CE}}{\overline{EA}} = \frac{\overline{CD}}{\overline{AG}}, \quad \frac{\overline{AF}}{\overline{FB}} = \frac{\overline{AH}}{\overline{BD}} \qquad (2)$$

이다. 식 (2)를 식 (1)에 대입하면

$$\frac{\overline{BD}}{\overline{DC}} \cdot \frac{\overline{CD}}{\overline{AG}} \cdot \frac{\overline{AH}}{\overline{BD}} = 1$$

이다. 따라서 $\overline{AH} = \overline{AG}$이다. 또한, $\overline{HG} \parallel \overline{BC}$, $\overline{AD} \perp \overline{BC}$이므로 $\overline{AD} \perp \overline{HG}$이다. 따라서 선분 AD는 $\angle EDF$의 이등분선이다.

연습문제풀이 **2.22 (KMO, '2011)**

삼각형 ABC에서 $\overline{BC} : \overline{CA} : \overline{AB} = 3 : 5 : 4$이다. 변 AB 위의 점 E와 변 AC위의 점 F에 대하여 $\overline{AE} : \overline{AF} = 3 : 2$를 만족한다. 변 BC의 중점을 M이라 하고, 선분 AM과 EF의 교점을 Q라 할 때, $120 \times \dfrac{\overline{QE}}{\overline{QF}}$의 값을 구하여라.

풀이

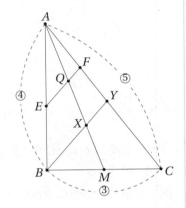

점 B를 지나 선분 EF에 평행한 직선과 선분 AM, AC와의 교점을 각각 X, Y라 하면, $\overline{QE} : \overline{XB} = \overline{QF} : \overline{XY}$에서 $\dfrac{\overline{QE}}{\overline{QF}} = \dfrac{\overline{XB}}{\overline{XY}}$이다. 이제, 삼각형 BCY와 직선 MXA에 대하여 메넬라우스 정리를 적용하면,

$$\frac{\overline{BM}}{\overline{MC}} \cdot \frac{\overline{CA}}{\overline{AY}} \cdot \frac{\overline{YX}}{\overline{XB}} = 1$$

이다. 그런데, $\overline{BM} = \overline{MC}$이므로, $\dfrac{\overline{XB}}{\overline{XY}} = \dfrac{\overline{AC}}{\overline{YA}}$이다. 주어진 조건으로부터 $\overline{AY} : \overline{AB} = \overline{AF} : \overline{AE} = 2 : 3$이고, $\overline{AC} : \overline{AB} = 5 : 4$이므로, $\dfrac{\overline{AC}}{\overline{YA}} = 15 : 8$이다. 따라서 $120 \times \dfrac{\overline{QE}}{\overline{QF}} = 120 \times \dfrac{15}{8} = 225$이다.

제 3 장

원의 성질

- 꼭 암기해야 할 내용

- 원주각의 성질

- 방멱의 원리(원과 비례의 성질)

- 원에 내접하는 사각형의 성질

- 원에 외접하는 사각형의 성질

3.1 원주각, 원과 직선

- 이 절의 주요 내용

- 원주각과 중심각 사이의 관계, 원과 직선 사이의 관계

- 오일러의 삼각형 정리, 폐형 정리, 몰리의 정리

정리 **3.1.1 (중심각과 호, 현의 비교)**
한 원에서 중심각과 호, 현 사이에는 다음과 같은 관계가 성립한다.

(1) 한 원 또는 합동인 두 원에서 같은 크기의 중심각에 대한 호의 길이와 현의 길이는 각각 같다. 그 역도 성립한다.

(2) 부채꼴의 중심각의 크기와 호의 길이는 비례한다.

(3) 부채꼴의 중심각의 크기와 현의 길이는 비례하지 않는다.

증명 증명은 독자에게 맡긴다.

정리 **3.1.2 (현의 수직이등분선의 성질)**
원의 중심에서 현에 내린 수선은 현을 수직이등분한다. 또, 현의 수직이등분선은 이 원의 중심을 지난다.

증명

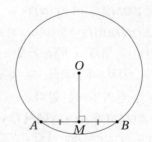

원의 중심 O에서 현 AB에 내린 수선의 발을 M이라 하자. 그러면, $\triangle OAM$과 $\triangle OBM$에서 $\overline{OA} = \overline{OB}$(반지름), $\overline{OM}$은 공통, $\angle OMA = \angle OMB = 90°$이므로 $\triangle OAM \equiv \triangle OBM$(RHS합동)이다. 따라서 $\overline{AM} = \overline{BM}$이다.

(역의 증명) 현 AB의 중점을 M이라 하자. 그러면 $\triangle OAM$과 $\triangle OBM$에서 $\overline{OA} = \overline{OB}$(반지름), $\overline{OM}$은 공통, $\overline{AM} = \overline{BM}$이므로 $\triangle OAM \equiv \triangle OBM$이다. 따라서 $\angle AMO = \angle BMO = 90°$이다. 즉, $\overline{OM} \perp \overline{AB}$이다. 따라서 현 AB의 수직이등분선은 원 O의 중심을 지난다.

정리 **3.1.3 (현의 길이의 성질)** ───

원의 중심에서 같은 거리에 있는 두 현의 길이는 같다. 또, 길이가 같은 두 현은 중심에서 같은 거리에 있다.

증명

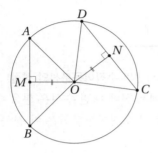

$\triangle OAM$과 $\triangle ODN$에서 $\overline{OA} = \overline{OD}$(반지름), $\overline{OM} = \overline{ON}$(가정), $\angle OMA = \angle OND = 90°$이므로 $\triangle OMA \equiv \triangle OND$(RHS합동)이다. 따라서 $\overline{AM} = \overline{DN}$이다. 그런데, $\overline{AM} = \overline{BM}$, $\overline{DN} = \overline{CN}$이므로 $\overline{AB} = 2\overline{AM} = 2\overline{DN} = \overline{CD}$이다. 즉, 중심에서 같은 거리에 있는 두 현의 길이는 같다.

(역의 증명) $\triangle OAM$과 $\triangle OCN$에서 $OA = OC$(반지름), $\angle OMA = \angle ONC = 90°$, $\overline{AM} = \frac{1}{2}\overline{AB} = \frac{1}{2}\overline{CD} = \overline{CN}$이므로 $\triangle OAM \equiv \triangle OCN$(RHS합동)이다. 즉, $\overline{OM} = \overline{ON}$이다.

정리 **3.1.4 (원주각과 중심각 사이의 관계)** ───

한 원에서 원주각과 중심각 사이에는 다음과 같은 관계가 성립한다.

(1) 한 원에서 주어진 호(또는 현) 위의 원주각의 크기는 중심각의 크기의 $\frac{1}{2}$이다.

(2) 한 원에서 같은 길이의 호에 대한 원주각의 크기는 일정하다. 또, 역도 성립한다.

증명

(1) 중심 O가 삼각형 APB의 변 위에 있을 때, 내부에 있을 때, 외부에 있을 때로 나누어 생각하자.

   (i) $\triangle APB$의 변 위에 중심 O가 있을 때, $\triangle AOP$는 이등변삼각형이므로 $\angle APO = \angle PAO$이다. 또, $\angle AOB = \angle APB + \angle PAO = 2\angle APB$이다. 따라서 $\angle APB = \frac{1}{2}\angle AOB$이다.

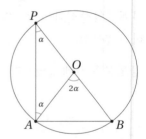

   (ii) $\triangle APB$의 내부에 중심 O가 있을 때, PO의 연장선과 원 O와의 교점을 P'이라고 하면 (i)에 의하여
   $$\angle APP' = \frac{1}{2}\angle AOP', \angle BPP' = \frac{1}{2}\angle BOP'$$
   이다. 따라서
   $$\angle APB = \angle APP' + \angle BPP'$$
   $$= \frac{1}{2}(\angle AOP' + \angle BOP')$$
   $$= \frac{1}{2}\angle AOB$$

이다.

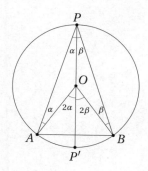

(iii) $\triangle APB$의 외부에 중심 O가 있을 때, PO의 연장선과 원 O와의 교점을 P'이라고 하면 (i)에 의하여

$$\angle P'PA = \frac{1}{2}\angle P'OA, \ \angle P'PB = \frac{1}{2}\angle P'OB$$

이다. 따라서

$$\begin{aligned}
\angle APB &= \angle P'PB - \angle P'PA \\
&= \frac{1}{2}(\angle P'OB - \angle P'OA) \\
&= \frac{1}{2}\angle AOB
\end{aligned}$$

이다.

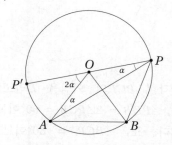

따라서 식 (i), (ii), (iii)에 의하여 원주각의 크기는 중심각의 크기의 $\frac{1}{2}$이다.

(2) $\angle APB = \frac{1}{2}\angle AOB$, $\angle CQD = \frac{1}{2}\angle COD$이고 호 AB와 호 CD가 같으므로, $\angle AOB = \angle COD$이다. 따라서 $\angle APB = \angle CQD$이다. 즉, 같은 길이의 호에 대한 원주각의 크기는 같다.

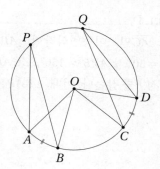

(역의 증명) $\angle APB = \frac{1}{2}\angle AOB$, $\angle CQD = \frac{1}{2}\angle COD$이고, $\angle APB = \angle CQD$이므로 $\angle AOB = \angle COD$이다. 따라서 호 AB와 호 CD는 같다. 즉, 같은 크기의 원주각에 대한 호의 길이는 같다.

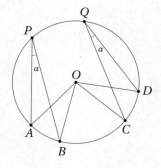

예제 **3.1.5** _____

$\overline{AB} = \overline{AC}$인 이등변삼각형 ABC의 내부에 $\angle BCP = 30°$, $\angle APB = 150°$, $\angle CAP = 39°$를 만족하는 점 P를 잡는다. 이때, $\angle BAP$를 구하여라.

풀이

풀이

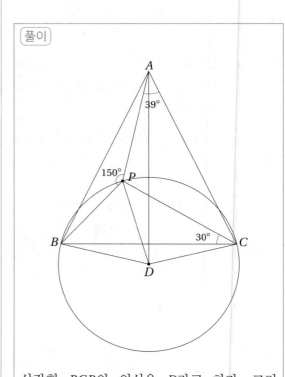

삼각형 BCP의 외심을 D라고 하자. 그러면, $\angle PDB = 2\angle PCB = 60°$이고, $\overline{DB} = \overline{DP}$이다. 또, $\angle BCP = 30°$이므로 원주각과 중심각의 관계에 의하여 $\angle BDP = 60°$이고, 삼각형 BDP는 정삼각형이다. 그래서, $\angle APD = 360° - 150° - 60° = 150° = \angle APB$이다. 또, $\overline{PB} = \overline{PD}$이므로, $\triangle APB \equiv \triangle APD$이다. $\overline{AD} = \overline{AB} = \overline{AC}$, $\overline{DB} = \overline{DC}$이므로, $\triangle ABD \equiv \triangle ACD$이다. 그러므로 $\angle BAP = \angle DAP$, $\angle BAD = \angle CAD$이다. 따라서 $\angle BAP = \frac{1}{3}\angle CAP = 13°$이다.

[예제] **3.1.6 (KMO, '2016)** ──────────

삼각형 ABC의 꼭짓점 A에서 변 BC에 내린 수선의 발을 D, 변 BC의 중점을 M이라 하자. $\overline{MD} = 30$이고, $\angle BAM = \angle CAD = 15°$일 때, 삼각형 ABC의 넓이를 구하여라. (단, $\angle A > 30°$)

[풀이]

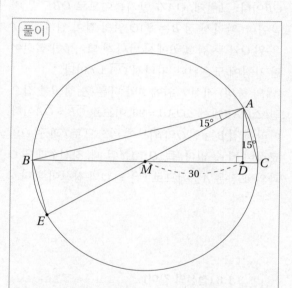

[풀이]

삼각형 ABC의 외접원과 선분 AM의 연장선과의 교점을 E라 하면, 원주각의 성질에 의하여 $\angle AEB = \angle ACB$이다. 또, $\angle BAM = \angle CAD = 15°$이므로 $\triangle ABE \sim \triangle ADC$이다. 또, $\angle AEB = 90°$이 되어 $\overline{AE}$는 삼각형 ABC의 외접원의 지름이 된다. 그러므로 점 M은 삼각형 ABC의 외심이다. $\overline{AM} = \overline{BM}$이므로 $\angle ABC = 15°$이다. 즉, $\angle AMC = 30°$이다. 따라서 $\triangle AMD$는 길이의 비가 $1 : \sqrt{3} : 2$인 직각삼각형이다. 즉, $\overline{DM} = 30$, $\overline{AD} = 10\sqrt{3}$, $\overline{AM} = 20\sqrt{3}$이다. 그러므로 $\overline{BC} = 40\sqrt{3}$이다. 따라서 삼각형 ABC의 넓이는 $\frac{1}{2} \times \overline{BC} \times \overline{AD} = 600$이다.

[정리] **3.1.7 (원의 접선의 성질)** —————

원의 접선은 그 접점을 지나는 반지름에 수직이다. 또, 원 위의 한 점을 지나고 그 점을 지나는 반지름에 수직인 직선은 이 원의 접선이다.

[증명] ℓ은 원 O 위의 점 A를 지나는 접선이라고 하자. 반지름 OA와 ℓ이 수직이 아니라고 하자. 그러면, 중심 O에서 수선 OM을 그을 수 있다. $\overline{AM} = \overline{BM}$이 되게 선분 AM의 연장선 위에 점 B를 잡으면 $\triangle OMA \equiv OMB$(SAS합동)이다. 따라서 $\overline{OA} = \overline{OB}$이다. 그런데, $\overline{OA}$가 반지름이므로 $\overline{OB}$도 반지름이다. 따라서 점 B는 원 O 위의 점이 된다. 즉, ℓ은 원 O와 두 점 A, B에서 만나게 되어 ℓ이 접선이란 가정에 모순된다. 따라서 $\overline{OA} \perp \ell$이다.

(역의 증명) 직선 ℓ 위에 A와 다른 한 점 B를 잡으면, $\triangle OAB$에서 $\angle OAB = 90°$이므로 $\overline{OB} > \overline{OA}$이다. 따라서 점 B는 원 O의 외부에 있으므로 ℓ과 원 O의 교점이 될 수 없다. 즉, $OA \perp \ell$일 때, 직선 ℓ과 원 O과의 교점은 A뿐이므로 ℓ은 원 O의 접선이 된다.

[정리] **3.1.8 (접선의 길이)** —————

원의 외부에 있는 한 점에서 그 원에 그은 두 접선의 길이는 같다.

[증명] 원 O 밖의 한 점 P에서 원 O에 그은 두 접선이 원과 만나는 점을 각각 A, B라고 하자. 그러면, $\triangle PAO$와 $\triangle PBO$에서 $\overline{PO}$는 공통, $\angle PAO = \angle PBO = 90°$, $\overline{OA} = \overline{OB}$(반지름)이므로 $\triangle PAO \equiv \triangle PBO$(RHS합동)이다. 따라서 $\overline{PA} = \overline{PB}$이다.

[예제] **3.1.9 (KMO, '2010)** —————

반지름이 20인 원 T_1과 반지름의 길이가 40인 원 T_2의 두 공통외접선이 점 A에서 만나고, 두 원의 공통내접선이 T_1과 점 P에서 만나고, T_2와 점 Q에서 만난다. 선분 AQ의 길이가 100일 때, 선분 PQ의 길이를 구하여라.

[풀이]

[풀이]

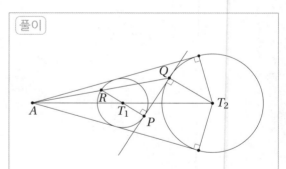

선분 PT_1의 연장선과 원 T_1과의 교점을 R라 하면, A, R, Q는 한 직선 위에 있다. 또, 삼각형 AT_1R과 삼각형 AT_2Q는 닮음비가 $\overline{T_1R} : \overline{T_2Q} = 1 : 2$인 닮음이다. 그러므로 $\overline{AR} = \overline{RQ} = \overline{AQ} \times \frac{1}{2} = 50$이다. 따라서 피타고라스의 정리로부터 $\overline{PQ}^2 = \overline{RQ}^2 - \overline{RP}^2 = 2500 - 1600 = 900$이다. 즉, $\overline{PQ} = 30$이다.

원의 접선과 그 접점을 지나는 현이 이루는 각의 크기는 이 각의 내부에 있는 호에 대한 원주각의 크기와 같다.

증명

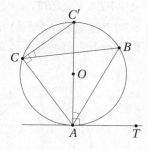

$\angle BAT$가 예각일 경우, 점 A를 지나는 지름의 끝점을 C'이라 하고, C와 C'을 연결하면, $\angle C'CA = 90°$이다. 따라서

$$\angle BCA = 90° - \angle C'CB \tag{1}$$

이다. 또한, $\angle C'AT = 90°$이므로

$$\angle BAT = 90° - \angle C'AB \tag{2}$$

이다. 그런데, $\angle C'CB = \angle C'AB$이므로 식 (1), (2)로부터 $\angle BCA = \angle BAT$이다.

$\angle BAT$가 직각일 경우와 둔각일 경우의 증명은 독자에게 맡긴다.

예제 **3.1.11 (KMO, '2020)**

예각삼각형 ABC의 외심을 O, 각 A의 이등분선과 변 BC가 만나는 점을 D, 삼각형 ABD의 외접원과 선분 OA의 교점을 $E(\neq A)$라 하자. $\angle OCB = 14°$이고 $\angle OCA = 18°$일 때, $\angle DBE$의 몇 도인가?

풀이

풀이

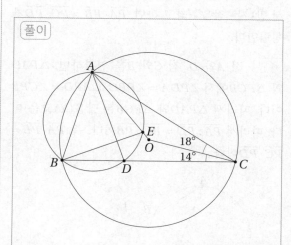

$\angle OBC = \angle OCB = 14°$, $\angle OCA = \angle OAC = 18°$이므로, $\angle OAB = \angle OBA = 58°$이다. 또, $\angle A = 76°$이므로, $\angle DBE = \angle DAE = 38° - 18° = 20°$이다.

정리 **3.1.12 (방멱의 원리(1))** _____

한 원의 두 현 AB와 CD가 원의 내부에서 만나는 점을 P라고 하면, $\overline{PA} \cdot \overline{PB} = \overline{PC} \cdot \overline{PD}$가 성립한다.

증명　점 A와 D, 점 C와 B를 연결하면, $\triangle PAD$와 $\triangle PCB$에서 $\angle PDA = \angle PBC$, $\angle APD = \angle CPB$이다. 따라서 $\triangle PAD$와 $\triangle PCB$는 닮음(AA닮음)이다. 따라서 $\overline{PA} : \overline{PD} = \overline{PC} : \overline{PB}$이다. 즉, $\overline{PA} \cdot \overline{PB} = \overline{PC} \cdot \overline{PD}$이다.

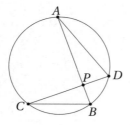

참고 '방멱의 원리'를 '원과 비례의 성질'이라고 한다.

정리 **3.1.13 (방멱의 원리(2))** _____

한 원의 두 현 AB와 CD의 연장선이 원의 외부에서 만나는 점을 P라고 하면, $\overline{PA} \cdot \overline{PB} = \overline{PC} \cdot \overline{PD}$가 성립한다.

증명　점 A와 D, 점 C와 B를 연결하면, $\triangle PAD$와 $\triangle PCB$에서 $\angle PDA = \angle PBC$, $\angle APD = \angle CPB$이다. 따라서 $\triangle PAD$와 $\triangle PCB$는 닮음(AA닮음)이다. 따라서 $\overline{PA} : \overline{PD} = \overline{PC} : \overline{PB}$이다. 즉, $\overline{PA} \cdot \overline{PB} = \overline{PC} \cdot \overline{PD}$이다.

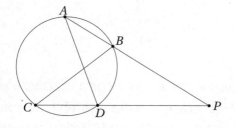

정리 **3.1.14 (방멱의 원리(3))** _____

원의 외부의 한 점 P에서 그 원에 그은 접선과 할선이 원과 만나는 점을 각각 T, A, B라고 하면, $\overline{PT}^2 = \overline{PA} \cdot \overline{PB}$가 성립한다.

증명　점 A와 T, 점 B와 T를 연결하면, $\triangle PAT$와 $\triangle PTB$에서 $\angle PTA = \angle PBT$, $\angle P$는 공통이므로 $\triangle PAT$와 $\triangle PTB$는 닮음(AA닮음)이다. 따라서 $\overline{PA} : \overline{PT} = \overline{PT} : \overline{PB}$이다. 따라서 $\overline{PT}^2 = \overline{PA} \cdot \overline{PB}$이다.

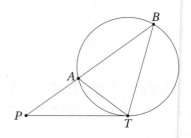

정리 **3.1.15 (네 점이 한 원 위에 있을 조건(1))** ——
두 선분 AB, CD 또는 그 연장선이 점 P에서 만나고,

$$\overline{PA} \cdot \overline{PB} = \overline{PC} \cdot \overline{PD}$$

이면, 네 점 A, B, C, D는 한 원 위에 있다.

증명 세 점 A, B, C를 지나는 원과 선분 CD 또는 그 연장선이 만나는 점을 E라고 하면,

$$\overline{PA} \cdot \overline{PB} = \overline{PC} \cdot \overline{PE} \qquad (1)$$

이다. 한편 가정에서

$$\overline{PA} \cdot \overline{PB} = \overline{PC} \cdot \overline{PD} \qquad (2)$$

이다. 식 (1), (2)에서 $\overline{PE} = \overline{PD}$이다. 즉, 두 점 D, E는 일치하므로 네 점 A, B, C, D는 한 원 위에 있다.

정리 **3.1.16 (네 점이 한 원 위에 있을 조건(2))** ——
$\angle DAB = \angle BCD = 90°$이면 네 점 A, B, C, D는 $\overline{BD}$를 지름으로 하는 원 위에 있다.

증명 중심각과 원주각의 성질에 의하여 쉽게 증명된다. 자세한 증명은 독자에게 맡긴다.

정리 **3.1.17 (네 점이 한 원 위에 있을 조건(3))** ——
선분 AB에 대하여 같은 쪽에 있는 두 점을 각각 P, Q라고 할 때, $\angle APB = \angle AQB$이면 네 점 A, B, P, Q는 한 원 위에 있다.

증명 중심각과 원주각의 성질에 의하여 쉽게 증명된다. 자세한 증명은 독자에게 맡긴다.

예제 **3.1.18 (KMO, '2010)** ——
볼록사각형 $ABCD$에서 $\angle DBC = \angle CDB = 45°$, $\angle BAC = \angle DAC$이고, $\overline{AB} = 5$, $\overline{AD} = 1$일 때, $\overline{BC}^2$을 구하여라.

풀이

풀이

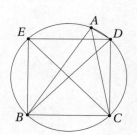

삼각형 BCD의 외접원 위에 한 점 E를 잡으면 $\overline{BC} = \overline{CD}$이므로, $\angle BEC = \angle DEC$이다. 점 A 또한 점 E의 자취 중 하나므로, 점 A는 삼각형 BCD의 외접원 위에 있다. 그러므로 $\angle BAD = 180° - \angle BCD = 90°$이므로, $\overline{BD}^2 = 26$이고, $\overline{CD}^2 + \overline{BC}^2 = \overline{BD}^2 = 26$이다. 따라서 $\overline{BC}^2 = 13$이다.

예제 **3.1.19 (KMO, '2009)**

외심이 O인 예각삼각형 ABC가 있다. 점 B에서 변 AC에 내린 수선의 연장선 위에 점 D를 $\overline{BC} = \overline{CD}$가 되도록 잡고 직선 AO와 CD의 교점을 E라 하자. $\angle AED = 35°$, $\angle BDE = 30°$, $\angle ABC = x°$일 때, x를 구하여라.

풀이

풀이

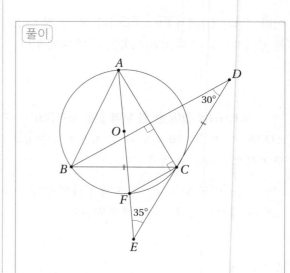

선분 AE와 원 O와의 교점을 F라 하자. 그러면, $\overline{BD} \perp \overline{AC}$, $\overline{AC} \perp \overline{FC}$이므로, $\overline{BD} \parallel \overline{CF}$이다. 따라서

$$\angle ABC = \angle AFC$$
$$= \angle FEC + \angle ECF$$
$$= \angle AED + \angle BDE$$
$$= 65°$$

이다. 즉, $x = 65$이다.

예제 **3.1.20 (KMO, '2016)** ──────────

삼각형 ABC에서 $\overline{AB} = \overline{AC}$이고 $\angle ABC > \angle CAB$이다. 점 B에서 삼각형 ABC의 외접원에 접하는 직선이 직선 AC와 점 D에서 만난다. 선분 AC 위의 점 E는 $\angle DBC = \angle CBE$를 만족하는 점이다. $\overline{BE} = 40$, $\overline{CD} = 50$일 때, $\overline{AE}$의 값을 구하여라.

풀이

풀이

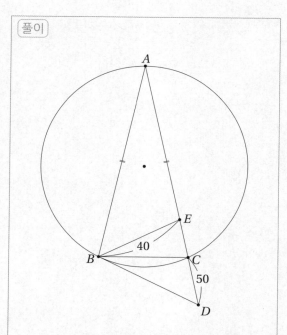

주어진 조건과 접현각의 성질에 의하여 $\angle DBC = \angle CBE = \angle BAC$이다. 그러므로 $\triangle ABC \sim \triangle BCE$이다. 또, $\angle AEB = \angle BCD = 180° - \angle BCA$이므로, $\triangle EAB \sim \triangle CBD$이다. 그러므로 $\overline{AE} : \overline{BE} = \overline{CB} : \overline{DC}$이다. 즉, $\overline{AE} : 40 = 40 : 50$이다. 이를 풀면 $\overline{AE} = 32$이다.

예제 **3.1.21 (KMO, '2017)** ────────

원에 내접하는 칠각형 $ABCDEFG$의 변 CD와 변 AG가 평행하고, 변 EF와 변 AB가 평행하다. $\angle AFB = 50°$, $\angle AEG = 15°$, $\angle CBD = 30°$, $\angle EDF = 13°$, $\angle DGE = x°$일 때, x의 값을 구하여라. (단, $0 < x < 180$)

풀이

풀이

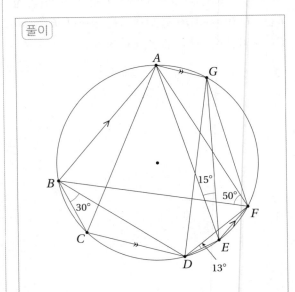

$\overarc{DE}$, $\overarc{BC}$, $\overarc{GF}$에 대한 원주각의 크기를 각각 x, y, z라 하면, 원주각의 총합은 $180°$이므로

$$180 = 15 + 50 + y + 30 + x + 13 + z$$

이다. 즉,

$$x + y + z = 72 \qquad\qquad \text{(가)}$$

이다. 사각형 $ACDG$는 등변사다리꼴이고, $\overline{AC} = \overline{GD}$이다. 그러므로

$$50 + y = x + 13 + z \qquad\qquad \text{(나)}$$

이다. 또, 사각형 $ABEF$는 등변사다리꼴이고, $\overline{AF} = \overline{BE}$이다. 그러므로

$$15 + z = x + y + 30 \qquad\qquad \text{(다)}$$

이다. 위 세 식 (가), (나), (다)를 연립하여 풀면 $x = 11$, $y = 17.5$, $z = 43.5$이다. 따라서 구하는 $x = 11$이다.

예제 **3.1.22 (KMO, '2018)** _____

삼각형 ABC가 $\angle BAC > 90°$, $\overline{AB} = 12$, $\overline{CA} = 20$을 만족한다. 변 BC의 중점을 M, 변 CA의 중점을 N이라 하자. 두 점 A와 N을 지나고 직선 AM에 접하는 원을 O라 하고, 직선 AB와 원 O가 만나는 점을 $P(\neq A)$라 하자. 삼각형 ABC의 넓이를 x, 삼각형 ANP의 넓이를 y라 할 때, $\frac{x}{y} \times 200$의 값을 구하여라.

풀이

풀이

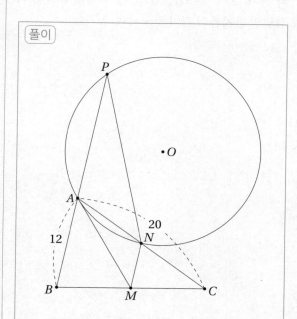

접선과 현이 이루는 각의 성질에 의하여 $\angle APN = \angle NAM$이고, 삼각형 중점연결정리에 의하여 $\overline{MN} \parallel \overline{AB}$이므로 $\angle NMA = \angle BAM$(엇각)이다.

그런데, 삼각형 APN에서 외각의 성질과 맞꼭지각으로부터 $\angle APN + \angle ANP = \angle NAM + \angle BAM$이다. 그러므로 $\angle APN = \angle BAM = \angle NMA$이다.

따라서 삼각형 APN과 삼각형 NAM은 닮음이다. 즉, $\overline{AN} : \overline{AP} = \overline{NM} : \overline{AN}$이다.

그러므로 $\overline{AP} = \frac{\overline{AN}^2}{\overline{NM}} = \frac{100}{6} = \frac{50}{3}$이다.

따라서

$$\frac{x}{y} \times 200 = \frac{\overline{AC} \times \overline{AB}}{\overline{AP} \times \overline{AN}} \times 200 = \frac{20 \times 12}{\frac{50}{3} \times 10} \times 200 = 288$$

이다.

예제 **3.1.23 (KMO, '2018)** ————————

예각삼각형 ABC에서 각 A의 이등분선이 변 BC와 만나는 점을 D, 삼각형 ABC의 내심을 I, 삼각형 ABC의 방접원 중 변 BC에 접하는 것의 중심을 J라 하자. $\overline{AJ} = 90$, $\overline{DJ} = 60$일 때, 삼각형 BCI의 외접원의 반지름의 길이를 구하여라.

풀이

풀이

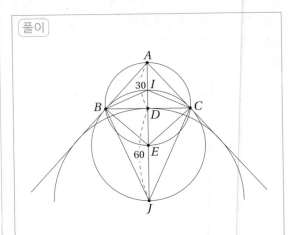

내심은 세 내각의 이등분선의 교점이고, 방심은 한 내각의 이등분선과 다른 두 외각의 이등분선의 교점이므로, $\angle IBJ = 90°$, $\angle ICJ = 90°$이다. 즉, 삼각형 IBJ와 삼각형 ICJ는 모두 직각삼각형이다.

그러므로 빗변 IJ의 중점이 삼각형 BCI의 외심이다. 이 점을 E라 하자. 접선과 현이 이루는 각의 성질로부터 $\angle ABI = \angle BJE = \angle EBJ$이다.

그러므로 $\angle ABE = 90°$이다. 즉, E는 삼각형 ABC의 외접원 위의 점이다.

방멱의 원리에 의하여

$$\overline{AD} \times \overline{DE} = \overline{BD} \times \overline{DC} = \overline{ID} \times \overline{DJ}$$

이다. 즉,

$$30 \times \left(30 - \frac{\overline{ID}}{2}\right) = \overline{ID} \times 60$$

이다. 이를 풀면, $\overline{ID} = 12$이다.

따라서 삼각형 BCI의 외접원의 반지름의 길이는 $\overline{IE} = \overline{EJ} = 30 + \dfrac{\overline{ID}}{2} = 36$이다.

예제 **3.1.24 (KMO, '2019)** ───────────

볼록사각형 $ABCD$가 있다. 삼각형 ABD와 BCD의 외접원을 각각 O_1과 O_2라 하자. 점 A에서 원 O_1의 접선과 점 C에서 원 O_2의 접선의 교점이 직선 BD위에 있다. $\overline{AB} = 35$, $\overline{AD} = 20$, $\overline{CD} = 40$일 때, 선분 BC의 길이를 구하여라.

풀이

풀이

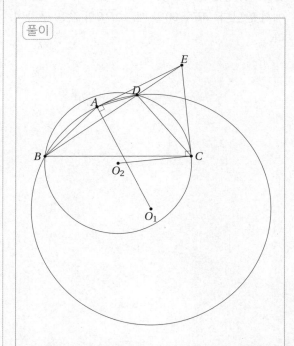

점 A에서 원 O_1의 접선과 점 C에서 원 O_2의 접선의 교점이 직선 BD위에 있으므로, 그 점을 E라 한다. 삼각형 ABD와 원 O_1에서 접선과 현이 이루는 각(접현각)의 성질에 의하여 $\angle EAD = \angle ABD$이고, 세 점 B, D, E가 한 직선 위에 있으므로, 삼각형 EAD와 삼각형 EBA는 닮음이다. 또, 삼각형 BCD와 원 O_2에서 접선과 현이 이루는 각(접현각)의 성질에 의하여 $\angle ECD = \angle CBD$이고, 세 점 B, D, E가 한 직선 위에 있으므로, 삼각형 EDC와 삼각형 ECB는 닮음이다. 따라서 $\overline{EA}^2 = \overline{ED} \cdot \overline{EB} = \overline{EC}^2$이다. 즉, $\overline{EA} = \overline{EC}$이다.

그러므로 $\dfrac{\overline{AB}}{\overline{AD}} = \dfrac{\overline{EA}}{\overline{DE}} = \dfrac{\overline{EC}}{\overline{DE}} = \dfrac{\overline{BC}}{\overline{CD}}$에서 $\overline{BC} = \dfrac{\overline{AB}}{\overline{AD}} \cdot \overline{CD} = \dfrac{35}{20} \cdot 40 = 70$이다.

예제 **3.1.25 (KMO, '2019)** ────────

예각삼각형 ABC에서 $\overline{AB} = 96$, $\overline{AC} = 72$이다. 원 O 는 점 B에서 직선 AB에 접하고 점 C를 지난다. 원 O와 직선 AC의 교점을 $D(\neq C)$라 하자. 점 D와 선 분 AB의 중점을 지나는 직선이 원 O와 점 $E(\neq D)$ 에서 만난다. $\overline{AE} = 60$일 때, $10\overline{DE}$의 값을 구하여 라.

풀이

풀이

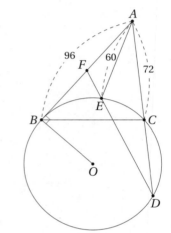

선분 AB의 중점을 F라 하자. 직선 AB가 원 O 의 접선이므로, 방멱의 원리에 의하여 $\overline{AB}^2 = \overline{AC} \cdot \overline{AD}$이다. 그러므로, $96^2 = 72 \cdot \overline{AD}$이다. 즉, $\overline{AD} = 128$이다.

방멱의 원리에 의하여 $\overline{FB}^2 = \overline{FE} \cdot \overline{FD}$이고, $\overline{AF} = \overline{FB}$이므로 $\overline{AF}^2 = \overline{FE} \cdot \overline{FD}$이다. 즉, $\overline{AF} : \overline{FE} = \overline{FD} : \overline{AF}$이다.

또, $\angle AFE = \angle DFA$이므로, 삼각형 AFE와 삼각 형 DFA는 닮음(SAS닮음)이다.

그러므로 $\overline{AE} : \overline{AD} = \overline{FE} : \overline{AF}$에서 $\overline{FE} = \frac{60 \cdot 48}{128} = \frac{45}{2}$이다. 또, $\overline{FB}^2 = \overline{FE} \cdot \overline{FD}$에서 $\overline{FD} = \frac{\overline{FB}^2}{\overline{FE}} = \frac{48^2}{\frac{45}{2}} = \frac{512}{5}$이다.

따라서 $\overline{DE} = \overline{FD} - \overline{FE} = \frac{512}{5} - \frac{45}{2} = \frac{799}{10}$이다. 즉, $10\overline{DE} = 799$이다.

예제 **3.1.26 (KMO, '2020)** _____

삼각형 ABC에서 $\overline{AB} = \overline{AC}$이고, $\angle B = 40°$이다. 변 BC위의 점 D를 $\angle ADC = 120°$가 되도록 잡고, 각 C의 이등분선과 변 AB의 교점을 E라 하자. $\angle DEC$는 몇 도인가?

풀이

풀이

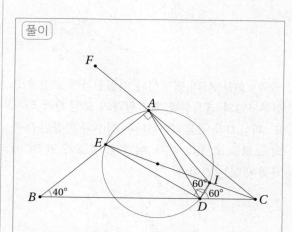

변 AC의 A쪽의 연장선 위에 한 점 F를 잡는다. $\angle FAB = \angle DAB = 80°$이므로 점 E는 $\triangle ADC$의 방심이다.

그러므로 $\angle ADE = \angle BDE = 30°$이다.

또, $\angle ADC$의 이등분선과 선분 CE의 교점을 I라 하면, 점 I는 삼각형 ADC의 내심이다.

그러므로, $\angle IAC = \angle IAD = 10°$, $\angle IDA = \angle IDC = 60°$이다.

따라서, $\angle IAE = \angle IDE = 90°$이다. 즉, 네 점 A, I, D, E는 한 원 위에 있다.

따라서 $\angle DEC = \angle DEI = \angle DAI = 10°$이다.

정리 **3.1.27 (오일러의 삼각형 정리)** —————

외접원과 내접원의 반지름이 각각 R, r인 삼각형의 외심을 O, 내심을 I라 하자. 이때, 선분 OI의 길이를 d라 하면,

$$d^2 = R^2 - 2rR$$

이 성립한다.

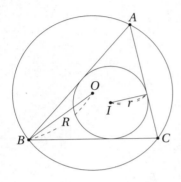

증명 선분 AI의 연장선과 외접원과의 교점을 P, 선분 PO의 연장선과 외접원과의 교점 Q라 하자. 또, 외심 O와 내심 I를 지나는 직선과 외접원 O과의 교점을 X, Y라 하자. 여기서, 점 X가 변 BC에 가까이 있는 점이다.

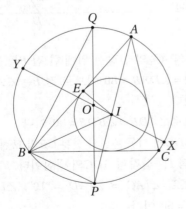

그러면, 방멱의 원리에 의하여

$$\overline{AI} \cdot \overline{IP} = \overline{XI} \cdot \overline{IY} = (R - \overline{OI})(R + \overline{OI}) = R^2 - \overline{OI}^2 \quad (1)$$

이다. 내심의 성질과 호에 대한 원주각의 성질에 의하여

$$\angle IBP = \angle IBC + \angle CBP$$
$$= \angle IBA + \angle CAP$$
$$= \angle IBA + \angle IAB$$
$$= \angle PIB$$

이므로 $\triangle IBP$는 이등변삼각형이다. 즉, $\overline{IP} = \overline{BP}$이다.

변 AB와 내접원 I의 접점을 E라 하면 $\angle EAI = \angle BQP$, $\angle IEA = \angle PBQ = 90°$이므로 $\triangle IAE$와 $\triangle PQB$는 닮음이다. 따라서

$$\overline{AI} \cdot \overline{IP} = \overline{AI} \cdot \overline{BP} = \overline{PQ} \cdot \overline{IE} = 2rR \quad (2)$$

이다. 식 (1)과 (2)로 부터 $\overline{OI}^2 = R^2 - 2rR$이다.

정리 **3.1.28 (삼각형 넓이에 대한 오일러의 정리)**
점 O는 반지름이 R인 $\triangle ABC$의 외접원의 중심이
고 점 M은 삼각형 ABC의 내부의 한 점이다. 점 M
에서 변 BC, CA, AB에 내린 수선의 발을 각각 D,
E, F라 하면,

$$\frac{\triangle DEF}{\triangle ABC} = \frac{|R^2 - \overline{OM}^2|}{4R^2}$$

이다.

증명

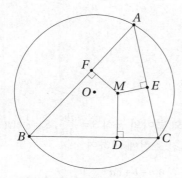

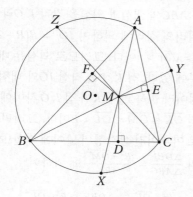

$\angle BFM = \angle AEM = \angle MDB = 90°$이므로 사각형
$AEMF$, $BFMD$, $CDME$는 외접원이 존재한다. 삼
각형 AEF, BDF, CDE에 사인법칙(정리 4.2.1)을
적용하면

$$\frac{\overline{EF}}{\sin A} = \overline{AM}, \quad \frac{\overline{DF}}{\sin B} = \overline{BM}, \quad \frac{\overline{DE}}{\sin C} = \overline{CM}$$

이고, 삼각형 ABC에 사인법칙을 적용하면

$$\frac{\overline{EF}}{\overline{AM}} = \sin A = \frac{\overline{BC}}{2R},$$
$$\frac{\overline{DF}}{\overline{BM}} = \sin B = \frac{\overline{AC}}{2R},$$
$$\frac{\overline{DE}}{\overline{CM}} = \sin C = \frac{\overline{AB}}{2R}$$

이다. 세 선분 AM, BM, CM의 연장선과 원이 만나
는 점을 각각 X, Y, Z라 하자. 그러면

$$\angle DEF = \angle DEM + \angle MEF$$
$$= \angle DCM + \angle MAF$$
$$= \angle ZYB + \angle BYX$$
$$= \angle ZYX$$

이고, 같은 방법으로

$$\angle EFD = \angle YZX, \quad \angle EDF = \angle YXZ$$

이다. 따라서 $\triangle DEF$와 $\triangle XYZ$는 닮음이고, $\frac{\overline{DE}}{\overline{XY}} =$
$\frac{R_{\triangle DEF}}{R}$이다. 단, $R_{\triangle DEF}$는 $\triangle DEF$의 외접원의 반지
름의 길이이다. $\triangle MAB$와 $\triangle MYX$는 닮음이므로
$\frac{\overline{XY}}{\overline{AB}} = \frac{\overline{MX}}{\overline{MB}}$이다. 그러므로

$$\frac{\triangle DEF}{\triangle ABC} = \frac{4R \cdot \overline{DE} \cdot \overline{EF} \cdot \overline{FD}}{4R_{\triangle DEF} \cdot \overline{AB} \cdot \overline{BC} \cdot \overline{CA}}$$
$$= \frac{\overline{MX}}{\overline{MB}} \cdot \frac{\overline{MA}}{2R} \cdot \frac{\overline{MB}}{2R}$$
$$= \frac{\overline{MA} \cdot \overline{MX}}{4R^2}$$
$$= \frac{|R^2 - \overline{OM}^2|}{4R^2}$$

이다.

예제 **3.1.29**

$\triangle ABC$에서 $\overline{BC} = a$, $\overline{CA} = b$, $\overline{AB} = c$, 외접원의 반지름을 R, 내접원의 반지름의 길이를 r이라고 할 때, 관계식 $6(a+b+c)r^2 = abc$를 만족한다고 하자. 또, 삼각형 ABC의 내접원 위의 한 점 M에서 변 BC, CA, AB에 내린 수선의 발을 각각 D, E, F라 하자. 이때, $\dfrac{\triangle DEF}{\triangle ABC}$의 범위를 구하여라.

풀이

풀이

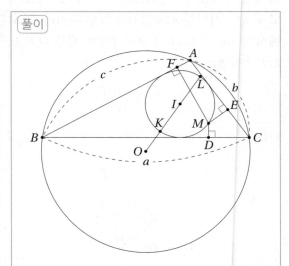

삼각형의 넓이의 공식 $S = \dfrac{abc}{4R}$, $S = \dfrac{1}{2}r(a+b+c)$ 및 주어진 조건에 의하여

$$\frac{6(a+b+c)r^2}{4R} = \frac{1}{2}r(a+b+c)$$

이다. 이를 정리하면 $R = 3r$이다.

삼각형 ABC의 내심과 외심을 각각 I, O라고 하면 오일러의 정리에 의하여 $\overline{IO}^2 = R(R - 2r)$이고, $\overline{IO} = \sqrt{3}r > r$이다. 그러므로 외심은 내접원의 외부에 있다. 점 K, L을 직선 IO와 내접원의 두 교점이라고 하고, 점 K가 점 I, O 사이에 있다고 하면 $\overline{OK} \le \overline{OM} \le \overline{OL} < R$이다. 그러면 수선의 발로 이루어진 삼각형의 넓이에 대한 오일러의 정리 $\dfrac{\triangle DEF}{\triangle ABC} = \dfrac{|R^2 - \overline{OM}^2|}{4R^2}$에 의하여

$$\frac{R^2 - \overline{OL}^2}{4R^2} \le \frac{\triangle DEF}{\triangle ABC} \le \frac{R^2 - \overline{OK}^2}{4R^2}$$

이다. 그런데, $\overline{OL} = \sqrt{3}r + r$, $\overline{OK} = \sqrt{3}r - r$, $R = 3r$이므로

$$\frac{5 - 2\sqrt{3}}{36} \le \frac{\triangle DEF}{\triangle ABC} \le \frac{5 + 2\sqrt{3}}{36}$$

이다.

한 삼각형의 외접원 O와 내접원 I가 있을 때, 원 O를 외접원으로 하고 원 I를 내접원으로 하는 삼각형은 무수히 많다.

증명

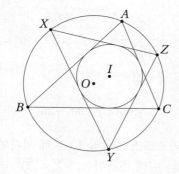

주어진 삼각형을 $\triangle ABC$라 하고 그 내심을 I, 내접원의 반지름의 길이를 r, 외심과 내심의 거리를 d라 하자. 이제 X를 원 O 위의 한 점이라 하고, I를 중심으로 하는 임의의 원에서 2개의 접선을 그려서 원 O와의 교점을 각각 Y, Z라 하자.

이 원을 늘리거나 줄이면 선분 YZ가 이 원에 접하게 된다. 이때, 반지름의 길이를 r'이라 하자. $\triangle XYZ$에 오일러의 정리를 적용하면 $d^2 = R^2 - 2r'R$이다. 그런데, $\triangle ABC$에 있어서는 $d^2 = R^2 - 2rR$이므로 $r = r'$이다. 따라서 $\triangle XYZ$는 원 I에 외접하고 원 O에는 내접한다.

네 점 V, Z, Y, U가 $\overline{VZ} = \overline{ZY} = \overline{YU}$, $\angle VZY = \angle ZYU = 180° - 2\alpha > 60°$를 만족시키면 이들 네 점은 같은 원주 위에 있다. 또한, 점 A가 직선 VU에 대하여 Y와 반대쪽에 있고, $\angle VAU = 3\alpha$이면 점 A도 같은 원주 위에 있다.

증명

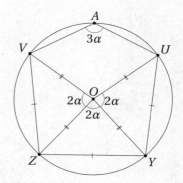

$\angle VZY$와 $\angle ZYU$의 이등분선의 교점을 O라 하면, $\angle VZO = \angle YZO = 90° - \alpha$이고, $\overline{VZ} = \overline{ZY}$이므로 $\triangle OVZ \equiv \triangle OYZ$이다. 마찬가지로, $\triangle OVZ$, $\triangle OZY$, $\triangle OYU$는 모두 합동이다. 즉, $\overline{OV} = \overline{OZ} = \overline{OY} = \overline{OU}$이므로 네 점 U, V, Y, Z는 O를 중심으로 하는 한 원 위에 있다. $\angle VOZ = \angle ZOY = \angle YOU = 2\alpha$이므로 $\angle VOU = 6\alpha$이다. 한편, $\angle VAU = 3\alpha$이므로 점 A도 같은 원 위에 있다.

정리 **3.1.32 (몰리의 정리)** ─────────────

삼각형 ABC의 세 각의 삼등분선이 서로 이웃한 점끼리 만나는 점을 각각 X, Y, Z라 하면 삼각형 XYZ는 언제나 정삼각형이다.

증명

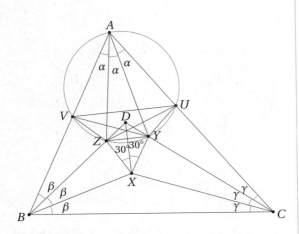

우선 $\angle B$와 $\angle C$에 대하여 각각의 삼등분선을 그어 변 BC 쪽으로 이웃하는 등분선의 교점을 X라 한다. 다음에 $\angle XBA$의 이등분선과 $\angle XCA$의 이등분선의 교점 D라 한다. 그 다음에는 $\angle DXZ = \angle DXY = 30°$인 점 Z, Y를 각각 선분 BD, CD 위에 잡는다. 그러면 점 X는 $\triangle BCD$의 내심이므로 선분 XD는 $\angle D$를 이등분한다. 즉, $\triangle XZD \equiv \triangle XYD$이다. 따라서 $\triangle XYZ$는 정삼각형이다.

이제 남은 것은 $\angle A$의 삼등분선이 직선 AZ, AY임을 보이면 된다.

한편 직선 CY에 대한 점 X의 대칭점을 U, 직선 BZ에 대한 X의 대칭점을 V라 하면, $\overline{UY} = \overline{XY} = \overline{YZ} = \overline{XZ} = \overline{VZ}$이다. 여기서, $\angle A = 3\alpha$, $\angle B = 3\beta$, $\angle C = 3\gamma$, $\angle D = 2\delta$라 놓고 각을 계산하면,

$$\frac{1}{2}\angle D = \delta = 90° - (\beta + \gamma)$$
$$= 90° - (60° - \alpha) = \alpha + 30°$$

이고,

$$\angle UYD = \angle XYD = 180° - (\delta + 30°)$$
$$= 180° - (\alpha + 60°) = 120° - \alpha$$

이므로,

$$\angle UYZ = 2\angle UYD - \angle XYZ$$
$$= 2(120° - \alpha) - 60° = 180° - 2\alpha$$

이다. 같은 방법으로

$$\angle VZY = 180° - 2\alpha$$

이다. 그러므로 도움정리 3.1.31에 의하여 오각형 $UYZVA$는 원에 내접한다. $\overline{VZ} = \overline{ZY} = \overline{YU}$이므로 $\angle VAZ = \angle ZAY = \angle YAU$이다. 즉, 직선 AY, AZ는 $\angle A$를 삼등분한다.

그러므로 세 꼭짓점에서 각각의 삼등분선을 그어서 그 이웃하는 등분선과의 교점을 X, Y, Z라 하면, $\triangle XYZ$는 정삼각형이다.

3.1.33 (KMO, '2021) 선분 AB위의 점 C가 $\overline{AC} = 10$, $\overline{CB} = 8$을 만족한다. 점 B를 지나고 직선 AB에 수직한 직선 ℓ이라 하자. ℓ 위의 점 P 중 $\angle APC$의 크기가 가장 크게 되도록 하는 점을 P_0이라 할 때, $\overline{BP_0}$의 값을 구하여라.

풀이

풀이 삼각형 ACP의 외접원을 그린다.

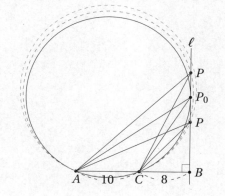

현 AC에 대한 원주각 $\angle APC$이 가장 클 때는 외접원의 중심과 직선 ℓ 사이의 거리가 가장 짧을 때이다. 즉, 외접원이 직선 ℓ에 접할 때이다. 접점을 P_0라 하면, 방멱의 원리에 의하여

$$\overline{BC} \times \overline{BA} = (\overline{BP_0})^2, \quad 8 \times 18 = 12^2 = (\overline{BP_0})^2$$

이다. 따라서 $\overline{BP_0} = 12$이다.

예제 **3.1.34 (KMO, '2021)** 원에 내접하는 오각형 $ABCDE$가 다음 두 조건을 모두 만족한다.

(i) 선분 AD와 CE의 교점을 F라 할 때, $\angle AFE = 90°$이고 $\overline{AF} : \overline{FD} = \overline{CF} : \overline{FE} = 2 : 1$이다.

(ii) 직선 BE는 선분 AF의 중점을 지난다.

$\overline{AB} = 3$일 때, $(\overline{BE})^2$의 값을 구하여라.

풀이

풀이 선분 AF의 중점을 M이라 한다.

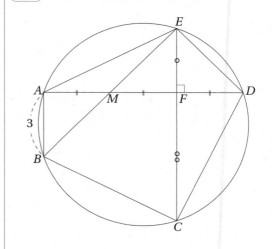

방멱의 원리(원과 비례의 성질)에 의하여

$$\overline{FD} \times \overline{FA} = \overline{FE} \times \overline{FC}$$

에서 $\overline{AF} = 2 \times \overline{FD}$, $\overline{CF} = 2 \times \overline{FE}$이므로 $\overline{EF} = \overline{FD}$이다. 즉, $\overline{AM} = \overline{MF} = \overline{EF}$이다. 그러므로

$$\angle ABE = \angle ADE = \angle CED = \angle BEC = 45°$$

이다. 즉, $\overline{AB} \parallel \overline{EC}$이다.
그러므로 삼각형 ABM은 직각이등변삼각형이다. 즉, $\overline{BM} = 3\sqrt{2}$이다.
따라서 $(\overline{BE})^2 = (6\sqrt{2})^2 = 72$이다.

예제 **3.1.35 (KMO, '2022)** 삼각형 ABC의 외접원 Γ 위의 점 A에서의 접선과 직선 BC가 점 D에서 만난다. 선분 AD의 중점을 M이라 할 때, 선분 BM이 원 Γ와 점 $E(\neq B)$에서 만난다. $\angle ACE = 25°$, $\angle CED = 84°$, $\angle ADE = x°$일 때, x의 값을 구하여라.

풀이

풀이 선분 AE를 그린다.

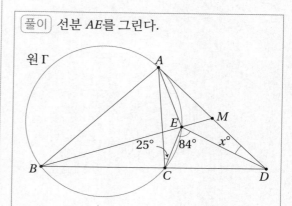

원주각의 성질과 접선과 현이 이루는 각의 성질에 의하여

$$\angle ACE = \angle ABE = \angle ABM = \angle MAE = 25°$$

이다. $\overline{AM} = \overline{MB}$와 방멱의 원리(원과 비례의 성질)로부터

$$\overline{AM}^2 = \overline{ME} \times \overline{MB} = \overline{MD}^2$$

이 성립하므로, 삼각형 EBD의 외접원은 직선 MD와 점 D에서 접한다. 그러므로 원주각의 성질과 접선과 현이 이루는 각의 성질에 의하여

$$\angle MDE = \angle DBM = \angle CBE = \angle CAE = x°$$

이다. $\angle CED = \angle ACE + \angle ADE + \angle CAD$이므로,

$$84° = 25° + x° + (x° + 25°)$$

이다. 이를 정리하면 $x° = 17°$이다. 따라서 $x = 17$이다.

예제 **3.1.36 (KMO, '2023)** 삼각형 ABC의 세 변 AB, BC, CA의 길이가 각각 7, 8, 9이다. 삼각형 ABC의 무게중심을 G라 할 때, 점 A와 G를 지나는 서로 다른 두 원이 각각 점 D와 E에서 직선 BC에 접한다. $3(\overline{DE})^2$의 값을 구하여라.

풀이

풀이 삼각형 ABC에서 파푸스의 중선 정리로부터 $\overline{AB}^2 + \overline{AC}^2 = 2(\overline{BM}^2 + \overline{AM}^2)$이 성립한다. 즉, $7^2 + 9^2 = 2(4^2 + \overline{AM}^2)$이다. 이를 풀면, $\overline{AM}^2 = 49$이다. 즉, $\overline{AM} = 7$이다. 그러므로 $\overline{GM} = \dfrac{7}{3}$이다.

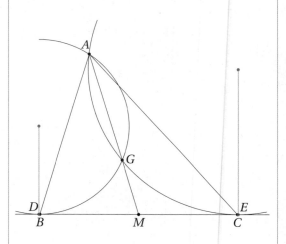

방멱의 원리(원의 비례의 성질)로부터

$$\overline{MD}^2 = \overline{ME}^2 = \overline{MG} \times \overline{MA} = \frac{7}{3} \times 7 = \frac{49}{3}$$

이다. 즉, $\overline{DE} = \dfrac{14\sqrt{3}}{3}$이다.
따라서 $3(\overline{DE})^2 = 196$이다.

참고 그림에서 점 D는 점 B의 왼쪽, 점 E는 점 C의 오른쪽에 있다.

3.2 원과 사각형

- 이 절의 주요 내용

- 원에 내접하는 사각형의 성질, 듀란드의 문제

- 톨레미의 정리, 심슨의 정리, 브라마굽타의 문제

정의 **3.2.1 (내대각)** ――――――――
사각형의 한 외각에 이웃한 내각에 대한 대각을 그 외각에 대한 내대각이라고 한다.

정리 **3.2.2 (원에 내접하는 사각형)** ―――――
사각형 $ABCD$가 한 원에 내접하기 위한 필요충분조건은 다음과 같다.

(1) 원에 내접하는 사각형에서 한 쌍의 대각의 크기의 합은 180°이다.

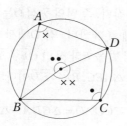

(2) 원에 내접하는 사각형에서 한 외각의 크기는 그 내대각의 크기와 같다.

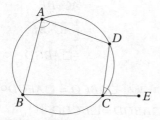

(3) 임의의 한 변에서, 나머지 두 점을 바라보는 각이 같다. 변 AB에서 점 C을 바라보는 각이 $\angle ACB$, 점 D를 바라보는 각이 $\angle ADB$라고 할 때, $\angle ACB = \angle ADB$이다.

(4) 두 대각선의 교점을 P라고 하면 $\overline{PA} \cdot \overline{PC} = \overline{PB} \cdot \overline{PD}$이다.

(5) 두 대변 AD와 BC(또는 AB와 CD)의 연장선의 교점을 P라 할 때, $\overline{PA} \cdot \overline{PD} = \overline{PB} \cdot \overline{PC}$ 또는 $\overline{PA} \cdot \overline{PB} = \overline{PC} \cdot \overline{PD}$이다.

(6) 네 꼭짓점에 이르는 거리가 같은 점이 존재한다.

(7) 네 변의 수직이등분선이 한 점에서 만난다.

(8) (톨레미의 정리) $\overline{AB} \cdot \overline{CD} + \overline{BC} \cdot \overline{DA} = \overline{AC} \cdot \overline{BD}$이다.

증명 증명은 (1)과 (2)만 하기로 하자. (3), (4), (5)의 증명은 중심각과 원주각의 성질, 방멱의 원리를 이용하면 된다. (6), (7)은 원에 내접하는 사각형의 정의를 이용하면 된다. (8)은 톨레미의 정리에서 증명하기로 하자.

(1) $\square ABCD$에서 $\angle B + \angle D = 180°$라 하고, 세 점 A, B, C를 지나는 원 O 위에 점 D'를 잡는다. $\square ABCD'$은 원 O에 내접하는 사각형이므로

$\angle B + \angle D' = 180°$이다. 따라서 $\angle D = \angle D'$이다. 호 ABC에 대한 원주각의 크기가 같으므로 D는 원 O 위에 있다. 따라서 $\square ABCD$는 원에 내접한다. 역의 증명은 원주각과 중심각의 성질에 의하여 쉽게 증명되므로 독자에게 맡긴다.

(2) $\square ABCD$에서 $\angle BCD + \angle DCE = 180°$, $\angle A = \angle DCE$(내대각)이므로 $\angle A + \angle BCD = 180°$이다. 즉, 한 쌍의 대각의 크기의 합이 $180°$이므로 (1)에 의하여 $\square ABCD$는 원에 내접한다. 역의 증명은 쉬우므로 독자에게 맡긴다.

예제 **3.2.3**
원 O에 내접하는 사각형 $ABCD$의 두 대각선 AC와 BD가 직교할 때, $\square ABCO = \square CDAO$, $\square ABOD = \square BCDO$임을 증명하여라.

풀이

풀이

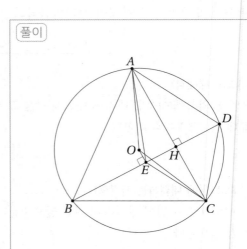

대각선 AC와 BD가 직교하는 점을 H라 하자. 두 대각선이 직교하면 각 변의 원주각은 모두 $90°$보다 작고, 따라서 각 변의 중심각은 모두 $180°$보다 작다. 즉 원의 중심 O는 사각형 $ABCD$의 내부에 존재한다. 점 O에서 선분 BD에 내린 수선의 발을 E라 하면 $\overline{OE} \parallel \overline{AC}$이다. 따라서 $\triangle AOC = \triangle AEC$, $\overline{BE} = \overline{ED}$이다. 그러므로

$$\square CDAO = \triangle CDA + \triangle AOC$$
$$= \triangle CDA + \triangle AEC$$
$$= \square AECD$$
$$= \overline{AC} \cdot \overline{ED}$$
$$= \overline{AC} \cdot \overline{BE}$$
$$= \frac{1}{2}\overline{AC} \cdot \overline{BD}$$
$$= \frac{1}{2}\square ABCD$$

이다. 따라서 $\square ABCO = \square AECD$이다. 마찬가지로, $\square ABOD = \square BCDO$이다.

예제 **3.2.4 (KMO, '2004)** _____

$\angle A = 72°$인 삼각형 ABC의 내부의 점 M에 대하여 $\angle BMC = 148°$이다. 점 M에서 세 변 BC, CA, AB에 내린 수선의 발을 각각 D, E, F라 할 때, $\angle FDE$의 크기는 얼마인가?

풀이

풀이

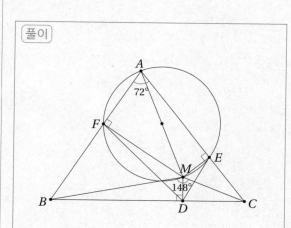

사각형 $FBDM$과 $ECDM$은 대각의 합이 180°이므로 원에 내접하는 사각형이다. 그러므로

$$\angle FDE = \angle FDM + \angle EDM$$
$$= \angle FBM + \angle ECM$$
$$= (\angle ABC - \angle MBC) + (\angle ACB - \angle MCB)$$
$$= (\angle ABC + \angle ACB) - (\angle MBC + \angle MCB)$$
$$= (180° - \angle A) - (180° - \angle BMC)$$

가 되고, 이것을 계산하면, $\angle FDE = 76°$이다.

예제 **3.2.5 (KMO, '2005)** _____

삼각형 ABC에서 $\angle A = 30°$, $AB = AC$이다. 점 A에서 변 BC에 그은 수선과 점 B에서 변 AC에 그은 수선의 교점을 P, 삼각형 ABP의 외접원과 변 AC의 교점 중 A가 아닌 점을 Q라고 할 때, $\angle PQC$의 크기는?

풀이

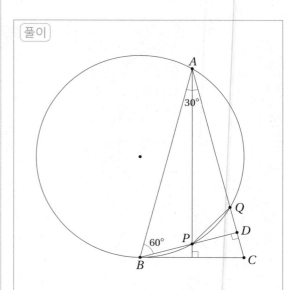

풀이

점 B에서 변 AC에 내린 수선의 발을 D라 하면, $\angle ABD = 60°$이며, $\square ABPQ$는 원에 내접한다. 또한, $\angle PQC$는 $\angle ABP$의 내대각이므로 $60°$이다.

예제 **3.2.6 (KMO, '2010)** _____

원에 내접하는 사각형 $ABCD$의 꼭짓점 B에서 직선 AD와 CD에 내린 수선의 발을 각각 H_1, H_2라 하고, 꼭짓점 D에서 직선 AB와 BC에 내린 수선의 발을 각각 H_3, H_4라 하자. 직선 H_1H_3과 H_2H_4가 서로 평행하고, 변 AB, BC, CD의 길이가 각각 50, 30, $30\sqrt{2}$일 때, 변 AD의 길이를 구하여라.

풀이

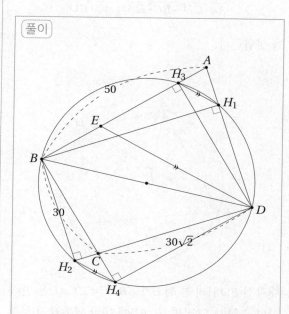

풀이

$\angle BH_1D = \angle BH_2D = \angle BH_3D = \angle BH_4D = 90°$ 이므로, B, D, H_1, H_2, H_3, H_4는 $\overline{BD}$를 지름으로 하는 한 원 위에 있다.

점 D를 지나 직선 H_1H_3에 평행한 직선과 AB와의 교점을 E라 하자. 원주각과 내대각, 동위각, 엇각의 성질들을 이용하면,

$$\angle ABD = \angle AH_1H_3 = \angle ADE,$$

$$\angle DBC = \angle DH_2H_4 = \angle CDE$$

이다. 그러므로 $\angle ADC = \angle ABC$이다.

또, 사각형 $ABCD$가 원에 내접하므로, $\angle ADC + \angle ABC = 180°$이다. 따라서 $\angle ADC = \angle ABC = 90°$이다. 그러므로

$$\overline{AD}^2 = \overline{AC}^2 - \overline{CD}^2 = \overline{AB}^2 + \overline{BC}^2 - \overline{CD}^2 = 1600$$

이다. 즉, $\overline{AD} = 40$이다.

정리 **3.2.7 (톨레미의 정리)** —————

원에 내접하는 사각형 $ABCD$의 대변의 길이의 곱을 합한 것은 대각선의 길이의 곱과 같다. 즉,

$$\overline{AB}\cdot\overline{CD}+\overline{BC}\cdot\overline{DA}=\overline{AC}\cdot\overline{BD}$$

가 성립한다.

증명

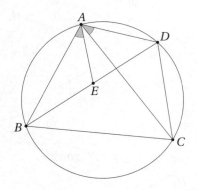

대각선 BD위의 한 점 E가 $\angle BAE = \angle CAD$을 만족한다고 하자. 그러면, 호 AD에 대한 원주각의 성질에 의하여 $\angle ABE = \angle ABD = \angle ACD$이다. 따라서 $\triangle ABE$와 $\triangle ACD$가 닮음이다.

$$\overline{AB}\cdot\overline{CD}=\overline{AC}\cdot\overline{BE} \tag{1}$$

이다. 또한, $\angle EAD = \angle CAD + \angle EAC = \angle BAE + \angle EAC = \angle BAC$, 호 AB에 대한 원주각의 성질에 의하여 $\angle BCA = \angle ADB = \angle ADE$이다. 따라서 $\triangle ADE$와 $\triangle ACB$는 닮음이다.

$$\overline{AD}\cdot\overline{BC}=\overline{AC}\cdot\overline{DE} \tag{2}$$

이다. 식 (1), (2)를 변변 더하면

$$\overline{AB}\cdot\overline{CD}+\overline{AD}\cdot\overline{BC}=\overline{AC}(\overline{BE}+\overline{DE})=\overline{AC}\cdot\overline{BD}$$

이다.

따름정리 **3.2.8 (톨레미 정리의 역)** —————

볼록사각형에서 두 쌍의 대변의 곱의 합이 두 대각선의 곱과 같으면 그 사각형은 원에 내접한다. 즉, 볼록사각형 $ABCD$에서

$$\overline{AB}\cdot\overline{CD}+\overline{BC}\cdot\overline{DA}=\overline{AC}\cdot\overline{BD}$$

이 성립하면, 사각형 $ABCD$는 원에 내접한다.

증명

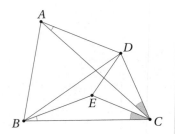

$\angle BCE = \angle ACD$, $\angle EBC = \angle DAC$가 되게 점 E를 볼록사각형 $ABCD$ 내부에 잡는다. 그러면, $\triangle BCE$와 $\triangle ACB$는 닮음(AA닮음)이다. 그러므로

$$\overline{AD}\cdot\overline{BC}=\overline{AC}\cdot\overline{BE} \tag{1}$$

이다. 또, $\dfrac{\overline{EC}}{\overline{DC}}=\dfrac{\overline{BC}}{\overline{AC}}$, $\angle ECD = \angle ACB$이므로, $\triangle DCE$와 $\triangle ABC$는 닮음(SAS닮음)이다. 그러므로

$$\overline{AB}\cdot\overline{DC}=\overline{AC}\cdot\overline{DE} \tag{2}$$

$$\angle CDE = \angle CAB \tag{3}$$

이다. 식 (1)과 (2)를 변변 더하면

$$\overline{AB}\cdot\overline{DC}+\overline{AD}\cdot\overline{BC}=\overline{AC}(\overline{BE}+\overline{DE})$$

이다. 위 식과 가정으로 부터

$$\overline{BE}+\overline{DE}=\overline{BD}$$

이다. 따라서 점 E는 선분 BD위의 한 점이다. 따라서 $\angle CDE = \angle CDB$이다. 식 (3)으로 부터 $\angle CDB = \angle CAB$이다. 즉, 네 점 A, B, C, D는 한 원 위에 있다. 따라서 사각형 $ABCD$는 원에 내접한다.

예제 **3.2.9** _____

점 P가 정삼각형 ABC의 외접원의 호 BC 위에 임의의 한 점일 때, $\overline{PA} = \overline{PB} + \overline{PC}$임을 증명하여라.

풀이

예제 **3.2.10 (KMO, '2009)** _____

정삼각형 ABC의 변 BC 위의 점 D에 대하여, 직선 AD가 이 정삼각형의 외접원과 만나는 점을 P라 하자. $\overline{BP} = 25$, $\overline{PC} = 100$일 때, 선분 AD의 길이를 구하여라.

풀이

풀이

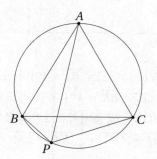

사각형 $ABPC$에서 톨레미의 정리에 의하여

$$\overline{PA} \cdot \overline{BC} = \overline{PB} \cdot \overline{AC} + \overline{PC} \cdot \overline{AB}$$

이다. 그런데, $\overline{AB} = \overline{BC} = \overline{CA}$이므로 $\overline{PA} = \overline{PB} + \overline{PC}$이다.

풀이

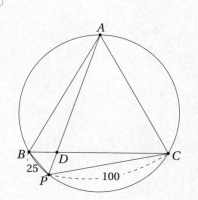

예제 3.2.9으로부터 $\overline{PA} = \overline{PB} + \overline{PC}$이다. 따라서 $\overline{PA} = 125$이다. 또, 삼각형 ABP와 CDP가 닮음이므로, $25 : 125 = \overline{PD} : 100$이다. 즉, $\overline{PD} = 20$이다. 따라서 $\overline{AD} = 125 - 20 = 105$이다.

예제 **3.2.11 (KMO, '2006)** _____
점 B에서 중심이 O인 원에 그은 두 접선의 접점이
각각 N, K이다. 선분 NO의 연장선과 선분 BK의
연장선이 점 E에서 만나고, 점 E에서 이 원에 그은
또 다른 접선의 접점이 M이다. $\overline{BN} = 4$, $\overline{NE} = 3$일
때, $5\overline{KM}$의 값을 구하여라.

풀이

풀이

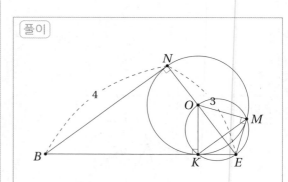

$\overline{BN} = 4$, $\overline{NE} = 3$이므로 $\overline{BE} = 5$이다. 또한, $\overline{BK} = \overline{BN} = 4$이므로 $\overline{EK} = 1$이다. 그러므로 삼각형 EBN과 EOK는 닮음비가 $3 : 1$인 닮음이다.
따라서 $\overline{OK} = \overline{OM} = \dfrac{4}{3}$, $\overline{KE} = \overline{EM} = 1$, $\overline{OE} = 3 - \dfrac{4}{3} = \dfrac{5}{3}$이다.
사각형 $OKEM$은 $\angle OKE = \angle OME = 90°$이므로, 원에 내접한다. 그러므로 톨레미의 정리에 의해서
$$\frac{4}{3} \cdot 1 + \frac{4}{3} \cdot 1 = \overline{KM} \cdot \frac{5}{3}$$
이다. 따라서 $5\overline{KM} = 8$이다.

예제 **3.2.12 (KMO, '2008)** ───────────

원 O에 내접하는 사각형 $ABCD$에 대하여 점 A에서의 원 O의 접선과 점 C에서의 원 O의 접선, 그리고 직선 BD가 한 점에서 만난다. $\overline{AB} = 24$, $\overline{BC} = 20$, $\overline{CD} = 15$일 때, 변 AD의 길이를 구하여라.

풀이

풀이

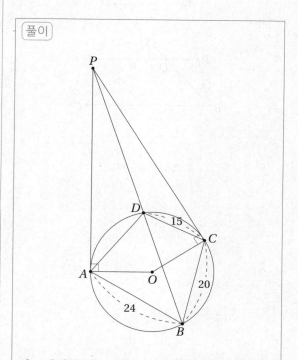

점 A에서의 원 O의 접선, 점 C에서의 원 O의 접선, 직선 BD의 교점을 P라 하자. 그러면, 접현각의 성질에 의하여 $\angle PAD = \angle PBA$, $\angle APD$는 공통이므로, $\triangle PAD \sim \triangle PBA$ (AA닮음)이다. 그러므로 $\dfrac{\overline{AD}}{\overline{PD}} = \dfrac{\overline{AB}}{\overline{PA}}$이다. 즉, $\dfrac{\overline{PA}}{\overline{PD}} = \dfrac{\overline{AB}}{\overline{AD}}$이다.

마찬가지로, $\angle PCD = \angle PBC$이고, $\angle CPD$는 공통이므로, $\triangle PCD \sim \triangle PBC$ (AA닮음)이다. 그러므로 $\dfrac{\overline{CD}}{\overline{PD}} = \dfrac{\overline{BC}}{\overline{PC}}$이다. 즉, $\dfrac{\overline{PC}}{\overline{PD}} = \dfrac{\overline{BC}}{\overline{CD}}$이다.

$\overline{PA} = \overline{PC}$이므로,

$$\frac{\overline{AB}}{\overline{AD}} = \frac{\overline{BC}}{\overline{CD}}, \quad \frac{24}{\overline{AD}} = \frac{20}{15}$$

이다. 따라서 $\overline{AD} = 24 \times \dfrac{15}{20} = 18$이다.

[예제] **3.2.13 (로버트의 문제)** ————————————————

등변사다리꼴 $ABCD$의 등변 AB 위의 정점 P에서 밑변 BC에 평행한 선분을 그어 변 BD, AC, CD 등과의 교점을 각각 Q, R, S라고 하면, $\overline{PQ}\cdot\overline{PR}$는 일정함을 증명하여라.

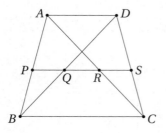

[풀이]

[풀이]

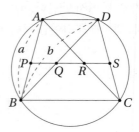

네 점 P, Q, R, S가 등변사다리꼴의 두 대각선의 교점 아래에 있다고 하자. $\overline{AB} = \overline{CD} = a$, $\overline{BD} = \overline{AC} = b$라고 하자. a, b는 일정하다. 또, $\overline{AP} : \overline{PB} = m : n$이라고 하면 $\triangle ABD$에서 $\dfrac{\overline{PQ}}{\overline{AD}} = \dfrac{\overline{BP}}{\overline{BA}} = \dfrac{n}{m+n}$이므로,

$$\overline{PQ} = \overline{AD}\cdot\frac{n}{m+n} \qquad (1)$$

이다. 같은 방법으로 $\triangle ABC$에서 $\dfrac{\overline{PR}}{\overline{BC}} = \dfrac{\overline{AP}}{\overline{AB}} = \dfrac{m}{m+n}$이므로

$$\overline{PR} = \overline{BC}\cdot\frac{m}{m+n} \qquad (2)$$

이다. 식 (1)과 (2)로 부터

$$\overline{PR}\cdot\overline{PQ} = \overline{AD}\cdot\overline{BC}\cdot\frac{mn}{(m+n)^2} \qquad (3)$$

이다. 등변사다리꼴은 한 쌍의 대각이 합이 $180°$이므로 원에 내접한다. 그러므로 톨레미의 정리를 적용하면, $\overline{AB}\cdot\overline{CD} + \overline{AD}\cdot\overline{BC} = \overline{AC}\cdot\overline{BD}$이다. 즉, $\overline{AD}\cdot\overline{BC} = b^2 - a^2$이다. 따라서

$$\overline{PR}\cdot\overline{PQ} = (b^2 - a^2)\frac{mn}{(m+n)^2}$$

이 되어 일정하다.

같은 방법으로 네 점 P, Q, R, S가 등변사다리꼴의 두 대각선의 교점 위에 있을 때도 $\overline{PQ}\cdot\overline{PR}$는 일정하다.

정리 **3.2.14 (브라마굽타의 공식)** ────────

원에 내접하는 사각형 $ABCD$의 대각선이 서로 직교할 때, 그 교점 O에서 한 변 BC에 그은 수선 OE의 연장선은 변 BC의 대변 AD를 이등분한다.

증명

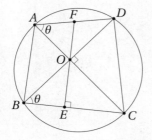

$\angle DBC = \angle DAC = \theta$라고 하자. 그러면 $\angle BOE = \angle ADO = 90° - \theta$이다. 또, $\angle FOD = \angle BOE = 90° - \theta$이다. 그러므로 $\angle FDO = \angle FOD$이고, 따라서 $\overline{DF} = \overline{OF}$이다. 즉, 점 F은 직각삼각형 ADO의 외심이므로 $\overline{AF} = \overline{DF}$이다.

정리 **3.2.15 (원에 외접하는 사각형)** ────────

사각형 $ABCD$가 한 원에 외접하기 위한 필요충분조건은 다음과 같다.

(1) (듀란드의 문제) $\overline{AB} + \overline{CD} = \overline{BC} + \overline{DA}$이다.

(2) 네 변에 이르는 거리가 같은 점이 존재한다.

(3) 네 각의 이등분선이 한 점에서 만난다.

증명 듀란드의 문제만 증명하고, 나머지의 증명은 독자에게 맡긴다.

(1) 사각형 $ABCD$의 두 꼭짓점 A와 D의 내각의 이등분선을 그어 그 교점을 O라 하고, O에서 변 AB, BC, CD, DA에 내린 수선의 발을 각각 E, F, G, H라 하자. 그러면, $\triangle AOE \equiv \triangle AOH$(RHA합동)이므로, $\overline{OE} = \overline{OH}$, $\overline{AE} = \overline{AH}$이다. $\triangle DOG \equiv \triangle DOH$이므로 $\overline{OG} = \overline{OH}$이다. 만약 $\overline{OF} > \overline{OE}$라면 $\overline{BF} < \overline{BE}$, $\overline{CF} < \overline{CG}$이다. 이때, $\overline{AD} + \overline{BC} - (\overline{AB} + \overline{CD}) = (\overline{BE} + \overline{CG}) - (\overline{BF} + \overline{CF}) > 0$이므로 문제의 조건에 모순이다. 만약 $\overline{OF} < \overline{OE}$라면 $\overline{BF} > \overline{BE}$, $\overline{CF} > \overline{CG}$이다. 이때, $\overline{AD} + \overline{BC} - (\overline{AB} + \overline{CD}) = (\overline{BE} + \overline{CG}) - (\overline{BF} + \overline{CF}) < 0$이므로 문제의 조건에 모순이다. 따라서 $\overline{OE} = \overline{OF} = \overline{OG} = \overline{OH}$이다. 따라서 한 점 O에서 사각형의 네 변 AB, BC, CD, DA에 이르는 거리가 모두 같으므로, 사각형 $ABCD$는 점 O를 중심하는 하는 한 원에 외접한다.

예제 **3.2.16 (KMO, '2010)** _____

원 O에 외접하는 볼록사각형 $ABCD$의 마주보는
두 변 AB와 CD가 평행하다. 원 O와 변 AB의 교점
을 P, 원 O와 변 CD의 교점을 Q라 하자. 선분 AP,
BP, CQ의 길이가 각각 175, 147, 75일 때, 선분 DQ
의 길이를 구하여라.

풀이 _____

풀이

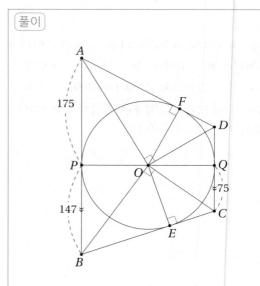

변 BC, DA와 원 O와의 교점을 각각 E, F라 하
자. 그러면, $\triangle COQ \equiv \triangle COE$, $\triangle BOE \equiv \triangle BOP$
이므로, $\angle COB = 90°$이다.
같은 방법으로 $\angle DOA = 90°$이다.
또한, $\overline{OE} \perp \overline{BC}$, $\overline{OF} \perp \overline{AD}$이므로, 직각삼각형
의 닮음으로부터

$$\overline{BE} \cdot \overline{EC} = \overline{OE}^2 = \overline{OF}^2 = \overline{DF} \cdot \overline{FA}$$

이다. 즉, $\overline{BP} \cdot \overline{CQ} = \overline{DQ} \cdot \overline{AP}$이다.
따라서 $\overline{DQ} = \frac{147 \times 75}{175} = 63$이다.

예제 **3.2.17 (KMO, '2016)** _____

원 O에 내접하는 사각형 $ABCD$가 다음 조건을 모두 만족한다.

$$\overline{BC} = \overline{CD}, \quad \overline{AB} = \overline{AC}, \quad \angle BCD = 120°$$

점 A에서 BD에 내린 수선의 발을 E라 하면, $\overline{DE} = 6\sqrt{3} - 6$이다. 원 O의 반지름의 길이를 구하여라.

풀이

풀이

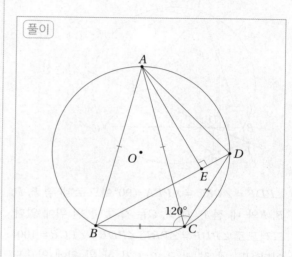

주어진 조건으로 부터 $\angle BAD = 60°$, $\angle BAC = \angle BDC = 30°$이고, $\angle ABC = 75°$이다. 즉, $\angle ABE = 45°$이다. 그러므로 $\overline{AE} = \overline{BE}$이고,

$$\begin{aligned}\overline{BD} &= \overline{BE} + \overline{ED} \\ &= \overline{AE} + \overline{ED} \\ &= \overline{ED}\tan 75° + \overline{ED} \\ &= (2 + \sqrt{3} + 1)(6\sqrt{3} - 6) \\ &= 12\sqrt{3}\end{aligned}$$

이다. 또, 원 O의 반지름을 R이라 하면, 사인법칙(정리 4.2.1)에 의하여

$$\overline{BD} = 2R\sin 120° = R\sqrt{3}$$

이다. 따라서 $R = 12$이다.

정리 **3.2.18 (심슨의 정리)** ────────

삼각형 ABC의 외접원 위에 있는 임의의 한 점 P에서 삼각형의 세 변 BC, CA, AB 또는 그 연장선에 내린 수선의 발을 각각 D, E, F라 하자. 그러면, F, D, E는 한 직선 위에 있다. 여기서, 직선 FDE를 점 P에 대한 심슨선이라고 한다.

증명1

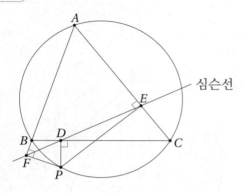

$\angle PDB = \angle PEC = \angle PFA = 90°$이므로 네 점 P, D, B, F와 네 점 P, D, E, C는 각각 한 원 위에 있다. 그러므로 $\angle PDF = \angle PBF$, $\angle PDE + \angle PCE = 180°$이다. 또, 네 점 A, B, P, C가 한 원 위에 있으므로, $\angle PBF = \angle PCE$이다. 따라서 $\angle PDE + \angle PDF = 180°$이다. 그러므로 세 점 F, D, E는 한 직선 위에 있다.

증명2 삼각비와 메넬라우스의 정리를 이용하여 증명하자.

$$\overline{AF} = \overline{PA}\cos\angle PAF, \quad \overline{FB} = \overline{PB}\cos\angle PBF$$

$$\overline{BD} = \overline{PB}\cos\angle PBD, \quad \overline{DC} = \overline{PC}\cos\angle PCD$$

$$\overline{CE} = \overline{PC}\cos\angle PCE, \quad \overline{EA} = \overline{PA}\cos\angle PAE$$

이다. 그러므로

$$\frac{\overline{AF}}{\overline{FB}} \cdot \frac{\overline{BD}}{\overline{DC}} \cdot \frac{\overline{CE}}{\overline{EA}} = \frac{\cos\angle PAF \times \cos\angle PBD \times \cos\angle PCE}{\cos\angle PBF \times \cos\angle PCD \times \cos\angle PAE}$$

이다. 원주각의 성질에 의해서

$$\angle PAF = \angle PCD, \angle PBD = \angle PAE, \angle PCE = \angle PBF$$

이다. 따라서

$$\frac{AF}{FB} \cdot \frac{BD}{DC} \cdot \frac{CE}{EA} = 1$$

이다. 메넬라우스 정리의 역에 의하여, 점 F, D, E는 한 직선 위의 점이다.

따름정리 **3.2.19 (심슨의 정리의 역)** ────────

한 점을 지나 삼각형의 세 변에 그은 수선의 발이 한 직선 위에 있으면 그 점은 삼각형의 외접원 위에 있다.

증명

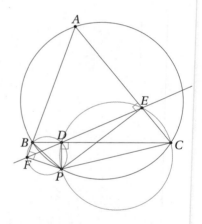

세 점 F, D, E는 한 직선 위에 있고, 네 점 P, D, B, F와 네 점 P, C, E, D가 각각 한 원 위에 있으므로

$$\angle BPC = \angle BPD + \angle DPC$$
$$= \angle BFD + \angle AED$$
$$= 180° - \angle A$$

이다. 즉, $\angle A + \angle BPC = 180°$이다. 그러므로 네 점 A, B, P, C는 한 원 위에 있다. 따라서 점 P는 삼각형 ABC의 외접원 위에 있다.

예제 **3.2.20** _____

원 위의 한 점 P에서 세 현 PA, PB, PC를 긋고 이 세 현 PA, PB, PC를 각각 지름으로 하는 원 O_A, O_B, O_C을 그리자. 원 O_B와 O_C의 교점 중 P가 아닌 점을 X, 원 O_C와 O_A의 교점 중 P가 아닌 점을 Y, 원 O_A와 O_B의 교점 중 P가 아닌 점을 Z라 하면, 세 점 X, Y, Z가 한 직선 위에 있음을 보여라.

풀이

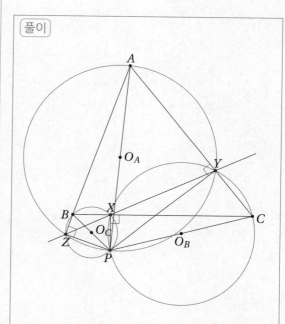

풀이

$\angle PXC + \angle PXB = 180°$이므로 세 점 B, X, C는 한 직선 위에 있다.

마찬가지로, $\angle PYC + \angle PYA = 180°$이므로 세 점 A, Y, C도 한 직선 위에 있다.

또, $\angle PZA = \angle PZB = 90°$이다. 그러므로 세 점 Z, A, B도 한 직선 위에 있다. 즉, 세 점 X, Y, Z는 각각 점 P에 대한 삼각형 ABC의 세 변 BC, CA, AB의 수선의 발이다.

따라서 심슨의 정리에 의하여 X, Y, Z는 한 직선 위에 있다.

[예제] **3.2.21** _____

$\triangle ABC$의 외접원 위에 임의의 두 점 P, P'를 잡자. 점 P, P'에 대한 $\triangle ABC$의 심슨선 A_1B_1과 $A_1'B_1'$ 사이의 끼인각(90°보다 작은 각)의 크기는 호 PP'의 중심각의 크기의 $\frac{1}{2}$임을 증명하여라. 단, 점 A_1, B_1는 점 P에서 변 BC, CA 또는 그 연장선에 내린 수선의 발이고, 점 A_1', B_1'는 점 P'에서 변 BC, CA 또는 그 연장선에 내린 수선의 발이다.

[풀이]

[풀이]

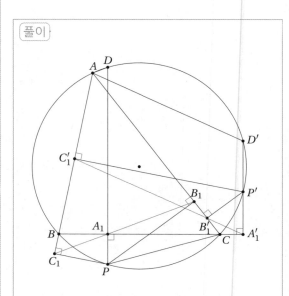

선분 PA_1을 연장선과 외접원과의 교점을 D라 하자. 선분 AD, PC를 긋는다. 그러면, $\angle PDA = \angle PCA = \angle PCB_1 = \angle DA_1B_1$이다. 그러므로 $\overline{AD} \parallel \overline{A_1B_1}$이다.

같은 방법으로 선분 $A_1'P'$의 연장선과 외접원과의 교점을 D'라 하면, $\overline{AD'} \parallel \overline{A_1'B_1'}$이다.

그러므로 $\angle DAD'$은 두 심슨선의 끼인각과 같다. $\overline{PD} \parallel \overline{P'D'}$이므로, $\overset{\frown}{PP'} = \overset{\frown}{DD'}$이다. 즉,

$$\angle DAD' = \overset{\frown}{DD'} \text{의 중심각의 크기의 } \frac{1}{2}$$
$$= \overset{\frown}{PP'} \text{의 중심각의 크기의 } \frac{1}{2}$$

이다.

예제 **3.2.22 (KMO, '2021)** _____

사각형 $ABCD$가 지름이 AC인 원 Γ에 내접한다. 원 Γ의 현 XY는 직선 AC에 수직이고 변 BC, DA와 각각 점 Z, W에서 만난다. $\overline{BY} = 5\overline{BX}$, $\overline{DX} = 10\overline{DY}$, $\overline{ZW} = 98$일 때, 선분 XY의 길이를 구하여라.

풀이

풀이 $\overarc{XC} = \overarc{CY}$이므로 $\angle YBC = \angle XBC$이다. 따라서 선분 BZ는 $\angle YBX$의 이등분선이다. 내각이등분선의 정리에 의하여 $\overline{BY} : \overline{BX} = \overline{YZ} : \overline{ZX} = 5 : 1$이다. 같은 방법으로 $\overarc{AX} = \overarc{YA}$이므로 $\angle XDA = \angle YDA$이다. 따라서 선분 DW는 $\angle YDX$의 이등분선이다. 내각이등분선의 정리에 의하여 $\overline{DX} : \overline{DY} = \overline{XW} : \overline{WY} = 10 : 1$이다.

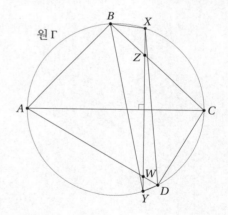

$\overline{XZ} = a$, $\overline{WY} = b$라 하면,

$$(98 + b) : a = 5 : 1, \quad (a + 98) : b = 10 : 1$$

이다. 이를 정리하면,

$$5a = b + 98, \quad a + 98 = 10b$$

이다. 이를 풀면 $a = 22$, $b = 12$이다. 즉, $\overline{XY} = 22 + 98 + 12 = 132$이다.

예제 **3.2.23 (KMO,'2023)** _____

삼각형 ABC에서 $\angle BAC = 90°$, $\overline{AB} = 120$이다. 변 AB, BC의 중점을 각각 M, N이라 하고 삼각형 ABC의 내심을 I라 하자. 네 점 M, B, N, I가 한 원 위에 있을 때 변 CA의 길이를 구하여라.

풀이

풀이 점 I에서 변 BC, CA, AB에 내린 수선의 발을 각각 D, E, F라 하고, 점 I를 중심으로 하고 $\overline{MI}$를 반지름으로 하는 원과 변 CA와의 교점을 L이라 한다. $\angle MBI = \angle NBI$이므로 $\overline{MI} = \overline{LI} = \overline{NI}$이다.

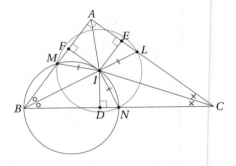

직각삼각형 IFM, IDN, IFN에서 $\overline{IM} = \overline{IN} = \overline{IL}$, $\overline{IF} = \overline{ID} = \overline{IF}$, $\angle IFM = \angle IDN = \angle IFL = 90°$이므로 $\triangle IFM \equiv \triangle IDN \equiv \triangle IFN$(RHS합동)이다. 그러므로 $\angle IMF = \angle IND = \angle ILE$이다.

삼각형 AMI, ALI에서 $\overline{AI}$는 공통, $\overline{IM} = \overline{IL}$, $\angle AIM = \angle AIL$이므로 $\triangle AMI \equiv \triangle ALI$(SAS합동)이다. 즉, $\overline{AM} = \overline{AL} = 60$이다.

삼각형 CIL와 CIN에서 $\overline{IC}$는 공통, $\overline{IL} = \overline{IN}$, $\angle CIL = \angle CIN$이므로 $\triangle CIL \equiv \triangle CIN$(SAS합동)이다. 즉, $\overline{CL} = \overline{CN} = \frac{1}{2}\overline{BC}$이다.

$\overline{BN} = x$라 두면, $\overline{BC} = 2x$, $\overline{AC} = x + 60$이다. 직각삼각형 ABC에서 피타고라스의 정리에 의하여

$$(2x)^2 = (x+60)^2 + 120^2, \quad 3x^2 - 120x - 18000 = 0$$

이다. 이를 인수분해하면 $3(x - 100)(x + 60) = 0$이다. 이를 풀면, $x = 100(x > 0)$이다.

그러므로 $\overline{CA} = 160$이다.

3.3 연습문제

연습문제 3.1 ★★★

원에 내접하는 삼각형 $A_1A_2A_3$에서 $\angle A_1 = 30°$, $\angle A_2 = 70°$, $\angle A_3 = 80°$이다. 변 A_2A_3의 수직이등분선과 원과의 교점 중에서 A_1에 가까운 것을 B_1, 변 A_3A_1의 수직이등분선과 원과의 교점 중에서 A_2에 가까운 것을 B_2, 변 A_1A_2의 수직이등분선과 원과의 교점 중에서 A_3에 가까운 것을 B_3라고 하자. 삼각형 $B_1B_2B_3$의 세 각 중 가장 큰 것은 몇 도인가?

연습문제 3.2 ★★★

오각형 $ABCDE$가 원에 내접해 있다. 선분 AC와 선분 BE의 교점을 X, 선분 AD와 선분 EC의 교점을 Y라 하자. $\angle AXB = \angle AYC = 90°$이고, $\overline{BD} = 100$일 때, 선분 XY의 값을 구하여라.

연습문제 **3.3** ★★★★

반지름의 길이가 r_1, r_2인 두 원 O_1, O_2가 점 M에서 외접하고 있다. 두 원의 공통 외접선이 각 원과 만나는 점을 각각 A, B라고 하고, $\triangle ABM$의 외접원의 반지름의 길이를 r이라 할 때, $r^2 = r_1 r_2$임을 증명하여라.

연습문제 **3.4** ★★★

점 A, B, C는 반지름이 3인 원주 위의 점이고, $\angle ACB = 30°$, $\overline{AC} = 2$이다. 선분 BC의 길이를 구하여라.

원에 내접하는 $\triangle PQR$은 $\overline{PQ} = \overline{PR} = 3$, $\overline{QR} = 2$인 이등변삼각형이다. 원 위의 점 Q에서 접선과 PR의 연장선과의 교점을 X라 하자. 이때, 선분 RX의 길이를 구하여라.

$\overline{AB} = \overline{BC} = \overline{CD} = \overline{DE} = 1$, $\overline{EF} = \overline{FG} = \overline{GH} = \overline{HA} = 3$인 팔각형 $ABCDEFGH$가 반지름이 R인 원에 내접한다고 한다. 이때, R^2을 구하여라.

연습문제 **3.7 ★★★**

정 18각형 $A_1 A_2 \cdots A_{18}$의 두 대각선 $A_1 A_7$과 $A_3 A_{13}$
이 이루는 각 중에서 작은 각의 크기를 구하여라.

연습문제 **3.8 ★★★**

원에 내접하는 사각형 $ABCD$에서 대각선 AC와
BD의 교점을 E라고 하자. $\overline{BC} = \overline{CD} = 4$, $\overline{AE} = 6$
이고, 선분 BE와 BD의 길이가 자연수라고 할 때,
선분 BD의 길이를 구하여라.

연습문제 **3.9** ★★★★_____

삼각형 ABC에서 점 B, C에서 각각 변 CA, AB 또는 그 연장선에 내린 수선의 발을 Y, Z라 하자. $\angle BYC$의 이등분선과 $\angle BZC$의 이등분선의 교점이 X라고 할 때, $\triangle BXC$가 이등변삼각형임을 증명하여라.

연습문제 **3.10** ★★★★_____

정삼각형 ABC에서, 점 M은 $\triangle ABC$의 내부의 점이다. 점 M에서 세 변 BC, CA, AB에 내린 수선의 발을 각각 D, E, F라 하자. $\angle FDE = 90°$일 때, 점 M은 어떤 도형 위를 움직이는가?

원 O에 외접하는 사각형 $ABCD$에서, $\angle A = \angle B =$ 120°, $\angle D = 90°$, $\overline{BC} = 1$일 때, 선분 AD의 길이를 구하여라.

대변이 평행하지 않은 볼록사각형 $ABCD$에 내접하는 원 O에서, 대각선 AC와 BD의 중점을 각각 M, N이라 하자. 그러면 세 점 M, O, N은 한 직선 위에 있음을 증명하여라.

연습문제 **3.13** ★★★_____

원에 내접하는 볼록사각형 $ABCD$에서 $\triangle ABC$, $\triangle BCD$, $\triangle CDA$, $\triangle DAB$의 내심을 각각 K, L, M, N 이라 하자. 그러면 사각형 $KLMN$은 직사각형임을 증명하여라.

연습문제 **3.14** ★★★_____

두 원 O_1, O_2가 점 A, B에서 만난다. 한 원 O_1 위의 점 P에서 직선 PA, PB를 긋고 다른 원 O_2와 만나는 점을 각각 C, D라고 한다. 점 P에서 CD에 내린 수선의 발을 H라고 하자. 그러면, 직선 PH는 반드시 중심 O_1를 지난다는 것을 증명하여라.

연습문제 **3.15** ★★★────────

삼각형 ABC에서 변 BC의 수직이등분선이 변 AB 와 점 D에서 만난다. 점 A와 C에서 각각 삼각형 ABC의 외접원에 접선을 긋고 그 교점을 E라고 할 때, $\overline{DE} \parallel \overline{BC}$임을 증명하여라.

연습문제 **3.16** ★★────────

원 O에 내접하는 사각형 $ABCD$의 대각선이 점 P 에서 만난다. 점 P를 지나 $\triangle ABP$의 외접원에 접 선을 그었을 때, 접선과 AD의 교점을 T라고 하면, $\overline{PT} \parallel \overline{CD}$임을 증명하여라.

연습문제 **3.17** ★★_____

사각형 $ABCD$의 두 대각선이 점 M에서 수직으로 만난다. 점 M에서 변 CD에 내린 수선의 발을 E라고 하자. 선분 ME의 연장선과 변 AB와의 교점을 F라 하자. 점 F가 변 AB의 중점이면, 네 점 A, B, C, D가 한 원 위에 있음을 증명하여라.

연습문제 **3.18** ★★_____

$\triangle ABC$에서, 꼭짓점 A에서 변 BC에 내린 수선의 발을 D라고 하자. 선분 AD를 지름으로 하는 원이 변 AB와 만나는 점을 E, 변 AC와 만나는 점을 F라 할 때, $\overline{AE} \cdot \overline{AB} = \overline{AF} \cdot \overline{AC}$임을 증명하여라.

연습문제 **3.19** ★★★─────────

원의 외부에 있는 한 점 P에서 그 원에 접선과 원과의 교점을 T라 하자. 또, 점 P에서 원에 그은 할선이 원과 만나는 점을 각각 A, B라 하자. $\angle TPB$의 이등분선 PE는 선분 AT, BT와 각각 점 E, F에서 만날 때, $\overline{ET} \cdot \overline{FT} = \overline{EA} \cdot \overline{FB}$임을 증명하여라.

연습문제 **3.20** ★★─────────

$\overline{AB}$를 지름으로 하는 반원 위에 두 점 C, E가 있다. 점 C에서 지름 AB에 내린 수선의 발을 D라고 하자. 선분 CD와 BE의 교점을 F라 할 때, $\overline{BF} \cdot \overline{BE} = \overline{BD} \cdot \overline{BA}$임을 증명하여라. 단, 점 C가 점 B에 가까운 점이다.

연습문제 **3.21** ★★★_____

원 O의 둘레 위에 점 A, B를 잡고, $\triangle OAB$가 정삼각형이 되도록 하였다. 원의 임의의 지름 XY를 잡고 두 직선 XA, YB의 교점을 P라 할 때, 지름 XY가 움직이면 점 P는 어떤 도형 위를 움직이는가?

연습문제 **3.22** ★★★_____

원에 내접하는 사각형 $ABCD$에 대하여 직선 AB와 CD가 점 E에서 만난다. 점 B를 지나고 직선 AC와 직교하는 직선과 점 C를 지나고 직선 BD와 직교하는 직선의 교점을 P라 하고, 점 D를 지나고 직선 AC와 직교하는 직선과 점 A를 지나고 직선 BD와 직교하는 직선의 교점을 Q라 하자. 세 점 E, P, Q가 일직선 위에 있음을 보여라.

연습문제 **3.23** ★★★——————————
사각형 $ABCD$가 지름이 BC인 원에 내접한다. $\overline{AB} = 15\sqrt{2}$, $\overline{CD} = 5$이고, $\angle B + \angle C = 135°$일 때, $\overline{AD}^2$의 값을 구하여라.

연습문제 **3.24** ★★★——————————
삼각형 ABC의 외심을 O, 내심을 I이라 하고 $\angle A$의 이등분선이 삼각형 ABC의 외접원과 만나는 점을 $D(\neq A)$, 변 BC와 만나는 점을 E라 하자. 선분 AE의 수직이등분선과 선분 OA의 교점을 K라 할 때, $\overline{OK} = 3$이고 $\overline{DE} \times \overline{IE} = 90$이다. 삼각형 ABC의 내접원의 반지름의 길이를 구하여라.

연습문제 **3.25** ★★★────────────

선분 AB가 지름인 원에 사각형 $ABCD$가 내접한다. 선분 AB 위의 점 P에서 변 CD에 내린 수선의 발을 Q라 할 때, $\overline{PA} = \overline{PQ}$이다. $\angle BCD = 145°$, $\angle ADC = 110°$, $\angle PQA = M°$일 때, $10M$의 값을 구하여라.

연습문제 **3.26** ★★★────────────

예각삼각형 ABC의 한 변 BC를 지름으로 하는 원을 O라 하자. 변 AB위의 한 점 P를 지나고 변 AB에 수직인 직선이 변 AC와 만나는 점을 Q라 할 때, 삼각형 ABC의 넓이가 삼각형 APQ의 넓이의 4배이고, $\overline{AP} = 10$이다. 점 A를 지나는 직선이 점 T에서 원 O에 접할 때, 선분 AT의 길이를 구하여라.

연습문제 풀이

연습문제풀이 **3.1 (KMO, '2007)** ────────

원에 내접하는 삼각형 $A_1A_2A_3$에서 $\angle A_1 = 30°$, $\angle A_2 = 70°$, $\angle A_3 = 80°$이다. 변 A_2A_3의 수직이등분선과 원과의 교점 중에서 A_1에 가까운 것을 B_1, 변 A_3A_1의 수직이등분선과 원과의 교점 중에서 A_2에 가까운 것을 B_2, 변 A_1A_2의 수직이등분선과 원과의 교점 중에서 A_3에 가까운 것을 B_3라고 하자. 삼각형 $B_1B_2B_3$의 세 각 중 가장 큰 것은 몇 도인가?

풀이

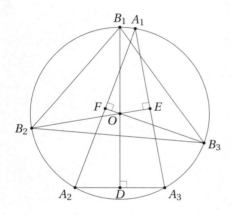

변 A_2A_3, A_3A_1, A_1A_2의 수직이등분선과의 변과의 교점을 각각 D, E, F라 하자. $\overline{OE} \perp \overline{A_1A_2}$, $\overline{OD} \perp \overline{A_2A_3}$이므로 네 점 O, D, A_3, E는 한 원 위에 있고, $\angle DOE = 100°$가 된다. 맞꼭지각인 $\angle B_1OB_2 = 100°$이므로 중심각과 원주각의 성질에 의하여 $\angle B_1B_3B_2 = 50°$이다. 마찬가지 방법으로 $\angle B_1 = 75°$, $\angle B_2 = 55°$이다. 따라서 가장 큰 각은 $75°$이다.

연습문제풀이 **3.2 (KMO, '2007)** ────────

오각형 $ABCDE$가 원에 내접해 있다. 선분 AC와 선분 BE의 교점을 X, 선분 AD와 선분 EC의 교점을 Y라 하자. $\angle AXB = \angle AYC = 90°$이고, $\overline{BD} = 100$일 때, 선분 XY의 값을 구하여라.

풀이

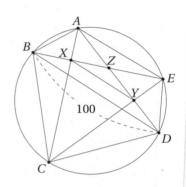

선분 AD와 BE의 교점을 Z라 하자. $\angle ZXC = \angle ZYC = 90°$이므로 점 Z, X, C, Y는 한 원 위에 있다. 또한, 내대각과 원주각의 성질에 의하여 $\angle ACE = \angle XZA$, $\angle ACE = \angle ABE$이므로 $\triangle ABX = \triangle AZX$이다. 따라서 $\overline{BX} = \overline{ZX}$이다. 마찬가지로 내대각과 원주각의 성질에 의하여 $\angle ACE = \angle EZY$, $\angle ACE = \angle EDY$이므로, $\triangle EZY \equiv \triangle EYD$이다. 따라서 $\overline{ZY} = \overline{YD}$이다. 그러므로 삼각형 ZBD의 중점연결정리에 의하여 $\overline{XY} = \frac{1}{2} \cdot \overline{BD} = 50$이다.

연습문제풀이 **3.3**

반지름의 길이가 r_1, r_2인 두 원 O_1, O_2가 점 M에서 외접하고 있다. 두 원의 공통 외접선이 각 원과 만나는 점을 각각 A, B라고 하고, $\triangle ABM$의 외접원의 반지름의 길이를 r이라 할 때, $r^2 = r_1 r_2$임을 증명하여라.

풀이

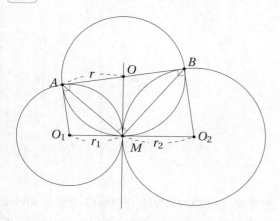

점 M에서의 공통 내접선과 선분 AB의 교점을 O라 하면, $\overline{AO} = \overline{MO} = \overline{BO}$이므로, 점 O는 세 점 A, M, B를 지나는 원의 중심이 된다. $\angle AO_1M = 2\alpha$, $\angle BO_2M = 2\beta$라 하면, $\square ABO_2O_1$에서 $2\alpha + 2\beta = 180°$이다. 따라서 점 A, O, B는 한 직선 위에 있다. 그러면, $\angle AOM = 180° - 2\alpha = 2\beta$, $\angle BOM = 180° - 2\beta = 2\alpha$이고, $\angle O_1OO_2 = \beta + \alpha = 90°$이다. 따라서 $\triangle O_1OO_2$는 $\angle O_1OO_2 = 90°$인 직각삼각형이다. 또, $\overline{O_1O_2} \perp \overline{OM}$이므로, $\triangle O_1OM$과 $\triangle O_2OM$이 닮음이다. 따라서 $\overline{OM}^2 = \overline{O_1M} \cdot \overline{O_2M}$이다. 즉, $r^2 = r_1 r_2$이다.

연습문제풀이 **3.4**

점 A, B, C는 반지름이 3인 원주 위의 점이고, $\angle ACB = 30°$, $\overline{AC} = 2$이다. 선분 BC의 길이를 구하여라.

풀이

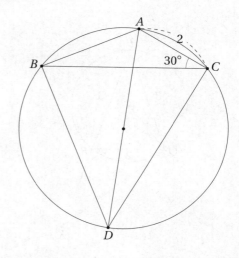

선분 AD가 지름이 되도록 원주 위에 점 D를 잡자. $\angle ACB$, $\angle ADB$는 호 AD의 원주각이므로 $\angle ACB = \angle ADB = 30°$이다. $\overline{AD} = 6$, $\angle ADB = 30°$이므로 직각삼각형의 성질과 삼각비에 의하여 $\overline{AB} = 3$, $\overline{BD} = 3\sqrt{3}$이다. $\triangle ACD$가 직각삼각형이므로 피타고라스 정리에 의해 $\overline{AD}^2 = \overline{AC}^2 + \overline{CD}^2$, $\overline{CD}^2 = 36 - 4 = 32$이므로 $\overline{CD} = 4\sqrt{2}$이다. 톨레미의 정리에 의하여 $\overline{AB} \cdot \overline{CD} + \overline{AC} \cdot \overline{BD} = \overline{AD} \cdot \overline{BC}$이다. 즉, $12\sqrt{2} + 6\sqrt{3} = 6BC$이다. 따라서 $\overline{BC} = 2\sqrt{2} + \sqrt{3}$이다.

연습문제풀이 **3.5**

원에 내접하는 $\triangle PQR$은 $\overline{PQ} = \overline{PR} = 3$, $\overline{QR} = 2$인 이등변삼각형이다. 원 위의 점 Q에서 접선과 PR의 연장선과의 교점을 X라 하자. 이때, 선분 RX의 길이를 구하여라.

풀이

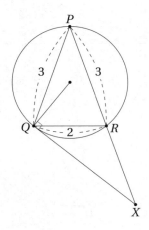

$\angle QPR = \angle XQR$이므로 $\triangle XQR$과 $\triangle XPQ$은 닮음이다. $\overline{QX} = a$, $\overline{RX} = b$라 하면, 닮음비는 $2 : 3 = a : 3 + b = b : a$이다. 닮음비에 의해 $6 + 2b = 3a$, $a^2 = 3b + b^2$이므로 두 식을 연립하면 $\left(2 + \frac{2}{3}b\right)^2 = 3b + b^2$이고 정리하면 $5b^2 + 3b - 36 = 0$이고 인수분해하면 $(5b - 12)(b + 3) = 0$이다. 따라서 $\overline{RX} = \frac{12}{5}$이다.

연습문제풀이 **3.6**

$\overline{AB} = \overline{BC} = \overline{CD} = \overline{DE} = 1$, $\overline{EF} = \overline{FG} = \overline{GH} = \overline{HA} = 3$인 팔각형 $ABCDEFGH$가 반지름이 R인 원에 내접한다고 한다. 이때, R^2을 구하여라.

풀이

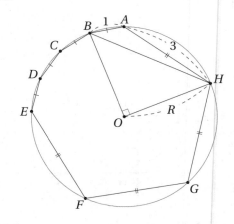

팔각형 $ABCDEFGH$의 내접원의 중심을 O라고 하자. 그러면 $\angle BOH = 90°$, $\angle BAH = 135°$이다. 또, $\overline{BH} = \sqrt{2}R$이다. 삼각형 BAH에 제2코사인법칙을 적용하면

$$2R^2 = 3^2 + 1^2 - 6\cos 135° = 10 + 3\sqrt{2}$$

이다. 따라서 $R^2 = 5 + \frac{3\sqrt{2}}{2}$이다.

_____

정 18각형 $A_1 A_2 \cdots A_{18}$의 두 대각선 $A_1 A_7$과 $A_3 A_{13}$
이 이루는 각 중에서 작은 각의 크기를 구하여라.

풀이

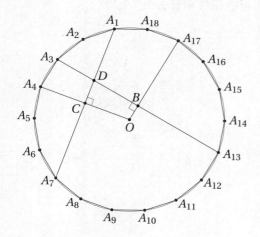

정 18각형 $A_1 A_2 \cdots A_{18}$의 외접원의 중심을 O라 하
고, 꼭짓점 A_{17}과 중심 O를 연결하여 대각선 $A_3 A_{13}$
과 만나는 점을 B, 꼭짓점 A_4와 중심 O를 연결하
여 대각선 $A_1 A_7$과 만나는 점을 C라 하자. 대각선
$A_1 A_7$, $A_{13} A_3$의 교점을 D라 하면 $\overline{A_{17} B} \perp \overline{A_3 A_{13}}$,
$\overline{A_1 A_7} \perp \overline{OA_4}$이므로, 네 점 O, B, D, C는 한 원 위에
있고, $\angle A_{17} OA_4 = 100°$이므로 $\angle BDC = 80°$이다.

_____

원에 내접하는 사각형 $ABCD$에서 대각선 AC와
BD의 교점을 E라고 하자. $\overline{BC} = \overline{CD} = 4$, $\overline{AE} = 6$
이고, 선분 BE와 BD의 길이가 자연수라고 할 때,
선분 BD의 길이를 구하여라.

풀이

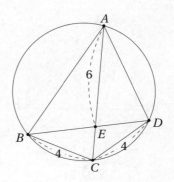

$\overline{EC} = x$, $\overline{BE} = y$, $\overline{ED} = z$라고 하자. 그러
면 $\angle EDC = \angle DBC = \angle CAD$이므로 $\triangle DCE$와
$\triangle ACD$는 닮음이다. 그러므로 $\dfrac{\overline{CD}}{\overline{CA}} = \dfrac{\overline{EC}}{\overline{DC}}$이다. 즉,
$\dfrac{4}{6+x} = \dfrac{x}{4}$가 성립한다. 이로부터 $x = 2$임을 알 수
있다. 삼각부등식에 의하여, $y + z < 4 + 4 = 8$이다.
사각형 $ABCD$가 원에 내접하므로 방멱의 정리에
의하여 $yz = 6x = 12$이다. 그러므로 $y = 3$, $z = 4$
또는 $y = 4$, $z = 3$이다. 따라서 $\overline{BD} = y + z = 7$이다.

연습문제풀이 **3.9**

삼각형 ABC에서 점 B, C에서 각각 변 CA, AB 또는 그 연장선에 내린 수선의 발을 Y, Z라 하자. $\angle BYC$의 이등분선과 $\angle BZC$의 이등분선의 교점이 X라고 할 때, $\triangle BXC$가 이등변삼각형임을 증명하여라.

풀이

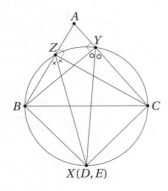

$\angle BYC = \angle BZC = 90°$이므로 $\overline{BC}$를 지름으로 하는 원 위에 점 Y, Z가 있다. $\angle BYC$의 이등분선과 원과의 교점을 D라고 하자. 그러면 $\angle BYD = \angle CYD = 45°$이므로 호 BD와 호 DC의 길이는 같다. 마찬가지로, $\angle BZC$의 이등분선과 원과의 교점을 E라고 하자. 그러면 $\angle BZE = \angle CZE = 45°$이므로 호 BE와 호 EC의 길이는 같다. 즉, $D = E$이다. 따라서 $\angle BYC$의 이등분선과 $\angle BZC$의 이등분선의 교점이 X이므로, $D = E = X$이다. 따라서 현과 원주각의 성질에 의하여, $\angle BYX = \angle CYX$이므로 $\overline{BX} = \overline{XC}$이다. 즉, 삼각형 BXC는 이등변삼각형이다.

연습문제풀이 **3.10**

정삼각형 ABC에서, 점 M은 $\triangle ABC$의 내부의 점이다. 점 M에서 세 변 BC, CA, AB에 내린 수선의 발을 각각 D, E, F라 하자. $\angle FDE = 90°$일 때, 점 M은 어떤 도형 위를 움직이는가?

풀이

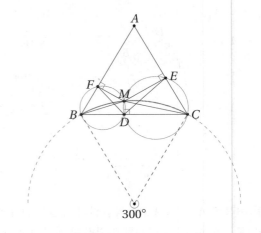

$\angle MFB = \angle MDB = 90°$이므로 네 점 M, D, B, F는 한 원 위에 있다. 또, $\angle MDC = \angle MEC = 90°$이므로 네 점 M, D, C, D는 한 원 위에 있다. 따라서 $\angle FBM = \angle FDM$, $\angle ECM = \angle EDM$이다. 그러므로 $\angle FDE = \angle FBM + \angle ECM$이다.

$\angle B = \angle C = 60°$이므로

$$\angle FDE = 90° \iff \angle FBM + \angle ECM = 90°$$
$$\iff \angle MBD + \angle MCD = 30°$$
$$\iff \angle BMC = 150°$$

이다. 따라서 점 M은 $\triangle ABC$의 내부의 점이면서 $\overline{BC}$를 현으로 갖고, 이 현에 대한 원주각이 $150°$인 원 위를 움직인다.

연습문제풀이 **3.11**

원 O에 외접하는 사각형 $ABCD$에서, $\angle A = \angle B = 120°$, $\angle D = 90°$, $\overline{BC} = 1$일 때, 선분 AD의 길이를 구하여라.

풀이

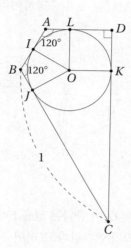

원 O과 변 AB, BC, CD, DA와 접하는 점을 각각 I, J, K, L이라 하자. 또, $\overline{OI} = \overline{OJ} = \overline{OK} = \overline{OL} = R$이라고 하자. 단, R은 원 O의 반지름의 길이이다. 그러면 $\triangle IBJ$는 $\angle B = 120°$인 이등변삼각형이다. 그러므로 $\angle BIJ = \angle BJI = 30°$이다. 또한, $\angle OIJ = 60°$이다. 따라서 $\triangle OIJ$는 정삼각형이다. 즉, $\overline{OI} = \overline{OJ} = \overline{IJ} = R$이다. $\frac{\sqrt{3}}{2} = \cos 30° = \frac{\frac{IJ}{2}}{BJ}$이므로, $BJ = \frac{R}{\sqrt{3}}$이다. $\square OKDL$은 정사각형이고, $\triangle OIJ$와 $\triangle OIL$은 정삼각형이므로, $\angle KOJ = 150°$이다. 그러므로 $\angle OCJ = 15°$이다. 또한, $2 - \sqrt{3} = \tan 15° = \frac{\overline{OJ}}{\overline{CJ}}$이므로, $\overline{CJ} = R(2 + \sqrt{3})$이다. 주어진 조건으로 부터 $\overline{BC} = 1 = \overline{BJ} + \overline{CJ}$이므로 $R = \frac{\sqrt{3}}{4 + 2\sqrt{3}}$이다. 그러므로 $\overline{DL} = R$, $\overline{AL} = \overline{BJ} = \frac{R}{\sqrt{3}}$이므로 $\overline{AD} = \overline{AL} + \overline{DL} = \frac{R}{\sqrt{3}} + R$이다. 따라서 $\overline{AD} = \frac{-1 + \sqrt{3}}{2}$이다.

연습문제풀이 **3.12**

대변이 평행하지 않은 볼록사각형 $ABCD$에 내접하는 원 O에서, 대각선 AC와 BD의 중점을 각각 M, N이라 하자. 그러면 세 점 M, O, N은 한 직선 위에 있음을 증명하여라.

풀이

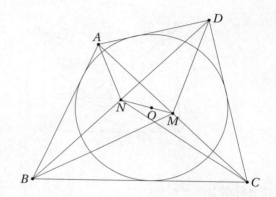

원 O의 반지름의 길이를 r이라 하자. 원 O가 볼록사각형 $ABCD$에 내접하므로 $\overline{AB} + \overline{CD} = \overline{AD} + \overline{BC}$이다. 그런데, 위 식의 양변에 $\frac{r}{2}$를 곱하면 $\frac{r \cdot \overline{AB}}{2} + \frac{r \cdot \overline{CD}}{2} = \frac{r \cdot \overline{AD}}{2} + \frac{r \cdot \overline{BC}}{2}$이다. 즉,

$$\triangle OAB + \triangle OCD = \triangle OAD + \triangle OBC$$

이다. 따라서 $\triangle OAB + \triangle OCD = \frac{1}{2}\square ABCD$이다. 그런데,

$$\triangle NAB + \triangle NCD = \frac{1}{2}\triangle ABD + \frac{1}{2}\triangle BCD = \frac{1}{2}\square ABCD$$

이다. 마찬가지로,

$$\triangle MAB + \triangle MCD = \frac{1}{2}\square ABCD$$

이다. 따라서 O, M, N은 $\triangle XAB + \triangle XCD = \frac{1}{2}\square ABCD$를 만족하는 점 X의 자취의 점이고, $\square ABCD$의 대변이 평행하지 않으므로 세 점 O, M, N은 같은 직선 위의 점이다.

연습문제풀이 3.13

원에 내접하는 볼록사각형 $ABCD$에서 $\triangle ABC$, $\triangle BCD$, $\triangle CDA$, $\triangle DAB$의 내심을 각각 K, L, M, N 이라 하자. 그러면 사각형 $KLMN$은 직사각형임을 증명하여라.

풀이

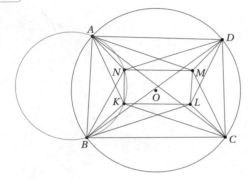

내심의 성질로 부터

$$\angle AKB = 180^\circ - \frac{\angle BAC}{2} - \frac{\angle ABC}{2} = 90^\circ + \frac{\angle ACB}{2}$$

이다. 마찬가지로

$$\angle ANB = 90^\circ + \frac{\angle ADB}{2}$$

이다. 사각형 $ABCD$가 원에 내접하므로 $\angle ACB = \angle ADB$이다. 따라서 $\angle AKB = \angle ANB$이다. 즉, 사각형 $ANKB$는 원에 내접한다. 그러므로

$$\angle NKB = 180^\circ - \angle BAN = 180^\circ - \frac{\angle A}{2}$$

이다. 마찬가지 방법으로

$$\angle BKL = 180^\circ - \frac{\angle C}{2}$$

이다. 따라서

$$\angle NKL = 360^\circ - (\angle NKB + \angle BKL) = \frac{\angle A + \angle C}{2} = 90^\circ$$

이다. 같은 방법으로

$$\angle KLM = 90^\circ, \quad \angle LMN = 90^\circ, \quad \angle MNK = 90^\circ$$

을 보일 수 있다. 따라서 사각형 $KLMN$은 직사각형이다.

연습문제풀이 3.14

두 원 O_1, O_2가 점 A, B에서 만난다. 한 원 O_1 위의 점 P에서 직선 PA, PB를 긋고 다른 원 O_2와 만나는 점을 각각 C, D라고 한다. 점 P에서 CD에 내린 수선의 발을 H라고 하자. 그러면, 직선 PH는 반드시 중심 O_1를 지난다는 것을 증명하여라.

풀이

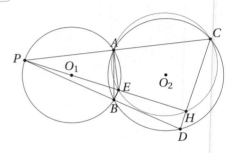

직선 PH와 원 O_1이 만나는 점을 E라 하고, 점 A와 E, A와 B를 각각 연결한다. 그러면 $\angle ABP = \angle AEP$ 이다. 사각형 $ABDC$가 원에 내접하는 사각형이므로 $\angle ABP = \angle C$이다. 따라서 $\angle AEP = \angle C$이다. 그러므로 네 점 A, E, H, C는 한 원 위에 있다. 따라서 $\angle PAE = \angle PHC = 90^\circ$이다. 그러므로 선분 PE는 원 O_1의 지름이다. 따라서 직선 PH는 반드시 중심 O_1을 지난다.

삼각형 ABC에서 변 BC의 수직이등분선이 변 AB와 점 D에서 만난다. 점 A와 C에서 각각 삼각형 ABC의 외접원에 접선을 긋고 그 교점을 E라고 할 때, $\overline{DE} \parallel \overline{BC}$임을 증명하여라.

풀이

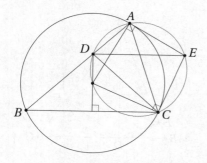

점 D와 C를 연결한다. 점 D가 변 BC의 수직이등분선 위의 점이므로 $\overline{BD} = \overline{DC}$이다. 따라서 $\angle BCD = \angle B$이다. 직선 CE와 AE는 원의 접선이다. 접선과 현이 이루는 각의 성질에 의하여 $\angle ECA = \angle B$이다. 즉, $\angle BCD = \angle ECA$이다. 따라서

$$\angle ACB = \angle BCD + \angle ACD$$
$$= \angle ECA + \angle ACD = \angle DCE$$

이다. 또한, $\angle EAC = \angle ABC$이고,

$$\angle ACB + \angle CAB + \angle ABC = 180^\circ,$$
$$\angle EAB = \angle EAC + \angle CAB = \angle ABC + \angle CAB$$
$$= 180^\circ - \angle ACB = 180^\circ - \angle DCE$$

이다. 따라서 $\angle EAB + \angle DCE = 180^\circ$이다. 그러므로 네 점 A, D, C, E는 한 원 위에 있다. 따라서 $\angle ECA = \angle EDA$이다. 즉, $\angle EDA = \angle B$이다. 그러므로 평행선과 동위각의 성질에 의하여 $\overline{DE} \parallel \overline{BC}$이다.

원 O에 내접하는 사각형 $ABCD$의 대각선이 점 P에서 만난다. 점 P를 지나 $\triangle ABP$의 외접원에 접선을 그었을 때, 접선과 AD의 교점을 T라고 하면, $\overline{PT} \parallel \overline{CD}$임을 증명하여라.

풀이

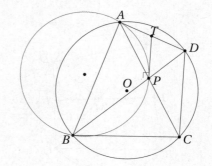

현 AD에 대한 원주각 $\angle ABD = \angle ACD$이다. 또, 직선 PT가 접선이므로 접선과 현이 이루는 각의 성질에 의하여, $\angle TPA = \angle ABP = \angle ABD$이다. 따라서 $\angle APT = \angle ACD$이다. 평행선과 동위각의 성질에 의하여 $\overline{PT} \parallel \overline{CD}$이다.

연습문제풀이 **3.17**

사각형 $ABCD$의 두 대각선이 점 M에서 수직으로 만난다. 점 M에서 변 CD에 내린 수선의 발을 E라 고 하자. 선분 ME의 연장선과 변 AB와의 교점을 F라 하자. 점 F가 변 AB의 중점이면, 네 점 A, B, C, D가 한 원 위에 있음을 증명하여라.

풀이

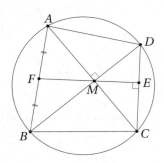

점 F는 직각삼각형 AMB의 빗변 AB의 중점이 다. 그러므로 $\overline{MF} = \overline{AF}$이다. 따라서 $\angle FAM = \angle FMA = \angle CME$이다.

또, 직선 ME는 직각삼각형 DMC의 빗변에 내린 수선이다. 그러므로 $\angle CME = \angle MDC$이다.

따라서 $\angle BAC = \angle BDC$이다. 즉, 네 점 A, B, C, D 는 한 원 위에 있다.

연습문제풀이 **3.18**

$\triangle ABC$에서, 꼭짓점 A에서 변 BC에 내린 수선의 발을 D라고 하자. 선분 AD를 지름으로 하는 원이 변 AB와 만나는 점을 E, 변 AC와 만나는 점을 F라 할 때, $\overline{AE} \cdot \overline{AB} = \overline{AF} \cdot \overline{AC}$임을 증명하여라.

풀이1

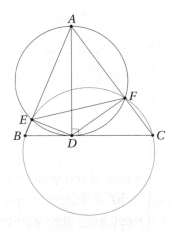

$\angle B = \angle EDA = \angle EFA$이므로 네 점 B, C, F, E 는 한 원 위에 있다. 따라서 방멱의 원리에 의하여 $\overline{AE} \cdot \overline{AB} = \overline{AF} \cdot \overline{AC}$이다.

풀이2

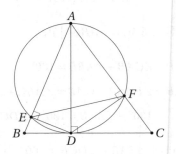

선분 AD가 지름이므로 $\angle AED = \angle AFD = 90°$이 다. 따라서 직각삼각형의 닮음에 의하여, $\overline{BD}^2 = \overline{BE} \cdot \overline{AB}$, $\overline{CD}^2 = \overline{AC} \cdot \overline{CF}$이다. 또한, 피타고라스의 정리에 의하여 $\overline{AB}^2 - \overline{BD}^2 = \overline{AD}^2 = \overline{AC}^2 - \overline{CD}^2$이 다. 따라서 $\overline{AB}^2 - \overline{BD}^2 = \overline{AB}^2 - \overline{BE} \cdot \overline{AB} = \overline{AB} \cdot \overline{AE}$

이고, $\overline{AC}^2 - \overline{CD}^2 = \overline{AC}^2 - \overline{AC} \cdot \overline{CF} = \overline{AC} \cdot \overline{AF}$이다. 즉, $\overline{AE} \cdot \overline{AB} = \overline{AF} \cdot \overline{AC}$이다.

[연습문제풀이] **3.19** _____

원의 외부에 있는 한 점 P에서 그 원에 접선과 원과의 교점을 T라 하자. 또, 점 P에서 원에 그은 할선이 원과 만나는 점을 각각 A, B라 하자. $\angle TPB$의 이등분선 PE는 선분 AT, BT와 각각 점 E, F에서 만날 때, $\overline{ET} \cdot \overline{FT} = \overline{EA} \cdot \overline{FB}$임을 증명하여라.

[풀이]

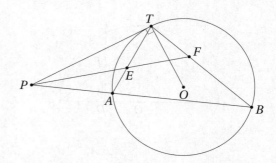

각의 이등분선의 정리에 의하여 $\overline{PT} : \overline{PA} = \overline{ET} : \overline{EA}$이다. 즉,

$$\overline{ET} = \overline{PT} \cdot \frac{\overline{EA}}{\overline{PA}} \qquad (1)$$

이다. 마찬가지로, $\overline{PT} : \overline{PB} = \overline{FT} : \overline{FB}$이다. 즉,

$$\overline{FT} = \overline{PT} \cdot \frac{\overline{FB}}{\overline{PB}} \qquad (2)$$

이다. 식 (1)과 (2)를 변변 곱하면

$$\overline{ET} \cdot \overline{FT} = \frac{\overline{PT}^2 \cdot \overline{EA} \cdot \overline{FB}}{\overline{PA} \cdot \overline{PB}}$$

이다. 방멱의 원리에 의하여 $\overline{PT}^2 = \overline{PA} \cdot \overline{PB}$이다. 따라서 $\overline{ET} \cdot \overline{FT} = \overline{EA} \cdot \overline{FB}$이다.

연습문제풀이 **3.20**

$\overline{AB}$를 지름으로 하는 반원 위에 두 점 C, E가 있다. 점 C에서 지름 AB에 내린 수선의 발을 D라고 하자. 선분 CD와 BE의 교점을 F라 할 때, $\overline{BF} \cdot \overline{BE} = \overline{BD} \cdot \overline{BA}$임을 증명하여라. 단, 점 C가 점 B에 가까운 점이다.

풀이

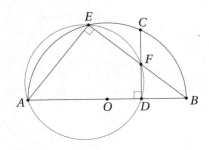

$\angle AEB$는 지름 AB에 대한 원주각이므로 $\angle AEB = 90°$이다. 또한, $\angle ADC = 90°$이므로 네 점 A, D, F, E는 한 원 위에 있다.
따라서 방멱의 원리에 의하여 $\overline{BF} \cdot \overline{BE} = \overline{BD} \cdot \overline{BA}$이다.

연습문제풀이 **3.21 (KMO, '1988)**

원 O의 둘레 위에 점 A, B를 잡고, $\triangle OAB$가 정삼각형이 되도록 하였다. 원의 임의의 지름 XY를 잡고 두 직선 XA, YB의 교점을 P라 할 때, 지름 XY가 움직이면 점 P는 어떤 도형 위를 움직이는가?

풀이

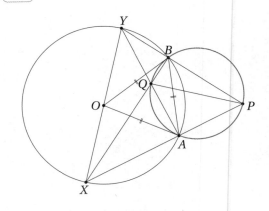

직선 XB, YA의 교점을 Q라 한다. $\overline{XY}$는 지름이므로 $\angle XAY = \angle XBY = 90°$이다. 따라서 $\angle PAQ = \angle PBQ = 90°$이다. 그러므로 네 점 A, P, B, Q는 $\overline{PQ}$를 지름으로 하는 원 위에 있다. 따라서

$$\angle APB = \angle XQA$$
$$= \angle XYA + \angle YXB$$
$$= \frac{1}{2}(\angle XOA + \angle YOB)$$
$$= \frac{1}{2}(180° - \angle AOB)$$
$$= \frac{1}{2}(180° - 60°) = 60°$$

이다. 따라서 점 P(또는 Q)는 AB를 현, 현 AB에 대한 원주각이 60°(또는 $\angle AQB = 120°$)인 원 위에 있다. 즉, 점 P는 AB를 현으로 갖고, 이 현에 대한 원주각이 60°(또는 120°)인 원 위를 움직인다.

연습문제풀이 **3.22 (KMO, '2010)**

원에 내접하는 사각형 $ABCD$에 대하여 직선 AB와 CD가 점 E에서 만난다. 점 B를 지나고 직선 AC와 직교하는 직선과 점 C를 지나고 직선 BD와 직교하는 직선의 교점을 P라 하고, 점 D를 지나고 직선 AC와 직교하는 직선과 점 A를 지나고 직선 BD와 직교하는 직선의 교점을 Q라 하자. 세 점 E, P, Q가 일직선 위에 있음을 보여라.

풀이

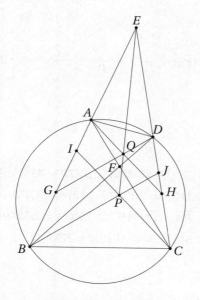

대각선 AC와 BD의 교점을 F, 변 AB와 선분 DQ의 연장선과의 교점을 G, 변 CD와 선분 AQ의 연장선과의 교점을 H, 변 AB와 선분 CP의 연장선과의 교점을 I, 변 CD와 선분 BP의 연장선과의 교점을 J라 하자. 그러면, $\angle QAF = \angle QDF$, $\angle BAC = \angle BDC$이므로, $\angle GAH = \angle GDH$이다. 따라서 네 점 A, G, H, D는 한 원 위에 있고, $\overline{GH} \parallel \overline{BC}$이다. 또, $\overline{GQ} \parallel \overline{BP}$, $\overline{QH} \parallel \overline{PC}$이므로 삼각형 QGH와 PBC는 닮음의 위치에 있고, 닮음의 중심이 E이다. 따라서 닮음의 위치에 의한 성질에 의해서 세 점 E, P, Q는 일직선 위에 있다.

연습문제풀이 **3.23 (KMO, '2011)**

사각형 $ABCD$가 지름이 BC인 원에 내접한다. $\overline{AB} = 15\sqrt{2}$, $\overline{CD} = 5$이고, $\angle B + \angle C = 135°$일 때, $\overline{AD}^2$의 값을 구하여라.

풀이

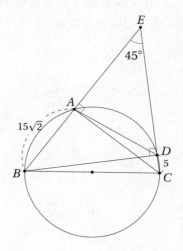

변 BA의 연장선(점 A쪽의 연장선)과 변 CD의 연장선(점 D쪽의 연장선)과의 교점을 E라 하자. 그러면, $\angle B + \angle C = 135°$이므로, $\angle BEC = 45°$이고, $\triangle EAC$와 $\triangle EDB$는 직각이등변삼각형이다.

이제 $\overline{AD} = x$, $\overline{ED} = y$라 하면, $\overline{BD} = y$, $\overline{EB} = \sqrt{2}y$, $\overline{AC} = \overline{EA} = \dfrac{y+5}{\sqrt{2}}$이다.

또, 방멱의 원리에 의하여 $\overline{EA} \cdot \overline{EB} = \overline{ED} \cdot \overline{EC}$이다. 이를 풀면, $y = 35$이다. 즉, $\overline{BD} = 35$, $\overline{AC} = 20\sqrt{2}$이다. 피타고라스의 정리에 의하여, $\overline{BC} = 25\sqrt{2}$이다. 그러므로 톨레미의 정리에 의하여

$$x \times 25\sqrt{2} + 5 \times 15\sqrt{2} = \frac{40}{\sqrt{2}} \times 35$$

이다. 이를 풀면, $y = \overline{AD} = 25$이다. 따라서 $\overline{AD}^2 = 625$이다.

연습문제풀이 **3.24 (KMO, '2011)** ────────

삼각형 ABC의 외심을 O, 내심을 I이라 하고 $\angle A$의 이등분선이 삼각형 ABC의 외접원과 만나는 점을 $D(\neq A)$, 변 BC와 만나는 점을 E라 하자. 선분 AE의 수직이등분선과 선분 OA의 교점을 K라 할 때, $\overline{OK} = 3$이고 $\overline{DE} \times \overline{IE} = 90$이다. 삼각형 ABC의 내접원의 반지름의 길이를 구하여라.

풀이

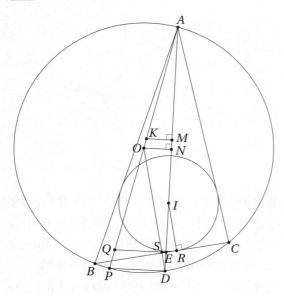

선분 AE의 중점을 M, 선분 AD의 중점을 N, 선분 AO의 연장선이 외접원과 만나는 점을 P, 점 E에서 선분 AD에 수직인 직선이 AP와 만나는 점을 Q, 점 I에서 변 BC에 내린 수선의 발을 R, 선분 OD와 EQ의 교점을 S라 하자. 그러면, $\overline{AN} \perp \overline{ON}$이므로, $\triangle AMK$와 $\triangle ANO$는 닮음이다. 또, $\triangle AEQ$와 $\triangle ADP$도 닮음이다. 또한, $\triangle AMK$와 $\triangle AEQ$는 $1:2$ 닮음이고, $\triangle ANO$와 $\triangle ADP$는 $1:2$ 닮음이다. 그러므로 $\overline{PQ} = 2 \times \overline{OK} = 6$이고, $\triangle ODP$는 이등변삼각형이므로, $\overline{SD} = \overline{QP} = 6$이다.

그러므로, $\overline{IE} : \overline{IR} = \overline{SD} : \overline{DE}$이다. 따라서 $\overline{IR} = \dfrac{\overline{DE} \times \overline{IE}}{\overline{SD}} = 15$이다.

연습문제풀이 **3.25 (KMO, '2012)** ────────

선분 AB가 지름인 원에 사각형 $ABCD$가 내접한다. 선분 AB 위의 점 P에서 변 CD에 내린 수선의 발을 Q라 할 때, $\overline{PA} = \overline{PQ}$이다. $\angle BCD = 145°$, $\angle ADC = 110°$, $\angle PQA = M°$일 때, $10M$의 값을 구하여라.

풀이

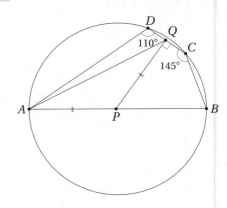

주어진 조건으로 부터 $\angle BAD = 35°$, $\angle ADQ = 110°$, $\angle DQP = 90°$이다. 따라서 $\angle QPB = 55°$이다. 또, $\overline{PA} = \overline{PQ}$이므로, $\angle PQA = 27.5°$이다. 즉, $M = 27.5$이다. 따라서 $10M = 275$이다.

연습문제풀이 **3.26 (KMO, '2013)** _____

예각삼각형 ABC의 한 변 BC를 지름으로 하는 원을 O라 하자. 변 AB위의 한 점 P를 지나고 변 AB에 수직인 직선이 변 AC와 만나는 점을 Q라 할 때, 삼각형 ABC의 넓이가 삼각형 APQ의 넓이의 4배이고, $\overline{AP} = 10$이다. 점 A를 지나는 직선이 점 T에서 원 O에 접할 때, 선분 AT의 길이를 구하여라.

풀이

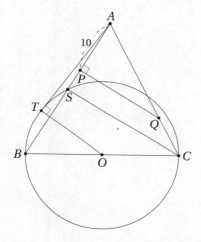

원 O과 변 AB의 교점 중 점 B가 아닌 점을 S라 하자. 그러면, 방멱의 원리에 의하여

$$\overline{AT}^2 = \overline{AS} \times \overline{AB} \tag{1}$$

이다. 또, 삼각형 ABC의 넓이가 삼각형 APQ의 넓이의 4배이므로,

$$\overline{AB} \times \overline{AC} = 4\overline{AP} \times \overline{AQ} = 40\overline{AQ}, \quad \overline{AB} = \frac{40\overline{AQ}}{\overline{AC}} \tag{2}$$

이다. 변 BC가 원 O의 지름이므로, 삼각형 APQ와 삼각형 ASC는 닮음이다. 그러므로

$$\overline{AP} : \overline{AS} = \overline{AQ} : \overline{AC}, \quad \overline{AS} = \frac{10\overline{AC}}{\overline{AQ}} \tag{3}$$

이다. 식 (1)에 식 (2), (3)을 대입하면, $\overline{AT}^2 = 400$이다. 따라서 $\overline{AT} = 20$이다.

제 4 장

삼각함수

- 꼭 암기해야 할 내용

- 사인법칙
- 제 2 코사인법칙
- 삼각형의 넓이 공식

4.1 삼각함수와 삼각비

- 이 절의 주요 내용

- 삼각함수와 삼각비의 정의

- 삼각함수의 여러가지 공식

정의 **4.1.1 (삼각함수의 정의)**

중심이 $O(0,0)$이고, 반지름이 r인 원 위의 한 점 $P(x,y)$에 대하여 θ를 선분 OP가 x축의 양의 방향과 이루는 각이라고 할 때, θ의 사인함수, 코사인함수, 탄젠트함수, 코시컨트함수, 시컨트함수, 코탄젠트함수를 다음과 같이 정의한다.

$$\sin\theta = \frac{y}{r}, \quad \cos\theta = \frac{x}{r}, \quad \tan\theta = \frac{y}{x},$$
$$\csc\theta = \frac{r}{y}, \quad \sec\theta = \frac{r}{x}, \quad \cot\theta = \frac{x}{y}$$

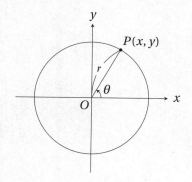

정의 **4.1.2 (삼각비의 정의)**

$\angle C = 90°$인 직각삼각형 ABC에서 $\overline{BC} = a, \overline{CA} = b,$ $\overline{AB} = c$라고 할 때, 삼각비를 다음과 같이 정의한다.

$$\sin A = \frac{a}{c}, \quad \cos A = \frac{b}{c}, \quad \tan A = \frac{a}{b},$$
$$\sin B = \frac{b}{c}, \quad \cos B = \frac{a}{c}, \quad \tan B = \frac{b}{a}$$

단, 각의 표시 $\angle$를 생략하고 표현한다. 즉, $\sin A = \sin\angle A$를 의미한다.

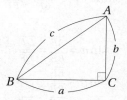

정리 **4.1.3 (삼각함수의 기본공식)**

임의의 실수 θ에 대하여 다음 관계가 성립한다.

(1) 역수 관계 : $\csc\theta = \dfrac{1}{\sin\theta}, \sec\theta = \dfrac{1}{\cos\theta}, \cot\theta = \dfrac{1}{\tan\theta}$

(2) 상제 관계 : $\tan\theta = \dfrac{\sin\theta}{\cos\theta}, \cot\theta = \dfrac{\cos\theta}{\sin\theta}$

(3) 제곱 관계 : $\sin^2\theta + \cos^2\theta = 1$, $\tan^2\theta + 1 = \sec^2\theta$, $1 + \cot^2\theta = \csc^2\theta$

증명 삼각함수의 정의로 부터 쉽게 증명된다. 자세한 증명은 독자에게 맡긴다.

정리 **4.1.4 (삼각함수의 덧셈정리)** ──────

다음이 성립한다. 단, 복부호 동순이다.

$$\sin(\alpha \pm \beta) = \sin\alpha\cos\beta \pm \cos\alpha\sin\beta$$

$$\cos(\alpha \pm \beta) = \cos\alpha\cos\beta \mp \sin\alpha\sin\beta$$

$$\tan(\alpha \pm \beta) = \frac{\tan\alpha \pm \tan\beta}{1 \mp \tan\alpha\tan\beta}$$

증명

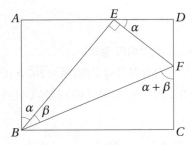

직사각형 $ABCD$에 $\angle ABE = \alpha$, $\angle EBF = \beta$, $\angle BEF = 90°$를 만족하도록 점 E와 F를 잡자. 그러면,

$$\sin(\alpha + \beta) = \frac{\overline{BC}}{\overline{BF}} = \frac{\overline{AD}}{\overline{BF}}$$

이고,

$$\sin\alpha = \frac{\overline{AE}}{\overline{BE}} = \frac{\overline{DF}}{\overline{EF}},$$

$$\sin\beta = \frac{\overline{EF}}{\overline{BF}},$$

$$\cos\alpha = \frac{\overline{AB}}{\overline{BE}} = \frac{\overline{DE}}{\overline{EF}},$$

$$\cos\beta = \frac{\overline{BE}}{\overline{BF}}$$

이다. 위 사실로 부터

$$\begin{aligned}
\sin(\alpha + \beta) &= \frac{\overline{BC}}{\overline{BF}} = \frac{\overline{AD}}{\overline{BF}} = \frac{\overline{AE} + \overline{ED}}{\overline{BF}}\\
&= \frac{\overline{AE}}{\overline{BF}} + \frac{\overline{ED}}{\overline{BF}} = \frac{\overline{AE}}{\overline{BE}} \cdot \frac{\overline{BE}}{\overline{BF}} + \frac{\overline{ED}}{\overline{EF}} \cdot \frac{\overline{EF}}{\overline{BF}}\\
&= \sin\alpha\cos\beta + \cos\alpha\sin\beta \qquad (1)
\end{aligned}$$

이다. $\cos(-\beta) = \cos\beta$, $\sin(-\beta) = -\sin\beta$과 식 (1)로 부터

$$\begin{aligned}
\sin(\alpha - \beta) &= \sin\alpha\cos(-\beta) + \cos\alpha\sin(-\beta)\\
&= \sin\alpha\cos\beta - \cos\alpha\sin\beta \qquad (2)
\end{aligned}$$

이다. 따라서 식 (1)과 (2)를 한번에 나타내면,

$$\sin(\alpha \pm \beta) = \sin\alpha\sin\beta \pm \cos\alpha\sin\beta$$

이다. 같은 방법으로 $\cos(\alpha \pm \beta) = \cos\alpha\cos\beta \mp \sin\alpha\sin\beta$이다. 또한,

$$\tan(\alpha \pm \beta) = \frac{\sin(\alpha \pm \beta)}{\cos(\alpha \pm \beta)}$$

이므로 이를 풀어 정리하면

$$\tan(\alpha \pm \beta) = \frac{\tan\alpha \pm \tan\beta}{1 \mp \tan\alpha\tan\beta}$$

이다.

예제 **4.1.5**

$AB /\!/ DC$인 사다리꼴에서 $\overline{AB} = 4, \overline{CD} = 10$라고 하자. 대각선 AC와 BD가 점 P에서 직교하고, 변 BC와 DA의 연장선이 만나는 점을 Q, $\angle AQB = 45°$이라할 때, 사다리꼴 $ABCD$의 넓이를 구하여라.

풀이

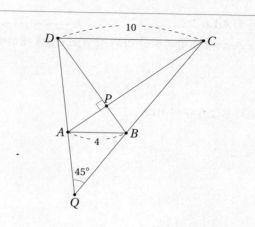

$\angle APB = 90°$이므로

$$\square ABCD = \triangle ABD + \triangle CBD$$
$$= \frac{1}{2} \cdot \overline{AP} \cdot \overline{BD} + \frac{1}{2} \cdot \overline{CP} \cdot \overline{BD}$$
$$= \frac{1}{2} \cdot \overline{AC} \cdot \overline{BD} = \frac{49xy}{2}$$

이다. $\alpha = \angle ADP$, $\beta = \angle BCP$라고 하자. 직각삼각형 ADP와 DCP로 부터

$$\tan\alpha = \frac{\overline{AP}}{\overline{DP}} = \frac{2x}{5y}, \quad \tan\beta = \frac{\overline{BP}}{\overline{CP}} = \frac{2y}{5x}$$

이다. 또한, $\angle CPD = \angle CQD + \angle QCP + \angle QDP$이므로, $\alpha + \beta = \angle QCP + \angle QDP = 45°$이다. 삼각함수의 덧셈정리로 부터

$$1 = \tan 45° = \tan(\alpha + \beta) = \frac{\tan\alpha + \tan\beta}{1 - \tan\alpha\tan\beta}$$
$$= \frac{\frac{2x}{5y} + \frac{2y}{5x}}{1 - \frac{2x}{5y} \cdot \frac{2y}{5x}} = \frac{10(x^2 + y^2)}{21xy}$$

이다. 즉, $xy = \frac{10(x^2 + y^2)}{21}$이다. 직각삼각형 ABP에서 피타고라스 정리에 의하여 $\overline{AB}^2 = \overline{AP}^2 + \overline{BP}^2$이므로 $16 = 4(x^2 + y^2)$이다. 즉, $x^2 + y^2 = 4$이다. 따라서 $xy = \frac{40}{21}$이다. 그러므로

$$\square ABCD = \frac{49xy}{2} = \frac{140}{3}$$

이다.

풀이 $\overline{AB} /\!/ \overline{CD}$이므로 삼각형 ABP와 CDP는 닮음비가 $2 : 5$인 닮음이다. 그래서, $\overline{AP} = 2x$, $\overline{BP} = 2y$라고 하자. 그러면 $\overline{CP} = 5x$, $\overline{DP} = 5y$이다.

예제 **4.1.6** _____

$x+y+z = 1$을 만족하는 양의 실수 x, y, z에 대하여,

$$\frac{1}{x} + \frac{4}{y} + \frac{9}{z}$$

의 최솟값을 구하여라.

풀이

풀이 삼각함수의 성질을 이용하여 이 문제를 풀어보자. x, y, z는 모두 0보다 크고 1보다 작은 값을 갖는 것에 착안하여 삼각함수 형태로 고쳐서 문제를 해결한다. $z = \sin^2 \alpha$라고 하면, $x+y = 1 - \sin^2 \alpha = \cos^2 \alpha$이다. 즉, $\frac{x}{\cos^2 \alpha} + \frac{y}{\cos^2 \alpha} = 1$이다. 따라서 $x = \cos^2 \alpha \cos^2 \beta$, $y = \cos^2 \alpha \sin^2 \beta$라고 놓으면 위 조건을 만족한다. 따라서 이들을 주어진 식에 대입하여 풀면

$$\frac{1}{x} + \frac{4}{y} + \frac{9}{z}$$
$$= \sec^2 \alpha \sec^2 \beta + 4 \sec^2 \alpha \csc^2 \beta + 9 \csc^2 \alpha$$
$$= (\tan^2 \alpha + 1)(\tan^2 \beta + 1)$$
$$\quad + 4(\tan^2 \alpha + 1)(\cot^2 \beta + 1) + 9(\cot^2 \alpha + 1)$$
$$= 14 + 5\tan^2 \alpha + 9\cot^2 \alpha$$
$$\quad + (\tan^2 \beta + 4\cot^2 \beta)(1 + \tan^2 \alpha)$$
$$\geq 14 + 5\tan^2 \alpha + 9\cot^2 \alpha$$
$$\quad + 2\tan \beta \cdot 2\cot \beta (1 + \tan^2 \alpha)$$
$$= 18 + 9(\tan^2 \alpha + \cot^2 \alpha)$$
$$\geq 18 + 18 \cdot \tan \alpha \cot \alpha$$
$$= 36$$

이다. 등호는 $\tan \alpha = \cot \alpha$, $\tan \beta = 2\cot \beta$일 때, 즉 $\cos^2 \alpha = \sin^2 \alpha$, $2\cos^2 \beta = \sin^2 \beta$일 때 성립한다. 즉, $x+y+z = 1$, $x+y = z$, $y = 2x$이다. x, y, z에 대한 등호 성립 조건으로 바꾸면 $x = \frac{1}{6}$, $y = \frac{1}{3}$, $z = \frac{1}{2}$이다.

예제 **4.1.7 (AMC12, '2001)** _____

삼각형 ABC에서 $\angle ABC = 45°$이고, 변 BC 위에 $2\overline{BD} = \overline{CD}$, $\angle DAB = 15°$을 만족하도록 점 D를 잡을 때, $\angle ACB$를 구하여라.

풀이

풀이

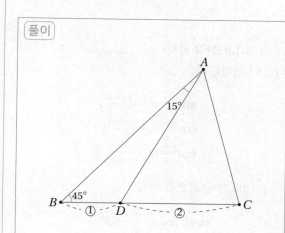

삼각형 ABD에서 $\angle CDA = \angle ABC + \angle DAB = 60°$임을 알 수 있다. 또, $\sin 30° = \frac{1}{2}$이다. 점 C에서 AD에 내린 수선의 발을 E라고 하자. 그러면 삼각형 CDE는 직각삼각형이고, $\angle DCE = 30°$이므로 $\overline{DE} = \overline{CD}\sin\angle DCE$, 즉 $\overline{CD} = 2\overline{DE}$임을 알 수 있다. 따라서 $2\overline{BD} = \overline{CD} = 2\overline{DE}$이므로 삼각형 BDE는 $\overline{BD} = \overline{DE}$인 이등변삼각형이다. 그러므로 $\angle DBE = \angle DEB = 30°$이다. 따라서 $\angle CBE = 30° = \angle BCE$, $\angle EBA = 15° = \angle EAB$이다. 즉, 삼각형 CBE와 EBA는 이등변삼각형이다. 그러므로 $\overline{CE} = \overline{BE} = \overline{AE}$이다. 따라서 삼각형 CEA는 직각이등변삼각형입니다. 즉, $\angle ACE = \angle EAC = 45°$이다. 그러므로 $\angle ACB = \angle ACE + \angle ECB = 75°$이다.

정리 **4.1.8 (2배각 공식)** ──────────
다음이 성립한다.

$$\sin 2\alpha = 2\sin\alpha\cos\alpha,$$
$$\cos 2\alpha = \cos^2\alpha - \sin^2\alpha,$$
$$\tan 2\alpha = \frac{2\tan\alpha}{1-\tan^2\alpha}$$

증명 삼각함수의 덧셈정리(정리 4.1.4)로부터 바로 나온다. 자세한 증명은 독자에게 맡긴다.

정리 **4.1.9 (반각 공식)** ──────────
다음이 성립한다.

$$\sin^2\frac{\alpha}{2} = \frac{1-\cos\alpha}{2},$$
$$\cos^2\frac{\alpha}{2} = \frac{1+\cos\alpha}{2},$$
$$\tan^2\frac{\alpha}{2} = \frac{1-\cos\alpha}{1+\cos\alpha}$$

증명 2배각 공식으로 부터

$$
\begin{aligned}
\cos\alpha &= \cos^2\frac{\alpha}{2} - \sin^2\frac{\alpha}{2} \\
&= 1 - 2\sin^2\frac{\alpha}{2} \qquad (1) \\
&= 2\cos^2\frac{\alpha}{2} - 1 \qquad (2)
\end{aligned}
$$

이다. 식 (1), (2)로 부터

$$\sin^2\frac{\alpha}{2} = \frac{1-\cos\alpha}{2}, \quad \cos^2\frac{\alpha}{2} = \frac{1+\cos\alpha}{2}$$

이다. 위 식으로 부터

$$\tan^2\frac{\alpha}{2} = \frac{\sin^2\frac{\alpha}{2}}{\cos^2\frac{\alpha}{2}} = \frac{1-\cos\alpha}{1+\cos\alpha}$$

이다.

예제 **4.1.10** ──────────
$a+b+c = \pi$일 때,

$$\tan a + \tan b + \tan c = \tan a \tan b \tan c$$

임을 증명하여라.

풀이

풀이

$$
\begin{aligned}
\tan c &= \tan(\pi - (a+b)) \\
&= -\tan(a+b) \\
&= -\frac{\tan a + \tan b}{1 - \tan a \tan b}
\end{aligned}
$$

이다. 따라서

$$\tan c - \tan a \tan b \tan c = -\tan a - \tan b$$

이다. 즉, $\tan a + \tan b + \tan c = \tan a \tan b \tan c$ 이다.

정리 **4.1.11 (곱을 합 또는 차로 고치는 공식)** ──
다음이 성립한다.

$$\sin\alpha\cos\beta = \frac{1}{2}\{\sin(\alpha+\beta)+\sin(\alpha-\beta)\}$$
$$\cos\alpha\sin\beta = \frac{1}{2}\{\sin(\alpha+\beta)-\sin(\alpha-\beta)\}$$
$$\cos\alpha\cos\beta = \frac{1}{2}\{\cos(\alpha+\beta)+\cos(\alpha-\beta)\}$$
$$\sin\alpha\sin\beta = -\frac{1}{2}\{\cos(\alpha+\beta)-\cos(\alpha-\beta)\}$$

증명 삼각함수의 덧셈정리(정리 4.1.4)로 부터 쉽
게 증명된다. 자세한 증명은 독자에게 맡긴다.

정리 **4.1.12 (합 또는 차를 곱으로 고치는 공식)** ──
다음이 성립한다.

$$\sin A + \sin B = 2\sin\frac{A+B}{2}\cos\frac{A-B}{2}$$
$$\sin A - \sin B = 2\cos\frac{A+B}{2}\sin\frac{A-B}{2}$$
$$\cos A + \cos B = 2\cos\frac{A+B}{2}\cos\frac{A-B}{2}$$
$$\cos A - \cos B = -2\sin\frac{A+B}{2}\sin\frac{A-B}{2}$$

증명 곱을 합 또는 차로 고치는 공식(정리 4.1.11)
으로 부터 쉽게 증명된다. 자세한 증명은 독자에게
맡긴다.

4.2 사인법칙과 코사인 법칙

- 이 절의 주요 내용

  • 사인법칙과 코사인 법칙

삼각형 ABC에서 꼭짓점 A, B, C에 대응하는 변의 길이를 각각 a, b, c라고 하자. 또 $s = \frac{1}{2}(a+b+c)$라고 하자. 그러면 s는 삼각형 ABC의 둘레의 길이의 반이다. R과 r을 각각 삼각형 ABC의 외접원과 내접원의 반지름의 길이라고 하자. 또한, h_a, h_b, h_c를 각각 꼭짓점 A, B, C와 그 대변과의 거리(즉, 높이)라고 하자. r_a, r_b, r_c를 각각 변 BC, CA, AB와 접하는 방접원의 반지름이라고 하자.

[정리] **4.2.1 (사인 법칙)** ————————
삼각형 ABC에서 다음이 성립한다.

$$\frac{a}{\sin A} = \frac{b}{\sin B} = \frac{c}{\sin C} = 2R.$$

[증명]

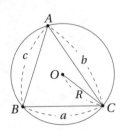

삼각형 ABC의 외접원의 중심을 O라 하고, BO의 연장선이 외접원과 만나는 점을 A'라고 하면 선분 $\overline{BA'}$는 지름이므로 $\overline{BA'} = 2R$이다.

(i) $\angle A < 90°$일 때, 중심각과 원주각의 성질에 의하여 $\angle A = \angle A'$, $\angle A'CB = 90°$이므로

$$\sin A = \sin A' = \frac{\overline{BC}}{\overline{CA'}} = \frac{a}{2R}$$

이다. 따라서 $\frac{a}{\sin A} = 2R$이다.

(ii) $\angle A > 90°$일 때, 중심각과 원주각의 성질에 의하여 $\angle A = 180° - \angle A'$, $\angle A'CB = 90°$이므로 $\sin A = \sin(180° - A') = \sin A' = \frac{a}{2R}$이다. 따라서 $\frac{a}{\sin A} = 2R$이다.

(iii) $\angle A = 90°$일 때, $\sin A = 1$, $a = 2R$이므로 $\frac{a}{\sin A} = 2R$이다.

그러므로 (i), (ii), (iii)에 의하여, $\frac{a}{\sin A} = 2R$이다. 같은 방법으로 $\frac{b}{\sin B} = 2R$, $\frac{c}{\sin C} = 2R$이다. 따라서 $\frac{a}{\sin A} = \frac{b}{\sin B} = \frac{c}{\sin C} = 2R$이다.

[예제] **4.2.2** ————————
삼각형 ABC에서 $\angle A = 60°$, $\angle B = 45°$, $a = 3$일 때, b와 외접원의 반지름의 길이를 구하여라.

[풀이]

[풀이] 사인 법칙으로 부터 $\frac{3}{\frac{\sqrt{3}}{2}} = \frac{b}{\frac{\sqrt{2}}{2}} = 2R$이다. 따라서 $b = \sqrt{6}$, $R = \sqrt{3}$이다.

4.2.3 (제 1 코사인법칙) _____

삼각형 ABC에서 다음이 성립한다.

$$a = b\cos C + c\cos B$$
$$b = c\cos A + a\cos C$$
$$c = a\cos B + b\cos A$$

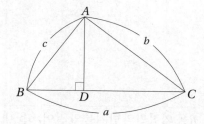

삼각형 ABC에서 꼭짓점 A에서 대변 BC 또는 그 연장선에 내린 수선의 발을 D라 한다.

(i) $\angle B$, $\angle C$가 모두 예각인 경우, $a = \overline{BD} + \overline{CD} = c\cos B + b\cos C$이다.

(ii) $\angle C$가 둔각인 경우, $a = \overline{BD} - \overline{CD} = c\cos B - b\cos(180° - C) = c\cos B + b\cos C$이다. $\angle B$가 둔각인 경우도 마찬가지이다.

(iii) $\angle C = 90°$인 경우, $a = c\cos B$이다. 그런데, $\cos C = 0$이므로 이 때에도 $a = c\cos B + b\cos C$가 성립한다. $\angle B = 90°$인 경우에도 마찬가지이다.

그러므로 (i), (ii), (iii)에 의하여, $a = c\cos B + b\cos C$이다. 같은 방법으로 하면,

$$b = c\cos A + a\cos C, \quad c = a\cos B + b\cos A$$

이다.

4.2.4 (제 2 코사인법칙) _____

삼각형 ABC에서 다음이 성립한다.

$$a^2 = b^2 + c^2 - 2bc\cos A$$
$$b^2 = c^2 + a^2 - 2ca\cos B$$
$$c^2 = a^2 + b^2 - 2ab\cos C$$

제 1 코사인 법칙

$$a = b\cos C + c\cos B \qquad (1)$$
$$b = c\cos A + a\cos C \qquad (2)$$
$$c = a\cos B + b\cos A \qquad (3)$$

에서 (1) × a - (2) × b - (3) × c를 하면

$$a^2 - b^2 - c^2 = -2bc\cos A$$

이다. 즉, $a^2 = b^2 + c^2 - 2bc\cos A$이다. 같은 방법으로

$$b^2 = c^2 + a^2 - 2ca\cos B, \quad c^2 = a^2 + b^2 - 2ab\cos C$$

이다.

예제 **4.2.5** _____

$\triangle ABC$에서 $\angle A = 60°$이고, 가장 큰 변과 가장 작은 변의 길이가 각각 방정식 $3x^2 - 27x + 32 = 0$의 두 근이다. $\triangle ABC$의 외접원의 반지름을 구하여라.

풀이

풀이 R을 외접원의 반지름의 길이, r을 내접원의 반지름의 길이, $s = \frac{a+b+c}{2}$라고 하자. $\angle A = 60°$이므로 가장 큰 각은 $60°$이상이고, 가장 작은 각은 $60°$이하이다. 따라서 $\angle A$는 가장 큰 변과 가장 작은 변 사이에 끼인 각이다. 그러므로 b를 가장 큰 변, c를 가장 작은 변이라고 하면, 이차방정식의 근과 계수와의 관계에 의하여 $b + c = 9$, $bc = \frac{32}{3}$이다. 따라서

$$\triangle ABC = \frac{1}{2}bc\sin A = \frac{1}{2} \cdot \frac{32}{3} \cdot \frac{\sqrt{3}}{2} = \frac{8}{3}\sqrt{3}$$

이다. 제 2 코사인법칙에 의하여

$$\begin{aligned} a^2 &= b^2 + c^2 - 2bc\cos 60° \\ &= (b+c)^2 - 3bc \\ &= 9^2 - 3\frac{32}{3} \\ &= 49 \end{aligned}$$

이다. 따라서 $a = 7$, $a + b + c = 16$이다. 사인법칙으로 부터 $\frac{a}{\sin A} = 2R$이다. 따라서

$$R = \frac{a}{2\sin A} = \frac{7}{2\sin 60°} = \frac{7}{3}\sqrt{3}$$

이다.

정리 **4.2.6 (탄젠트 법칙)**

삼각형 ABC에서 다음이 성립한다.

$$\frac{a+b}{a-b} = \frac{\tan\frac{1}{2}(A+B)}{\tan\frac{1}{2}(A-B)},$$

$$\frac{b+c}{b-c} = \frac{\tan\frac{1}{2}(B+C)}{\tan\frac{1}{2}(B-C)},$$

$$\frac{c+a}{c-a} = \frac{\tan\frac{1}{2}(C+A)}{\tan\frac{1}{2}(C-A)}$$

증명 사인법칙으로 부터 $a = 2R\sin A$, $b = 2R\sin B$, $c = 2R\sin C$이다. 그러므로

$$\frac{a+b}{a-b} = \frac{2R\sin A + 2R\sin B}{2R\sin A - 2R\sin B} = \frac{\sin A + \sin B}{\sin A - \sin B}$$
$$= \frac{2\sin\frac{1}{2}(A+B)\cos\frac{1}{2}(A-B)}{2\sin\frac{1}{2}(A-B)\cos\frac{1}{2}(A+B)} = \frac{\tan\frac{1}{2}(A+B)}{\tan\frac{1}{2}(A-B)}$$

이다. 같은 방법으로

$$\frac{b+c}{b-c} = \frac{\tan\frac{1}{2}(B+C)}{\tan\frac{1}{2}(B-C)}, \quad \frac{c+a}{c-a} = \frac{\tan\frac{1}{2}(C+A)}{\tan\frac{1}{2}(C-A)}$$

이다.

정리 **4.2.7 (삼각형의 넓이 공식)**

삼각형 ABC의 넓이 S는 다음과 같다.

(1) $S = \frac{1}{2}ah_a = \frac{1}{2}bh_b = \frac{1}{2}ch_c$이다.

(2) $S = \frac{1}{2}bc\sin A = \frac{1}{2}ca\sin B = \frac{1}{2}ab\sin C$이다.

(3) (헤론의 공식) $S = \sqrt{s(s-a)(s-b)(s-c)}$

(4) $S = \dfrac{abc}{4R}$이다.

(5) $S = rs = (s-a)r_a = (s-b)r_b = (s-c)r_c$이다.

(6) $S = 2R^2\sin A\sin B\sin C$이다.

(7) $S = \sqrt{rr_ar_br_c}$이다.

(8) $S = \dfrac{a^2\sin B\sin C}{2\sin(B+C)} = \dfrac{b^2\sin C\sin A}{2\sin(C+A)} = \dfrac{c^2\sin A\sin B}{2\sin(A+B)}$
이다.

증명

(1) 자명하다.

(2) $h_a = c\sin B$, $h_b = a\sin C$, $h_c = b\sin A$이므로 이를 (1)에 대입하면 나온다.

(3) 제 2 코사인법칙으로 부터

$$\cos C = \frac{a^2+b^2-c^2}{2ab}$$

이다. 그러므로

$$\sin^2 C = 1 - \cos^2 C$$
$$= (1+\cos C)(1-\cos C)$$
$$= \left(1 + \frac{a^2+b^2-c^2}{2ab}\right)\left(1 - \frac{a^2+b^2-c^2}{2ab}\right)$$
$$= \frac{(a+b)^2-c^2}{2ab} \cdot \frac{c^2-(a-b)^2}{2ab}$$
$$= \frac{(a+b+c)(a+b-c)(c+a-b)(c+b-a)}{4a^2b^2}$$
$$= \frac{1}{4a^2b^2} \cdot 2s(2s-2c)(2s-2b)(2s-2a)$$
$$= \frac{4s(s-a)(s-b)(s-c)}{a^2b^2}$$

이다. 그런데, $\sin C > 0$이므로

$$\sin C = \frac{2}{ab}\sqrt{s(s-a)(s-b)(s-c)}$$

이다. 이를 $S = \frac{1}{2}ab\sin C$에 대입하면,

$$S = \sqrt{s(s-a)(s-b)(s-c)}$$

이다.

(4) 사인법칙으로 부터 $\sin C = \frac{c}{2R}$이다. 이를 $S = \frac{1}{2}ab\sin C$에 대입하면 $S = \frac{abc}{4R}$이다.

(5) $S = \frac{1}{2}ar + \frac{1}{2}br + \frac{1}{2}cr = sr$이다. 삼각형 ABC의 방접원 중 변 BC에 접하는 원의 중심을 O_A라 하자. O_A에서 변 BC, 변 CA의 연장선, 변 AB의 연장선과의 교점을 각각 D, E, F라 하자. 그러면, $\triangle BFO_A \equiv \triangle BDO_A$(RHA합동), $\triangle CDO_A \equiv CEO_A$(RHA합동)이다. 또, $\overline{BF} + \overline{CE} = \overline{BC}$이다. 따라서

$$\begin{aligned} S &= \triangle ABC \\ &= \triangle AFO_A + \triangle AEO_A - 2\triangle BCO_A \\ &= sr_a - ar_a \\ &= (s-a)r_a \end{aligned}$$

이다. 같은 방법으로 $S = (s-b)r_b = (s-c)r_c$이다.

(6) 사인법칙으로 부터

$$a = 2R\sin A, \quad b = 2R\sin B$$

이다. 이를

$$S = \frac{1}{2}ab\sin C$$

에 대입하면

$$S = 2R^2 \sin A \sin B \sin C$$

이다.

(7) (5)에서

$$S^4 = rs \cdot (s-a)r_a \cdot (s-b)r_b \cdot (s-c)r_c$$

이고, (3)에서

$$S^2 = s(s-a)(s-b)(s-c)$$

이므로

$$S^2 = rr_a r_b r_c$$

이다. 즉, $S = \sqrt{rr_a r_b r_c}$이다.

(8) 사인법칙 $\frac{a}{\sin A} = \frac{b}{\sin B} = \frac{c}{\sin C}$에서 $b = a\frac{\sin B}{\sin A}$, $c = a\frac{\sin C}{\sin A}$이므로

$$S = \frac{1}{2}bc\sin A = \frac{a^2 \sin B \sin C}{2\sin A}$$

이다. 그런데,

$$\sin A = \sin(180° - (B+C)) = \sin(B+C)$$

이다. 따라서 $S = \frac{a^2 \sin B \sin C}{2\sin(B+C)}$이다. 같은 방법으로,

$$S = \frac{b^2 \sin C \sin A}{2\sin(C+A)} = \frac{c^2 \sin A \sin B}{2\sin(A+B)}$$

이다.

예제 **4.2.8** ────────────

삼각형 ABC에서 $\angle PAB$, $\angle PBC$, $\angle PCA$이 모두 같도록 점 P를 잡자. $\overline{AB} = 13$, $\overline{BC} = 14$, $\overline{CA} = 15$일 때, $\tan \angle PAB$를 구하여라.

풀이

풀이

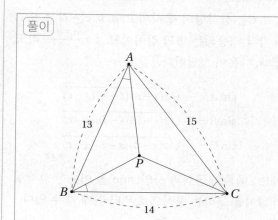

$\overline{BC} = a$, $\overline{CA} = b$, $\overline{AB} = c$, $\alpha = \angle PAB = \angle PBC = \angle PCA$, $\overline{PA} = x$, $\overline{PB} = y$, $\overline{PC} = z$라고 하자. $\triangle PCA$, $\triangle PAB$, $\triangle PBC$에 제 2 코사인법칙을 적용하면,

$$x^2 = z^2 + b^2 - 2bz \cos \alpha,$$
$$y^2 = x^2 + c^2 - 2cx \cos \alpha,$$
$$z^2 = y^2 + a^2 - 2ay \cos \alpha$$

이다. 이 세 식을 변변 더하면

$$2(cx + ay + bz)\cos \alpha = a^2 + b^2 + c^2 \qquad (1)$$

이다. 또한,

$$\triangle ABC = \triangle PAB + \triangle PBC + \triangle PCA$$
$$= \frac{(cx + ay + bz)\sin \alpha}{2} \qquad (2)$$

이다. 따라서 식 (1)과 (2)로 부터

$$\tan \alpha = \frac{4 \triangle ABC}{a^2 + b^2 + c^2}$$

이다. 여기서 주어진 조건 $a = 14$, $b = 15$, $c = 13$을 대입하자. 또한, 헤론의 공식으로 부터 $\triangle ABC = \sqrt{21 \cdot 7 \cdot 6 \cdot 8} = 84$이다. 따라서 $\tan \alpha = \frac{168}{295}$이다.

정리 **4.2.9**

A, B, C는 삼각형의 세 각이고, a, b, c는 각 A, B, C 에 각각 대응되는 변의 길이이고, $s = \frac{a+b+c}{2}$라고 할 때, 다음이 성립한다.

$$\sin A = \frac{2}{bc}\sqrt{s(s-a)(s-b)(s-c)}$$
$$\sin B = \frac{2}{ca}\sqrt{s(s-a)(s-b)(s-c)}$$
$$\sin C = \frac{2}{ab}\sqrt{s(s-a)(s-b)(s-c)}$$

증명 헤론의 공식과 사인(sine)을 이용한 삼각형의 넓이를 구하는 공식으로 부터 쉽게 알 수 있다.

정리 **4.2.10** 삼각형 ABC에서 다음이 성립한다.

$$1 + \cos A = \frac{(a+b+c)(-a+b+c)}{2bc},$$
$$1 - \cos A = \frac{(a-b+c)(a+b-c)}{2bc},$$
$$1 + \cos B = \frac{(a+b+c)(a-b+c)}{2ca},$$
$$1 - \cos B = \frac{(-a+b+c)(a+b-c)}{2ca},$$
$$1 + \cos C = \frac{(a+b+c)(a+b-c)}{2ab},$$
$$1 - \cos C = \frac{(-a+b+c)(a-b+c)}{2ab}$$

증명 제 2 코사인법칙 $2bc\cos A = b^2 + c^2 - a^2$에서 양변에 $2bc$를 더한 후 정리하면

$$2bc(1 + \cos A) = (b+c)^2 - a^2$$
$$= (b+c+a)(b+c-a)$$

이다. 양변을 $2bc$로 나누면

$$1 + \cos A = \frac{(a+b+c)(-a+b+c)}{2bc}$$

이다. 또, 제 2 코사인법칙 $2bc\cos A = b^2 + c^2 - a^2$ 에서 양변에 -1를 곱하고, $2bc$를 더한 후, 정리하면

$$2bc(1 - \cos A) = a^2 - (b-c)^2$$
$$= (a+b-c)(a-b+c)$$

이다. 양변을 $2bc$로 나누면

$$1 - \cos A = \frac{(a-b+c)(a+b-c)}{2bc}$$

이다. 같은 방법으로 나머지들도 증명할 수 있다. 자세한 증명은 독자에게 맡긴다.

정리 **4.2.11**

삼각형 ABC에서 다음이 성립한다.

$$\sin\frac{A}{2} = \sqrt{\frac{(s-b)(s-c)}{bc}},$$
$$\cos\frac{A}{2} = \sqrt{\frac{s(s-a)}{bc}},$$
$$\tan\frac{A}{2} = \sqrt{\frac{(s-b)(s-c)}{s(s-a)}} = \frac{r}{s-a}$$
$$\sin\frac{B}{2} = \sqrt{\frac{(s-c)(s-a)}{ca}},$$
$$\cos\frac{B}{2} = \sqrt{\frac{s(s-b)}{ca}},$$
$$\tan\frac{B}{2} = \sqrt{\frac{(s-c)(s-a)}{s(s-b)}} = \frac{r}{s-b}$$
$$\sin\frac{C}{2} = \sqrt{\frac{(s-a)(s-b)}{ab}},$$
$$\cos\frac{C}{2} = \sqrt{\frac{s(s-c)}{ab}},$$
$$\tan\frac{C}{2} = \sqrt{\frac{(s-a)(s-b)}{s(s-c)}} = \frac{r}{s-c}$$

증명 $\sin A = 2\sin\frac{A}{2}\cos\frac{A}{2} = 2\frac{\sin^2\frac{A}{2}}{\tan\frac{A}{2}}$이다. 따라서

$$\sin^2\frac{A}{2} = \frac{\sin A\tan\frac{A}{2}}{2} \tag{1}$$

이다. 또한,

$$\sin A = \frac{2S}{bc}, \quad \tan\frac{A}{2} = \frac{r}{s-a} \tag{2}$$

이다. 식 (1), (2)으로 부터

$$\sin^2\frac{A}{2} = \frac{2S}{bc}\cdot\frac{r}{s-a}\cdot\frac{1}{2}$$

이다. 위 식에 $S = \sqrt{s(s-a)(s-b)(s-c)}$, $r = \sqrt{\frac{(s-a)(s-b)(s-c)}{s}}$를 대입하면,

$$\sin^2\frac{A}{2} = \frac{(s-b)(s-c)}{bc}$$

이다. 즉, $\sin\frac{A}{2} = \sqrt{\frac{(s-b)(s-c)}{bc}}$이다. 같은 방법으로 나머지 관계식을 증명할 수 있다. 나머지 관계식의 증명은 독자에게 맡긴다.

정리 **4.2.12 (삼각함수의 항등식)**

임의의 x, y, z에 대하여 다음이 성립한다.

$$\sin x + \sin y + \sin z - \sin(x+y+z)$$
$$= 4\sin\frac{x+y}{2}\sin\frac{y+z}{2}\sin\frac{z+x}{2},$$
$$\cos x + \cos y + \cos z + \cos(x+y+z)$$
$$= 4\cos\frac{x+y}{2}\cos\frac{y+z}{2}\cos\frac{z+x}{2}$$

증명 삼각함수의 합 또는 차를 곱으로 고치는 공식으로 부터

$$\sin x + \sin y + \sin z - \sin(x+y+z)$$
$$= 2\sin\frac{x+y}{2}\cos\frac{x-y}{2} + 2\cos\frac{x+y+2z}{2}\sin\frac{-x-y}{2}$$
$$= 2\sin\frac{x+y}{2}\cos\frac{x-y}{2} - 2\cos\frac{x+y+2z}{2}\sin\frac{x+y}{2}$$
$$= 2\sin\frac{x+y}{2}\left(\cos\frac{x-y}{2} - \cos\frac{x+y+2z}{2}\right)$$
$$= 2\sin\frac{x+y}{2}\left(-2\sin\frac{2x+2z}{4}\sin\frac{-2y-2z}{4}\right)$$
$$= 4\sin\frac{x+y}{2}\sin\frac{y+z}{2}\sin\frac{z+x}{2}$$

이다. 같은 방법으로

$$\cos x + \cos y + \cos z + \cos(x+y+z)$$
$$= 4\cos\frac{x+y}{2}\cos\frac{y+z}{2}\cos\frac{z+x}{2}$$

이다.

정리 **4.2.13** _____

삼각형 ABC에서 외접원의 반지름 R, 내접원의 반지름 r, 방접원의 반지름 r_a, r_b, r_c 사이에 다음이 성립한다.

(1) $4R + r = r_a + r_b + r_c$이다.

(2) $\dfrac{1}{r} = \dfrac{1}{r_a} + \dfrac{1}{r_b} + \dfrac{1}{r_c}$이다.

(3) $1 + \dfrac{r}{R} = \cos A + \cos B + \cos C$이다.

증명

(1) $S = rs$이고, $S = (s-a)r_a = (s-b)r_b = (s-c)r_c$ 이므로

$$r_a + r_b + r_c - r = S\left(\frac{1}{s-a} + \frac{1}{s-b} + \frac{1}{s-c} - \frac{1}{s}\right)$$

이다. 그런데,

$$\frac{1}{s-a} + \frac{1}{s-b} = \frac{2s-a-b}{(s-a)(s-b)} = \frac{c}{(s-a)(s-b)},$$
$$\frac{c}{s-c} - \frac{1}{s} = \frac{sc-sc+c}{s(s-c)} = \frac{c}{s(s-c)}$$

이다. 위 두식을 변변 더하여 정리하면,

$$\frac{c}{(s-a)(s-b)} + \frac{c}{s(s-c)} = \frac{abc}{s(s-a)(s-b)(s-c)}$$
$$= \frac{abc}{S^2}$$

이다. 따라서

$$r_a + r_b + r_c - r = S \cdot \frac{abc}{S^2} = \frac{abc}{S} = 4R$$

이다.

(2) $S = (s-a)r_a = (s-b)r_b = (s-c)r_c$이므로

$$\frac{1}{r_a} + \frac{1}{r_b} + \frac{1}{r_c} = \frac{s-a}{S} + \frac{s-b}{S} + \frac{s-c}{S}$$
$$= \frac{3s-a-b-c}{S}$$
$$= \frac{3s-2s}{S} = \frac{s}{S} = \frac{1}{r}$$

이다.

(3) 정리 4.2.12와 관계식

$$\sin\frac{A}{2}\sin\frac{B}{2}\sin\frac{C}{2} = \frac{s(s-a)(s-b)(s-c)}{sabc}$$
$$= \frac{S^2}{s \cdot 4RS}$$
$$= \frac{sr}{4sR}$$
$$= \frac{r}{4R}$$

에 의하여,

$$\cos A + \cos B + \cos C = 1 + 4\sin\frac{A}{2}\sin\frac{B}{2}\sin\frac{C}{2},$$
$$r = 4R\sin\frac{A}{2}\sin\frac{B}{2}\sin\frac{C}{2}$$

이다. 위 두 식으로 부터

$$\cos A + \cos B + \cos C = 1 + \frac{r}{R}$$

이다.

예제 **4.2.14 (CRUX, 3119)**

$\triangle ABC$에서, $\overline{BC} = a$, $\overline{CA} = b$, $\overline{AB} = c$, $s = \frac{1}{2}(a+b+c)$, 내접원의 반지름의 길이를 r이라고 할 때,

$$3\sqrt{3}\sqrt{\frac{r}{s}} \le \sqrt{\tan\frac{A}{2}} + \sqrt{\tan\frac{B}{2}} + \sqrt{\tan\frac{C}{2}} \le \sqrt{\frac{s}{r}}$$

임을 증명하여라.

풀이

풀이 정리 4.2.11로 부터

$$\tan\frac{A}{2} = \frac{r}{s-a}, \quad \tan\frac{B}{2} = \frac{r}{s-b}, \quad \tan\frac{C}{2} = \frac{r}{s-c}$$

이다. 위 식을 주어진 식에 대입하면

$$\frac{3\sqrt{3}}{\sqrt{s}} \le \frac{1}{\sqrt{s-a}} + \frac{1}{\sqrt{s-b}} + \frac{1}{\sqrt{s-c}} \le \frac{\sqrt{s}}{r}$$

이 된다. 왼쪽 부등식부터 보이자. $f(x) = \frac{1}{\sqrt{x}}$ 라고 하면 $f(x)$는 볼록함수가 된다. 따라서 젠센부등식에 의하여 $\frac{1}{\sqrt{s-a}} + \frac{1}{\sqrt{s-b}} + \frac{1}{\sqrt{s-c}} \ge$ $3\frac{1}{\sqrt{\frac{(s-a)+(s-b)+(s-c)}{3}}} = \frac{3\sqrt{3}}{\sqrt{s}}$이다. 등호는 $\triangle ABC$ 가 정삼각형일 때 성립한다.

이제 오른쪽 부등식을 보이자. 산술-기하평균 부등식과 삼각형의 넓이 구하는 공식으로 부터

$$\sqrt{(s-a)(s-b)(s-c)}\left(\frac{1}{\sqrt{s-a}} + \frac{1}{\sqrt{s-b}} + \frac{1}{\sqrt{s-c}}\right)$$
$$= \sqrt{(s-b)(s-c)} + \sqrt{(s-c)(s-a)}$$
$$\quad + \sqrt{(s-a)(s-b)}$$
$$\le \frac{2s-b-c}{2} + \frac{2s-c-a}{2} + \frac{2s-a-b}{2}$$
$$= s = \frac{\triangle ABC}{r} = \frac{\sqrt{s(s-a)(s-b)(s-c)}}{r}$$

이다. 양변을 $\sqrt{(s-a)(s-b)(s-c)}$으로 나누면 오른쪽 부등식이 된다. 등호는 $\triangle ABC$가 정삼각형일 때 성립한다.

[예제] **4.2.15** _____

삼각형 ABC와 삼각형 PQR에서, $\cos A = \sin P$, $\cos B = \sin Q$, $\cos C = \sin R$이 성립할 때, 두 삼각형의 여섯 개의 내각 중 가장 큰 각의 크기를 구하여라.

[풀이]

[풀이] $\sin P$, $\sin Q$, $\sin R$이 모두 양수이므로, $\cos A$, $\cos B$, $\cos C$도 모두 양수이다. 즉, $\triangle ABC$는 예각삼각형이다. 또, $\angle P = 90° \pm \angle A$, $\angle Q = 90° \pm \angle B$, $\angle R = 90° \pm \angle C$이다. 그런데, 삼각형 PQR에서 세 각 $\angle P$, $\angle Q$, $\angle R$ 중 적어도 하나는 둔각이다. 일반성을 잃지 않고, $\angle P = 90° + \angle A$, $Q = 90° - \angle B$, $\angle R = 90° - \angle C$를 가정하자. 그러면,

$$
\begin{aligned}
180° &= \angle P + \angle Q + \angle R \\
&= (90° + \angle A) + (90° - \angle B) + (90° - \angle C) \\
&= 279° + \angle A - (180° - \angle A) \\
&= 90° + 2\angle A
\end{aligned}
$$

이다. 그러므로 $\angle A = 45°$이다. 따라서 $\angle P = 135°$이다.

4.3 연습문제

연습문제 **4.1** ★★★

$\overline{AB} = \overline{BC} = \overline{CD} = \overline{DE} = 3$, $\overline{EF} = \overline{FG} = \overline{GH} = \overline{HA} = 2$인 원에 내접하는 팔각형 $ABCDEFGH$의 넓이를 구하여라.

연습문제 **4.2** ★★★

$\angle ABC = 80°$, $\angle ACB = 70°$, $\overline{BC} = 2$인 삼각형 ABC가 있다. 점 A, B에서 각각 변 BC, CA에 수선을 긋자. 이 두 수선이 점 H에서 만난다고 할 때, 선분 AH의 길이를 구하여라.

연습문제 4.3 ★★★ _____

$\angle C = 90°$인 직각삼각형 ABC에서, $\angle B = 60°$, $\overline{AB} = 1$이다. $\triangle BCP$, $\triangle CAQ$, $\triangle ABR$이 삼각형 ABC의 외부에 만들어진 정삼각형이다. 선분 QR과 AB가 점 T에서 만난다고 하자. $\triangle PRT$의 넓이를 구하여라.

연습문제 4.4 ★★★ _____

$\triangle ABC$에서 $\overline{BC} = a$, $\overline{CA} = b$, $\overline{AB} = c$라고 하자. $\dfrac{c}{a+b} + \dfrac{b}{c+a} = 1$일 때, $\angle A$를 구하여라.

〔연습문제〕 **4.5** ★★★_____

점 P가 정사각형 $ABCD$의 내부의 한 점으로 $\overline{PA} = 5$, $\overline{PB} = 3$, $\overline{PC} = 7$일 때, 이 정사각형 $ABCD$의 한 변의 길이를 x라 할 때, x^2을 구하여라.

〔연습문제〕 **4.6** ★★_____

$\triangle ABC$에서 변 BC, CA, AB를 $2 : 1$, $3 : 1$, $4 : 1$로 내분하는 점을 각각 D, E, F라 한다. 이때, $\triangle ABC : \triangle DEF$를 구하여라.

연습문제 **4.7** ★★★★

$\triangle ABC$에서, $\angle PAB = 10°$, $\angle PBA = 20°$, $\angle PCA = 30°$, $\angle PAC = 40°$를 만족하는 내부의 점 P를 잡을 수 있다면 $\triangle ABC$는 이등변삼각형임을 보여라.

연습문제 **4.8** ★★★★★

$\overline{AB} = \overline{AC} = 5$, $\overline{BC} = 6$인 이등변삼각형 ABC에서, 점 D는 변 AC위의 점이다. $\angle APC = 90°$를 만족하도록 점 P를 선분 BD위에 잡자. $\angle ABP = \angle BCP$일 때, $\overline{AD} : \overline{DC}$를 구하여라.

연습문제 **4.9** ★★★_____

$\overline{AB} = \overline{AC}$인 삼각형 ABC에서, $\angle ABP = \angle ACP$를 만족하게하는 점 P가 있다면, 점 P는 변 BC 위의 점이거나 변 BC의 수직이등분선 위의 점임을 증명하여라.

연습문제 **4.10** ★★★★★_____

$\triangle ABC$에서, $\overline{BC} = a, \overline{CA} = b, \overline{AB} = c$일 때,

$$\frac{\cos^3 A}{a} + \frac{\cos^3 B}{b} + \frac{\cos^3 C}{c} < \frac{a^2 + b^2 + c^2}{2abc}$$

임을 증명하여라.

연습문제 **4.11** ★★★★
$\tan \angle A : \tan \angle B : \tan \angle C = 1 : 2 : 3$인 삼각형 ABC에서, $\dfrac{\overline{AC}}{\overline{AB}}$를 구하여라.

연습문제 **4.12** ★★★★
$\cos \angle A \cos \angle B \cos \angle C = \dfrac{1}{8}$을 만족하는 삼각형 ABC는 정삼각형임을 보여라.

연습문제 **4.13** ★★★★★

삼각형 ABC에서, 변 CA 위의 점 D와 변 AB 위의 점 E가 $\angle DBC = 2\angle ABD$, $\angle ECB = 2\angle ACE$를 만족하게끔 잡자. 선분 BD와 CE의 교점을 O라고 하자. $\overline{OD} = \overline{OE}$가 성립한다면, 삼각형 ABC는 어떤 삼각형인가?

연습문제 **4.14** ★★★

$0 < x < 45°$인 x에 대하여 삼각함수의 방정식 $\tan(4x) = \dfrac{\cos x - \sin x}{\cos x + \sin x}$를 풀어라.

연습문제 **4.15** ★★★───────────
볼록사각형 $ABCD$에서 $\angle A = \angle C$, $\overline{AB} = \overline{CD} = 180$, $\overline{AD} \neq \overline{DC}$이다. 사각형 $ABCD$의 둘레의 길이가 640일 때, $\cos A$를 구하여라.

연습문제 **4.16** ★★★★───────────
한 변의 길이가 1인 정사각형 $ABCD$에서, 변 AB 위의 한 점 P, 변 AD 위의 한 점 Q를 잡자. $\triangle APQ$의 둘레의 길이가 2일 때, $\angle PCQ$를 구하여라.

연습문제 4.17 ★★★★★

$\overline{AB} = \overline{CD} = 24$인 직사각형 $ABCD$에서, 변 BC위에 $\overline{DE} = 25$이고, $\tan \angle BDE = 3$이 되도록 점 E를 잡자. 점 A에서 대각선 BD에 내린 수선의 발을 F, 선분 AF의 연장선과 변 DC의 연장선과의 교점을 G, DE의 연장선 AG와의 교점을 H, 점 H에서 선분 DG에 내린 수선의 발을 I라 하자. 이때, 선분 IG의 길이를 구하여라.

연습문제 4.18 ★★★★

점 C는 선분 AB를 지름으로 하는 반원 위에 있고, 점 D는 호 BC 위에 있다. 선분 AC, CD, BD의 중점을 각각 M, P, N이라고 하자. $\triangle ACP$와 $\triangle BDP$의 외심을 각각 O, O'이라고 할 때, $\overline{MN} \parallel \overline{OO'}$임을 증명하여라.

연습문제 **4.19** ★★★

$\overline{BC} = 3\overline{AB}$인 직사각형 $ABCD$에서, 변 BC 위에 $\overline{BP} = \overline{PQ} = \overline{QC}$를 만족하도록 점 P, Q를 잡자. 그러면 $\angle DBC + \angle DPC = \angle DQC$임을 보여라.

연습문제 **4.20** ★★★

$\triangle ABC$에서 $\overline{BC} = a$, $\overline{CA} = b$, $\overline{AB} = c$이고, $\angle C$의 이등분선과 AB와의 교점을 D라 할때, $\overline{CD} = \dfrac{2ab\cos\frac{C}{2}}{a+b}$임을 증명하여라.

[연습문제] **4.21** ★★★★

삼각형 ABC에서 $\overline{AB} = \overline{AC} = 5$, $\overline{BC} = 6$이다. $\overline{BE} = \overline{CF}$, $\angle EBC \neq \angle FCB$, $\sin \angle EBC = \frac{5}{13}$가 되도록 점 E와 F를 각각 변 AC, AB 위에 잡자. 선분 BE와 CF의 교점을 H, 점 H에서 변 BC에 내린 수선의 발을 K라 할 때, 선분 HK의 길이를 구하여라.

[연습문제] **4.22** ★★★

정삼각형 ABC의 변 BC의 3등분점을 각각 D, E라 할 때, $\cos \angle DAE$의 값을 구하여라.

연습문제 **4.23** ★★★★

네 변의 길이가 a, b, c, d로 정해져 있는 사각형 중에서 넓이가 최대인 것은 원에 내접하는 사각형임을 보여라.

연습문제 **4.24** ★★★

예각삼각형 ABC에서 $\angle A$의 이등분선이 변 BC와 만나는 점을 D라 하자. 점 D를 지나고 변 BC에 수직인 직선이 선분 AD의 수직이등분선과 만나는 점을 E라 하고 직선 AE가 $\triangle ABC$의 외접원과 만나는 점을 F라 하자. $\overline{BC} = a$, $\overline{CA} = b$, $\overline{AB} = c$, $\sin \angle C = d$라 할 때, $\overline{AF}$를 a, b, c, d로 나타내어라.

연습문제 **4.25** ★★★─────────────────

반지름이 12인 원 O 위의 한 점 A에 대하여, 선분 OA의 중점 M을 지나고 OA에 수직인 직선 l이 원 O와 만나는 점 중 하나를 B라 하자. 점 C는 호 AB 위의 점으로 직선 CM이 원 O와 만나는 점 $D(D \neq C)$에 대해 $\overline{CD} = 21$이다. 직선 AD와 직선 l이 만나는 점을 P라 할 때, $\overline{CP}^2$을 구하여라.

연습문제 풀이

$\overline{AB} = \overline{BC} = \overline{CD} = \overline{DE} = 3$, $\overline{EF} = \overline{FG} = \overline{GH} = \overline{HA} = 2$인 원에 내접하는 팔각형 $ABCDEFGH$의 넓이를 구하여라.

풀이

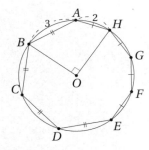

주어진 원의 중심을 O라고 하자. 주어진 조건으로부터 $\angle HOB = 90°$이고, $\angle HAB = \frac{1}{2} \times 270° = 135°$임을 알 수 있다. 제 2코사인 법칙을 적용하면,

$$\overline{HB} = \sqrt{2^2 + 3^2 - 2 \times 2 \times 3 \times \cos 135°} = \sqrt{13 + 6\sqrt{2}}$$

이다. 또한 삼각형 HOB가 직각이등변삼각형이므로 주어진 원의 반지름의 길이는 $\frac{\overline{HB}}{\sqrt{2}}$이다. 팔각형 $ABCDEFGH$의 넓이는 사각형 $OHAB$의 넓이의 4배이다. 따라서 사각형 $OHAB$의 넓이를 구하면,

$$\begin{aligned}
\square OHAB &= \triangle HAB + \triangle OHB \\
&= \frac{1}{2} \times 2 \times 3 \times \sin 135° \\
&\quad + \frac{1}{2} \times \frac{\sqrt{13 + 6\sqrt{2}}}{\sqrt{2}} \times \frac{\sqrt{13 + 6\sqrt{2}}}{\sqrt{2}} \times \sin 90° \\
&= \frac{1}{2} \times 2 \times 3 \times \frac{1}{\sqrt{2}} \\
&\quad + \frac{1}{2} \times \frac{\sqrt{13 + 6\sqrt{2}}}{\sqrt{2}} \times \frac{\sqrt{13 + 6\sqrt{2}}}{\sqrt{2}} \times 1 \\
&= \frac{13 + 12\sqrt{2}}{4}
\end{aligned}$$

이다. 따라서 팔각형 $ABCDEFGH$의 넓이는 $13 + 12\sqrt{2}$이다.

$\angle ABC = 80°$, $\angle ACB = 70°$, $\overline{BC} = 2$인 삼각형 ABC가 있다. 점 A, B에서 각각 변 BC, CA에 수선을 긋자. 이 두 수선이 점 H에서 만난다고 할 때, 선분 AH의 길이를 구하여라.

풀이

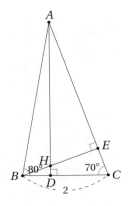

점 H가 삼각형 ABC의 수심이 된다. 점 D, E를 점 A, B에서 각각 변 BC, CA에 내린 수선의 발이라고 하자. 그러면 $\angle HAE = 20°$, $\angle HCD = 10°$이므로 $\angle HCE = 60°$이다. 그러면,

$$\begin{aligned}
\sin \angle HAE &= \sin 20° = \frac{\overline{HE}}{\overline{AH}}, \\
\tan \angle ECH &= \tan 60° = \frac{\overline{HE}}{\overline{CE}}, \\
\cos \angle BCE &= \cos 70° = \frac{\overline{CE}}{\overline{BC}}
\end{aligned}$$

이다. 따라서

$$\begin{aligned}
\overline{AH} &= \frac{\overline{HE}}{\sin 20°} = \frac{\overline{EC} \tan 60°}{\sin 20°} \\
&= \frac{\overline{BC} \cos 70° \tan 60°}{\sin 20°} = \overline{BC} \tan 60° = 2\sqrt{3}
\end{aligned}$$

이다.

연습문제풀이 **4.3** _____

$\angle C = 90°$인 직각삼각형 ABC에서, $\angle B = 60°$, $\overline{AB} = 1$이다. $\triangle BCP$, $\triangle CAQ$, $\triangle ABR$이 삼각형 ABC의 외부에 만들어진 정삼각형이다. 선분 QR 과 AB가 점 T에서 만난다고 하자. $\triangle PRT$의 넓이를 구하여라.

풀이

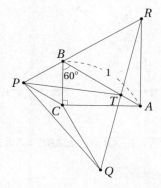

삼각비에 의해, $\overline{BC} = \frac{1}{2}$, $\overline{AC} = \frac{\sqrt{3}}{2}$, $\angle QAT = 90°$, $\angle QCP = 150°$, $\angle RBP = 180°$이다. 그러면

$$\triangle AQT = \frac{1}{2} \times \frac{\sqrt{3}}{2} \times \overline{AT} \times \sin 90° = \frac{\sqrt{3}}{4}\overline{AT}$$

이고,

$$\triangle ART = \frac{1}{2} \times 1 \times \overline{AT} \times \sin 60° = \frac{\sqrt{3}}{4}\overline{AT}$$

이므로,

$$\triangle AQT = \triangle ART$$

이다. 또한 $\overline{TQ} = \overline{TR}$이다. 그러므로

$$\begin{aligned}
\triangle PRT = \triangle PQT &= \frac{1}{2}\triangle PQR \\
&= \frac{1}{2}(\triangle ABC + \triangle ABR + \triangle BCP + \\
&\qquad \triangle ACQ + \triangle CPQ - \triangle AQR) \\
&= \frac{1}{2}\left(\frac{\sqrt{3}}{8} + \frac{\sqrt{3}}{4} + \frac{\sqrt{3}}{16} + \frac{3\sqrt{3}}{16} + \frac{\sqrt{3}}{16} - \frac{\sqrt{3}}{8}\right) \\
&= \frac{9\sqrt{3}}{32}
\end{aligned}$$

이다.

연습문제풀이 **4.4** _____

$\triangle ABC$에서 $\overline{BC} = a$, $\overline{CA} = b$, $\overline{AB} = c$라고 하자. $\frac{c}{a+b} + \frac{b}{c+a} = 1$일 때, $\angle A$를 구하여라.

풀이 주어진 조건의 양변에 $(a+b)(c+a)$를 곱하면 $c(c+a) + b(a+b) = (a+b)(c+a)$이다. 전개하여 정리하면,

$$a^2 = b^2 + c^2 - bc \tag{1}$$

이다. 제 2 코사인 법칙으로 부터

$$a^2 = b^2 + c^2 - 2bc\cos\angle A \tag{2}$$

이다. 식 (1)과 (2)를 비교하면 $2\cos\angle A = 1$이다. 즉, $\cos\angle A = \frac{1}{2}$ 이다. 따라서 $\angle A = 60°$이다.

연습문제풀이 **4.5** _____

점 P가 정사각형 $ABCD$의 내부의 한 점으로 $\overline{PA} = 5$, $\overline{PB} = 3$, $\overline{PC} = 7$일 때, 이 정사각형 $ABCD$의 한 변의 길이를 x라 할 때, x^2을 구하여라.

풀이

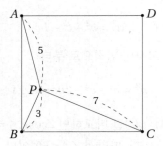

$\angle ABP = \alpha$, $\angle PBC = \beta$라고 하면, 제 2 코사인 법칙으로 부터

$$\cos\alpha = \frac{9 + x^2 - 25}{2 \cdot 3 \cdot x} > 0 \qquad (1)$$

$$\cos\beta = \frac{9 + x^2 - 49}{2 \cdot 3 \cdot x} > 0 \qquad (2)$$

이다. 한편, $\cos\beta = \cos(90° - \alpha) = \sin\alpha$이므로 이를 식 (2)에 대입하면

$$\sin\alpha = \frac{9 + x^2 - 49}{2 \cdot 3 \cdot x} > 0 \qquad (3)$$

이다. $\sin^2\alpha + \cos^2\alpha = 1$이므로 식 (1)과 (3)으로 부터

$$1 = \left(\frac{9 + x^2 - 25}{2 \cdot 3 \cdot x}\right)^2 + \left(\frac{9 + x^2 - 49}{2 \cdot 3 \cdot x}\right)^2$$

이다. 이를 정리하면 $x^4 - 74x^2 + 928 = 0$이다. 이를 풀면 $x^2 = 16$ 또는 58인데, 식 (1)과 (3)에서 $x^2 > 40$이므로 $x^2 = 58$이다.

연습문제풀이 **4.6** _____

$\triangle ABC$에서 변 BC, CA, AB를 $2:1$, $3:1$, $4:1$로 내분하는 점을 각각 D, E, F라 한다. 이때, $\triangle ABC : \triangle DEF$를 구하여라.

풀이

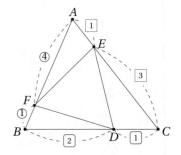

$\overline{BC} = a$, $\overline{CA} = b$, $\overline{AB} = c$, $\triangle ABC = S$라고 하자. 그러면,

$$\begin{aligned}
\triangle BDF &= \frac{1}{2}\overline{BD} \cdot \overline{BF}\sin\angle B \\
&= \frac{1}{2} \cdot \frac{2}{3}a \cdot \frac{1}{5}c\sin\angle B \\
&= \frac{2}{15} \cdot \frac{1}{2}ac\sin\angle B \\
&= \frac{2}{15}S
\end{aligned}$$

이다. 같은 방법으로

$$\triangle CDE = \frac{1}{4}S, \quad \triangle AEF = \frac{1}{5}S$$

이다. 따라서

$$\triangle DEF = S - \left(\frac{2}{15}S + \frac{1}{4}S + \frac{1}{5}S\right) = \frac{5}{12}S$$

이다. 따라서 $\triangle ABC : \triangle DEF = S : \frac{5}{12}S = 12 : 5$이다.

4.7

$\triangle ABC$에서, $\angle PAB = 10°$, $\angle PBA = 20°$, $\angle PCA = 30°$, $\angle PAC = 40°$를 만족하는 내부의 점 P를 잡을 수 있다면 $\triangle ABC$는 이등변삼각형임을 보여라.

풀이

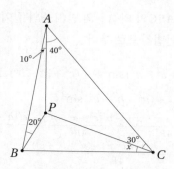

$\angle PCB = x$라고 하자. 그러면 $\angle PBC = 80° - x$이다. 사인법칙으로 부터

$$1 = \frac{\overline{PA}}{\overline{PB}} \cdot \frac{\overline{PB}}{\overline{PC}} \cdot \frac{\overline{PC}}{\overline{PA}}$$
$$= \frac{\sin \angle PBA}{\sin \angle PAB} \cdot \frac{\sin \angle PCB}{\sin \angle PBC} \cdot \frac{\sin \angle PAC}{\sin \angle PCA}$$
$$= \frac{\sin 20° \sin x \sin 40°}{\sin 10° \sin(80° - x) \sin 30°}$$
$$= \frac{4 \sin x \sin 40° \cos 10°}{\sin(80° - x)}$$

이다. 삼각함수의 곱을 합 또는 차로 고치는 공식 으로 부터

$$1 = \frac{2 \sin x (\sin 30° + \sin 50°)}{\sin(80° - x)} = \frac{\sin x (1 + 2 \cos 40°)}{\sin(80° - x)}$$

이다. 또한, 삼각함수의 합 또는 차를 곱으로 고치 는 공식으로 부터

$$2 \sin x \cos 40° = \sin(80° - x) - \sin x$$
$$= 2 \sin(40° - x) \cos 40°$$

이다. 따라서 $x = 40° - x$이다. 즉, $x = 20°$이다. 그 러므로 $\angle ACB = 50° = \angle BAC$이다. 따라서 $\triangle ABC$ 는 이등변삼각형이다.

4.8

$\overline{AB} = \overline{AC} = 5$, $\overline{BC} = 6$인 이등변삼각형 ABC에서, 점 D는 변 AC위의 점이다. $\angle APC = 90°$를 만족하 도록 점 P를 선분 BD위에 잡자. $\angle ABP = \angle BCP$일 때, $\overline{AD} : \overline{DC}$를 구하여라.

풀이

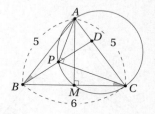

점 A에서 BC에 내린 수선의 발을 M이라 하자. $\overline{AB} = \overline{AC}$이므로 $\overline{BM} = \overline{MC} = 3$이다. 피타고라 스의 정리에 의하여 $\overline{AM} = 4$이다. $\alpha = \angle BCP = \angle ABP$, $\theta = \angle ACP$라고 하자. 그러면 $\triangle ABC$가 이 등변삼각형이므로 $\angle PBC = \theta$이다. $\overline{AC}$를 지름으 로 하는 원을 그리면, $\angle APC = \angle AMC = 90°$이므 로 중심각과 원주각의 성질에 의하여 점 P와 M은 $\overline{AC}$를 지름으로 하는 원 위의 점이다. 점 P와 M을 연결하자. 그러면 같은 현에 대한 원주각의 크기 가 같으므로 $\angle PAM = \angle PCM = \alpha$이다. 같은 방법 으로 $\angle AMP = \angle ACP = \theta$이다. 따라서 $\triangle MPA$와 $\triangle BPC$는 닮음이다. 즉, $\frac{\overline{PA}}{\overline{PC}} = \frac{\overline{MA}}{\overline{BC}} = \frac{4}{6}$이다. 그러 므로 $\tan \theta = \frac{\overline{PA}}{\overline{PC}} = \frac{2}{3}$이다. DC의 길이를 구하기 위 해서 삼각형 DBC에 사인법칙을 적용하면, $\frac{\overline{DC}}{\sin \theta} = \frac{\overline{BC}}{\sin \angle BDC}$이다. 양변에 $\sin \theta$곱하고 정리하면,

$$\overline{DC} = \frac{6 \sin \theta}{\sin(180° - \theta - \angle DCB)} = \frac{6 \sin \theta}{\sin(\theta + \angle DCB)}$$
$$= \frac{6 \sin \theta}{\sin \theta \cos \angle DCB + \cos \theta \sin \angle DCB}$$
$$= \frac{6}{\cos \angle DCB + \cot \theta \sin \angle DCB} = \frac{6}{\frac{3}{5} + \frac{3}{2} \cdot \frac{4}{5}} = \frac{10}{3}$$

이다. 따라서 $\overline{AD} = 5 - \frac{10}{3} = \frac{5}{3}$이다. 즉, $\overline{AD} : \overline{DC} = 1 : 2$이다.

연습문제풀이 **4.9** _____

$\overline{AB} = \overline{AC}$인 삼각형 ABC에서, $\angle ABP = \angle ACP$를 만족하게하는 점 P가 있다면, 점 P는 변 BC 위의 점이거나 변 BC의 수직이등분선 위의 점임을 증명하여라.

풀이

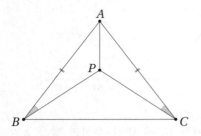

$\triangle ABP$와 $\triangle ACP$에 사인법칙을 적용하면

$$\sin\angle APB = \frac{\overline{AB}\sin\angle ABP}{\overline{AP}} = \frac{\overline{AC}\sin\angle ACP}{\overline{AP}} = \sin\angle APC$$

이다. 따라서 $\angle APB = \angle APC$, 또는 $\angle APB + \angle APC = 180°$이다. 첫번째 경우에서, $\triangle ABP \equiv \triangle ACP$이다. 그러므로 $\overline{BP} = \overline{CP}$이다. 즉, 점 P는 변 BC의 수직이등분선 위의 점이다. 두번째 경우에서, 점 P는 변 BC위의 점이다.

연습문제풀이 **4.10 (CRUX, 3115)** _____

$\triangle ABC$에서, $\overline{BC} = a, \overline{CA} = b, \overline{AB} = c$일 때,

$$\frac{\cos^3 A}{a} + \frac{\cos^3 B}{b} + \frac{\cos^3 C}{c} < \frac{a^2 + b^2 + c^2}{2abc}$$

임을 증명하여라.

풀이 $\triangle ABC$의 외접원의 반지름의 길이를 R이라 하면, 사인법칙으로 부터

$$(b^2 + c^2 - a^2)\sin^2 A + (c^2 + a^2 - b^2)\sin^2 B$$
$$+ (a^2 + b^2 - c^2)\sin^2 C$$
$$= \frac{a^2(b^2 + c^2 - a^2)}{4R^2} + \frac{b^2(c^2 + a^2 - b^2)}{4R^2} + \frac{c^2(a^2 + b^2 - c^2)}{4R^2}$$
$$= \frac{2(a^2b^2 + b^2c^2 + c^2a^2) - (a^4 + b^4 + c^4)}{4R^2}$$
$$= \frac{(a + b + c)(a + b - c)(b + c - a)(c + a - b)}{4R^2} > 0$$

이다. 그러므로 제 2 코사인 법칙으로 부터

$$2bc\cos^3 A + 2ca\cos^3 B + 2ab\cos^3 C$$
$$= (b^2 + c^2 - a^2)\cos^2 A + (c^2 + a^2 - b^2)\cos^2 B$$
$$+ (a^2 + b^2 - c^2)\cos^2 C$$
$$= (b^2 + c^2 - a^2)(1 - \sin^2 A)$$
$$+ (c^2 + a^2 - b^2)(1 - \sin^2 B)$$
$$+ (a^2 + b^2 - c^2)(1 - \sin^2 C)$$
$$< (b^2 + c^2 - a^2) + (c^2 + a^2 - b^2) + (a^2 + b^2 - c^2)$$
$$= a^2 + b^2 + c^2$$

이다. 양변을 $2abc$로 나누면

$$\frac{\cos^3 A}{a} + \frac{\cos^3 B}{b} + \frac{\cos^3 C}{c} < \frac{a^2 + b^2 + c^2}{2abc}$$

이다.

연습문제풀이 **4.11** _____

$\tan\angle A : \tan\angle B : \tan\angle C = 1 : 2 : 3$인 삼각형 ABC에서, $\dfrac{\overline{AC}}{\overline{AB}}$를 구하여라.

풀이 $\tan\angle B = 2\tan\angle A$, $\tan\angle C = 3\tan\angle A$과 항등식(예제 4.1.10 참고)

$$\tan\angle A + \tan\angle B + \tan\angle C = \tan\angle A \tan\angle B \tan\angle C$$

으로 부터 $6\tan\angle A = 6(\tan\angle A)^3$임을 알 수 있다. $\tan\angle A \neq 0$이므로 $\tan\angle A = -1$, $\tan\angle A = 1$인 경우로 나눠서 살펴보자.

(i) $\tan\angle A = -1$인 경우, $\angle A = 135°$이 되어 삼각형 ABC의 모든 각이 둔각이 된다. 따라서 이런 경우의 삼각형은 존재하지 않는다.

(ii) $\tan\angle A = 1$인 경우, $\angle A = 45°$이다.

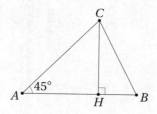

점 C에서 변 AB에 내린 수선의 발을 H라 하자. 그러면, $\dfrac{\overline{CH}}{\overline{AH}} = \tan\angle A = 1$, $\dfrac{\overline{CH}}{\overline{BH}} = \tan\angle B = 2$이다. 또, $\angle A$, $\angle B$가 모두 예각이므로 점 H는 변 AB 위에 있다. 따라서 $\overline{AB} = \overline{AH} + \overline{HB} = \dfrac{3}{2}\overline{CH}$ 이다. 삼각비에 의하여 $\overline{AC} = \overline{CH}\sqrt{2}$이므로, $\dfrac{\overline{AC}}{\overline{AB}} = \dfrac{2\sqrt{2}}{3}$이다.

연습문제풀이 **4.12** _____

$\cos\angle A \cos\angle B \cos\angle C = \dfrac{1}{8}$을 만족하는 삼각형 ABC는 정삼각형임을 보여라.

풀이 삼각함수의 곱을 합 또는 차로 고치는 공식

$$\cos\angle A \cos\angle B = \dfrac{1}{2}\{\cos(\angle A + \angle B) + \cos(\angle A - \angle B)\}$$

으로 부터

$$\dfrac{1}{2}\{\cos(\angle A + \angle B) + \cos(\angle A - \angle B)\}\cos\angle C = \dfrac{1}{8}$$

이다. 또한,

$$\cos(\angle A - \angle B) = \dfrac{1}{4\cos\angle C} - \cos(\angle A + \angle B)$$
$$= \dfrac{1}{4\cos\angle C} + \cos\angle C$$

이다. 산술-기하평균 부등식으로 부터

$$\cos(\angle A - \angle B) = \dfrac{1}{4\cos\angle C} + \cos\angle C$$
$$\geq 2\sqrt{\left(\dfrac{1}{4\cos\angle C}\right)(\cos\angle C)}$$
$$= 1$$

이다. 따라서 등호성립조건이 $\cos\angle C = \dfrac{1}{2}$이고, 그 때 $\cos(\angle A - \angle B) = 1$이다. 즉, $\angle A = \angle B$이다. 마찬가지 방법으로 $\angle B = \angle C$이다. 따라서 $\angle A = \angle B = \angle C = 60°$이다. 즉, 삼각형 ABC는 정삼각형이다.

연습문제풀이 **4.13**

삼각형 ABC에서, 변 CA 위의 점 D와 변 AB 위의 점 E가 $\angle DBC = 2\angle ABD$, $\angle ECB = 2\angle ACE$를 만족하게끔 잡자. 선분 BD와 CE의 교점을 O라고 하자. $\overline{OD} = \overline{OE}$가 성립한다면, 삼각형 ABC는 어떤 삼각형인가?

풀이 $\alpha = \angle A$, $\beta = \angle ABD = \dfrac{\angle B}{3}$, $\gamma = \angle ACE = \dfrac{\angle C}{3}$ 라고 놓자. 그러면, $\angle BEC = 180° - \angle AEC = \alpha + \gamma$ 이다.

마찬가지로, $\angle BDC = \alpha + \beta$이다.

$\triangle BOE$와 $\triangle COD$에 사인법칙을 적용하면

$$\frac{\overline{OE}}{\sin\beta} = \frac{\overline{BE}}{\sin(\alpha+\beta+\gamma)}, \quad \frac{\overline{OD}}{\sin\gamma} = \frac{\overline{CD}}{\sin(\alpha+\beta+\gamma)}$$

이다. 따라서

$$\frac{\overline{OE}}{\overline{OD}} = \frac{\sin\beta}{\sin\gamma} \cdot \frac{\overline{BE}}{\overline{CD}} \tag{1}$$

이다. 마찬가지 방법으로 $\triangle BDC$와 $\triangle BEC$에 사인법칙을 적용하면

$$\frac{\overline{CD}}{\sin 2\beta} = \frac{\overline{BC}}{\sin(\alpha+\beta)}, \quad \frac{\overline{BE}}{\sin 2\gamma} = \frac{\overline{BC}}{\sin(\alpha+\gamma)}$$

이다. 따라서

$$\frac{\overline{BE}}{\overline{CD}} = \frac{\sin 2\gamma}{\sin 2\beta} \cdot \frac{\sin(\alpha+\beta)}{\sin(\alpha+\gamma)} \tag{2}$$

이다. 식 (2)를 식 (1)에 대입하면

$$\begin{aligned}
\frac{\overline{OE}}{\overline{OD}} &= \frac{\sin\beta}{\sin\gamma} \cdot \frac{\sin 2\gamma}{\sin 2\beta} \cdot \frac{\sin(\alpha+\beta)}{\sin(\alpha+\gamma)} \\
&= \frac{\sin\beta}{\sin\gamma} \cdot \frac{2\sin\gamma\cos\gamma}{2\sin\beta\cos\beta} \cdot \frac{\sin(\alpha+\beta)}{\sin(\alpha+\gamma)} \\
&= \frac{\cos\gamma}{\cos\beta} \cdot \frac{\sin(\alpha+\beta)}{\sin(\alpha+\gamma)} = \frac{\sin\alpha + \tan\beta\cos\alpha}{\sin\alpha + \tan\gamma\cos\alpha}
\end{aligned}$$

이다. 따라서

$$\overline{OE} = \overline{OD} \iff \tan\beta\cos\alpha = \tan\gamma\cos\alpha$$
$$\iff \alpha = 90° \;\; \text{또는} \;\; \beta = \gamma$$

이다. 따라서 $\triangle ABC$는 $\angle A = 90°$인 직각삼각형 또는 $\overline{AB} = \overline{AC}$인 이등변삼각형이다.

연습문제풀이 **4.14**

$0 < x < 45°$인 x에 대하여 삼각함수의 방정식 $\tan(4x) = \dfrac{\cos x - \sin x}{\cos x + \sin x}$를 풀어라.

풀이 삼각함수의 덧셈정리에 의하여,

$$\tan(x+y) = \frac{\tan x + \tan y}{1 - \tan x \tan y}$$

이다. $x = 45°$, $y = -x$를 대입하면

$$\tan(45° - x) = \frac{1 - \tan x}{1 + \tan x} = \frac{\cos x - \sin x}{\cos x + \sin x}$$

이다. 이 식의 우변과 주어진 방정식의 우변과 같다. 따라서 $\tan(4x) = \tan(45° - x)$이고, $4x = 45° - x$가 되어 $x = 9°$이다.

연습문제풀이 **4.15**

볼록사각형 $ABCD$에서 $\angle A = \angle C$, $\overline{AB} = \overline{CD} = 180$, $\overline{AD} \neq \overline{DC}$이다. 사각형 $ABCD$의 둘레의 길이가 640일 때, $\cos A$를 구하여라.

풀이 $\overline{BC} = x$, $\overline{AD} = y$라 하자. 그러면, $x + y = 640 - 360 = 280$이다. $\angle A = \angle C = \theta$라고 하자. $\triangle ABD$와 $\triangle CBD$에 각각 제 2 코사인 법칙을 적용하여 선분 BD의 길이를 구하면

$$\overline{BD}^2 = \overline{AB}^2 + \overline{AD}^2 - 2 \cdot \overline{AB} \cdot \overline{AD} \cdot \cos\theta,$$
$$\overline{BD}^2 = \overline{CB}^2 + \overline{CD}^2 - 2 \cdot \overline{CB} \cdot \overline{CD} \cdot \cos\theta$$

이다. 위 식에 $\overline{AB} = \overline{CD} = 180$, $\overline{BC} = x$, $\overline{AD} = y$를 대입하면

$$\overline{BD}^2 = 180^2 + y^2 - 360y\cos\theta,$$
$$\overline{BD}^2 = x^2 + 180^2 - 360x\cos\theta$$

이다. 그러므로

$$180^2 + y^2 - 360y\cos\theta = x^2 + 180^2 - 360x\cos\theta$$

이다. 이를 정리하면

$$x^2 - y^2 = (x+y)(x-y) = 360(x-y)\cos\theta$$

이다. $x \neq y$, $x + y = 280$이므로 $280 = 360\cos\theta$이다. 즉, $\cos\theta = \dfrac{7}{9}$이다.

연습문제풀이 **4.16**

한 변의 길이가 1인 정사각형 $ABCD$에서, 변 AB 위의 한 점 P, 변 AD 위의 한 점 Q를 잡자. $\triangle APQ$의 둘레의 길이가 2일 때, $\angle PCQ$를 구하여라.

풀이

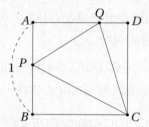

$\overline{AP} = x$, $\overline{AQ} = y$, $\angle PCB = \alpha$, $\angle QCD = \beta$라고 하자. 주어진 조건으로 부터

$$\overline{AP} + \overline{AQ} + \overline{QP} = x + y + \sqrt{x^2 + y^2} = 2 \quad (1)$$

이다. 위 식을 정리하면 $x + y = 2 - \sqrt{x^2 + y^2}$이고, 양변을 제곱하면 $(x+y)^2 = 4 - 4\sqrt{x^2 + y^2} + (x^2 + y^2)$이다. 따라서 $xy = 2 - 2\sqrt{x^2 + y^2}$이다. 그러므로

$$xy = 2 - 2(2 - x - y), \quad 2 - x - y = x + y - xy$$

이다. 양변을 $x + y - xy$으로 나누면

$$\frac{2 - x - y}{x + y - xy} = 1 \quad (2)$$

이다. $\tan\alpha = \dfrac{\overline{PB}}{\overline{BC}} = 1 - x$이고, $\tan\beta = \dfrac{\overline{QD}}{\overline{DC}} = 1 - y$이다. 그러므로

$$\tan(\alpha+\beta) = \frac{\tan\alpha + \tan\beta}{1 - \tan\alpha\tan\beta} = \frac{(1-x) + (1-y)}{x + y - xy} = \frac{2 - x - y}{x + y - xy}$$

이다. 식 (2)로 부터 $\tan(\alpha + \beta) = \dfrac{2 - x - y}{x + y - xy} = 1$이다. 즉, $\alpha + \beta = 45°$이다. 따라서 $\angle PCQ = 90° - (\alpha + \beta) = 45°$이다.

연습문제풀이 **4.17** _____

$\overline{AB} = \overline{CD} = 24$인 직사각형 $ABCD$에서, 변 BC위에 $\overline{DE} = 25$이고, $\tan\angle BDE = 3$이 되도록 점 E를 잡자. 점 A에서 대각선 BD에 내린 수선의 발을 F, 선분 AF의 연장선과 변 DC의 연장선과의 교점을 G, DE의 연장선과 AG와의 교점을 H, 점 H에서 선분 DG에 내린 수선의 발을 I라 하자. 이때, 선분 IG의 길이를 구하여라.

풀이 $\overline{EC} = \sqrt{25^2 - 24^2} = 7$이므로 $\tan\angle EDC = \dfrac{7}{24}$이다. 삼각함수의 덧셈정리로 부터

$$\begin{aligned}
\tan\angle BDC &= \tan(\angle BDE + \angle EDC) \\
&= \frac{\tan\angle BDE + \tan\angle EDC}{1 - \tan\angle BDE \tan\angle EDC} \\
&= \frac{3 + \frac{7}{24}}{1 - 3 \cdot \frac{7}{24}} \\
&= \frac{79}{3}
\end{aligned}$$

이다. $\tan\angle BDC = \dfrac{\overline{BC}}{\overline{CD}}$이므로,

$$\overline{BC} = \overline{CD} \cdot \tan\angle BDC = 24 \cdot \frac{79}{3} = 632$$

이다. 또한,

$$\angle AGD = 90° - \angle BDC$$

이고,

$$\tan\angle AGD = \frac{1}{\tan\angle BDC} = \frac{3}{79}$$

이다. 그러므로

$$\tan\angle AGD = \frac{\overline{AD}}{\overline{DG}}$$

이다. 따라서

$$\overline{DG} = \frac{\overline{AD}}{\tan\angle AGD} = \frac{632}{\frac{3}{79}} = \frac{2^3 \cdot 79^2}{3}$$

이다. 삼각형 HIG에서 $\tan\angle HGI = \dfrac{\overline{HI}}{\overline{IG}}$이므로

$$\overline{HI} = \overline{IG} \cdot \tan HGI = \frac{3}{79}\overline{IG} \qquad (1)$$

이다. $\triangle EDC$와 $\triangle HDI$가 닮음이므로

$$\frac{\overline{HI}}{\overline{ID}} = \frac{\overline{EC}}{\overline{CD}} = \frac{7}{24}, \quad \overline{HI} = \frac{7}{24}\overline{ID} = \frac{7}{24}(\overline{DG} - \overline{IG}) \quad (2)$$

이다. 식 (1)과 (2)로 부터

$$\overline{HI} = \frac{3}{79}\overline{IG} = \frac{7}{24}(\overline{DG} - \overline{IG})$$

이다. $\overline{IG}$에 대하여 위 식을 풀면 $\overline{IG} = \dfrac{\frac{7}{24}\overline{DG}}{\frac{3}{79} + \frac{7}{24}}$ 이다. 그런데, $\overline{DG} = \dfrac{2^3 \cdot 79^2}{3}$이므로 이를 대입하면

$$\overline{IG} = \frac{\frac{7}{24} \cdot \frac{2^3 \cdot 79^2}{3}}{\frac{3 \cdot 24 + 7 \cdot 79}{24 \cdot 79}} = \frac{2^3 \cdot 7 \cdot 79^3}{3 \cdot 5^4}$$

이다.

연습문제풀이 **4.18**

점 C는 선분 AB를 지름으로 하는 반원 위에 있고, 점 D는 호 BC 위에 있다. 선분 AC, CD, BD의 중점을 각각 M, P, N이라고 하자. $\triangle ACP$와 $\triangle BDP$의 외심을 각각 O, O'이라고 할 때, $\overline{MN} \parallel \overline{OO'}$임을 증명하여라.

풀이 변 AB의 중점을 X, $\overline{AX} = \overline{BX} = r$, $\angle AXM = \alpha$, $\angle BXN = \beta$라 하자. 선분 CP의 중점을 Q라 하자. 그러면, 선분 CP, AC는 $\triangle ACP$의 외접원 O의 현이므로, $\overline{OQ} \perp \overline{CP}$, $\overline{OM} \perp \overline{AC}$이다. 따라서 $\overline{XM} = r \cos\alpha$이다. 선분 DC의 연장선과 선분 XM의 연장선의 교점을 Y라 하자. 그러면, $\angle PXC + \alpha + \beta = 90°$이므로, $\angle PYX = 90° - \angle PXY = 90° - \angle PXC - \angle CXM = \alpha + \beta - \alpha = \beta$이다. 따라서 직선 XM은 점 O를 지나므로 $\overline{PQ} = \overline{OX} \cos\beta$이고,

$$\frac{\overline{OX}}{\overline{XM}} = \frac{\overline{PQ}}{r \cos\alpha \cos\beta}$$

이다. 같은 방법으로

$$\frac{\overline{O'X}}{\overline{XN}} = \frac{\overline{PQ}}{r \cos\alpha \cos\beta}$$

이다. 따라서 $\overline{OO'} \parallel \overline{MN}$이다.

연습문제풀이 **4.19 (FHMC, Problem 96)**

$\overline{BC} = 3\overline{AB}$인 직사각형 $ABCD$에서, 변 BC 위에 $\overline{BP} = \overline{PQ} = \overline{QC}$를 만족하도록 점 P, Q를 잡자. 그러면 $\angle DBC + \angle DPC = \angle DQC$임을 보여라.

풀이

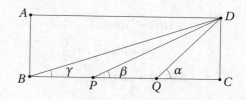

$\angle DQC = \alpha$, $\angle DPC = \beta$, $\angle DBC = \gamma$라고 하자. 그러면,

$$\tan\alpha = 1, \quad \tan\beta = \frac{1}{2}, \quad \tan\gamma = \frac{1}{3}$$

이다. 삼각함수의 덧셈정리로 부터

$$\tan(\beta + \gamma) = \frac{\tan\beta + \tan\gamma}{1 - \tan\beta\tan\gamma} = \frac{\frac{1}{2} + \frac{1}{3}}{1 - \frac{1}{2} \cdot \frac{1}{3}} = 1 = \tan\alpha$$

이다. 따라서 $\angle DBC + \angle DPC = \angle DQC$이다.

연습문제풀이 **4.20 (FHMC, Problem 163)** ____
$\triangle ABC$에서 $\overline{BC} = a$, $\overline{CA} = b$, $\overline{AB} = c$이고, $\angle C$의 이등분선과 AB와의 교점을 D라 할때, $\overline{CD} = \dfrac{2ab\cos\frac{C}{2}}{a+b}$임을 증명하여라.

풀이 $\overline{CD} = x$라고 하면,

$$\triangle ABC = \frac{1}{2}ab\sin C$$
$$= ab\sin\frac{C}{2}\cos\frac{C}{2},$$
$$\triangle BCD = \frac{1}{2}ax\sin\frac{C}{2},$$
$$\triangle ACD = \frac{1}{2}bx\sin\frac{C}{2}$$

이다. $\triangle ABC = \triangle BCD + \triangle ACD$이므로

$$ab\sin\frac{C}{2}\cos\frac{C}{2} = \frac{1}{2}ax\sin\frac{C}{2} + \frac{1}{2}bx\sin\frac{C}{2}$$

이다. 이를 정리하면 $x = \overline{CD} = \dfrac{2ab\cos\frac{C}{2}}{a+b}$이다.

연습문제풀이 **4.21** ____
삼각형 ABC에서 $\overline{AB} = \overline{AC} = 5$, $\overline{BC} = 6$이다. $\overline{BE} = \overline{CF}$, $\angle EBC \neq \angle FCB$, $\sin\angle EBC = \dfrac{5}{13}$가 되도록 점 E와 F를 각각 변 AC, AB 위에 잡자. 선분 BE와 CF의 교점을 H, 점 H에서 변 BC에 내린 수선의 발을 K라 할 때, 선분 HK의 길이를 구하여라.

풀이

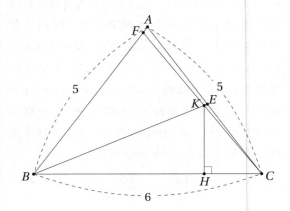

$\overline{AF} = \overline{AF'}$이 되도록 점 F'를 변 CA 위에 잡자. $\angle AEB = \alpha$, $\angle EBF' = \beta$, $\angle FCB = \gamma$, $\angle ACB = \delta$, $\angle EBC = \theta$라고 하자. $\theta \neq \gamma$이므로 $F' \neq E$이다. 또한, $\overline{BE} = \overline{CF} = \overline{BF'}$이므로, $\triangle BEF'$는 이등변삼각형이다. $\sin\theta = \dfrac{5}{13}$, $\cos\delta = \dfrac{3}{5}$이다. 따라서 $\tan\theta = \dfrac{5}{12}$, $\tan\delta = \dfrac{4}{3}$이다. $\alpha = \theta + \delta$이므로,

$$\tan\alpha = \tan(\theta+\delta) = \frac{\tan\theta+\tan\delta}{1-\tan\theta\tan\delta} = \frac{\frac{5}{12}+\frac{4}{3}}{1-\frac{5}{12}\cdot\frac{4}{3}} = \frac{63}{16}$$

이다. $\tan\alpha > 0$이므로 $\alpha < 90°$이다. $\triangle BEF'$이 이등변삼각형이므로 점 E는 F'과 C 사이에 있다. 따라서 $\gamma = \angle FCB = \angle F'BC = \beta + \theta$이다. 또, $\beta + 2\alpha = 180°$($\triangle BEF'$의 내각의 합)이므로

$$\tan\beta = \tan(180°-2\alpha) = -\tan(2\alpha)$$
$$= -\frac{2\tan\alpha}{1-\tan^2\alpha} = \frac{2016}{3713}$$

이다. 따라서

$$\tan\gamma = \tan(\beta+\theta) = \frac{\tan\beta+\tan\theta}{1-\tan\beta\tan\theta} = \frac{253}{204}$$

이다. $\tan\theta = \dfrac{\overline{HK}}{\overline{BK}}$, $\tan\gamma = \dfrac{\overline{HK}}{\overline{KC}}$, $\overline{BK}+\overline{KC} = \overline{BC} = 6$ 이므로, $\overline{HK} = \dfrac{6\tan\theta\tan\gamma}{\tan\theta+\tan\gamma} = \dfrac{1265}{676}$ 이다.

연습문제풀이 **4.22** _____

정삼각형 ABC의 변 BC의 3등분점을 각각 D, E라 할 때, $\cos\angle DAE$의 값을 구하여라.

풀이

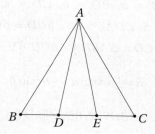

정삼각형 ABC의 한 변의 길이를 1, $\overline{AD} = \overline{AE} = x$ 라 하면, 삼각형 ABD에서 제2 코사인법칙에 의하여

$$x^2 = 1 + \left(\frac{1}{3}\right)^2 - 2\cdot 1\cdot\frac{1}{3}\cos 60° = 1 + \frac{1}{9} - \frac{1}{3} = \frac{7}{9}$$

이다. 그런데, $x>0$이므로 $x = \dfrac{\sqrt{7}}{3}$이다. 따라서

$$\cos\angle DAE = \frac{\left(\frac{\sqrt{7}}{3}\right)^2 + \left(\frac{\sqrt{7}}{3}\right)^2 - \left(\frac{1}{3}\right)^2}{2\cdot\frac{\sqrt{7}}{3}\cdot\frac{\sqrt{7}}{3}} = \frac{\frac{13}{9}}{\frac{14}{9}} = \frac{13}{14}$$

이다.

연습문제풀이 **4.23 (아주대 경시, '2002)** _____

네 변의 길이가 a, b, c, d로 정해져 있는 사각형 중에서 넓이가 최대인 것은 원에 내접하는 사각형임을 보여라.

풀이 $\overline{AB} = a$, $\overline{BC} = b$, $\overline{CD} = c$, $\overline{DA} = d$, $\square ABCD = S$, $\angle DAB = \alpha$, $\angle BCD = \beta$라 하자. 그러면, $\square ABCD = \triangle ABD + \angle BCD$이므로

$$S = \frac{1}{2}ad\sin\alpha + \frac{1}{2}bc\sin\beta \qquad (1)$$

이다. 한편, $\triangle ABD$와 $\triangle BCD$에서 제 2 코사인법칙에 의하여

$$\overline{BD}^2 = a^2 + d^2 - 2ad\cos\alpha \qquad (2)$$
$$\overline{BD}^2 = b^2 + c^2 - 2bc\cos\beta \qquad (3)$$

이고, 식 (2)와 (3)으로 부터

$$a^2 + d^2 - b^2 - c^2 = 2ad\cos\alpha - 2bc\cos\beta \qquad (4)$$

이다. 식 (1)과 (4)에서

$$(4S)^2 + (a^2 + d^2 - b^2 - c^2)^2$$
$$= 4(a^2d^2 + b^2c^2) + 8abcd(\sin\alpha\sin\beta - \cos\alpha\cos\beta)$$
$$= 4(a^2d^2 + b^2c^2) - 8abcd\cos(\alpha + \beta)$$

이다. S는 $\cos(\alpha + \beta) = -1$, 즉 $\alpha + \beta = 180°$일 때, 최대가 되고, 이 때 한 쌍의 대각의 합이 $180°$이므로 사각형 $ABCD$는 원에 내접한다.

연습문제풀이 **4.24 (충남대 경시, '2002)** _____

예각삼각형 ABC에서 $\angle A$의 이등분선이 변 BC와 만나는 점을 D라 하자. 점 D를 지나고 변 BC에 수직인 직선이 선분 AD의 수직이등분선과 만나는 점을 E라 하고 직선 AE가 $\triangle ABC$의 외접원과 만나는 점을 F라 하자. $\overline{BC} = a$, $\overline{CA} = b$, $\overline{AB} = c$, $\sin\angle C = d$라 할 때, $\overline{AF}$를 a, b, c, d로 나타내어라.

풀이 $\angle BAD = \alpha$, $\angle DAE = \angle DAF = \beta$, $\angle FAC = \gamma$, $\angle ABC = \delta$라고 하자. 호 CF에 대한 원주각 $\angle FAC = \angle FBC = \gamma$이다. 선분 AD가 $\angle A$의 이등분선이므로 $\angle BAD = \angle DAC$이다. 따라서 $\alpha = \beta + \gamma$이다. 또한, $ED \perp BC$, $\angle DAE = \angle EDA$이므로 $\triangle ABD$에서

$$\delta + \alpha = \beta + 90°, \quad \delta + \beta + \gamma = \beta + 90°$$

이다. 따라서 $\delta + \gamma = 90°$이다. 즉, $\angle ABF = 90°$이므로 AF는 $\triangle ABC$의 외접원의 지름이다. 따라서 삼각비에 의하여 $\sin C = \sin F = \dfrac{\overline{AB}}{\overline{AF}} = \dfrac{c}{\overline{AF}} = d$이다. 따라서 $\overline{AF} = \dfrac{c}{d}$이다.

연습문제풀이 **4.25 (KMO, '2012)**

반지름이 12인 원 O 위의 한 점 A에 대하여, 선분 OA의 중점 M을 지나고 OA에 수직인 직선 l이 원 O와 만나는 점 중 하나를 B라 하자. 점 C는 호 AB 위의 점으로 직선 CM이 원 O와 만나는 점 $D(D \neq C)$에 대해 $\overline{CD} = 21$이다. 직선 AD와 직선 l이 만나는 점을 P라 할 때, $\overline{CP}^2$을 구하여라.

풀이

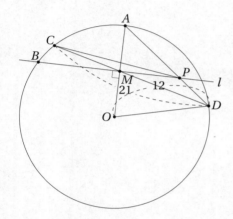

$\overline{CM} = x$, $\overline{MD} = y$라 하자. 단, $x \leq y$라 한다. 그러면, 방멱의 원리에 의하여 $xy = 6 \times 18$이다. 그런데, $\overline{CD} = x + y = 21$이므로, x, y를 두 근으로 하는 이차방정식 $t^2 - (x + y)t + xy = 0$을 생각하면,

$$t^2 - 21t + 18 = 0, \quad (t - 9)(t - 12) = 0$$

이다. 그러므로 $t = 9$ 또는 $t = 9$이다. 즉, $x = 9$, $y = 12$이다. 또, $\overline{DM} = 12 = \overline{DO}$이므로, $\triangle ODM$은 이등변삼각형이다. 점 D에서 OM에 내린 수선의 발을 H라 하면, $\overline{MH} = \overline{HO} = 3$이다. 직각삼각형의 닮음에 의하여 $\overline{AD} = 6\sqrt{6}$이다. 또한, $\triangle AMP$와 $\triangle AHD$가 닮음이므로, $\overline{MP} = 2\sqrt{15}$, $\overline{PD} = 2\sqrt{6}$이다. $\triangle MDP$에서 $\angle PMD = \theta$라고 하면, 제 2 코사인 법칙의 의하여

$$\cos\theta = \frac{(2\sqrt{15})^2 + 12^2 - (2\sqrt{6})^2}{2 \cdot 2\sqrt{15} \cdot 12} = \frac{\sqrt{15}}{4}$$

이다. $\triangle CMP$에 제 2 코사인 법칙을 적용하면,

$$\overline{CP}^2 = 9^2 + (2\sqrt{15})^2 - 2 \cdot 9 \cdot 2\sqrt{15} \cdot \cos(180° - \theta) = 276$$

이다.

제 5 장

종합문제

종합문제 **5.1** ★★★★

마름모 $ABCD$에서 서로 마주보는 두 꼭짓점 A, C를 각각 외부의 한 점 P와 이을 때, $\overline{PA} = \overline{PC}$이면 $\overline{PB} \cdot \overline{PD} = \overline{PA}^2 - \overline{AB}^2$임을 증명하여라.

종합문제 **5.2** ★★★

$\overline{AB} = \overline{AC}$인 이등변삼각형 ABC에서 변 BC 위의 점을 P라 할 때, $\overline{AB}^2 - \overline{AP}^2 = \overline{BP} \cdot \overline{CP}$임을 증명하여라.

종합문제 **5.3** ★★★
$\angle A = 90°$인 직각삼각형 ABC에서 변 CA의 중점을 M이라 하자. 점 M에서 변 BC에 내린 수선의 발을 D라 할 때, $\overline{AB}^2 = \overline{BD}^2 - \overline{CD}^2$임을 증명하여라.

종합문제 **5.4** ★★★★
평행사변형 $ABCD$에서 $\angle BAC$의 이등분선과 변 BC의 교점을 E라고 할 때, $\overline{BE} + \overline{BC} = \overline{BD}$를 만족한다. $\dfrac{\overline{BD}}{\overline{BC}}$를 구하여라.

종합문제 **5.5** ★★_____

$\triangle ABC$에서 점 B에서 대변 CA에 내린 수선의 발을 D, 점 C에서 대변 AB에 내린 수선의 발을 E, 점 D에서 변 BC에 내린 수선의 발을 G라 하자. 선분 DG와 EC의 교점을 F, 변 BA의 연장선과 선분 GD의 연장선의 교점을 H라 하자. 그러면, $\overline{GD}^2 = \overline{GF} \cdot \overline{GH}$임을 보여라.

종합문제 **5.6** ★★★★_____

$\triangle ABC$에서 내접원과 변 BC, CA, AB와 만나는 점을 각각 D, E, F, 내심을 I라고 하자. 직선 FE와 BI의 교점을 P, 직선 EF와 CI의 교점을 Q라 하자. $\triangle DPQ$가 이등변삼각형이면, $\triangle ABC$도 이등변삼각형임을 보여라.

종합문제 **5.7** ★★

점 P는 직사각형 $ABCD$ 내부에 있는 한 점으로 $\overline{PA} = 4$, $\overline{PD} = 8$, $\overline{PC} = 7$을 만족할 때, 선분 PB의 길이를 구하여라.

종합문제 **5.8** ★★★

예각삼각형 ABC에 대하여 변 BC의 중점을 M, 변 AB의 중점을 N, 변 AC를 3등분하는 점 중 점 A에 가까운 순으로 D, E라고 하자. 두 선분 BD와 BE가 각각 선분 AM과 두 점 P, Q에서 만날 때, $\dfrac{\overline{PQ}}{\overline{AM}}$의 값을 구하여라.

종합문제 **5.9** ★★★_____

$\triangle ABC$에서 $\overline{AB} = 20$, $\overline{BC} = 29$, $\overline{CA} = 21$이다. 변 BC위에 $\overline{BD} = 8$, $\overline{EC} = 9$가 되도록 점 D와 E를 잡자. 이때, $\angle DAE$를 구하여라.

종합문제 **5.10** ★★_____

그림에서 점 E는 변 BC의 연장선위의 점이고, $\triangle ABC$와 $\triangle CDE$는 정삼각형이다. 변 AC와 DE의 중점을 각각 F와 G라고 하자. $\triangle ABC = 24$, $\triangle CDE = 60$일 때, $\triangle BFG$의 넓이를 구하여라.

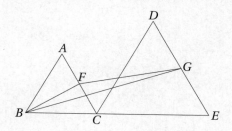

종합문제 **5.11** ★★★

볼록오각형 $ABCDE$에서 $\angle BAE = 60°$, $\overline{BC} = \overline{CD} = \overline{DE}$, $\angle BCD = \angle CDE = 140°$일 때, $\angle BAC$, $\angle CAD$, $\angle DAE$를 각각 구하여라.

종합문제 **5.12** ★★★

삼각형 ABC의 외접원에서 변 AB의 연장선 위에 한 점 P를 잡고, 점 C와 연결하여 원과 만나는 점을 D라 할 때, 사각형 $ABDC$가 원에 내접한다. $\overline{BP} = 5$, $\overline{BD} = 3$, $\overline{CD} = 4$, $\overline{DP} = 6$일 때, 선분 AB와 CA의 길이를 각각 구하여라.

종합문제 **5.13** ★★★★_____

$\triangle ABC$에서 $\angle B$의 이등분선과의 변 CA와의 교점을 D, 점 A, C에서 선분 BD 또는 그 연장선에 내린 수선의 발을 각각 E, F라고 하자. 점 D에서 변 BC에 내린 수선의 발을 M이라 할 때, $\angle DME = \angle DMF$임을 보여라.

종합문제 **5.14** ★★★★★_____

$\triangle ABC$에서 $\angle C$의 이등분선과 변 AB와의 교점을 D, $\angle B$의 이등분선과 변 CA와의 교점을 E라 하자. 선분 DE 위의 임의의 점 P에서 변 BC, CA, AB에 내린 수선의 발을 각각 X, Y, Z라 할 때, $\overline{PX} = \overline{PY} + \overline{PZ}$임을 증명하여라.

종합문제 **5.15** ★★★★

$\overline{AB} = \overline{AC}$인 이등변삼각형 ABC에 $\overline{BC} = a$, $\overline{CA} = \overline{AB} = b$라 할 때, a, b는 정수이며, 서로 소이다. 삼각형 ABC의 내심을 I, 선분 AI의 연장선과 변 BC와의 교점을 D라 하면, $\dfrac{\overline{AI}}{\overline{ID}} = \dfrac{25}{24}$이다. 이때, $\triangle ABC$의 내접원의 반지름의 길이를 구하여라.

종합문제 **5.16** ★★★★★

삼각형 ABC의 내부의 한 점 P에서, 변 AC와 선분 BP의 연장선과의 교점을 Q, 변 AB와 선분 CP의 연장선과의 교점을 R이라 하자. $\overline{AR} = \overline{RB} = \overline{CP}$, $\overline{CQ} = \overline{PQ}$일 때, $\angle BRC$를 구하여라.

종합문제 **5.17** ★★★★★

삼각형 ABC에서 점 A에서 $\angle B$와 $\angle C$의 이등분선에 내린 발을 각각 A_1, A_2, 점 B에서 $\angle C$와 $\angle A$의 이등분선에 내린 발을 각각 B_1, B_2, 점 C에서 $\angle A$와 $\angle B$의 이등분선에 내린 발을 각각 C_1, C_2라 할 때,

$$2(\overline{A_1A_2} + \overline{B_1B_2} + \overline{C_1C_2}) = \overline{AB} + \overline{BC} + \overline{CA}$$

가 성립함을 보여라.

종합문제 **5.18** ★★★★

삼각형 ABC에서 변 BC 위의 한 점 D를 잡고, $\triangle ABD$와 $\triangle ACD$의 내접원을 각각 O_1, O_2라 하자. 직선 l을 두 원 O_1과 O_2의 직선 BC가 아닌 공통외접선이라고 하자. 직선 l과 선분 AD의 교점을 P라 하면 $2\overline{AP} = \overline{AB} + \overline{CA} - \overline{BC}$임을 증명하여라.

종합문제 **5.19** ★★★

$\overline{AB} = \overline{AC}$인 이등변삼각형 ABC에서 변 BC의 중점을 D라 한다. $\angle ABC$의 삼등분선이 AD와 만나는 점을 A로 부터 차례대로 M, N이라 하고, 선분 CN의 연장과 변 AB의 교점을 E라 하면 $\overline{EM}\,/\!/\,\overline{BN}$임을 증명하여라.

종합문제 **5.20** ★★★★

삼각형 ABC의 각 B에 대한 방접원을 O, 원 O와 변 BA의 연장선과의 접점을 P, 점 P를 지나는 원 O의 지름의 다른 끝점을 Q라고 한다. 변 AB의 중점을 M, 점 M에 관한 점 P의 대칭점을 R(즉, $\overline{PM} = \overline{MR}$)이라 할 때, 세 점 Q, C, R은 같은 직선 위에 있음을 보여라.

정삼각형 ABC의 내부의 한 점 P에 대하여 $\overline{AP} = 1$, $\overline{BP} = \sqrt{3}$, $\overline{CP} = 2$이라고 한다. 이 정삼각형의 한 변의 길이를 구하여라.

선분 CD는 원 K의 지름이다. 선분 AB는 선분 CD에 평행인 현이고, 점 E는 원 K 위의 점으로서 선분 AE는 선분 CB와 평행이다. 점 F는 선분 AB와 선분 DE와의 교점이고, 점 G는 직선 CD 위의 점으로서 선분 FG는 선분 CB에 평행이다. 이때, 직선 GA가 점 A에서 원 K에 접함을 증명하여라.

종합문제 **5.23** ★★★★

원 O에 내접하고 $\angle A < \angle B$인 예각삼각형 ABC를 생각하자. 원 외부의 어떤 점 P가

$$\angle A = \angle PBA = 180^\circ - \angle PCB$$

를 만족시킨다고 하자. 직선 PB가 원 O와 만나는 B가 아닌 점을 D라 하고, 점 A에서 원 O에 접하는 접선이 직선 CD와 점 Q에서 만난다고 하자. 이때, $\overline{CQ} : \overline{AB} = \overline{AQ}^2 : \overline{AD}^2$임을 보여라.

종합문제 **5.24** ★★★★

$\triangle ABC$가 반지름의 길이가 1인 원에 내접한다. $\triangle ABC$의 둘레의 길이가 $2s$이고, 세 변의 길이는 각각 a, b, c이다. 이때, $(2s-a)(2s-b)(2s-c) \geq 32\triangle ABC$임을 증명하여라.

종합문제 **5.25** ★★★_____

$\overline{AB} < \overline{AC}$인 삼각형 ABC에서, 점 A에서 변 BC에 내린 수선의 발을 D라 하고, $\overline{BX} = \overline{CX}$가 되도록 변 CA 위에 점 X를 잡자. 또, 선분 AD의 연장선과 삼각형 ABC의 외접원 O와의 교점을 P, 선분 BX의 연장선과 원 O와의 교점을 Q라 하자. 그러면, 선분 PQ는 원 O의 지름임을 보여라.

종합문제 **5.26** ★★★_____

$\angle ADE = \angle ECB$가 되도록 변 CA 위에 점 E를 잡자. 삼각형 ABC의 외접원 O와 선분 DE의 연장선과의 교점을 P라 할 때, $\overline{PB} = 2\overline{PD}$임을 보여라.

종합문제 **5.27** ★★★★

삼각형 ABC에서, 넓이를 S, 내접원의 반지름의 길이를 r이라 할 때, $\dfrac{S}{r^2} \geq 3\sqrt{3}$임을 증명하여라.

종합문제 **5.28** ★★★

반지름의 길이가 R이 부채꼴 OAB(O가 중심)에 내접하는 반지름의 길이가 r인 원이 있다. 이 원의 중심을 I라 하자. 현 AB의 길이가 $2c$일 때, $\dfrac{1}{r} = \dfrac{1}{c} + \dfrac{1}{R}$임을 증명하여라.

$\overline{AD} /\!/ \overline{BC}$인 사다리꼴 $ABCD$에서 $\overline{DA} = \overline{DB} = \overline{DC}$이고, 변 CD의 수직이등분선이 변 AB의 연장선과 만나는 점을 E라 하자. $\angle BCE = 2\angle CED$일 때, $\angle BCE$를 구하여라.

$\overline{AB} < \overline{AC}$인 $\triangle ABC$에서 $\angle A$의 이등분선과 변 BC와의 교점을 D, 변 BC의 중점을 M이라고 하자. 점 B에서 변 AD에 내린 수선의 발을 P, 변 BP의 연장선과 선분 AM과의 교점을 E라고 할 때, $\overline{ED} /\!/ \overline{AB}$임을 증명하여라.

종합문제 **5.31** ★★★

원에 내접하는 사각형 $ABCD$에 대하여 변 AB위에 중심 O를 갖는 다른 원이 사각형 $ABCD$의 다른 세 변 AD, DC, CB와 각각 E, F, G에서 접한다. $\overline{FC} = \sqrt{2}$, $\overline{AO} = 3\overline{AE}$일 때, 선분 AE의 길이를 a라고 하자. $4a^2$의 값을 구하여라.

종합문제 **5.32** ★★★★

$\triangle ABC$의 내접원과 세 변 BC, CA, AB와의 접점을 D, E, F라고 하자. 세 직선 AD, BE, CF가 한 점 G에서 만날 때, 점 G를 삼각형 ABC의 제르곤의 점이라고 한다. $\triangle ABC$에서 $\overline{BC} = a$, $\overline{CA} = b$, $\overline{AB} = c$, $2s = a + b + c$라고 할 때,

$$\frac{\overline{AG}}{\overline{GD}} = \frac{a(s-a)}{(s-b)(s-c)}$$

가 성립함을 보여라.

종합문제 **5.33** ★★★

한 변의 길이가 4인 정삼각형 ABC에서 변 AB, CA의 중점을 각각 M, N이라 할 때, 선분 AN 위의 점 E를 잡고, 선분 BE와 MN의 교점을 P라 하고, 직선 PC와 변 AB와의 교점을 F라 하자. $\overline{EC} = x$일 때, 선분 FB의 길이를 x를 써서 나타내어라.

종합문제 **5.34** ★★★

$\triangle ABC$에서 $\overline{AB} = 6$, $\overline{AC} = 8$이고, 점 M은 변 BC의 중점, 점 E, F는 각각 AC, AB 위의 점이라 하고, 선분 EF와 AM의 교점을 G라 하자. $\overline{AE} = 2\overline{AF}$일 때, $\dfrac{\overline{GE}}{\overline{FG}}$를 구하여라.

종합문제 **5.35** ★★★★

$\overline{AB} = \overline{AC}$인 이등변삼각형 ABC에서, 변 BC의 중점을 D라 하고, 점 D에서 변 AC에 내린 수선의 발을 E, 선분 DE의 중점을 M이라 할 때, $\overline{AM} \perp \overline{BE}$임을 증명하여라.

종합문제 **5.36** ★★★★

호 AB의 중점을 M, 호 MB 위에 임의의 점 C를 잡자. 점 M에서 AC에 내린 수선의 발을 D라 할 때, $2\overline{AD} = \overline{AC} + \overline{BC}$임을 증명하여라.

종합문제 **5.37** ★★★★───────────

$\angle A = 60°$, $\overline{AB} < \overline{AC}$인 $\triangle ABC$에서, 외심, 수심, 내심을 각각 O, H, I라 하고, 변 BC에 접하는 방접원의 중심을 I'라 하자. $\overline{AB} = \overline{AB'}$을 만족하는 점 B'을 변 AC 위에 잡고, $\overline{AC} = \overline{AC'}$을 만족하는 점 C'을 AB의 연장선 위에 잡으면 여덟 점 B, C, H, O, I, I', B', C'은 한 원 위에 있음을 보여라.

종합문제 **5.38** ★★★★★───────────

이등변삼각형이 아닌 $\triangle ABC$에서, 변 BC, CA, AB의 중점을 각각 D, E, F라 하자. $\triangle ABC$의 외접원과 선분 AD, BE, CF의 연장선과의 교점을 각각 L, M, N이라 하자. $\overline{LM} = \overline{LN}$이면 $2\overline{BC}^2 = \overline{CA}^2 + \overline{AB}^2$이 성립함을 보여라.

종합문제 **5.39** ★★★★

원 O의 현 UV의 중점을 M이라 하자. 점 M을 지나는 임의의 두 현을 AC, BD라 할 때, 직선 AB, CD가 직선 UV와 각각 X, Y에서 만난다고 하면, $\overline{MX} = \overline{MY}$임을 증명하여라.

종합문제 **5.40** ★★★★

삼각형 ABC의 외심을 O, 수심을 H, 변 AC의 중점을 D라고 하자. 직선 BO가 삼각형 ABC의 외접원과 만나는 또 다른 점을 E라 할 때, 세 점 H, D, E는 한 직선 위에 있음을 보여라.

종합문제 **5.41** ★★★

예각삼각형 ABC의 외심을 O라고 하자. 각 A의 이등분선이 변 BC와 만나는 점을 D, 점 D에서 변 BC에 수직인 직선이 직선 AO와 만나는 점을 E라고 할 때, 삼각형 ADE가 이등변삼각형임을 보여라. 단, 각 B와 각 C는 서로 다르다.

종합문제 **5.42** ★★★

정사각형 $ABCD$에 대하여, 변 CD의 중점을 M이라 하고, 변 AD 위의 점 E가 $\angle BEM = \angle MED$를 만족시킨다고 하자. 두 선분 AM과 BE의 교점을 P라 할 때, $\frac{\overline{PE}}{\overline{BP}}$의 값을 구하여라.

종합문제 **5.43** ★★★★

$\triangle ABC$의 내부의 한 점 P에서 세 변 BC, CA, AB에 내린 수선의 발을 D, E, F라 하자. $\square AEPF$, $\square BFPD$, $\square CDPE$가 모두 원에 외접할 때, 점 P는 $\triangle ABC$의 내심임을 증명하여라.

종합문제 **5.44** ★★★★

$\angle ABC = 2\angle ACB$, $\angle BAC > 90°$인 $\triangle ABC$에서 점 C를 지나면서 변 AC에 수직인 직선과 BA의 연장선과의 교점을 D라고 할 때, $\dfrac{1}{AB} - \dfrac{1}{BD} = \dfrac{2}{BC}$임을 증명하여라.

종합문제 **5.45** ★★★

$\triangle ABC$에서 $\angle B$의 이등분선과 변 CA와의 교점을 D, $\angle C$의 이등분선과 변 AB와의 교점을 E라 하자. 선분 BD와 CE의 교점을 I, 점 I에서 변 BC에 내린 수선의 발을 F라 하자. $\angle ADE = \angle BIF$이면 $\angle AED = \angle CIF$임을 증명하여라.

종합문제 **5.46** ★★★

정칠각형 $A_1 A_2 A_3 A_4 A_5 A_6 A_7$에서 $\dfrac{1}{A_1 A_2} = \dfrac{1}{A_1 A_3} + \dfrac{1}{A_1 A_4}$임을 증명하여라.

종합문제 **5.47** ★★★★

$\angle A = 60°$인 $\triangle ABC$에서 변 AB의 연장선 위에 $\overline{BC} = \overline{BD}$를 만족하도록 점 D를 잡자. 또, 변 AC의 연장선 위에 $\overline{BC} = \overline{CE}$를 만족하도록 점 E를 잡자. 그러면, $\angle DBC = 2\angle CED$, $\angle BCE = 2\angle BDE$, $\angle CDE = 30°$임을 보여라.

종합문제 **5.48** ★★★

예각삼각형 ABC의 수심 H에서 변 BC에 내린 수선의 발을 D라 하고 선분 DH를 지름으로 하는 원과 직선 BH, CH의 교점을 각각 $P(\neq H)$, $Q(\neq H)$라 하자. 직선 DH와 PQ의 교점을 E라 하면, $\overline{HE} : \overline{ED} = 2 : 3$이고 삼각형 EHQ의 넓이가 200이다. 직선 PQ와 변 AB의 교점을 R이라 할 때, 삼각형 DQR의 넓이를 구하여라.

종합문제 **5.49** ★★★─────
$\overline{AB} = \overline{AD} = \overline{CD}$인 볼록사각형 $ABCD$에서 $\angle DBC = 30°$이면 $\angle A = 2\angle C$임을 보여라.

종합문제 **5.50** ★★★─────
$\triangle ABC$에서 $\triangle ABD$와 $\triangle ACE$가 정삼각형이 되도록 점 D와 E를 각각 변 AB와 AC 바깥쪽에 잡는다. 네 점 D, B, C, E가 한 원 위에 있을 때, $\overline{AB} = \overline{AC}$임을 보여라.

종합문제 **5.51** ★★★★——————
$\overline{AB} = c$, $\overline{BC} = a$, $\overline{CA} = b$인 삼각형 ABC에서 $\angle B :$ $\angle C = 2:3$일 때, a를 b와 c를 이용하여 나타내어라. 단, 삼각함수를 사용하여 나타낼 수 없다.

종합문제 **5.52** ★★★★——————
원에 내접하는 정사각형 $ABCD$에서 점 M이 호 AB 위의 점일 때, $\overline{MC} \cdot \overline{MD} > 3\sqrt{3} \cdot \overline{MA} \cdot \overline{MB}$임을 보여라.

종합문제 **5.53** ★★★★★

$\overline{AB} = \overline{BC}$, $\overline{CD} = \overline{DE}$, $\overline{EF} = \overline{FA}$인 볼록육각형 $ABCDEF$에서 $\dfrac{\overline{BC}}{\overline{BE}} + \dfrac{\overline{DE}}{\overline{DA}} + \dfrac{\overline{FA}}{\overline{FC}} \geq \dfrac{3}{2}$가 성립함을 보여라.

종합문제 **5.54** ★★★★

$\triangle ABC$에서 내심을 I, 선분 AI의 연장선과 변 BC와의 교점을 D, 선분 BI의 연장선과 변 CA와의 교점을 E, 선분 CI의 연장선과 변 AB와의 교점을 F, $\overline{BC} = a$, $\overline{CA} = b$, $\overline{AB} = c$라고 할 때, $\dfrac{\overline{AD}}{a} = \dfrac{\overline{BE}}{b} = \dfrac{\overline{CF}}{c}$이면 $\triangle ABC$가 정삼각형임을 보여라.

종합문제 **5.55** ★★★★
$\triangle ABC$에서 $\angle BAC$의 이등분선이 변 BC와의 교점을 D이라 하자. 점 A를 지나는 원 Γ가 변 BC와 점 D에서 접한다고 하자. 원 Γ와 변 AC와의 교점을 M, 선분 BM과 원 Γ와의 교점을 P, 선분 AP의 연장선과 선분 BD와의 교점을 Q라 할 때, $\overline{BQ} = \overline{DQ}$임을 보여라.

종합문제 **5.56** ★★★★
$\triangle ABC$에서 $\angle A = \alpha$, $\angle B = \beta$, $\angle C = \gamma$, $\overline{BC} = a$, $\overline{CA} = b$, $\overline{AB} = c$, $\triangle ABC$의 내접원의 반지름의 길이를 r이라 할 때, $a\sin\alpha + b\sin\beta + c\sin\gamma \geq 9r$임을 보여라.

종합문제 **5.57** ★★★_____

두 원 C_1과 C_2이 두 점 M, N에서 만나고, 원 C_1 위에 M, N이 아닌 다른 점 A가 있다. 선분 AM의 연장선과 원 C_2와의 교점을 B, 선분 AN의 연장선과 원 C_2와의 교점을 C라고 할 때, 점 A에서 원 C_1에 접하는 접선과 선분 BC가 평행함을 보여라.

종합문제 **5.58** ★★★★_____

한 변의 길이가 9인 정사각형 $ABCD$에서 $\overline{AP}$: $\overline{PB} = 7 : 2$로 하는 점 P를 변 AB 위에 잡자. 정사각형 $ABCD$ 내부에 점 C를 중심으로 하고, $\overline{CB}$를 반지름으로 하는 사분원 O을 그리자. 점 P를 지나는 접선과 원 O과의 교점 중 B가 아닌 점을 E라고 하고, 선분 PE의 연장선과 변 DA와의 교점을 Q, 선분 CE와 대각선 BD와의 교점을 K, 선분 AK와 PQ와의 교점을 M이라 할 때, 선분 AM의 길이를 구하여라.

종합문제 **5.59** ★★★★

$\triangle ABC$에서 $\overline{AD} > \overline{BC}$가 되도록 변 BC 위에 점 D를 잡자. $\dfrac{\overline{AE}}{\overline{EC}} = \dfrac{\overline{BD}}{\overline{AD} - \overline{BC}}$을 만족하도록 점 E를 변 AC 위에 잡으면, $\overline{AD} > \overline{BE}$임을 보여라.

종합문제 **5.60** ★★★★

$\angle ABC = \angle BCD = 120°$인 볼록사각형 $ABCD$에서 $\overline{AB}^2 + \overline{BC}^2 + \overline{CD}^2 = \overline{AD}^2$이 성립하면, $\square ABCD$는 원에 외접함을 보여라.

종합문제 **5.61** ★★★★_____

$\triangle ABC$에서 외심을 O, 선분 AO의 연장선과 변 BC와의 교점을 A', 선분 BO의 연장선과 변 CA와의 교점을 B', 선분 CO의 연장선과 변 AB와의 교점을 C', $\overline{BC} = a$, $\overline{CA} = b$, $\overline{AB} = c$라고 할 때, $\dfrac{\overline{AA'}}{a} = \dfrac{\overline{BB'}}{b} = \dfrac{\overline{CC'}}{c}$이면 $\triangle ABC$가 정삼각형임을 보여라.

종합문제 **5.62** ★★★★_____

$\triangle ABC$의 내접원의 접선 중 변 BC에 평행한 직선과 변 AB, AC와의 교점을 각각 D, E라 할 때, $\overline{DE} \le \dfrac{1}{8}(\overline{AB} + \overline{BC} + \overline{CA})$이 성립함을 보여라.

종합문제 **5.63** ★★★★
정사각형 $ABCD$에서 변 BC, CD위에 각각 점 E, F를 잡자. 점 F에서 AE에 내린 수선의 발이 선분 AE와 BD의 교점 G라고 하자. $\overline{AK} = \overline{EF}$를 만족하는 점 K를 선분 FG 위에 잡을 때, $\angle EKF$를 구하여라.

종합문제 **5.64** ★★★★
$\overline{AC} = 2\overline{AB}$인 $\triangle ABC$에서 외접원의 점 A와 C에서의 접선의 교점을 P라 할 때, 선분 BP가 호 BAC를 이등분함을 보여라.

종합문제 **5.65** ★★★

평행사변형 $ABCD$에서 $\angle D$는 둔각이고, 점 D에서 변 AB, BC 또는 그 연장선에 내린 수선의 발을 각각 M, N이라고 하자. $\overline{DB} = \overline{DC} = 50$, $\overline{DA} = 60$일 때, $\overline{DM} + \overline{DN}$을 구하여라.

종합문제 **5.66** ★★★

넓이가 1인 삼각형 ABC에서, $\overline{EF} /\!\!/ \overline{BC}$가 되도록 점 E, F를 각각 변 AB, AC 위에 잡자. $\triangle AEF = \triangle EBC$일 때, $\triangle EFC$의 넓이를 구하여라.

종합문제 **5.67** ★★★_____

$\overline{BC} = \overline{CA}$인 이등변삼각형 ABC에서, 점 D는 변 AC 위의 점이고, $\angle BAE = 90°$가 되도록 점 E를 선분 BD의 연장선 위에 잡자. $\overline{BD} = 15$, $\overline{DE} = 2$, $\overline{BC} = 16$일 때, 선분 $\overline{CD}$의 길이를 구하여라.

종합문제 **5.68** ★★_____

두 원 C_1, C_2가 두 점 P, Q에서 만난다. 점 P를 지나는 직선과 C_1, C_2와의 교점을 각각 A, B, 선분 AB의 중점을 X이라 하자. 직선 QX와 원 C_1, C_2와의 교점을 각각 Y, Z라 할 때, 점 X가 선분 YZ의 중점임을 보여라.

종합문제 **5.69** ★★★_____
원에 내접하는 볼록사각형 $ABCD$가 내접원을 가지며, 두 대각선 AC와 BD의 교점을 P라 하자. $\overline{AB} = 1$, $\overline{CD} = 4$, $\overline{BP} : \overline{DP} = 3 : 8$일 때, $\square ABCD$의 내접원의 넓이를 구하여라.

종합문제 **5.70** ★★★★_____
$\overline{AB} = 8$, $\overline{BC} = 4$, $\overline{CD} = 1$, $\overline{DA} = 7$인 원에 내접하는 사각형 $ABCD$에서, 외접원의 중심을 O, 두 대각선 AC와 BD의 교점을 P라 할 때, $\overline{OP}^2$을 구하여라.

종합문제 **5.71** ★★★

$\overline{AB} = \sqrt{5}$, $\overline{BC} = 1$, $\overline{AC} = 2$인 삼각형 ABC에서 내심을 I라 하자. $\triangle IBC$의 외접원과 변 AB와의 교점을 P라 할 때, 선분 BP를 구하여라.

종합문제 **5.72** ★★★★

$\triangle ABC$에서 변 BC, CA, AB 위에 각각 점 D, E, F를 잡자. 세 선분 AD, BE, CF가 한 점 P에서 만난다고 하자. $\triangle AFP = 126$, $\triangle FBP = 63$, $\triangle CEP = 24$일 때, $\triangle ABC$의 넓이를 구하여라.

종합문제 **5.73** ★★★★

$\triangle ABC$에서 변 AC의 중점을 M, 점 B에서 변 AC에 내린 수선의 발을 H라 하자. 점 A, C에서 $\angle B$의 이등분선 위에 내린 수선의 발을 각각 P, Q라 할 때, 네 점 H, P, M, Q가 한 원 위에 있음을 보여라.

종합문제 **5.74** ★★★★★

$\triangle ABC$에서 내접원의 반지름의 길이가 5, 외접원의 반지름의 길이가 16이라고 하자. $2\cos B = \cos A + \cos C$를 만족할 때, $\triangle ABC$의 넓이를 구하여라.

종합문제 **5.75** ★★★

반지름의 길이가 1인 원에 내접하는 사각형 $ABCD$에서 대각선 AC는 원의 지름이고, $\overline{BD} = \overline{AB}$이다. 대각선 AC와 BD의 교점을 P라 한다. $\overline{PC} = \dfrac{2}{5}$일 때, 변 CD의 길이를 구하여라.

종합문제 **5.76** ★★★★

$\triangle ABC$에서 $\overline{AB} = 15$, $\overline{BC} = 12$, $\overline{CA} = 13$이다. 변 BC의 중점을 M, $\angle B$의 이등분선과 변 CA와의 교점을 K, 선분 AM과 BK와의 교점을 O, 점 O에서 변 AB에 내린 수선의 발을 L이라 할 때, $\angle OLK = \angle OLM$임을 보여라.

종합문제 풀이

마름모 $ABCD$에서 서로 마주보는 두 꼭짓점 A, C 를 각각 외부의 한 점 P와 이을 때, $\overline{PA} = \overline{PC}$이면 $\overline{PB} \cdot \overline{PD} = \overline{PA}^2 - \overline{AB}^2$임을 증명하여라.

풀이

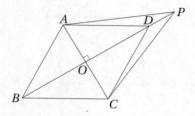

마름모 $ABCD$의 대각선 AC와 BD가 만나는 점을 O라 하면, $\overline{AO} = \overline{OC}$, $\overline{BO} = \overline{OD}$, $\overline{AC} \perp \overline{BD}$이다. $\overline{PA} = \overline{PC}$이므로 점 P는 선분 AC의 수직이등분선 위에 있는 점이다. 즉, $\overline{AC} \perp \overline{PO}$이며, 점 P는 선분 BD의 연장선 위의 점이다. 이로부터 점 P가 점 O 에 대하여 점 D와 같은 쪽에 있으면

$$\begin{aligned} \overline{PB} \cdot \overline{PD} &= (\overline{PO} + \overline{OB})(\overline{PO} - \overline{OD}) \\ &= (PO + OD)(PO - OD) \\ &= PO^2 - OD^2 \end{aligned}$$

이다. 또,

$$\begin{aligned} \overline{PA}^2 - \overline{AB}^2 &= (\overline{PO}^2 + \overline{AO}^2) - (\overline{AO}^2 + \overline{BO}^2) \\ &= \overline{PO}^2 - \overline{OD}^2 \end{aligned}$$

이다. 따라서 $\overline{PB} \cdot \overline{PD} = \overline{PA}^2 - \overline{AB}^2$이다. 마찬가지로, 점 P가 점 O에 대하여 점 B와 같은 쪽 에 있을 때도 $\overline{PB} \cdot \overline{PD} = \overline{PA}^2 - \overline{AB}^2$이다.

$\overline{AB} = \overline{AC}$인 이등변삼각형 ABC에서 변 BC 위의 점을 P라 할 때, $\overline{AB}^2 - \overline{AP}^2 = \overline{BP} \cdot \overline{CP}$임을 증명하여라.

풀이

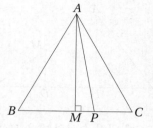

점 A에서 밑변 BC에 내린 수선의 발을 M이라 하면, 점 M은 변 BC의 중점이다. 점 P가 선분 MC 위에 있다고 하자. 그러면,

$$\begin{aligned} \overline{AB}^2 - \overline{AP}^2 &= (\overline{AM}^2 + \overline{BM}^2) - (\overline{AM}^2 + \overline{PM}^2) \\ &= (\overline{BM}^2 - \overline{PM}^2) \\ &= (\overline{BM} + \overline{PM})(\overline{BM} - \overline{PM}) \\ &= (\overline{BM} + \overline{PM})(\overline{CM} - \overline{PM}) \\ &= \overline{BP} \cdot \overline{CP} \end{aligned}$$

이다. 마찬가지로, 점 P가 선분 BM 위에 있을 때도 $\overline{AB}^2 - \overline{AP}^2 = \overline{BP} \cdot \overline{CP}$이다.

$\angle A = 90°$인 직각삼각형 ABC에서 변 CA의 중점을 M이라 하자. 점 M에서 변 BC에 내린 수선의 발을 D라 할 때, $\overline{AB}^2 = \overline{BD}^2 - \overline{CD}^2$임을 증명하여라.

풀이

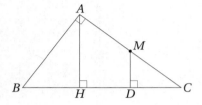

점 A에서 BC에 내린 수선의 발을 H라 하자. 그러면 $\angle B$는 공통, $\angle CAB = \angle AHB$이므로 $\triangle ABH$와 $\triangle ABC$는 닮음(AA닮음)이다. 그러므로 $\dfrac{\overline{BH}}{\overline{AB}} = \dfrac{\overline{AB}}{\overline{BC}}$이다. 즉,

$$\overline{AB}^2 = \overline{BH} \cdot \overline{BC} = (\overline{BD} - \overline{HD})(\overline{BD} + \overline{CD})$$

이다. 한편 $\triangle CAH$에서 점 M은 변 CA의 중점이고, $\overline{MD} \parallel \overline{AH}$이므로 삼각형 중점연결정리에 의하여 $\overline{CD} = \overline{HD}$이다. 따라서

$$\overline{AB}^2 = (\overline{BD} - \overline{CD})(\overline{BD} + \overline{CD}) = \overline{BD}^2 - \overline{CD}^2$$

이다.

평행사변형 $ABCD$에서 $\angle BAC$의 이등분선과 변 BC의 교점을 E라고 할 때, $\overline{BE} + \overline{BC} = \overline{BD}$를 만족한다. $\dfrac{\overline{BD}}{\overline{BC}}$를 구하여라.

풀이

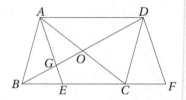

대각선 AC와 BD의 교점을 O, 선분 AE와 BO의 교점을 G, $\overline{BE} = \overline{CF}$를 만족하는 점 F를 변 BC의 연장선 위에 잡자. 그러면, 주어진 조건으로 부터 $\overline{BF} = \overline{BC} + \overline{CF} = \overline{BC} + \overline{BE} = \overline{BD}$이다.

그러므로 $\triangle BDF$는 이등변삼각형이다. 따라서 $\angle BDF = \angle BFD$이다.

한편, $\overline{EF} = \overline{BF} - \overline{BE} = \overline{BF} - \overline{CF} = \overline{BC}$이므로 $\square AEFD$는 평행사변형이다. 따라서 $\overline{GE} \parallel \overline{DF}$이다. 따라서 $\triangle BEG$ 또한 이등변삼각형이므로, $\angle BGE = \angle BEG$이다. 또한,

$$\angle ABD = \angle BGE - \angle BAG = \angle BEG - \angle GAC$$
$$= \angle EAD - \angle EAC = \angle CAD = \angle OCB$$

이다. 따라서 $\triangle ABD$와 $\triangle OCB$는 닮음(AA닮음)이다. 그러므로 $\dfrac{\overline{BD}}{\overline{AD}} = \dfrac{\overline{CB}}{\overline{OB}}$이다.

그런데, $\overline{AD} = \overline{BC}$, $\overline{OB} = \dfrac{\overline{BD}}{2}$이므로, $\dfrac{\overline{DB}}{\overline{BC}} = \dfrac{2\overline{BC}}{\overline{BD}}$이다.

따라서 $\left(\dfrac{\overline{BD}}{\overline{BC}}\right)^2 = 2$이다. 즉, $\dfrac{\overline{BD}}{\overline{BC}} = \sqrt{2}$이다.

$\triangle ABC$에서 점 B에서 대변 CA에 내린 수선의 발을 D, 점 C에서 대변 AB에 내린 수선의 발을 E, 점 D에서 변 BC에 내린 수선의 발을 G라 하자. 선분 DG와 EC의 교점을 F, 변 BA의 연장선과 선분 GD의 연장선의 교점을 H라 하자. 그러면, $\overline{GD}^2 = \overline{GF} \cdot \overline{GH}$임을 보여라.

풀이

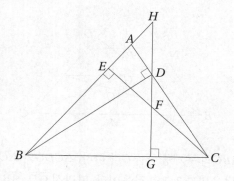

$\triangle DBC$에서 $\angle BDC = 90°$이고, $\overline{DG} \perp \overline{BC}$이므로 $\overline{GD}^2 = \overline{BG} \cdot \overline{GC}$이다.

$\triangle FGC$와 $\triangle BGH$에서 $\angle FGC = \angle BGH = 90°$, $\angle FCG = \angle BHG$이다.

따라서 $\triangle FGC$와 $\triangle BGH$는 닮음(AA닮음)이다. 그러므로 $\overline{GF} : \overline{BG} = \overline{GC} : \overline{GH}$이다. 즉, $\overline{GF} \cdot \overline{GH} = \overline{BG} \cdot \overline{GC}$이다. 따라서 $\overline{GD}^2 = \overline{GF} \cdot \overline{GH}$이다.

$\triangle ABC$에서 내접원과 변 BC, CA, AB와 만나는 점을 각각 D, E, F, 내심을 I라고 하자. 직선 FE와 BI의 교점을 P, 직선 EF와 CI의 교점을 Q라 하자. $\triangle DPQ$가 이등변삼각형이면, $\triangle ABC$도 이등변삼각형임을 보여라.

풀이

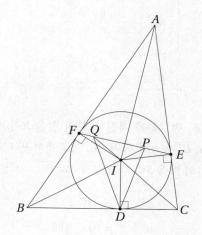

$\triangle DPQ$와 $\triangle ABC$가 닮음임을 보이면 된다.

점 I가 내심이므로 $\overline{AI}$는 공통, $\angle IAF = \angle IAE$, $\angle AFI = \angle AEI = 90°$이다. $\triangle IAF \equiv \triangle IAE$(RHA합동)이다. 즉, $\overline{AF} = \overline{AE}$, $\angle AFE = 90° - \frac{1}{2}\angle A$이다. 그러므로 $\angle BFP = 90° + \frac{1}{2}\angle A$이다. 또, $\angle FBP = \frac{1}{2}\angle B$, $\angle FPB = 180° - \left(90° + \frac{1}{2}\angle A + \frac{1}{2}\angle B\right) = \frac{1}{2}\angle C$이다.

$\overline{BF} = \overline{BD}$, $\overline{BP}$는 공통, $\angle FBP = \angle DBP$이므로 $\triangle BFP \equiv \triangle BDP$(SAS합동)이다. 즉, $\angle DPB = \frac{1}{2}\angle C$, $\angle DPQ = \angle C$이다.

같은 방법으로 $\angle DQP = \angle B$이다. 따라서 $\angle PDQ = \angle A$이다.

그러므로 $\triangle DQP$와 $\triangle ABC$는 닮음이다. 즉, $\triangle DQP$가 이등변삼각형이면, $\triangle ABC$도 이등변삼각형이다.

종합문제풀이 **5.7**

점 P는 직사각형 $ABCD$ 내부에 있는 한 점으로 $\overline{PA} = 4$, $\overline{PD} = 8$, $\overline{PC} = 7$을 만족할 때, 선분 PB의 길이를 구하여라.

풀이

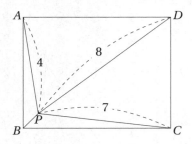

점 P에서 변 AD에 내린 수선의 발을 R이라 하고, $\overline{AR} = x$, $\overline{RD} = y$라 하자. 또, 점 P에서 변 CD에 내린 수선의 발을 S라 하고, $\overline{DS} = a$, $\overline{SC} = b$라 하면,

$$x^2 + a^2 = \overline{AP}^2 = 16,$$
$$a^2 + y^2 = \overline{PD}^2 = 64,$$
$$y^2 + b^2 = \overline{PC}^2 = 49$$

이므로,

$$\begin{aligned}
\overline{PB}^2 &= x^2 + b^2 \\
&= (x^2 + a^2) + (y^2 + b^2) - (a^2 + y^2) \\
&= 16 + 49 - 64 = 1
\end{aligned}$$

이다. 따라서 $\overline{PB} = 1$이다.

종합문제풀이 **5.8 (인하대 경시, '2002)**

예각삼각형 ABC에 대하여 변 BC의 중점을 M, 변 AB의 중점을 N, 변 AC를 3등분하는 점 중 점 A에 가까운 순으로 D, E라고 하자. 두 선분 BD와 BE가 각각 선분 AM과 두 점 P, Q에서 만날 때, $\dfrac{\overline{PQ}}{\overline{AM}}$의 값을 구하여라.

풀이

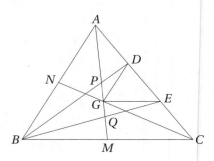

$\triangle ABC$의 무게중심을 G라 하자. $\triangle CDG$와 $\triangle CAN$은 닮음비가 $2:3$인 닮음이다. 따라서 $\overline{GD}:\overline{AB} = 1:3$이다. 즉, $\triangle PDG$와 $\triangle PBA$는 닮음비가 $1:3$인 닮음이다. 그러므로 $\overline{PG}:\overline{AP} = 1:3$이다.

마찬가지로, $\triangle AGE$와 $\triangle AMC$는 닮음비가 $2:3$인 닮음이다. 그런데, $\overline{MC} = \overline{BM}$이므로 따라서 $\overline{GE}:\overline{BM} = 2:3$이다. 그러므로 $\overline{GQ}:\overline{QM} = 2:3$이다. 그런데, $\overline{AG}:\overline{GM} = 2:1$이므로,

$$\overline{AP}:\overline{PG}:\overline{GQ}:\overline{QM} = 7.5:2.5:2:3$$

이다. 따라서 $\dfrac{\overline{PQ}}{\overline{AM}} = \dfrac{4.5}{15} = \dfrac{3}{10}$이다.

종합문제풀이 **5.9**

△ABC에서 $\overline{AB}$ = 20, $\overline{BC}$ = 29, $\overline{CA}$ = 21이다. 변 BC위에 $\overline{BD}$ = 8, $\overline{EC}$ = 9가 되도록 점 D와 E를 잡자. 이때, ∠DAE를 구하여라.

풀이

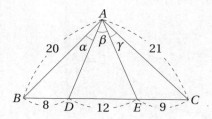

α = ∠BAD, β = ∠DAE, γ = ∠EAC이다. $\overline{BA}$ = $\overline{BE}$ 이므로 ∠AEB = $\alpha + \beta$이다.

마찬가지로, $\overline{CA}$ = $\overline{CD}$이다. 그러므로 ∠ADC = $\beta + \gamma$이다. 따라서

$$180° = (\alpha + \beta) + (\beta + \gamma) + \beta = (\alpha + \beta + \gamma) + 2\beta$$

이다. 그런데, $29^2 = 20^2 + 21^2$이다. 즉, $\alpha + \beta + \gamma = 90°$이다. 따라서 $\beta = 45°$이다. 즉, ∠$DAE = 45°$이다.

종합문제풀이 **5.10**

그림에서 점 E는 변 BC의 연장선위의 점이고, △ABC와 △CDE는 정삼각형이다. 변 AC와 DE의 중점을 각각 F와 G라고 하자. △ABC = 24, △CDE = 60일 때, △BFG의 넓이를 구하여라.

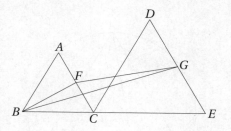

풀이

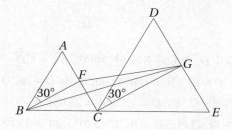

∠ABF = ∠DCG = 30°이므로 $\overline{BF} \parallel \overline{CG}$이다. 따라서 △BFG = △BFC = $\frac{1}{2}$△ABC = 12이다.

5.11

볼록오각형 $ABCDE$에서 $\angle BAE = 60°$, $\overline{BC} = \overline{CD} = \overline{DE}$, $\angle BCD = \angle CDE = 140°$일 때, $\angle BAC$, $\angle CAD$, $\angle DAE$를 각각 구하여라.

풀이

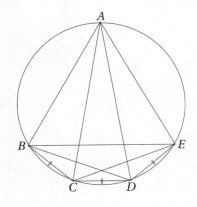

점 B와 D, 점 C와 E를 연결하면, $\overline{BC} = \overline{CD} = \overline{DE}$, $\angle BCD = \angle CDE = 140°$이므로 $\triangle BCD \equiv \triangle CDE$이다. 따라서 $\angle CBD = \angle CDB = \angle DCE = \angle DEC = 20°$이다. 그러므로 $\angle BCE = 140° - 20° = 120°$이다. 따라서 $\angle BCE + \angle BAE = 180°$이므로 네 점 A, B, C, E가 한 원 위에 있다.

현 BE에 대하여 $\angle BCE = \angle DBE = 120°$이므로, 네 점 B, C, D, E가 한 원 위에 있다.

이 두 원은 모두 B, C, E를 지나므로 동일한 원이다. 따라서 $\angle BAC = \angle CAD = \angle DAE = 20°$이다.

5.12

삼각형 ABC의 외접원에서 변 AB의 연장선 위에 한 점 P를 잡고, 점 C와 연결하여 원과 만나는 점을 D라 할 때, 사각형 $ABDC$가 원에 내접한다. $\overline{BP} = 5$, $\overline{BD} = 3$, $\overline{CD} = 4$, $\overline{DP} = 6$일 때, 선분 AB와 CA의 길이를 각각 구하여라.

풀이

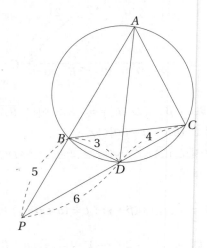

$\angle BAD = \angle DCB$이다. 그러므로 $\angle PAD = \angle PCB$, $\angle APD = \angle CPB$이므로 $\triangle PAD$와 $\triangle PCB$는 닮음(AA닮음)이다.

또한, 사각형 $ABCD$가 원에 내접하므로 $\angle PCA = \angle PBD$, $\angle APC = \angle DPB$이므로 $\triangle PAC$와 $\triangle PDB$는 닮음(AA닮음)이다.

따라서 $\dfrac{\overline{PA}}{\overline{PD}} = \dfrac{\overline{AC}}{\overline{DB}} = \dfrac{\overline{CP}}{\overline{BP}}$ 이므로 $\dfrac{\overline{PA}}{6} = \dfrac{\overline{AC}}{3} = \dfrac{10}{5}$ 이다. $\overline{PA} = 12$, $\overline{CA} = 6$이고, $\overline{AB} = \overline{PA} - \overline{PB} = 7$이다.

5.13 _____

$\triangle ABC$에서 $\angle B$의 이등분선과의 변 CA와의 교점을 D, 점 A, C에서 선분 BD 또는 그 연장선에 내린 수선의 발을 각각 E, F라고 하자. 점 D에서 변 BC에 내린 수선의 발을 M이라 할 때, $\angle DME = \angle DMF$임을 보여라.

풀이

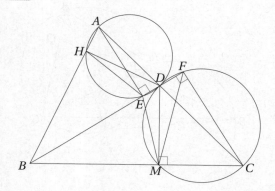

점 D에서 변 AB에 내린 수선의 발을 H라 하자. 그러면, $\angle AHD = \angle AED = 90°$이다. 그러므로 네 점 A, H, E, D는 한 원 위에 있다. 따라서 $\angle DAE = \angle DHE$이다.

또한, $\triangle BHD \equiv \triangle BMD$(RHA합동)이고, 더욱이 $\triangle BHE \equiv \triangle BME$(SAS합동)이다.

그러므로 $\angle DME = \angle DMB - \angle EMB = \angle DHB - \angle EHB = \angle DHE = \angle DAE$이다. 즉, $\angle DME = \angle DAE$이다.

$\angle DFC = \angle DMC = 90°$이므로, 네 점 D, M, C, F는 한 원 위에 있다. 즉, $\angle DCF = \angle DMF$이다.

따라서 $\angle DAE = \angle DCF$(엇각)이므로,

$$\angle DME = \angle DAE = \angle DCF = \angle DMF$$

이다.

5.14 _____

$\triangle ABC$에서 $\angle C$의 이등분선과 변 AB와의 교점을 D, $\angle B$의 이등분선과 변 CA와의 교점을 E라 하자. 선분 DE 위의 임의의 점 P에서 변 BC, CA, AB에 내린 수선의 발을 각각 X, Y, Z라 할 때, $\overline{PX} = \overline{PY} + \overline{PZ}$임을 증명하여라.

풀이

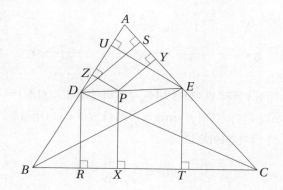

점 D에서 변 BC, CA에 내린 수선의 발을 각각 R, S, 점 E에서 변 BC, AB에 내린 수선의 발을 각각 T, U라 하자. 그러면, $\overline{DC}$는 공통, $\angle DCR = \angle DCS$, $\angle DRC = \angle DSC = 90°$이므로 $\triangle DCR \equiv \triangle DCS$(RHA합동)이다.

마찬가지로, $\triangle EBU \equiv \triangle EBT$(RHA합동)이다.

따라서 $\overline{DR} = \overline{DS}$, $\overline{ET} = \overline{EU}$이다.

$r = \dfrac{\overline{DP}}{\overline{DE}}$라고 하자. 그러면 $0 < r < 1$이고, $\dfrac{\overline{PE}}{\overline{DE}} = 1 - r$이다. $\overline{PY} \parallel \overline{DS}$이므로 $PY = (1-r)DS = (1-r)DR$이다.

마찬가지로, $\overline{PZ} \parallel \overline{EU}$이므로 $\overline{PZ} = r\overline{EU} = r\overline{ET}$이다.

따라서 $\overline{DR} \parallel \overline{PX} \parallel \overline{ET}$이고, $\dfrac{\overline{DP}}{\overline{PE}} = \dfrac{r}{1-r}$이므로

$$\overline{PY} + \overline{PZ} = (1-r)\overline{DR} + r\overline{ET} = \overline{PX}$$

이다.

종합문제풀이 **5.15**

$\overline{AB} = \overline{AC}$인 이등변삼각형 ABC에 $\overline{BC} = a$, $\overline{CA} = \overline{AB} = b$라 할 때, a, b는 정수이며, 서로 소이다. 삼각형 ABC의 내심을 I, 선분 AI의 연장선과 변 BC와의 교점을 D라 하면, $\dfrac{\overline{AI}}{\overline{ID}} = \dfrac{25}{24}$이다. 이때, $\triangle ABC$의 내접원의 반지름의 길이를 구하여라.

풀이

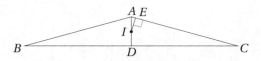

내심 I에서 변 CA에 내린 수선의 발을 E, $\angle CAD = \alpha$라 하자. 그러면 $\sin\alpha = \dfrac{a}{2b}$이다. $\overline{ID} = \overline{IE}$(내접원의 반지름)이므로

$$\sin\alpha = \frac{a}{2b} = \frac{24}{25}$$

이다. a, b가 서로 소이므로 $a = 48$, $b = 25$이다. 따라서 $\overline{BC} = 48$, $\overline{DC} = \dfrac{1}{2}a = 24$이고, $\overline{AE} = \overline{AC} - \overline{EC} = 1$이다. 그러므로

$$\overline{ID} = \overline{IE} = \overline{AE}\tan\alpha = \tan\alpha = \frac{\sin\alpha}{\cos\alpha}$$
$$= \frac{\sin\alpha}{\sqrt{1 - \sin^2\alpha}} = \frac{\frac{24}{25}}{\frac{7}{25}} = \frac{24}{7}$$

이다.

종합문제풀이 **5.16 (JMO, '2003)**

삼각형 ABC의 내부의 한 점 P에서, 변 AC와 선분 BP의 연장선과의 교점을 Q, 변 AB와 선분 CP의 연장선과의 교점을 R이라 하자. $\overline{AR} = \overline{RB} = \overline{CP}$, $\overline{CQ} = \overline{PQ}$일 때, $\angle BRC$를 구하여라.

풀이

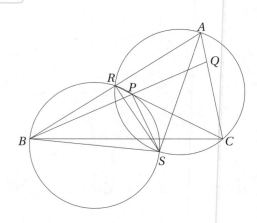

삼각형 BPR과 RCA의 외접원의 교점을 S라 하자. 네 점 B, S, P, R이 한 원 위에 있으므로 $\angle BSR = \angle BPR$이다. 또, 네 점 A, R, S, C도 한 원 위에 있으므로 $\angle RCA = \angle RSA$이다. 그러므로 $\angle BSR = \angle BPR = \angle QPC = \angle PCQ = \angle RCA = \angle RSA$이다. 따라서 선분 RS는 $\angle BSA$를 이등분한다.

$\overline{BR} = \overline{RA}$이므로 각 이등분선의 정리에 의하여 $\overline{BS} = \overline{SA}$이다. 그러므로 $\angle BRS = 90°$이다. 네 점 B, S, P, R이 한 원 위에 있으므로, $\angle BPS = 90°$이다.

그러므로 $\angle CPS = 90° - \angle QPC = 90° - \angle BSR = \angle RBS = \angle ABS$이고, $\angle SCP = \angle SCR = \angle SAR = \angle SAB$이다. 따라서 $\triangle ABS$와 $\triangle CPS$는 닮음이다. $\triangle ABS$가 이등변삼각형이므로 $\overline{BS} = \overline{SA}$이다. 그러므로 $\triangle CPS$도 $\overline{PS} = \overline{SC}$인 이등변삼각형이다. 또한,

$$\frac{\overline{PS}}{\overline{BS}} = \frac{\overline{CP}}{\overline{AB}} = \frac{\frac{1}{2}\overline{AB}}{\overline{AB}} = \frac{1}{2}$$

이다. 따라서 $\triangle PBS$가 직각삼각형이므로 삼각비

에 의하여 $\angle SBP = 30°$이다. 따라서

$$\begin{aligned} \angle BRC &= \angle BRS + \angle SRC \\ &= \angle BRS + \angle SRP \\ &= \angle BRS + \angle SBP \\ &= 90° + 30° = 120° \end{aligned}$$

이다.

5.17 _____

삼각형 ABC에서 점 A에서 $\angle B$와 $\angle C$의 이등분선에 내린 발을 각각 A_1, A_2, 점 B에서 $\angle C$와 $\angle A$의 이등분선에 내린 발을 각각 B_1, B_2, 점 C에서 $\angle A$와 $\angle B$의 이등분선에 내린 발을 각각 C_1, C_2라 할 때,

$$2(\overline{A_1 A_2} + \overline{B_1 B_2} + \overline{C_1 C_2}) = \overline{AB} + \overline{BC} + \overline{CA}$$

가 성립함을 보여라.

풀이

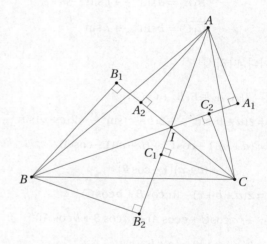

$\triangle ABC$의 내심을 I라 하자. 그러면,

$$\angle BAA_1 = 90° - \frac{\angle B}{2} = \frac{\angle A + \angle C}{2} > \frac{\angle A}{2} = \angle BAI$$
$$\angle CAA_2 = 90° - \frac{\angle C}{2} = \frac{\angle A + \angle B}{2} > \frac{\angle A}{2} = \angle CAI$$

이다. 따라서 점 A_1와 A_2는 $\angle A$의 이등분선 AI을 기준으로 서로 반대편에 있다. 더욱이, $\angle AIA_1 = 180° - \angle AIB$이므로,

$$\angle IAA_1 = 90° - \angle AIA_1 = 90° - \left(\frac{\angle A}{2} + \frac{\angle B}{2} \right) = \frac{\angle C}{2}$$

이다. 마찬가지로, $\angle IAA_2 = \frac{\angle B}{2}$이다. 따라서

$$\overline{IA_1} = \overline{AI} \sin \frac{C}{2}, \quad \overline{IA_2} = \overline{AI} \sin \frac{B}{2} \tag{1}$$
$$\overline{AA_1} = c \sin \frac{B}{2}, \quad \overline{AA_2} = b \sin \frac{C}{2} \tag{2}$$

이다. A, A_2, I, A_1은 $\overline{AI}$를 지름으로 하는 한 원 위에 있다. 그러므로 톨레미의 정리에 의하여

$$\overline{A_1 A_2} \cdot \overline{AI} = \overline{IA_2} \cdot \overline{AA_1} + \overline{IA_1} \cdot \overline{AA_2}$$

이다. 식 (1)과 식 (2)를 위 식에 대입하면

$$\overline{A_1 A_2} = c\sin^2 \frac{B}{2} + b\sin^2 \frac{C}{2}$$

이다. 마찬가지로 $\overline{B_1 B_2}$과 $\overline{C_1 C_2}$를 구하면

$$\overline{B_1 B_2} = a\sin^2 \frac{C}{2} + c\sin^2 \frac{A}{2},$$
$$\overline{C_1 C_2} = b\sin^2 \frac{A}{2} + a\sin^2 \frac{B}{2}$$

이다. 따라서

$$
\begin{aligned}
&2(A_1 A_2 + B_1 B_2 + C_1 C_2)\\
&= 2(a+b)\sin^2\frac{C}{2} + 2(b+c)\sin^2\frac{A}{2} + 2(c+a)\sin^2\frac{B}{2}\\
&= (a+b)(1-\cos C) + (b+c)(1-\cos A)\\
&\qquad + (c+a)(1-\cos B)\\
&= 2(a+b+c) - \{(c\cos B + b\cos C)\\
&\qquad + (a\cos C + c\cos A) + (a\cos B + b\cos A)\}\\
&= 2(a+b+c) - (a+b+c)\\
&= a+b+c\\
&= \overline{AB} + \overline{BC} + \overline{CA}
\end{aligned}
$$

이다.

종합문제풀이 **5.18**

삼각형 ABC에서 변 BC 위의 한 점 D를 잡고, $\triangle ABD$와 $\triangle ACD$의 내접원을 각각 O_1, O_2라 하자. 직선 l을 두 원 O_1과 O_2의 직선 BC가 아닌 공통외접선이라고 하자. 직선 l과 선분 AD의 교점을 P라 하면 $2\overline{AP} = \overline{AB} + \overline{CA} - \overline{BC}$임을 증명하여라.

풀이

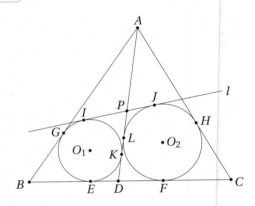

그림과 같이 원 O_1과 접선 l, 변 AB, BD, AD와의 접점을 각각 I, G, E, K라고 잡자. 또, 원 O_2가 접선 l, 변 AD, DC, AC와의 접점을 각각 J, L, F, H라 잡자. 그러면,

$$
\begin{aligned}
\overline{AB} + \overline{AC} - \overline{BC} &= \overline{AG} + \overline{AH} - \overline{EF}\\
&= \overline{AK} + \overline{AL} - \overline{IJ}\\
&= 2\overline{AP} + \overline{PK} + \overline{PL} - \overline{PI} - \overline{PJ}\\
&= 2\overline{AP}
\end{aligned}
$$

이다.

종합문제풀이 **5.19 (KMO, '1991)** _____

$\overline{AB} = \overline{AC}$인 이등변삼각형 ABC에서 변 BC의 중점을 D라 한다. $\angle ABC$의 삼등분선이 AD와 만나는 점을 A로 부터 차례대로 M, N이라 하고, 선분 CN의 연장과 변 AB의 교점을 E라 하면 $\overline{EM} \parallel \overline{BN}$임을 증명하여라.

풀이

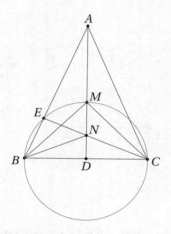

$\triangle ABC$는 이등변삼각형이고, 직선 AD는 수선이므로 점 B, C는 직선 AD에 대하여 대칭이다. 따라서

$$\angle BCN = \angle ECM = \angle MBN = \angle EBM = \frac{1}{3}\angle ABC$$

이다. 따라서 $\angle ECM = \angle EBM$이다. 그러므로 네 점 E, B, C, M은 한 원 위에 있다. 따라서 원주각의 성질에 의하여

$$\angle EMB = \angle ECB = \angle MBN$$

이다. 따라서 $\overline{EM} \parallel \overline{BN}$이다.

종합문제풀이 **5.20 (KMO, '1992)** _____

삼각형 ABC의 각 B에 대한 방접원을 O, 원 O와 변 BA의 연장선과의 접점을 P, 점 P를 지나는 원 O의 지름의 다른 끝점을 Q라고 한다. 변 AB의 중점을 M, 점 M에 관한 점 P의 대칭점을 R(즉, $\overline{PM} = \overline{MR}$)이라 할 때, 세 점 Q, C, R은 같은 직선 위에 있음을 보여라.

풀이

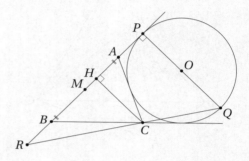

$\overline{BC} = a, \overline{CA} = b, \overline{AB} = c, a+b+c = 2s$라 하면, $\overline{BP} = \overline{AR} = s$이므로 $\overline{PA} = \overline{BR} = s-c$, $\overline{MP} = \overline{MR} = s - \frac{c}{2}$, $\overline{PR} = 2\overline{MP} = 2s-c = a+b$이다. 방접원 O의 반지름의 길이를 r_b, $\triangle ABC$의 내접원의 반지름의 길이를 r이라 하면

$$\frac{r_b}{r} = \frac{s}{s-b}, \quad r_b = \frac{sr}{s-b}$$

이다. 따라서 $\overline{PQ} = 2r_b = \frac{2sr}{s-b}$이다. $\triangle ABC = sr$이고, 점 C에서 변 AB에 내린 수선의 발을 H라 하면

$$\overline{CH} = a\sin B = \frac{2}{c}\left(\frac{ca}{2}\sin B\right) = \frac{2}{c}\triangle ABC = \frac{2sr}{c}$$

이다. 또한,

$$\overline{RH} = \overline{AR} - \overline{AH} = s - b\cos A$$
$$= s - b + b(1 - \cos A) = s - b + b \cdot \frac{a^2 - (b-c)^2}{2bc}$$
$$= s - b + \frac{4(s-b)(s-c)}{2c} = \frac{s-b}{c}(a+b)$$

이다. 따라서 $\dfrac{\overline{CH}}{\overline{RH}} = \dfrac{2sr}{(a+b)(s-b)} = \dfrac{\overline{PQ}}{\overline{PR}}$이다. 즉, 세 점 Q, C, R은 같은 직선 위에 있다.

종합문제풀이 **5.21 (KMO, '1995)** _____

정삼각형 ABC의 내부의 한 점 P에 대하여 $\overline{AP} = 1$, $\overline{BP} = \sqrt{3}$, $\overline{CP} = 2$이라고 한다. 이 정삼각형의 한 변의 길이를 구하여라.

풀이

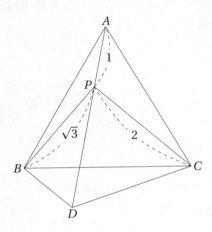

선분 CP를 한 변으로 하는 정삼각형 CPD를 변 PD가 변 BC와 만나도록 그리면, $\overline{AC} = \overline{BC}$, $\overline{CD} = \overline{CP}$, $\angle ACP = 60° - \angle PCB = \angle BCD$이므로 $\triangle ACP$ 와 $\triangle BCD$는 합동이다. 따라서 $\overline{BD} = \overline{AP} = 1$이다. 그런데, $\overline{BP}^2 + \overline{BD}^2 = 3 + 1 = \overline{PD}^2$이므로 $\angle PBD = 90°$이다. 그리고, $\sin \angle PDB = \dfrac{\sqrt{3}}{2}$이다. 따라서 $\angle PDB = 60°$이다. 즉, $\angle BDC = 120°$이다. $\triangle BDC$ 에 제 2 코사인 법칙을 적용하면

$$\overline{BC}^2 = \overline{BD}^2 + \overline{DC}^2 - 2\overline{BD} \cdot \overline{DC} \cos 120° = 7$$

이다. 따라서 구하는 정삼각형 한 변의 길이는 $\sqrt{7}$ 이다.

종합문제풀이 **5.22 (KMO, '1997)** _____

선분 CD는 원 K의 지름이다. 선분 AB는 선분 CD 에 평행인 현이고, 점 E는 원 K 위의 점으로서 선분 AE는 선분 CB와 평행이다. 점 F는 선분 AB와 선분 DE와의 교점이고, 점 G는 직선 CD 위의 점으로서 선분 FG는 선분 CB에 평행이다. 이때, 직선 GA 가 점 A에서 원 K에 접함을 증명하여라.

풀이

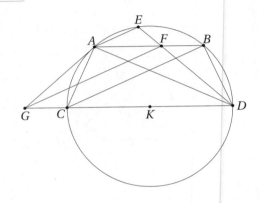

$\square ACDB$는 원에 내접하는 등변사다리꼴이므로 $\overline{AC} = \overline{BD}$, $\angle FBD = \angle GCA$이다. 또한, $\square FGCB$는 평행사변형이므로 $\overline{FB} = \overline{GC}$이다. 따라서 $\triangle ACG \equiv \triangle DBF$(SAS합동)이다. 그러므로 $\angle GAC = \angle FDB$이다. 원주각과 동위각, 엇각 등의 성질에 의하여

$$\angle FDB = \angle EAB = \angle BCD = \angle BAD = \angle ADC$$

이다. 즉, $\angle GAC = \angle ADC$이므로, 직선 AG는 원 K 에 접한다.

종합문제풀이 **5.23 (KMO, '2003)**

원 O에 내접하고 $\angle A < \angle B$인 예각삼각형 ABC를 생각하자. 원 외부의 어떤 점 P가

$$\angle A = \angle PBA = 180° - \angle PCB$$

를 만족시킨다고 하자. 직선 PB가 원 O와 만나는 B가 아닌 점을 D라 하고, 점 A에서 원 O에 접하는 접선이 직선 CD와 점 Q에서 만난다고 하자. 이때, $\overline{CQ} : \overline{AB} = \overline{AQ}^2 : \overline{AD}^2$임을 보여라.

풀이

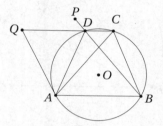

$\angle A = \angle PBA$이므로 $\angle A = \angle DBA = \alpha$라고 하자. 점 A는 접점이므로

$$\overline{QA}^2 = \overline{QD} \cdot \overline{QC} \tag{1}$$

이다. 점 A, B, C, D는 한 원 위에 있으므로, $\angle CAB = \angle CDB = \alpha$, $\alpha = \angle ABD$이므로 $\overline{AB} \parallel \overline{CD}$이다. 따라서

$$\angle DAB = \angle ADQ \tag{2}$$

이다. 또한, A는 접점이므로 $\triangle ABD$에서

$$\angle ABD = \alpha = \angle DAQ \tag{3}$$

이다. 식 (2), (3)에서 $\triangle ABD$와 $\triangle DAQ$(AA닮음)이다. 따라서 $\overline{AD} : \overline{AB} = \overline{DQ} : \overline{AD}$이다. 즉,

$$\overline{AD}^2 = \overline{AB} \cdot \overline{DQ} \tag{4}$$

이다. 식 (1)과 (4)에 의하여

$$\overline{AQ}^2 : \overline{AD}^2 = \overline{DQ} \cdot \overline{CQ} : \overline{AB} \cdot \overline{DQ} = \overline{CQ} : \overline{AB}$$

이다.

종합문제풀이 **5.24**

$\triangle ABC$가 반지름의 길이가 1인 원에 내접한다. $\triangle ABC$의 둘레의 길이가 $2s$이고, 세 변의 길이는 각각 a, b, c이다. 이때, $(2s - a)(2s - b)(2s - c) \geq 32\triangle ABC$임을 증명하여라.

풀이 가정에서 $a + b + c = 2s$이고, 변의 길이이므로 $a, b, c > 0$이다. 따라서 산술-기하평균 부등식에 의하여

$$
\begin{aligned}
&(2s - a)(2s - b)(2s - c) \\
&= (a + b + c - a)(a + b + c - b)(a + b + c - c) \\
&= (b + c)(c + a)(a + b) \\
&\geq 2\sqrt{bc} \cdot 2\sqrt{ca} \cdot 2\sqrt{ab} \\
&= 8abc
\end{aligned}
\tag{1}
$$

이다. 그런데, $\triangle ABC = \dfrac{abc}{4R}$에서 $R = 1$이므로 $abc = 4\triangle ABC$이다. 이를 식 (1)에 대입하면

$$(2s - a)(2s - b)(2s - c) \geq 32\triangle ABC$$

이다. 단, 등호는 $a = b = c$일 때 성립한다.

$\overline{AB} < \overline{AC}$인 삼각형 ABC에서, 점 A에서 변 BC에 내린 수선의 발을 D라 하고, $\overline{BX} = \overline{CX}$가 되도록 변 CA 위에 점 X를 잡자. 또, 선분 AD의 연장선과 삼각형 ABC의 외접원 O와의 교점을 P, 선분 BX의 연장선과 원 O와의 교점을 Q라 하자. 그러면, 선분 PQ는 원 O의 지름임을 보여라.

풀이

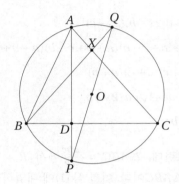

$\overline{BX} = \overline{CX}$이므로 호 QC에 대한 원주각의 성질에 의하여

$$\angle XCB = \angle XBC = \angle QBC = \angle QAC$$

이다. 또한,

$$\angle XCB = \angle ACB = \angle QBC$$

이므로 평행선과 엇각의 성질에 의하여 $\overline{AQ} \parallel \overline{BC}$이다.

따라서 $\angle PAQ = \angle ADB = 90°$이다.

그러므로 중심각과 원주각의 관계에 의하여, 선분 PQ는 원 O의 지름이다.

$\triangle ABC$에서 $4\overline{AD} = \overline{AB}$가 되도록 변 AB위에 점 D를 잡자. $\angle ADE = \angle ECB$가 되도록 변 CA 위에 점 E를 잡자. 삼각형 ABC의 외접원 O와 선분 DE의 연장선과의 교점을 P라 할 때, $\overline{PB} = 2\overline{PD}$임을 보여라.

풀이

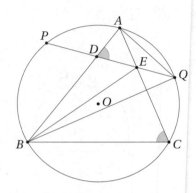

선분 PD의 연장선과 원 O과의 교점 중 점 P가 아닌 점을 Q라 하자. 그러면,

$$\angle ADQ = \angle BDP = 180° - \angle ADP$$
$$= 180° - \angle ACB = \angle AQB$$

이다. 또, $\angle QAD = \angle BAQ$이므로, $\triangle ADQ$와 $\triangle AQB$는 닮음(AA닮음)이다. 따라서 $\dfrac{\overline{AD}}{\overline{AQ}} = \dfrac{\overline{AQ}}{\overline{AB}}$이다. $\overline{AB} = 4\overline{AD}$이므로 $\overline{AB} = 2\overline{AQ}$이다. 그런데, $\angle DPB = \angle QPB = \angle QAB$, $\angle DBP = \angle ABP = \angle AQP$이므로, $\triangle PDB$와 $\triangle AQB$가 닮음(AA닮음)이다. $\dfrac{\overline{PD}}{\overline{AQ}} = \dfrac{\overline{PB}}{\overline{AB}}$이다. $\overline{AB} = 2\overline{AQ}$이므로 이를 대입하면 $\overline{PB} = 2\overline{PD}$이다.

참고 그림에서 점 P와 Q의 위치가 바뀌어도 성립한다.

종합문제풀이 **5.27**

삼각형 ABC에서, 넓이를 S, 내접원의 반지름의 길이를 r이라 할 때, $\frac{S}{r^2} \geq 3\sqrt{3}$임을 증명하여라.

풀이 $\triangle ABC$에서 $\overline{BC} = a$, $\overline{CA} = b$, $\overline{AB} = c$, $2s = a + b + c$라고 하자. 그러면, 산술-기하평균 부등식에 의하여

$$\frac{s}{3} = \frac{(s-a) + (s-b) + (s-c)}{3} \geq \sqrt[3]{(s-a)(s-b)(s-c)}$$

이다. 양변을 세제곱하면,

$$(s-a)(s-b)(s-c) \leq \frac{s^3}{27} \qquad (1)$$

이다. 헤론의 공식에 식 (1)과 $S = rs$를 이용하여 정리하면,

$$S^2 = s(s-a)(s-b)(s-c) \leq \frac{s^4}{27} = \frac{S^4}{27r^4}$$

이다. 따라서 $\frac{S^2}{r^4} \geq 27$이다. 즉, $\frac{S}{r^2} \geq 3\sqrt{3}$이다. 단, 등호는 삼각형 ABC가 정삼각형일 때 성립한다.

종합문제풀이 **5.28**

반지름의 길이가 R인 부채꼴 OAB(O가 중심)에 내접하는 반지름의 길이가 r인 원이 있다. 이 원의 중심을 I라 하자. 현 AB의 길이가 $2c$일 때, $\frac{1}{r} = \frac{1}{c} + \frac{1}{R}$임을 증명하여라.

풀이

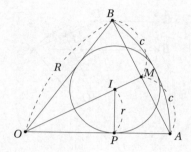

현 AB의 중점을 M, 원의 중심 I에서 선분 OA에 내린 수선의 발을 P라 하자. 그러면, $\overline{AM} = c$, $\overline{OA} = R$, $\overline{IP} = r$, $\overline{OI} = R - r$이다. $\angle IOP = \angle AOM$, $\angle IPO = \angle AMO = 90°$이므로 $\triangle OMA$와 $\triangle OPI$는 닮음(AA 닮음)이다. 따라서

$$\frac{\overline{OI}}{\overline{IP}} = \frac{\overline{OA}}{\overline{AM}}, \qquad \frac{R-r}{r} = \frac{R}{c}$$

이다. 양변을 R로 나누고 정리하면, $\frac{1}{r} = \frac{1}{c} + \frac{1}{R}$이다.

종합문제풀이 **5.29 (ARML, '2007)** —————

$\overline{AD} \parallel \overline{BC}$인 사다리꼴 $ABCD$에서 $\overline{DA} = \overline{DB} = \overline{DC}$이고, 변 CD의 수직이등분선이 변 AB의 연장선과 만나는 점을 E라 하자. $\angle BCE = 2\angle CED$일 때, $\angle BCE$를 구하여라.

풀이

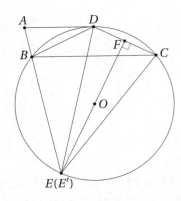

변 CD의 중점을 F라 하자. 그러면, 직선 FE는 변 CD의 수직이등분선이 된다.

$\angle ADB = 2\alpha$라고 하자. 그러면, $\angle DAB = \angle DBA = 90° - \alpha$, $\angle DBC = \angle DCB = 2\alpha$이다.

$\triangle BCD$의 외접원을 O라 하고, 직선 AB와 원 O의 교점 중 B가 아닌 점을 E'라 하자. 그러면, 네 점 B, C, D, E'는 원 O 위에 있다.

$\angle CE'D = \angle CBD = 2\alpha$, $\angle DCE' = \angle DBA = 90° - \alpha$이다. $\triangle CDE'$에서 $\angle E'DC = 180° - \angle CE'D - \angle DCE' = 90° - \alpha = \angle DCE'$ 이다.

따라서 $\triangle CDE'$는 $CE' = DE'$인 이등변삼각형이다. 그러므로 $E = E'$이다.

따라서 $\angle BCE = \angle DCE - \angle DCB = 90° - 3\alpha$ 이다. $\angle BCE = 2\angle CED = 4\alpha$이므로 $\alpha = \dfrac{90°}{7}$이다.

따라서 $\angle BCE = \dfrac{360°}{7}$이다.

종합문제풀이 **5.30** —————

$\overline{AB} < \overline{AC}$인 $\triangle ABC$에서 $\angle A$의 이등분선과 변 BC와의 교점을 D, 변 BC의 중점을 M이라고 하자. 점 B에서 변 AD에 내린 수선의 발을 P, 변 BP의 연장선과 선분 AM과의 교점을 E라고 할 때, $\overline{ED} \parallel \overline{AB}$임을 증명하여라.

풀이

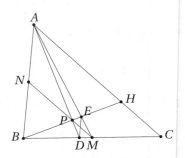

변 AB와 선분 MP의 연장선과의 교점을 N, 선분 BP의 연장선과 변 AC와의 교점을 H라 하자. $\angle BAP = \angle HAP$, AP는 공통, $\angle APB = \angle APH$이므로 $\triangle ABP \equiv \triangle AHP$(ASA합동)이다. 따라서 $\overline{BP} = \overline{PH}$이다. 즉, 점 P는 선분 BH의 중점이다. 주어진 조건으로 부터 점 M은 변 BC의 중점이므로, $\triangle BCH$에서 삼각형 중점연결정리에 의하여 $\overline{PM} \parallel \overline{HC}$이다. 즉 $\overline{PN} \parallel \overline{CA}$이다. 삼각형 중점연결정리에 의하여 점 N은 변 AB이 중점이다. 즉, $\overline{AN} = \overline{NB}$이다. $\triangle ABM$에 체바의 정리를 적용하면

$$\frac{\overline{AN}}{\overline{NB}} \cdot \frac{\overline{BD}}{\overline{DM}} \cdot \frac{\overline{ME}}{\overline{EA}} = 1$$

이다. $\overline{AN} = \overline{NB}$이므로 $\dfrac{\overline{BD}}{\overline{DM}} \cdot \dfrac{\overline{ME}}{\overline{EA}} = 1$ 이다. 즉, $\overline{MD} : \overline{DB} = \overline{ME} : \overline{EA}$이다. 따라서 $\overline{ED} \parallel \overline{AB}$이다.

종합문제풀이 **5.31 (KMO, '2006)** _____

원에 내접하는 사각형 $ABCD$에 대하여 변 AB위에 중심 O를 갖는 다른 원이 사각형 $ABCD$의 다른 세 변 AD, DC, CB와 각각 E, F, G에서 접한다. $\overline{FC} = \sqrt{2}$, $\overline{AO} = 3\overline{AE}$일 때, 선분 AE의 길이를 a라고 하자. $4a^2$의 값을 구하여라.

풀이

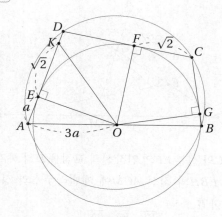

주어진 조건으로 부터 $\overline{OE} = \overline{OF} = \overline{OG}$, $\overline{OE} \perp \overline{AD}$, $\overline{OF} \perp \overline{DC}$, $\overline{OG} \perp \overline{BC}$이다.

또한, $\triangle OCF \equiv \triangle OCG$이므로 $\overline{FC} = \overline{CG} = \sqrt{2}$이다. 선분 ED위에 $\overline{FC} = \overline{EK}$인 점 K를 잡으면 $\triangle OCF \equiv OKE$이다. 그러므로 $\overline{EK} = \sqrt{2}$이다.

$\angle OCF = \angle OCG = \angle OKE = \theta$라 하면, 사각형 $ABCD$는 원에 내접하는 사각형이므로 $\angle A = 180° - 2\theta$이다. 그러므로 $\angle AOK = \theta$이다. 따라서 $\overline{AK} = \overline{AO}$이다. 그래서, $\sqrt{2} + a = 3a$, $2a = \sqrt{2}$이다. 따라서 $4a^2 = 2$이다.

종합문제풀이 **5.32** _____

$\triangle ABC$의 내접원과 세 변 BC, CA, AB와의 접점을 D, E, F라고 하자. 세 직선 AD, BE, CF가 한 점 G에서 만날 때, 점 G를 삼각형 ABC의 제르곤의 점이라고 한다. $\triangle ABC$에서 $\overline{BC} = a$, $\overline{CA} = b$, $\overline{AB} = c$, $2s = a + b + c$라고 할 때,

$$\frac{\overline{AG}}{\overline{GD}} = \frac{a(s-a)}{(s-b)(s-c)}$$

가 성립함을 보여라.

풀이

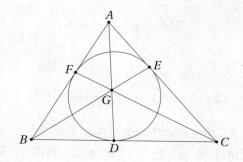

주어진 조건으로 부터 $\overline{AE} = s-a$, $\overline{EC} = s-c$, $\overline{AF} = s-a$, $\overline{FB} = s-b$임을 알 수 있다. 그러므로 세 선분 AD, BE, CF가 한 점 G에서 만나므로, 반 아우벨의 정리에 의하여

$$\frac{\overline{AG}}{\overline{GD}} = \frac{\overline{AF}}{\overline{FB}} + \frac{\overline{AE}}{\overline{EC}} = \frac{s-a}{s-b} + \frac{s-a}{s-c} = \frac{\{(s-b)+(s-c)\}(s-a)}{(s-b)(s-c)}$$

이다. 그런데, $(s-b)+(s-c) = 2s-(b+c) = a$이므로, $\frac{\overline{AG}}{\overline{GD}} = \frac{a(s-a)}{(s-b)(s-c)}$이다.

종합문제풀이 **5.33**

한 변의 길이가 4인 정삼각형 ABC에서 변 AB, CA의 중점을 각각 M, N이라 할 때, 선분 AN 위의 점 E를 잡고, 선분 BE와 MN의 교점을 P라 하고, 직선 PC와 변 AB와의 교점을 F라 하자. $\overline{EC} = x$일 때, 선분 FB의 길이를 x를 써서 나타내어라.

풀이

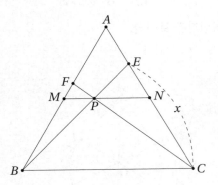

$\triangle EPN$과 $\triangle EBC$가 닮음이므로, $\overline{EN} : \overline{EC} = \overline{PN} : \overline{BC}$이다. 즉, $(x-2) : x = \overline{PN} : 4$이다. 따라서 $\overline{PN} = \dfrac{4(x-2)}{x}$이다. 또, $\triangle FBC$와 $\triangle FMP$가 닮음이므로, $\overline{FM} : \overline{MP} = \overline{FB} : \overline{BC}$이다. 즉, $(\overline{FB}-2) : \overline{MP} = \overline{FB} : 4$이다. 따라서 $\overline{MP} = \dfrac{4(\overline{FB}-2)}{\overline{FB}}$이다. 그러므로

$$\overline{PN} + \overline{MP} = \overline{MN} = \frac{4(x-2)}{x} + \frac{4(\overline{FB}-2)}{\overline{FB}} = 2$$

이다. 따라서 $\overline{FB} = \dfrac{4x}{3x-4}$이다.

종합문제풀이 **5.34**

$\triangle ABC$에서 $\overline{AB} = 6$, $\overline{AC} = 8$이고, 점 M은 변 BC의 중점, 점 E, F는 각각 AC, AB 위의 점이라 하고, 선분 EF와 AM의 교점을 G라 하자. $\overline{AE} = 2\overline{AF}$일 때, $\dfrac{\overline{GE}}{\overline{FG}}$를 구하여라.

풀이

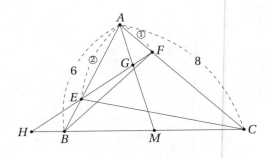

변 BC와 선분 EF의 연장선의 교점을 H라 하자. 삼각형 FBH와 직선 AGM에 메넬라우스의 정리를 적용하면,

$$\frac{\overline{HG}}{\overline{GF}} \cdot \frac{\overline{FA}}{\overline{AB}} \cdot \frac{\overline{BM}}{\overline{MH}} = 1$$

이다. 또, 삼각형 ECH와 직선 AGM에 메넬라우스의 정리를 적용하면

$$\frac{\overline{HG}}{\overline{GE}} \cdot \frac{\overline{EA}}{\overline{AC}} \cdot \frac{\overline{CM}}{\overline{MH}} = 1$$

이다. $\overline{CM} = \overline{BM}$, $\overline{EA} = 2\overline{FA}$이므로 위의 두 식을 변변 나누어 정리하면,

$$\frac{\overline{GE}}{\overline{GF}} = 2 \cdot \frac{\overline{AB}}{\overline{AC}} = 2 \cdot \frac{6}{8} = \frac{3}{2}$$

이다.

종합문제풀이 **5.35**

$\overline{AB} = \overline{AC}$인 이등변삼각형 ABC에서, 변 BC의 중점을 D라 하고, 점 D에서 변 AC에 내린 수선의 발을 E, 선분 DE의 중점을 M이라 할 때, $\overline{AM} \perp \overline{BE}$임을 증명하여라.

풀이

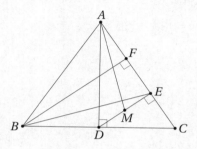

점 B에서 변 AC에 내린 수선의 발을 F라 하자. 그러면 $\overline{AD} \perp \overline{BC}$, $\overline{AE} \perp \overline{BF}$, $\overline{DE} \perp \overline{FC}$이므로 $\triangle ADE$와 $\triangle BCF$는 닮음(AA닮음)이다. 점 D가 변 BC의 중점이고, $\overline{DE} \parallel \overline{BF}$이므로 점 E가 선분 FC의 중점이다. 또한 점 M이 선분 DE의 중점이므로 $\triangle BEC$와 $\triangle AMD$는 닮음이다. 따라서 $\angle EBC = \angle MAD$이다. 그러므로

$$\angle ABE + \angle BAM$$
$$= (\angle ABD - \angle EBC) + (\angle BAD + \angle MAD)$$
$$= \angle ABD + \angle BAD$$
$$= 90°$$

이다. 따라서 $\overline{AM} \perp \overline{BE}$이다.

종합문제풀이 **5.36**

호 AB의 중점을 M, 호 MB 위에 임의의 점 C를 잡자. 점 M에서 AC에 내린 수선의 발을 D라 할 때, $2\overline{AD} = \overline{AC} + \overline{BC}$임을 증명하여라.

풀이

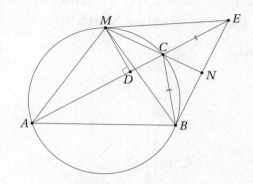

변 AC의 연장선 위에 $\overline{CB} = \overline{CE}$를 만족하는 점 E를 잡자. 점 M과 점 A, B, E를 연결하자. 선분 MC의 연장선과 선분 BE의 교점을 N이라 하자. 호 MA와 호 MB의 길이가 같으므로 $\overline{AM} = \overline{MB}$이다. $\square ABCM$은 원에 내접하므로, $\angle BCN = \angle BAM$, $\angle ECN = \angle ACM = \angle ABM = \angle BAM$이다. 따라서 $\angle BCN = \angle ECN$이다. 즉, 이등변삼각형 CBE에서 선분 CN은 $\angle C$의 이등분선이므로 $\overline{BN} = \overline{EN}$, $\overline{MN} \perp \overline{BE}$이다. 따라서 $\overline{ME} = \overline{MB}$이다. 즉, $\overline{MA} = \overline{ME}$이다. 그러므로 $\triangle MAE$는 이등변삼각형이고, $\overline{MD} \perp \overline{AE}$이므로 $\overline{AD} = \overline{DE}$이다. 따라서 $2\overline{AD} = \overline{AE} = \overline{AC} + \overline{CE} = \overline{AC} + \overline{BC}$이다.

종합문제풀이 **5.37**

$\angle A = 60°$, $\overline{AB} < \overline{AC}$인 $\triangle ABC$에서, 외심, 수심, 내심을 각각 O, H, I라 하고, 변 BC에 접하는 방접원의 중심을 I'라 하자. $\overline{AB} = \overline{AB'}$을 만족하는 점 B'을 변 AC 위에 잡고, $\overline{AC} = \overline{AC'}$을 만족하는 점 C'을 AB의 연장선 위에 잡으면 여덟 점 B, C, H, O, I, I', B', C'은 한 원 위에 있음을 보여라.

풀이

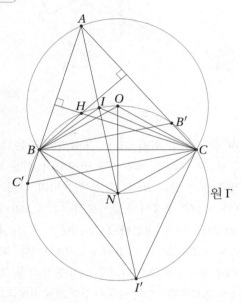

$\triangle ABC$의 외접원과 선분 AI의 연장선과의 교점을 N이라 하자. 점 I가 $\triangle ABC$의 내심으로 $\angle BIC = 90° + \frac{1}{2}\angle A = 120°$이다.

원주각과 중심각 사이의 관계에 의하여 $\angle BOC = 2\angle A = 120°$이다. 즉, $\angle BIC = \angle BOC = 120°$이므로, B, I, O, C는 한 원 위에 있다.

또, $\angle BAN = \angle CAN = 30°$이므로 $\overline{BN} = \overline{CN}$이다. 따라서 $\overline{BN} = \overline{CN} = \overline{IN} = \overline{ON}$이다. $\square BCOI$의 외접원의 중심이 N이다. 이 외접원을 Γ라고 하자.

$\overline{BH} \perp \overline{AC}$, $\overline{CH} \perp \overline{AB}$이므로 $\angle BHC = 180° - 60° = 120°$이다. 또, $\angle AB'B = 60°$이므로 $\angle BB'C = 180° - \angle AB'B = 120°$이다.

따라서 $\angle BHC = \angle BB'C = \angle BIC = \angle BOC = 120°$이므로, 점 H, B'도 원 Γ 위에 있다.

$\angle BC'C = \angle BI'C = 60°$이므로 $\angle BC'C + \angle BIC = \angle BI'C + \angle BIC = 180°$이다. 따라서 점 C', I'도 원 Γ 위에 있다.

그러므로 여덟 점 B, C, H, O, I, I', B', C'은 한 원 위에 있다.

종합문제풀이 **5.38**

이등변삼각형이 아닌 $\triangle ABC$에서, 변 BC, CA, AB 의 중점을 각각 D, E, F라 하자. $\triangle ABC$의 외접원과 선분 AD, BE, CF의 연장선과의 교점을 각각 L, M, N이라 하자. $\overline{LM} = \overline{LN}$이면 $2\overline{BC}^2 = \overline{CA}^2 + \overline{AB}^2$이 성립함을 보여라.

풀이

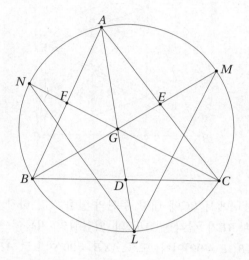

$\triangle ABC$의 무게중심을 G라 하자. 그러면, $\angle CAL = \angle CNL$, $\angle ACN = \angle ALN$이므로 $\triangle AGC$와 $\triangle NGL$ 은 닮음(AA닮음)이다. 같은 방법으로 $\triangle MGL$과 $\triangle AGB$는 닮음(AA닮음)이다. 따라서

$$\frac{\overline{LN}}{\overline{AC}} = \frac{\overline{LG}}{\overline{CG}}, \quad \frac{\overline{LM}}{\overline{AB}} = \frac{\overline{GL}}{\overline{BG}}$$

이다. 주어진 조건으로부터 $\overline{LM} = \overline{LN}$이므로 위 식 을 변변 나누면, $\dfrac{\overline{AB}}{\overline{AC}} = \dfrac{\overline{BG}}{\overline{CG}}$이다. 파푸스의 중선 정리 로 부터

$$\overline{BC}^2 + \overline{AB}^2 = 2(\overline{EC}^2 + \overline{BE}^2) = 2\left(\frac{1}{4}\overline{AC}^2 + \frac{9}{4}\overline{BG}^2\right)$$

이다. 이를 정리하면 $9\overline{BG}^2 = 2\overline{BC}^2 + 2\overline{AB}^2 - \overline{AC}^2$ 이다. 같은 방법으로

$$\overline{AC}^2 + \overline{BC}^2 = 2(\overline{AF}^2 + \overline{CF}^2) = 2\left(\frac{1}{4}\overline{AB}^2 + \frac{9}{4}\overline{CG}^2\right)$$

이다. 이를 정리하면 $9\overline{CG}^2 = 2\overline{AC}^2 + 2\overline{BC}^2 - \overline{AB}^2$ 이다. 따라서

$$\frac{\overline{AB}^2}{\overline{AC}^2} = \frac{\overline{BG}^2}{\overline{CG}^2} = \frac{2\overline{BC}^2 + 2\overline{AB}^2 - \overline{AC}^2}{2\overline{AC}^2 + 2\overline{BC}^2 - \overline{AB}^2}$$

이다. 이를 정리하여 인수분해하면,

$$(\overline{CA}^2 - \overline{AB}^2)(2\overline{BC}^2 - \overline{AB}^2 - \overline{CA}^2) = 0$$

이다. $\overline{AB} \neq \overline{CA}$이므로 $2\overline{BC}^2 = \overline{CA}^2 + \overline{AB}^2$이다.

종합문제풀이 **5.39 (나비의 정리)** _____

원 O의 현 UV의 중점을 M이라 하자. 점 M을 지나는 임의의 두 현을 AC, BD라 할 때, 직선 AB, CD가 직선 UV와 각각 X, Y에서 만난다고 하면, $\overline{MX} = \overline{MY}$임을 증명하여라.

풀이

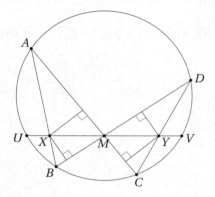

$\overline{UM} = \overline{VM} = a$, $\overline{XM} = x$, $\overline{YM} = y$라고 하자. 점 X에서 직선 AC, BD에 내린 수선의 길이를 각각 h_1, h_2, 점 Y에서 직선 BD, AC에 내린 수선의 길이를 각각 h_3, h_4라고 하면,

$$
\begin{aligned}
\frac{a^2 - x^2}{a^2 - y^2} &= \frac{\overline{UX} \cdot \overline{VX}}{\overline{UY} \cdot \overline{VY}} \\
&= \frac{\overline{AX} \cdot \overline{BX}}{\overline{CY} \cdot \overline{DY}} \\
&= \frac{\overline{AX} \sin \angle BAC \cdot \overline{BX} \sin \angle ABD}{\overline{CY} \sin \angle ACD \cdot \overline{DY} \sin \angle BDC} \\
&= \frac{h_1 \cdot h_2}{h_3 \cdot h_4} \\
&= \frac{h_1}{h_4} \cdot \frac{h_2}{h_3} \\
&= \frac{x^2}{y^2}
\end{aligned}
$$

이다. 따라서 $x = y$이다. 즉, $\overline{MX} = \overline{MY}$이다.

종합문제풀이 **5.40 (KMO, '1998)** _____

삼각형 ABC의 외심을 O, 수심을 H, 변 AC의 중점을 D라고 하자. 직선 BO가 삼각형 ABC의 외접원과 만나는 또 다른 점을 E라 할 때, 세 점 H, D, E는 한 직선 위에 있음을 보여라.

풀이

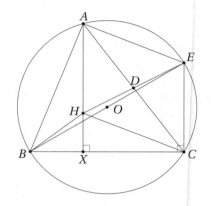

점 A에서 BC에 내린 수선의 발을 X라 하자. 선분 BE가 삼각형 ABC의 외접원의 지름이므로, $\angle BCE = 90°$이다. 또, $\angle AXB = 90°$이므로 $\overline{AH} \parallel \overline{CE}$이다. 또한, 원주각의 성질에 의하여 $\angle EBC = \angle EAC$, $\angle ABE = \angle ACE$이다. 또, $\overline{AH} \parallel \overline{CE}$이므로 $\angle ACE = \angle HAC$이다. $\angle HAC = \angle HBC$이므로,

$$\angle B = \angle EBC + \angle ABE = \angle EAC + \angle HAC = \angle HAE$$

이다. $\angle HCE = 90° - \angle BCH = 90° - (90° - \angle B) = \angle B$이다. 따라서 $\angle HAE = \angle HCE$, $\angle HAC = \angle ACE$이다. 즉, $\angle EAC = \angle HCA$이다. 따라서 $\overline{AE} \parallel \overline{HC}$이므로 $\square AHCE$는 평행사변형이다. 선분 AC의 중점이 D이고, 선분 HE의 중점도 D이므로 세 점 H, D, E는 한 직선 위에 있다.

종합문제풀이 **5.41 (KMO, '1998)** _____

예각삼각형 ABC의 외심을 O라고 하자. 각 A의 이등분선이 변 BC와 만나는 점을 D, 점 D에서 변 BC에 수직인 직선이 직선 AO와 만나는 점을 E라고 할 때, 삼각형 ADE가 이등변삼각형임을 보여라. 단, 각 B와 각 C는 서로 다르다.

풀이

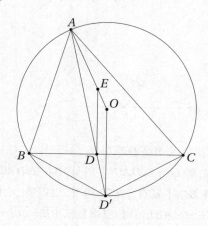

$\triangle ABC$의 외접원과 $\angle A$의 이등분선과의 교점을 D'라고 하자. 그러면, $\overline{BD'} = \overline{D'C}$이다. 따라서 $\overline{OD'} \perp \overline{BC}$이다. 또, $\overline{AO} = \overline{OD'}$이므로 $\angle OD'A = \angle OAD'$이다. $\overline{ED} \parallel \overline{OD'}$이므로 $\angle OD'A = \angle EDA$이다. 따라서 $\angle EDA = \angle EAD$이다. 즉, $\triangle ADE$는 이등변삼각형이다.

종합문제풀이 **5.42 (KMO, '2002)** _____

정사각형 $ABCD$에 대하여, 변 CD의 중점을 M이라 하고, 변 AD 위의 점 E가 $\angle BEM = \angle MED$를 만족시킨다고 하자. 두 선분 AM과 BE의 교점을 P라 할 때, $\dfrac{\overline{PE}}{\overline{BP}}$의 값을 구하여라.

풀이

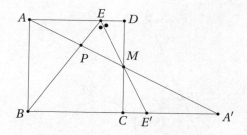

선분 AM의 연장선과 선분 EM의 연장선이 변 BC의 연장선과 만나는 점을 각각 A', E'라고 하자. 정사각형 $ABCD$의 한 변의 길이를 x라고 하자. $\angle MED = \angle ME'C$이므로 $\triangle BEE'$는 이등변삼각형이다. $\triangle MDE$와 $\triangle MCE'$는 닮음이고, $\overline{CM} = \overline{MD}$이므로 $\overline{ME} = \overline{ME'}$이다. 그러므로 $\overline{BM} \perp \overline{EE'}$이다. 따라서 $\triangle BME'$는 직각삼각형이고, $\triangle BCM$과 $\triangle MCE'$는 닮음이 된다. 따라서 $\overline{MC} : \overline{CE'} = \overline{BC} : \overline{CM} = 2 : 1$이므로 $\overline{CE'} = \frac{1}{4}x = \overline{DE}$이다. $\triangle PBA'$과 $\triangle PEA$가 닮음이므로 $\dfrac{\overline{PE}}{\overline{BP}} = \dfrac{\overline{AE}}{\overline{BA'}} = \dfrac{\frac{3}{4}x}{2x} = \dfrac{3}{8}$이다.

5.43 (CRUX, 2902) _____

$\triangle ABC$의 내부의 한 점 P에서 세 변 BC, CA, AB에 내린 수선의 발을 D, E, F라 하자. $\square AEPF$, $\square BFPD$, $\square CDPE$가 모두 원에 외접할 때, 점 P는 $\triangle ABC$의 내심임을 증명하여라.

풀이

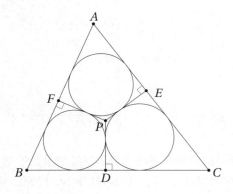

$\angle PEA = \angle PFA = 90°$이므로, 피타고라스의 정리에 의하여 $\overline{PA}^2 = \overline{PF}^2 + \overline{FA}^2 = \overline{PE}^2 + \overline{EA}^2$이다. 따라서

$$(\overline{AF} + \overline{PE})(\overline{AF} - \overline{PE}) = (\overline{AE} + \overline{PF})(\overline{AE} - \overline{PF}) \quad (1)$$

이다. $\square AFPE$가 원에 외접하므로

$$\overline{AF} + \overline{PE} = \overline{AE} + \overline{PF} \quad (2)$$

이다. 따라서 식 (1)은 $\overline{AF} - \overline{PE} = \overline{AE} - \overline{PF}$이다. 이것을 식 (2)에 대입하면 $\overline{PE} = \overline{PF}$이다. 같은 방법으로 $\overline{PD} = \overline{PE}$이다. 따라서 $\overline{PD} = \overline{PE} = \overline{PF}$이다. 즉, 점 P는 $\triangle ABC$의 내심이다.

5.44 _____

$\angle ABC = 2\angle ACB$, $\angle BAC > 90°$인 $\triangle ABC$에서 점 C를 지나면서 변 AC에 수직인 직선과 BA의 연장선과의 교점을 D라고 할 때, $\dfrac{1}{\overline{AB}} - \dfrac{1}{\overline{BD}} = \dfrac{2}{\overline{BC}}$임을 증명하여라.

풀이

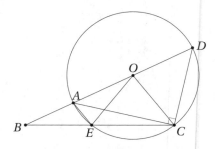

선분 DA의 중점을 O라 하자. 그러면, $\angle DCA = 90°$이므로 점 O는 $\triangle DAC$의 외심이다. $\triangle DAC$의 외접원과 BC의 교점을 E라 하자. 그러면, $\angle AOE = 2\angle ACE = \angle ABE$이다. 그러므로 $\overline{BE} = \overline{OE} = \frac{1}{2}\overline{AD}$이다. 따라서 방멱의 원리에 의하여

$$\frac{1}{2}\overline{AD} \cdot \overline{BC} = \overline{BE} \cdot \overline{BC} = \overline{BA} \cdot \overline{BD}$$

이다. 그러므로

$$\frac{2\overline{AB}}{\overline{BC}} = \frac{\overline{AD}}{\overline{BD}} = \frac{\overline{BD} - \overline{AB}}{\overline{BD}} = 1 - \frac{\overline{AB}}{\overline{BD}}$$

이다. 즉, $\dfrac{1}{\overline{AB}} - \dfrac{1}{\overline{BD}} = \dfrac{2}{\overline{BC}}$이다.

$\triangle ABC$에서 $\angle B$의 이등분선과 변 CA와의 교점을 D, $\angle C$의 이등분선과 변 AB와의 교점을 E라 하자. 선분 BD와 CE의 교점을 I, 점 I에서 변 BC에 내린 수선의 발을 F라 하자. $\angle ADE = \angle BIF$이면 $\angle AED = \angle CIF$임을 증명하여라.

풀이

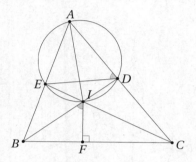

$\alpha = \dfrac{\angle A}{2}$, $\beta = \dfrac{\angle B}{2}$, $\gamma = \dfrac{\angle C}{2}$라 하자. 그러면 $\alpha + \beta + \gamma = 90°$이다. 그리고, $\angle ADE = \angle CED + \angle DCE = \angle CED + \gamma$이다. 주어진 가정으로 부터 $\angle ADE = \angle BIF$이므로 $\angle ADE = \angle BIF = 90° - \beta = \alpha + \gamma$이다. 따라서 $\angle CED = \alpha$이다. 즉, $\angle IED = \angle IAD$이다. 그러므로 네 점 A, E, I, D는 한 원 위에 있다. 따라서

$$\angle AED = \angle AID = \angle BAI + \angle ABI$$
$$= \alpha + \beta = 90° - \gamma = \angle CIF$$

이다.

정칠각형 $A_1 A_2 A_3 A_4 A_5 A_6 A_7$에서 $\dfrac{1}{\overline{A_1 A_2}} = \dfrac{1}{\overline{A_1 A_3}} + \dfrac{1}{\overline{A_1 A_4}}$임을 증명하여라.

풀이

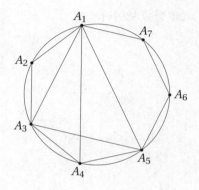

선분 $A_1 A_5$와 선분 $A_3 A_5$를 그리면,

$$\overline{A_1 A_5} = \overline{A_1 A_4}, \ \ \overline{A_3 A_5} = \overline{A_1 A_3}, \ \ \overline{A_3 A_4} = \overline{A_1 A_2} \quad (1)$$

이다. $\overline{A_3 A_4} = \overline{A_4 A_5}$이므로 사각형 $A_1 A_3 A_4 A_5$에 톨레미의 정리를 적용하면

$$\overline{A_3 A_4} \cdot (\overline{A_1 A_3} + \overline{A_1 A_5}) = \overline{A_1 A_4} \cdot \overline{A_3 A_5}$$

이다. 위 식에 (1)을 대입하면

$$\overline{A_1 A_2} \cdot (\overline{A_1 A_3} + \overline{A_1 A_4}) = \overline{A_1 A_4} \cdot \overline{A_1 A_3}$$

이다. 양변을 $\overline{A_1 A_2} \cdot \overline{A_1 A_4} \cdot \overline{A_1 A_3}$으로 나누면

$$\frac{1}{\overline{A_1 A_2}} = \frac{1}{\overline{A_1 A_3}} + \frac{1}{\overline{A_1 A_4}}$$

이다.

5.47 _____

$\angle A = 60°$인 $\triangle ABC$에서 변 AB의 연장선 위에 $\overline{BC} = \overline{BD}$를 만족하도록 점 D를 잡자. 또, 변 AC의 연장선 위에 $\overline{BC} = \overline{CE}$를 만족하도록 점 E를 잡자. 그러면, $\angle DBC = 2\angle CED$, $\angle BCE = 2\angle BDE$, $\angle CDE = 30°$임을 보여라.

풀이

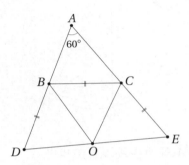

$\angle DBC$의 이등분선과 $\angle BCE$의 이등분선의 교점을 O라 하자. 그러면, $\overline{BD} = \overline{BC}$, $\angle DBO = \angle CBO$, BO가 공통이므로 $\triangle BDO \equiv \triangle CBO$(SAS합동)이다. 마찬가지로, $\overline{BC} = \overline{CE}$, $\angle BCO = \angle ECO$, $\overline{CO}$가 공통이므로 $\triangle BCO \equiv \triangle ECO$(SAS합동)이다. 따라서 $\angle BDO = \angle BCO$, $\angle BOD = \angle BOC$, $\overline{DO} = \overline{CO}$이다. 또한, $\angle CBO = \angle CEO$, $\angle BOC = \angle COE$, $\overline{BO} = \overline{OE}$이다. $\angle DBO = \angle CBO$이고, $\angle BCO = \angle ECO$이므로

$$\angle BOC = 90° - \frac{1}{2}\angle BAC = 90° - 30° = 60°$$

이다. 그러므로 $\angle DOE = 3\angle BOC = 180°$ 또는 $\angle DOE = 360° - 3\angle BOC = 180°$이다. 따라서 D, O, E는 한 직선 위에 있다. 그러므로 $\angle DBC = 2\angle CBO = 2\angle CEO = 2\angle CED$이고, $\angle BCE = 2\angle BCO = 2\angle BDO = 2\angle BDE$이다. 또, $\overline{DO} = \overline{OC}$이므로 $\angle ODC = \angle OCD$이다. 즉, $\angle CDE = \angle CDO = \frac{1}{2}\angle COE = 30°$이다.

5.48 (KMO, '2017) _____

예각삼각형 ABC의 수심 H에서 변 BC에 내린 수선의 발을 D라 하고 선분 DH를 지름으로 하는 원과 직선 BH, CH의 교점을 각각 $P(\neq H)$, $Q(\neq H)$라 하자. 직선 DH와 PQ의 교점을 E라 하면, $\overline{HE} : \overline{ED} = 2 : 3$이고 삼각형 EHQ의 넓이가 200이다. 직선 PQ와 변 AB의 교점을 R이라 할 때, 삼각형 DQR의 넓이를 구하여라.

풀이

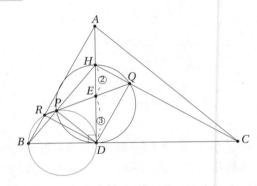

$\angle DQP + \angle HQP = 90°$이고, $\overline{QD} \parallel \overline{AB}$이다. 즉, $\angle DQP = \angle PRA$이다. 또, 현과 접선이 이루는 각의 성질에 의하여 $\angle BDP = \angle DQP$이다. 즉 $\angle BDP = \angle PRA$(내대각)이다. 그러므로 네 점 D, P, R, B는 한 원 위에 있다. 따라서 $\angle DPB = \angle DRB = 90°$이다. 즉, $\overline{CH} \parallel \overline{DR}$이다. 그러므로 $\triangle QHE$와 $\triangle RDE$는 닮음이고, 닮음비는 $\overline{HE} : \overline{ED} = 2 : 3$이다. 따라서 $\triangle EHQ : \triangle DER = 4 : 9$이다. 즉, $\triangle DER = 450$이다. 그러므로 $\triangle DQR = \triangle DER \times \frac{2}{3} = 300$이다.

종합문제풀이 **5.49** _____

$\overline{AB} = \overline{AD} = \overline{CD}$인 볼록사각형 $ABCD$에서 $\angle DBC = 30°$이면 $\angle A = 2\angle C$임을 보여라.

풀이

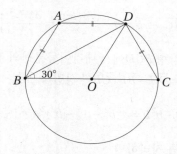

$\triangle BCD$의 외심을 O라고 하자. 그러면 $\overline{OB} = \overline{OC} = \overline{OD}$이고, $\angle DOC = 2\angle DBC = 60°$이다. 따라서 $\triangle OCD$는 정삼각형이다. 즉, $\overline{OB} = \overline{OD} = \overline{OC} = \overline{CD}$이다. 가정에서 $\overline{AB} = \overline{AD} = \overline{CD}$이므로 $\overline{AB} = \overline{AD} = \overline{OD} = \overline{OB}$이다. 즉, $\square ABOD$는 마름모이다. 더욱이 $\angle BAD = \angle BOD = 2\angle BCD$이다.

종합문제풀이 **5.50** _____

$\triangle ABC$에서 $\triangle ABD$와 $\triangle ACE$가 정삼각형이 되도록 점 D와 E를 각각 변 AB와 AC 바깥쪽에 잡는다. 네 점 D, B, C, E가 한 원 위에 있을 때, $\overline{AB} = \overline{AC}$임을 보여라.

풀이

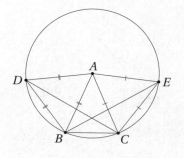

네 점 D, B, C, E가 한 원 위에 있으므로, $\angle BDC = \angle BEC$이다. $\angle BDA = \angle CEA = 60°$이므로

$$\angle ADC = \angle BDA - \angle BDC$$
$$= \angle CEA - \angle BEC = \angle AEB \qquad (1)$$

이다. $\overline{AD} = \overline{AB}$, $\overline{AC} = \overline{AE}$, $\angle DAC = \angle BAE$이므로 $\triangle ADC \equiv \triangle ABE$(SAS합동)이고,

$$\angle ADC = \angle ABE \qquad (2)$$

이다. 식 (1)과 (2)로 부터 $\angle AEB = \angle ABE$이다. 즉, $\overline{AB} = \overline{AE}$이다. $\overline{AC} = \overline{AE}$이므로 $\overline{AB} = \overline{AC}$이다.

5.51 _____

$\overline{AB} = c$, $\overline{BC} = a$, $\overline{CA} = b$인 삼각형 ABC에서 $\angle B :$ $\angle C = 2 : 3$일 때, a를 b와 c를 이용하여 나타내어라. 단, 삼각함수를 사용하여 나타낼 수 없다.

풀이

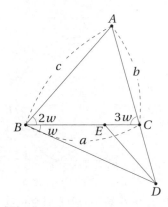

$\angle B = x = 2w$, $\angle C = y = 3w$라 한다. 변 AC의 연장선 위에 $\angle CBD = w$이 되도록 점 D를 잡는다. 편의상 $\angle CBD = p$, $\angle BCD = q$, $\angle BDC = r$, $\angle BAC = s$라 한다. 그러면 $p = w$이다.

삼각형 ABC와 삼각형 ADB에서

$$s = s, \quad y = 3w, \quad x + p = 3w, \quad y = 3w$$

이므로 삼각형 ABC와 삼각형 ADB는 닮음이다.

$$\overline{AB} : \overline{AC} = \overline{AD} : \overline{AB}, \quad c : b = \overline{AD} : c$$

이므로 $\overline{AD} = \dfrac{c^2}{b}$이다.

$$\overline{CD} = \overline{AD} - \overline{AC} = \frac{c^2}{b} - b = \frac{c^2 - b^2}{c}$$

이다.

$$\overline{AC} : \overline{BC} = \overline{AB} : \overline{DB}, \quad b : a = c : \overline{BD}$$

이므로 $\overline{BD} = \dfrac{ac}{b}$이다.

$\angle BDC$의 이등분선과 변 BC와의 교점을 E라 하면, 삼각형 BCD와 삼각형 DCE에서

$$q = q, \quad \frac{1}{2}r = \frac{1}{2}(y - p) = w, \quad p = \frac{1}{2}r$$

이므로 삼각형 BCD와 삼각형 DCE는 닮음이다.

$$\overline{BC} : \overline{CD} = \overline{DC} : \overline{CE}, \quad a : \frac{c^2 - 2}{b} = \frac{c^2 - b^2}{b} : \overline{CE}$$

이므로, $\overline{CE} = \dfrac{(c^2 - b^2)^2}{ab^2}$이다. 그러므로

$$\overline{BE} = \overline{BC} - \overline{CE} = a - \frac{(c^2 - b^2)^2}{ab^2} = \frac{a^2 b^2 - (c^2 - b^2)^2}{ab}$$

이다. 삼각형 BCD에서 내각이등분선의 정리에 의하여 $\overline{BD} : \overline{DC} = \overline{BE} : \overline{CE}$이 성립하므로,

$$\frac{ac}{b} : c^2 - b^2 b = a^2 b^2 - (c^2 - b^2)^2 ab^2 : \frac{(c^2 - b^2)^2}{ab^2}$$

이다. 이를 정리하면

$$b^2 a^2 - c(c^2 - b^2)a - (c^2 - b^2)^2 = 0$$

이다 근의 공식으로부터

$$a = \frac{(c^2 - b^2)(c \pm \sqrt{c^2 + 4b^2})}{2b^2}$$

이다. $a > 0$이므로, $a = \dfrac{(c^2 - b^2)(c + \sqrt{c^2 + 4b^2})}{2b^2}$이다.

종합문제풀이 **5.52**

원에 내접하는 정사각형 $ABCD$에서 점 M이 호 AB 위의 점일 때, $\overline{MC} \cdot \overline{MD} > 3\sqrt{3} \cdot \overline{MA} \cdot \overline{MB}$임을 보여라.

풀이

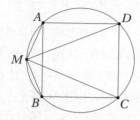

정사각형 $ABCD$의 한 변의 길이를 1라고 가정해도 일반성을 잃지 않는다. $\overline{MA} = a$, $\overline{MB} = b$, $\overline{MC} = c$, $\overline{MD} = d$라고 가정하자. 그러면, $\square DAMB$에 톨레미의 정리를 적용하면 $b + a\sqrt{2} = d$이고, $\square AMBC$에 톨레미의 정리를 적용하면 $a + b\sqrt{2} = c$이다. 그러므로 산술-기하평균 부등식에 의하여

$$cd = \sqrt{2}a^2 + \sqrt{2}b^2 + 3ab \geq (3 + 2\sqrt{2})ab$$

이다. 그런데, $12\sqrt{2} > 10$이고, 양변에 17을 더하면, $17 + 12\sqrt{2} > 27$이다. 양변에 제곱근을 씌우면 $3 + 2\sqrt{2} > 3\sqrt{3}$이다. 따라서 $cd > 3\sqrt{3}ab$이다. 즉, $\overline{MC} \cdot \overline{MD} > 3\sqrt{3} \cdot \overline{MA} \cdot \overline{MB}$이다.

종합문제풀이 **5.53 (IrMO, '1998)**

$\overline{AB} = \overline{BC}$, $\overline{CD} = \overline{DE}$, $\overline{EF} = \overline{FA}$인 볼록육각형 $ABCDEF$에서 $\dfrac{\overline{BC}}{\overline{BE}} + \dfrac{\overline{DE}}{\overline{DA}} + \dfrac{\overline{FA}}{\overline{FC}} \geq \dfrac{3}{2}$가 성립함을 보여라.

풀이

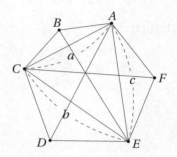

$\overline{AC} = a$, $\overline{CE} = b$, $\overline{AE} = c$라고 하자. $\square ABCE$에 톨레미의 정리를 적용하면

$$\overline{AC} \cdot \overline{BE} \leq \overline{AB} \cdot \overline{CE} + \overline{BC} \cdot \overline{AE} = \overline{BC}(\overline{CE} + \overline{AE})$$

이다. 즉, $a \cdot \overline{BE} \leq \overline{BC}(b + c)$이다. 따라서 $\dfrac{\overline{BC}}{\overline{BE}} \geq \dfrac{a}{b + c}$이다. 같은 방법으로

$$\frac{\overline{DE}}{\overline{DA}} \geq \frac{b}{c + a}, \qquad \frac{\overline{FA}}{\overline{FC}} \geq \frac{c}{a + b}$$

이다. 따라서

$$\frac{\overline{BC}}{\overline{BE}} + \frac{\overline{DE}}{\overline{DA}} + \frac{\overline{FA}}{\overline{FC}} \geq \frac{a}{b + c} + \frac{b}{c + a} + \frac{c}{a + b} \qquad (1)$$

이다. 산술-기하평균 부등식에 의하여

$$\frac{1}{b + c} + \frac{1}{c + a} + \frac{1}{a + b} \geq 3\sqrt[3]{\frac{1}{b + c} \cdot \frac{1}{c + a} \cdot \frac{1}{a + b}} \qquad (2)$$

이고,

$$(b + c) + (c + a) + (a + b) \geq 3\sqrt[3]{(b + c)(c + a)(a + b)}$$

이다. 즉,

$$a + b + c \geq \frac{3}{2}\sqrt[3]{(b + c)(c + a)(a + b)} \qquad (3)$$

이다. 식 (2)와 (3)을 변변 곱하면

$$\frac{a+b+c}{b+c} + \frac{a+b+c}{c+a} + \frac{a+b+c}{a+b} \geq \frac{9}{2}$$

이다. 다시 정리하면

$$\frac{a}{b+c} + \frac{b}{c+a} + \frac{c}{a+b} \geq \frac{3}{2} \tag{4}$$

이다. 식 (1)과 (4)로 부터

$$\frac{\overline{BC}}{\overline{BE}} + \frac{\overline{DE}}{\overline{DA}} + \frac{\overline{FA}}{\overline{FC}} \geq \frac{3}{2}$$

이다.

종합문제풀이 **5.54** _____

$\triangle ABC$에서 내심을 I, 선분 AI의 연장선과 변 BC와의 교점을 D, 선분 BI의 연장선과 변 CA와의 교점을 E, 선분 CI의 연장선과 변 AB와의 교점을 F, $\overline{BC}=a$, $\overline{CA}=b$, $\overline{AB}=c$라고 할 때, $\frac{\overline{AD}}{a} = \frac{\overline{BE}}{b} = \frac{\overline{CF}}{c}$이면 $\triangle ABC$가 정삼각형임을 보여라.

풀이 $b > c$라고 가정하자. 그러면 $\angle ABC > \angle ACB$이고, $\angle ABE = \angle EBC > \angle ACF = \angle FCB$이다. $\angle GBE = \angle ACF$를 만족하는 점 G를 선분 AE위에 잡고, 선분 BG와 CF의 교점을 H라 하자. 점 H는 선분 FI위의 점이므로, $\overline{CH} < \overline{CF}$이다.

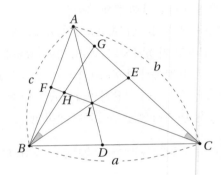

$\triangle GBE$와 $\triangle GCH$가 닮음(AA닮음)이므로 $\frac{\overline{BE}}{\overline{CH}} = \frac{\overline{BG}}{\overline{CG}}$이다. $\angle GBE = \angle ACH$, $\angle EBC > \angle HCB$이므로 $\angle GBC > \angle GCB$이다. 그러므로 $\overline{BG} < \overline{CG}$이다. 즉, $\frac{\overline{BG}}{\overline{CG}} < 1$이다.

따라서 $\frac{\overline{BE}}{\overline{CH}} < 1$이다. 즉, $\overline{BE} < \overline{CH} < \overline{CF}$이다.

$\overline{AB} < \overline{AC}$, $\overline{BE} < \overline{CF}$이므로 $\frac{\overline{BE}}{\overline{AC}} < \frac{\overline{CF}}{\overline{AB}}$이다. 즉, $\frac{\overline{BE}}{b} < \frac{\overline{CF}}{c}$이다. 이것은 가정 $\frac{\overline{BE}}{b} = \frac{\overline{CF}}{c}$에 모순된다.

$b < c$라고 가정하면 같은 방법으로 모순됨을 알 수 있다. 따라서 $b = c$이다.

같은 방법으로 $a > b$, $a < b$라고 가정하면 모순됨을 알 수 있다. 그러므로 $a = b$이다.

따라서 $a = b = c$이다. 즉, $\triangle ABC$는 정삼각형이다.

종합문제풀이 **5.55** _____

$\triangle ABC$에서 $\angle BAC$의 이등분선이 변 BC와의 교점을 D이라 하자. 점 A를 지나는 원 Γ가 변 BC와 점 D에서 접한다고 하자. 원 Γ와 변 AC와의 교점을 M, 선분 BM과 원 Γ와의 교점을 P, 선분 AP의 연장선과 선분 BD와의 교점을 Q라 할 때, $\overline{BQ} = \overline{DQ}$임을 보여라.

풀이

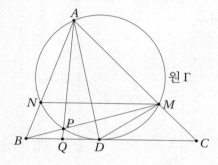

원 Γ와 변 AB와의 교점을 N이라고 하자. 접선과 현이 이루는 각의 성질에 의하여 $\angle MDC = \angle CAD = \frac{1}{2}\angle A$이다. 따라서

$$\begin{aligned}
\angle ADM &= \angle ADC - \angle MDC \\
&= (180° - \angle CAD - \angle DCA) - \angle MDC \\
&= \left(180° - \frac{1}{2}\angle A - \angle C\right) - \frac{1}{2}\angle A \\
&= 180° - \angle A - \angle C = \angle B
\end{aligned}$$

이다. 또한, $\angle ADM = \angle ANM$이다. 따라서 $\angle ANM = \angle B$이다. 즉, $\overline{NM} \parallel \overline{BC}$이다. 그러므로 $\angle QPB = \angle APM = \angle ANM = \angle B$이다. $\angle BQP = \angle BQA$이므로 $\triangle BPQ$와 $\triangle ABQ$는 닮음이다. 따라서 $\frac{\overline{BQ}}{\overline{QA}} = \frac{\overline{QP}}{\overline{BQ}}$이다. 즉, $\overline{BQ}^2 = \overline{QP} \cdot \overline{QA}$이다. 방멱의 원리로 부터 $\overline{QP} \cdot \overline{QA} = \overline{QD}^2$이다. 따라서 $\overline{BQ} = \overline{QD}$이다.

종합문제풀이 **5.56** _____

$\triangle ABC$에서 $\angle A = \alpha$, $\angle B = \beta$, $\angle C = \gamma$, $\overline{BC} = a$, $\overline{CA} = b$, $\overline{AB} = c$, $\triangle ABC$의 내접원의 반지름의 길이를 r이라 할 때, $a\sin\alpha + b\sin\beta + c\sin\gamma \geq 9r$임을 보여라.

풀이

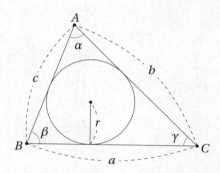

$\triangle ABC = S$라 하자. 그러면, $\sin\alpha = \frac{2S}{bc}$, $\sin\beta = \frac{2S}{ca}$, $\sin\gamma = \frac{2S}{ab}$, $r = \frac{S}{s} = \frac{2S}{a+b+c}$이다. 단, $s = \frac{a+b+c}{2}$이다. 산술-기하평균 부등식에 의하여

$$\begin{aligned}
&(a\sin\alpha + b\sin\beta + c\sin\gamma) \cdot \frac{1}{r} \\
&= 2S\left(\frac{a}{bc} + \frac{b}{ca} + \frac{c}{ab}\right) \cdot \frac{a+b+c}{2S} \\
&= \left(\frac{a}{bc} + \frac{b}{ca} + \frac{c}{ab}\right)(a+b+c) \\
&\geq 3\sqrt[3]{\frac{a}{bc} \cdot \frac{b}{ca} \cdot \frac{c}{ab}} \cdot 3\sqrt[3]{abc} \\
&= 9
\end{aligned}$$

이다. 따라서 $a\sin\alpha + b\sin\beta + c\sin\gamma \geq 9r$이다. 단, 등호는 $a = b = c$일 때 성립한다.

종합문제풀이 **5.57 (SMO, '1999)** ⎯⎯⎯⎯

두 원 C_1과 C_2이 두 점 M, N에서 만나고, 원 C_1 위에 M, N이 아닌 다른 점 A가 있다. 선분 AM의 연장선과 원 C_2와의 교점을 B, 선분 AN의 연장선과 원 C_2와의 교점을 C라고 할 때, 점 A에서 원 C_1에 접하는 접선과 선분 BC가 평행함을 보여라.

풀이

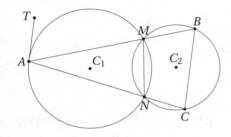

점 A에서 원 C_1에 접하는 접선 위에 M 쪽에 가까운 한 점 T를 잡자. 그러면, 접선과 현이 이루는 각의 성질에 의하여 $\angle TAM = \angle ANM$이고, 내대각의 성질에 의하여 $\angle ANM = \angle MBC$이다. 즉, 그러므로 $\angle TAM = \angle ANM = \angle MBC$이다. $\angle TAB = \angle ABC$이다. 따라서 $\overline{AT} \parallel \overline{BC}$이다.

종합문제풀이 **5.58 (HKPSC, '2007)** ⎯⎯⎯⎯

한 변의 길이가 9인 정사각형 $ABCD$에서 $\overline{AP} : \overline{PB} = 7 : 2$로 하는 점 P를 변 AB 위에 잡자. 정사각형 $ABCD$ 내부에 점 C를 중심으로 하고, $\overline{CB}$를 반지름으로 하는 사분원 O을 그리자. 점 P를 지나는 접선과 원 O과의 교점 중 B가 아닌 점을 E라고 하고, 선분 PE의 연장선과 변 DA와의 교점을 Q, 선분 CE와 대각선 BD와의 교점을 K, 선분 AK와 PQ와의 교점을 M이라 할 때, 선분 AM의 길이를 구하여라.

풀이

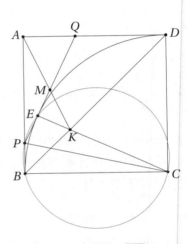

접선의 성질에 의하여 $\overline{PE} = \overline{PB} = 2$이다. $\overline{QD} = \overline{QE} = x$라 하자. 그러면, $\overline{QA} = 9 - x$, $\overline{PQ} = x + 2$이다. $\triangle APQ$에 피타고라스의 정리를 적용하면 $(9 - x)^2 + 7^2 = (x+2)^2$이다. 따라서 $x = \frac{63}{11}$이다. $\angle CEP = \angle CBP = 90°$이므로 $\square CEPB$는 원에 내접한다.

또, 선분 BD가 대각선이라서 $\overline{AK} = \overline{KC}$이므로 $\angle MPA = \angle KCB = \angle KAB$이다. 즉, $\overline{MP} = \overline{MA}$이다.

마찬가지로, $\overline{MQ} = \overline{MA}$이다. 따라서

$$\overline{AM} = \frac{1}{2}\overline{PQ} = \frac{1}{2}\left(\frac{63}{11} + 2\right) = \frac{85}{22}$$

이다.

종합문제풀이 **5.59 (PMO, '1999)**

$\triangle ABC$에서 $\overline{AD} > \overline{BC}$가 되도록 변 BC 위에 점 D를 잡자. $\dfrac{\overline{AE}}{\overline{EC}} = \dfrac{\overline{BD}}{\overline{AD} - \overline{BC}}$을 만족하도록 점 E를 변 AC 위에 잡으면, $\overline{AD} > \overline{BE}$임을 보여라.

풀이

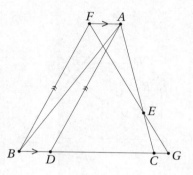

$\overline{AF} \parallel \overline{BD}$, $\overline{BF} \parallel \overline{AD}$를 만족하도록 점 F를 잡자. $\square AFBD$가 평행사변형이므로 $\overline{FB} = \overline{AD}$이고, $\overline{FA} = \overline{BD}$이다. 선분 FE의 연장선과 변 BC의 연장선과의 교점을 G라고 하자. 그러면, $\overline{FA} \parallel \overline{CG}$이므로,

$$\frac{\overline{FA}}{\overline{CG}} = \frac{\overline{AE}}{\overline{EC}} = \frac{\overline{BD}}{\overline{AD} - \overline{BC}}$$

이다. $\overline{FA} = \overline{BD}$이므로

$$\frac{\overline{BD}}{\overline{CG}} = \frac{\overline{BD}}{\overline{AD} - \overline{BC}}$$

이다. 따라서 $\overline{CG} = \overline{AD} - \overline{BC}$이다. 그러므로 $\overline{AD} = \overline{BC} + \overline{CG} = \overline{BG}$이다. $\overline{BF} = \overline{AD}$이므로, $\overline{BF} = \overline{BG}$이다. 따라서

$$\angle BEF > \angle BGF = \angle BFG = \angle BFE$$

이다. 즉, $\overline{BF} > \overline{BE}$이다. 그러므로 $\overline{AD} > \overline{BE}$이다.

종합문제풀이 **5.60**

$\angle ABC = \angle BCD = 120°$인 볼록사각형 $ABCD$에서 $\overline{AB}^2 + \overline{BC}^2 + \overline{CD}^2 = \overline{AD}^2$이 성립하면, $\square ABCD$는 원에 외접함을 보여라.

풀이

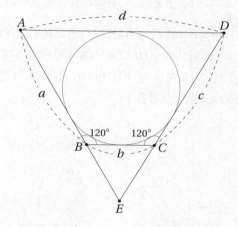

$\overline{AB} = a$, $\overline{BC} = b$, $\overline{CD} = c$, $\overline{DA} = d$, 변 AB의 연장선과 변 DC의 연장선의 교점을 E라 하자. $\angle ABC = \angle BCD = 120°$이므로 $\angle EBC = \angle ECB = 60°$이다. 따라서 $\overline{BE} = \overline{CE} = \overline{BC} = b$이다. $\triangle AED$에서 제 2 코사인 법칙으로 부터

$$d^2 = (a+b)^2 + (b+c)^2 - 2(a+b)(b+c)\cos 60°$$
$$= a^2 + b^2 + c^2 + ab + bc - ac$$

이다. 주어진 조건으로 부터 $d^2 = a^2 + b^2 + c^2$이므로 $ab + bc - ac = 0$이다. 그러므로

$$d^2 = a^2 + b^2 + c^2$$
$$= a^2 + b^2 + c^2 - 2ab - 2bc + 2ca$$
$$= (a + c - b)^2$$

이다. 따라서 $d = a + c - b$ 또는 $d = b - a - c$이다. $d^2 > b^2$이므로 $d = a + c - b$이다. 즉, $a + c = b + d$이다. 즉, $\square ABCD$는 원에 외접한다.

$\triangle ABC$에서 외심을 O, 선분 AO의 연장선과 변 BC와의 교점을 A', 선분 BO의 연장선과 변 CA와의 교점을 B', 선분 CO의 연장선과 변 AB와의 교점을 C', $\overline{BC} = a$, $\overline{CA} = b$, $\overline{AB} = c$라고 할 때, $\dfrac{\overline{AA'}}{a} = \dfrac{\overline{BB'}}{b} = \dfrac{\overline{CC'}}{c}$이면 $\triangle ABC$가 정삼각형임을 보여라.

풀이 $b > c$라고 가정하자. 그러면 $\angle B < \angle C$이다. $\overline{OB} = \overline{OC}$이므로 $\angle OBC = \angle OCB$이다. $\angle SBC = \angle ACB$를 만족하는 점 S를 변 AC위에 잡고, 선분 BS와 OC'과의 교점을 T라 하자.

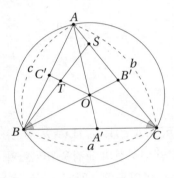

$\angle B'BC = \angle TCB$이고, $\angle B'CB = TBC$, $\overline{BC}$는 공통이므로 $\triangle B'BC$와 $\triangle TCB$는 합동(ASA합동)이다. 따라서 $\overline{BB'} = \overline{CT} < \overline{CC'}$이다. $\overline{AB} < \overline{AC}$이고, $\overline{BB'} < \overline{CC'}$이므로 $\dfrac{\overline{BB'}}{\overline{AC}} < \dfrac{\overline{CC'}}{\overline{AB}}$이다. 즉, $\dfrac{\overline{BB'}}{b} < \dfrac{\overline{CC'}}{c}$이다. 이 것은 가정 $\dfrac{\overline{BB'}}{b} = \dfrac{\overline{CC'}}{c}$에 모순된다.

$b < c$라고 가정하면 같은 방법으로 모순됨을 알 수 있다. 따라서 $b = c$이다.

같은 방법으로 $a > b$, $a < b$라고 가정하면 모순됨을 알 수 있다. 그러므로 $a = b$이다.

따라서 $a = b = c$이다. 즉, $\triangle ABC$는 정삼각형이다.

$\triangle ABC$의 내접원의 접선 중 변 BC에 평행한 직선과 변 AB, AC와의 교점을 각각 D, E라 할 때, $\overline{DE} \leq \dfrac{1}{8}(\overline{AB} + \overline{BC} + \overline{CA})$이 성립함을 보여라.

풀이

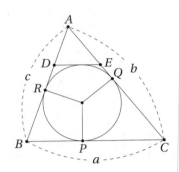

$\triangle ABC$의 내접원이 변 BC, CA, AB에 접하는 접점을 각각 P, Q, R라 하고, $\overline{BC} = a$, $\overline{CA} = b$, $\overline{AB} = c$, $2s = a + b + c$라 하자. $\overline{DE} \parallel \overline{BC}$이므로 $\triangle ADE$와 $\triangle ABC$는 닮음이다. 따라서 가비의 리에 의하여

$$\frac{\overline{AD} + \overline{DE} + \overline{AE}}{\overline{AB} + \overline{BC} + \overline{AC}} = \frac{\overline{DE}}{\overline{BC}} = \frac{\overline{DE}}{a}$$

이다. $\overline{AD} + \overline{DE} + \overline{AE} = \overline{AR} + \overline{AQ} = b + c - a$이므로

$$\frac{b + c - a}{a + b + c} = \frac{\overline{DE}}{a}$$

이다. 즉, $\overline{DE} = \dfrac{a(b + c - a)}{a + b + c}$이다. 그러므로

$$\begin{aligned}
\frac{1}{8}(\overline{AB} + \overline{BC} + \overline{CA}) - \overline{DE} &= \frac{a + b + c}{8} - \frac{a(b + c - a)}{a + b + c} \\
&= \frac{(a + b + c)^2 - 8a(b + c - a)}{8(a + b + c)} \\
&= \frac{(b + c)^2 - 6a(b + c) + 9a^2}{8(a + b + c)} \\
&= \frac{(b + c - 3a)^2}{8(a + b + c)} \geq 0
\end{aligned}$$

이다. 따라서 $\dfrac{1}{8}(\overline{AB} + \overline{BC} + \overline{CA}) \geq \overline{DE}$이다.

종합문제풀이 **5.63**

정사각형 $ABCD$에서 변 BC, CD위에 각각 점 E, F를 잡자. 점 F에서 AE에 내린 수선의 발이 선분 AE와 BD의 교점 G라고 하자. $\overline{AK} = \overline{EF}$를 만족하는 점 K를 선분 FG 위에 잡을 때, $\angle EKF$를 구하여라.

풀이

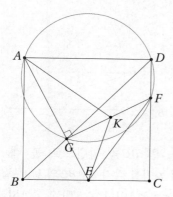

$\angle FDA = \angle AGF = 90°$이므로 $\square AGFD$는 원에 내접한다. 원주각의 성질에 의하여 $\angle GAF = \angle GDF = 45°$이고, $\angle GFA = \angle GDA = 45°$이다. 따라서 $\triangle AGF$는 이등변삼각형이고, $\overline{GA} = \overline{GF}$이다. 그러므로 직각삼각형 AGK와 FGE는 합동이고, $\overline{GK} = \overline{GE}$이다. 따라서 $\triangle GKE$는 이등변삼각형이다. 그러므로 $\angle GKE = 45°$이고, $\angle EKF = 180° - \angle GKE = 135°$이다.

종합문제풀이 **5.64**

$\overline{AC} = 2\overline{AB}$인 $\triangle ABC$에서 외접원의 점 A와 C에서의 접선의 교점을 P라 할 때, 선분 BP가 호 BAC를 이등분함을 보여라.

풀이

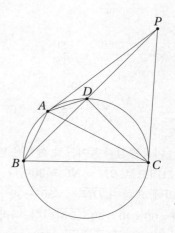

선분 BP와 호 BAC의 교점을 D라 하자. 접선과 현이 이루는 각의 성질에 의하여 $\angle CBD = \angle PCD$이고, $\triangle PBC$와 $\triangle PCD$는 닮음이다. 같은 방법으로 $\angle ABD = \angle DAP$이고, $\triangle PAB$와 $\triangle PDA$는 닮음이다. 따라서 $\dfrac{\overline{PC}}{\overline{PD}} = \dfrac{\overline{BC}}{\overline{CD}}$ 또는 $\dfrac{\overline{AB}}{\overline{DA}} = \dfrac{\overline{PA}}{\overline{PD}}$이다. $\overline{PA} = \overline{PC}$이므로 $\dfrac{\overline{AB}}{\overline{DA}} = \dfrac{\overline{BC}}{\overline{CD}}$이다. 즉, $\overline{AB} \cdot \overline{CD} = \overline{DA} \cdot \overline{BC}$이다. 톨레미의 정리에 의하여

$$\overline{AC} \cdot \overline{BD} = \overline{AB} \cdot \overline{CD} + \overline{DA} \cdot \overline{BC} = 2\overline{AB} \cdot \overline{CD}$$

이다. $\overline{AC} = 2\overline{AB}$이므로 $\overline{BD} = \overline{CD}$이다.

종합문제풀이 **5.65 (HKPSC, '2007)** ─────

평행사변형 $ABCD$에서 $\angle D$는 둔각이고, 점 D에서 변 AB, BC 또는 그 연장선에 내린 수선의 발을 각각 M, N이라고 하자. $\overline{DB} = \overline{DC} = 50$, $\overline{DA} = 60$일 때, $\overline{DM} + \overline{DN}$을 구하여라.

풀이

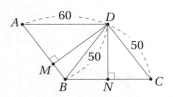

$\triangle DCB$는 이등변삼각형이므로 점 N은 변 BC의 중점이다. 그러므로 $\overline{BN} = \overline{NC} = 30$이다. 피타고라스의 정리에 의하여 $\overline{DN} = \sqrt{50^2 - 30^2} = 40$이다. $\square ABCD = 60 \times 40 = 50 \times \overline{DM}$이다. 따라서 $\overline{DM} = 48$이다. 그러므로 $\overline{DM} + \overline{DN} = 48 + 40 = 88$이다.

종합문제풀이 **5.66 (HKPSC, '2007)** ─────

넓이가 1인 삼각형 ABC에서, $\overline{EF} /\!/ \overline{BC}$가 되도록 점 E, F를 각각 변 AB, AC 위에 잡자. $\triangle AEF = \triangle EBC$일 때, $\triangle EFC$의 넓이를 구하여라.

풀이

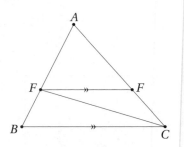

선분 EF, 변 BC를 밑변으로 볼 때, $\triangle AEF$와 $\triangle EBC$의 높이를 각각 $\triangle ABC$의 k, $1-k$배라고 하자. 단, $0 < k < 1$이다. $\triangle AEF$와 $\triangle ABC$는 닮음이므로 $\triangle AEF = k^2$이다. $\triangle EBC$와 $\triangle ABC$는 같은 밑변을 가지므로, $\triangle EBC = 1 - k$이다. 따라서 $k^2 = 1 - k$이다. 따라서 $k = \dfrac{-1 + \sqrt{5}}{2}$ $(k > 0)$이다. 그러므로 $\triangle EFC = 1 - k^2 - (1 - k) = \sqrt{5} - 2$이다.

종합문제풀이 **5.67** _____

$\overline{BC} = \overline{CA}$인 이등변삼각형 ABC에서, 점 D는 변 AC 위의 점이고, $\angle BAE = 90°$가 되도록 점 E를 선분 BD의 연장선 위에 잡자. $\overline{BD} = 15$, $\overline{DE} = 2$, $\overline{BC} = 16$일 때, 선분 $\overline{CD}$의 길이를 구하여라.

풀이

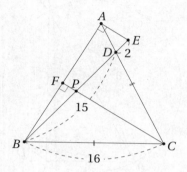

점 C에서 변 AB에 내린 수선의 발을 F라 하자. 선분 CF와 BD의 교점을 P라 하자. $\triangle ABC$가 이등변삼각형이므로 $\overline{AF} = \overline{FB}$이다. $\triangle BAE$와 $\triangle BFP$는 닮음비가 $2:1$인 닮음이므로, $\overline{BP} = \frac{1}{2}\overline{BE} = \frac{17}{2}$이다. 그러면,

$$\overline{PD} = \overline{BD} - \overline{BP} = 15 - \frac{17}{2} = \frac{13}{2}$$

이다. $\triangle ADB$와 직선 CPF에 메넬라우스의 정리를 적용하면

$$\frac{\overline{AC}}{\overline{CD}} \cdot \frac{\overline{DP}}{\overline{PB}} \cdot \frac{\overline{BF}}{\overline{FA}} = \frac{\overline{AC}}{\overline{CD}} \cdot \frac{\overline{DP}}{\overline{PB}} = 1$$

이다. 따라서

$$\overline{CD} = \overline{AC} \cdot \frac{\overline{DP}}{\overline{PB}} = 16 \cdot \frac{\frac{13}{2}}{\frac{17}{2}} = \frac{208}{17}$$

이다.

종합문제풀이 **5.68 (Baltic, 1997)** _____

두 원 C_1, C_2가 두 점 P, Q에서 만난다. 점 P를 지나는 직선과 C_1, C_2와의 교점을 각각 A, B, 선분 AB의 중점을 X라 하자. 직선 QX와 원 C_1, C_2와의 교점을 각각 Y, Z라 할 때, 점 X가 선분 YZ의 중점임을 보여라.

풀이

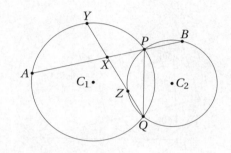

방멱의 원리에 의하여,

$$\overline{XY} \cdot \overline{XQ} = \overline{XA} \cdot \overline{XP}, \quad \overline{XZ} \cdot \overline{XQ} = \overline{XP} \cdot \overline{XB}$$

이다. 그런데, $\overline{XA} = \overline{XB}$이므로 $\overline{XY} = \overline{XZ}$이다. 즉, 점 X는 선분 YZ의 중점이다.

원에 내접하는 볼록사각형 $ABCD$가 내접원을 가지며, 두 대각선 AC와 BD의 교점을 P라 하자. $\overline{AB} = 1$, $\overline{CD} = 4$, $\overline{BP} : \overline{DP} = 3 : 8$일 때, $\square ABCD$의 내접원의 넓이를 구하여라.

풀이

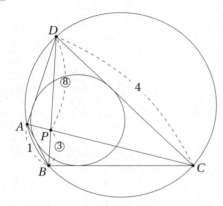

$\square ABCD$이 내접원을 가지므로, $\overline{AD} + \overline{BC} = \overline{AB} + \overline{CD} = 5$이다. $\overline{AD} : \overline{BC} = 1 : x$라 하자. 그러면

$$3 : 8 = \overline{BP} : \overline{DP} = \overline{AB} \cdot \overline{BC} : \overline{CD} \cdot \overline{DA} = x : 4$$

이다. 그러므로 $x = \frac{3}{2}$이다. 따라서 $\overline{AD} + \overline{BC} = 5$이므로 $\overline{AD} = 2$, $\overline{BC} = 3$이다.

브라마굽타의 공식으로 부터 $s = \frac{1+3+4+2}{2} = 5$이므로,

$$\square ABCD = \sqrt{(5-1)(5-3)(5-4)(5-2)} = \sqrt{24}$$

이다. 또, $\square ABCD = rs = 5r$이므로 $r = \frac{\sqrt{24}}{5}$이다. 따라서 $\square ABCD$의 내접원의 넓이는 $\frac{24}{25}\pi$이다.

$\overline{AB} = 8$, $\overline{BC} = 4$, $\overline{CD} = 1$, $\overline{DA} = 7$인 원에 내접하는 사각형 $ABCD$에서, 외접원의 중심을 O, 두 대각선 AC와 BD의 교점을 P라 할 때, $\overline{OP}^2$을 구하여라.

풀이

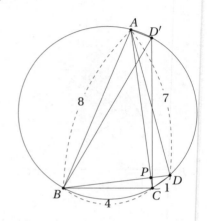

$\overline{CD'} = 7$, $\overline{D'A} = 1$을 만족하도록 점 D'를 $\square ABCD$의 외접원 위에 잡자. $\angle D'AB = \alpha$, $\angle BCD' = 180° - \alpha$라 하자. 그러면 제 2 코사인 법칙으로 부터

$$1^2 + 8^2 - 2 \cdot 1 \cdot 8 \cos\alpha = \overline{BD'}^2$$
$$= 4^2 + 7^2 - 2 \cdot 4 \cdot 7 \cos(180° - \alpha)$$

이다. 이를 정리하면 $\cos\alpha = 0$이다. 즉, $\alpha = 90°$이다. 따라서 $\triangle D'AB$는 직각삼각형이고, $\square ABCD$의 외접원의 반지름의 길이는 $\frac{\sqrt{65}}{2}$이다.

$\triangle PAB$와 $\triangle PDC$가 닮음(AA닮음)이므로,

$$\overline{PA} : \overline{PD} = \overline{PB} : \overline{PC} = 8 : 1$$

이다. 또, $\triangle PCB$와 $\triangle PDA$가 닮음(AA닮음)이므로

$$\overline{PB} : \overline{PA} = \overline{PC} : \overline{PD} = 4 : 7$$

이다. 그러므로

$$\overline{PA} : \overline{PB} : \overline{PC} : \overline{PD} = 56 : 32 : 4 : 7$$

이다. $\overline{PA} = 56x$라고 놓으면 $\overline{AC} = 60x$, $\overline{BD} = 39x$
이다. 톨레미의 정리에 의하여

$$60x \cdot 39x = 1 \cdot 8 + 4 \cdot 7 = 36$$

이다. $x^2 = \dfrac{1}{65}$이다.

이제 $\triangle BOD$에 스튜워트 정리를 적용하여 정리하
면,

$$\overline{OB}^2 \cdot \overline{PD} + \overline{OD}^2 \cdot \overline{BP} = \overline{OP}^2 \cdot \overline{BD} + \overline{BP} \cdot \overline{BD} \cdot \overline{PD},$$

$$\frac{65}{4}(32x + 7x) = 39x \cdot OP^2 + 32x \cdot 39x \cdot 7x,$$

$$\frac{65}{4} - 7 \cdot 32 \cdot \frac{1}{65} = OP^2,$$

$$\overline{OP}^2 = \frac{3329}{260}$$

이다.

종합문제풀이 **5.71 (HKPSC, '2007)** _____

$\overline{AB} = \sqrt{5}$, $\overline{BC} = 1$, $\overline{AC} = 2$인 삼각형 ABC에서 내심
을 I라 하자. $\triangle IBC$의 외접원과 변 AB와의 교점을
P라 할 때, 선분 BP를 구하여라.

풀이

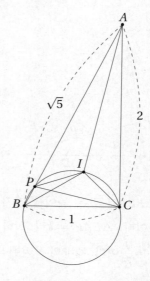

주어진 조건으로 부터 네 점 B, P, I, C는 $\triangle IBC$의
외접원 위에 있으므로

$$\angle APC = 180° - \angle CPB = 180° - \angle CIB = \frac{\angle B}{2} + \frac{\angle C}{2}$$

$$\angle ACP = 180° - \angle A - \angle APC = \frac{\angle B}{2} + \frac{\angle C}{2}$$

이다. 즉, $\triangle APC$는 $\overline{AP} = \overline{AC} = 2$인 이등변삼각형
이다. 따라서 $\overline{BP} = \overline{AB} - \overline{AP} = \sqrt{5} - 2$이다.

[종합문제풀이] **5.72**

$\triangle ABC$에서 변 BC, CA, AB 위에 각각 점 D, E, F를 잡자. 세 선분 AD, BE, CF가 한 점 P에서 만난다고 하자. $\triangle AFP = 126$, $\triangle FBP = 63$, $\triangle CEP = 24$일 때, $\triangle ABC$의 넓이를 구하여라.

[풀이]

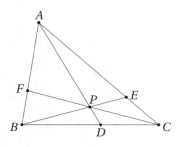

$\triangle AFP$와 $\triangle FBP$가 같은 높이를 가지므로 $\dfrac{\overline{BF}}{\overline{FA}} = \dfrac{\triangle FBP}{\triangle AFP} = \dfrac{1}{2}$이다. $\triangle EAP = k$라고 하자. 그러면, $\dfrac{\overline{AE}}{\overline{EC}} = \dfrac{\triangle EAP}{\triangle CEP} = \dfrac{k}{24}$이다. 체바의 정리에 의하여

$$1 = \frac{\overline{CD}}{\overline{DB}} \cdot \frac{\overline{BF}}{\overline{FA}} \cdot \frac{\overline{AE}}{\overline{EC}} = \frac{\overline{CD}}{\overline{DB}} \cdot \frac{1}{2} \cdot \frac{k}{24}$$

이므로 $\dfrac{\overline{CD}}{\overline{DB}} = \dfrac{48}{k}$이다. $\dfrac{\triangle ADC}{\triangle ABD} = \dfrac{\triangle PDC}{\triangle PBD} = \dfrac{\overline{CD}}{\overline{DB}} = \dfrac{48}{k}$이다. 따라서 $\dfrac{\triangle ADC - \triangle PDC}{\triangle ABD - \triangle PBD} = \dfrac{\triangle APC}{\triangle APB} = \dfrac{48}{k}$이다. 또, $\triangle APC = \triangle APE + \triangle EPC = k + 24$이고, $\triangle ABP = \triangle AFP + \triangle FBP = 126 + 63 = 189$이다. 그러므로 $\dfrac{24 + k}{189} = \dfrac{48}{k}$이고, 이를 정리하면 $k^2 + 24k - 9072 = 0$이다. 이를 인수분해하면, $(k + 108)(k - 84) = 0$이 되어 $k = 84(k > 0)$이다. 그러므로 $\dfrac{\overline{AE}}{\overline{EC}} = \dfrac{7}{2}$, $\dfrac{\overline{CD}}{\overline{DB}} = \dfrac{4}{7}$이다. $\triangle ABD$와 직선 FPC에 메넬라우스의 정리를 적용하면 $\dfrac{\overline{BF}}{\overline{FA}} \cdot \dfrac{\overline{CD}}{\overline{BC}} \cdot \dfrac{\overline{PA}}{\overline{DP}} = \dfrac{1}{2} \cdot \dfrac{4}{11} \cdot \dfrac{\overline{PA}}{\overline{DP}} = 1$이다. 따라서 $\dfrac{\overline{AP}}{\overline{PD}} = \dfrac{11}{2}$이다. 즉, $\dfrac{\square ABPC}{\triangle PBC} = \dfrac{11}{2}$이다. 따라서

$$\triangle ABC = \frac{13}{11}\square ABPC = \frac{13}{11}(24 + 84 + 126 + 63) = 351$$

이다.

[종합문제풀이] **5.73 (Baltic, 1995)**

$\triangle ABC$에서 변 AC의 중점을 M, 점 B에서 변 AC에 내린 수선의 발을 H라 하자. 점 A, C에서 $\angle B$의 이등분선 위에 내린 수선의 발을 각각 P, Q라 할 때, 네 점 H, P, M, Q가 한 원 위에 있음을 보여라.

[풀이]

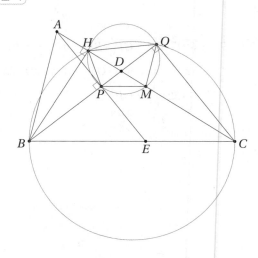

직선 BP와 변 AC의 교점을 D라 하고, 직선 AP와 변 BC(또는 연장선)의 교점을 E라 하자. 그러면, $\angle ABP = \angle EBP$, $\overline{BP}$는 공통, $\angle BPA = \angle BPE = 90°$이므로, $\triangle BPA \equiv \triangle BPE$(ASA합동)이다. 따라서 점 P는 선분 AE의 중점이다. 삼각형 중점연결정리에 의하여 $\overline{PM} \parallel \overline{BC}$이다. 그러면, $\angle AMP = \angle C$이다. 한편 $\angle BHC = 90° = \angle BQC$이므로 $\square BHQC$는 원에 내접한다. 또, $\angle HQB = \angle C$이다. 즉, $\angle HMP = \angle HQP = \angle C$이다. 따라서 네 점 H, Q, M, P는 한 원 위에 있다.

종합문제풀이 **5.74** _____

$\triangle ABC$에서 내접원의 반지름의 길이가 5, 외접원의 반지름의 길이가 16이라고 하자. $2\cos B = \cos A + \cos C$를 만족할 때, $\triangle ABC$의 넓이를 구하여라.

풀이 주어진 조건으로 부터 $\cos A$, $\cos B$, $\cos C$는 등차수열을 이룬다. 또한, r, R은 각각 삼각형 ABC의 내접원의 반지름의 길이, 외접원의 반지름의 길이라 할 때, 잘 알려진 삼각함수의 항등식(정리 4.2.13 참고) $\cos A + \cos B + \cos C = 1 + \dfrac{r}{R}$으로 부터

$$3\cos B = \cos A + \cos B + \cos C = 1 + \frac{r}{R} = \frac{21}{16}$$

이다. $\cos A = \dfrac{7}{16} + k$, $\cos B = \dfrac{7}{16}$, $\cos C = \dfrac{7}{16} - k$이다. 먼저, 삼각함수 항등식

$$\cos^2 A + \cos^2 B + \cos^2 C + 2\cos A \cos B \cos C = 1$$

이 성립함을 보이자. $\cos(A+B) = \cos(180° - C) = -\cos C$이다. 좌변은 삼각함수의 덧셈정리에 의하여 정리하면 $\cos A \cos B - \sin A \sin B = -\cos C$이다. 이를 정리하면 $\cos A \cos B + \cos C = \sin A \sin B$이다. 양변을 제곱하면

$$\cos^2 A \cos^2 B + 2\cos A \cos B \cos C + \cos^2 C$$
$$= \sin^2 A \sin^2 B$$
$$= (1 - \cos^2 A)(1 - \cos^2 B)$$

이다. 양변을 전개하여 정리하면

$$\cos^2 A + \cos^2 B + \cos^2 C + 2\cos A \cos B \cos C = 1$$

이다. 위 식에 $\cos A = \dfrac{7}{16} + k$, $\cos B = \dfrac{7}{16}$, $\cos C = \dfrac{7}{16} - k$를 대입하여 양변을 정리하여 k를 구하면 $k = \pm \dfrac{23}{48}$이다. 따라서 $\cos A = \dfrac{11}{12}$, $\cos B = \dfrac{7}{16}$, $\cos C = -\dfrac{1}{24}$이다. 그러므로 $\sin A = \dfrac{\sqrt{23}}{12}$, $\sin B = \dfrac{3}{16}\sqrt{23}$,

$\sin C = \dfrac{5}{24}\sqrt{23}$이다. 따라서

$$\triangle ABC = 2R^2 \sin A \sin B \sin C$$
$$= 2 \cdot 16^2 \cdot \frac{\sqrt{23}}{12} \cdot \frac{3}{16}\sqrt{23} \cdot \frac{5}{24}\sqrt{23}$$
$$= \frac{115\sqrt{23}}{3}$$

이다.

5.75 (Baltic, 1992) ―――――――

반지름의 길이가 1인 원에 내접하는 사각형 $ABCD$ 에서 대각선 AC는 원의 지름이고, $\overline{BD} = \overline{AB}$이다. 대각선 AC와 BD의 교점을 P라 한다. $\overline{PC} = \frac{2}{5}$일 때, 변 CD의 길이를 구하여라.

풀이

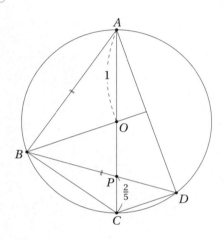

$\triangle ABD$는 $\overline{AB} = \overline{BD}$인 이등변삼각형이다. 대각선 AC의 중점을 O라 할 때, 직선 BO은 변 AD를 수직이등분한다. 또한, $\angle ADC = 90°$이므로 $\overline{BO} /\!/ \overline{CD}$ 이다. 따라서 $\triangle POB$와 $\triangle PCD$는 닮음이다. 그러므로 $\overline{CD} : \overline{OB} = \overline{PC} : \overline{PO}$이다. 즉, $\overline{CD} : 1 = \frac{2}{5} : \frac{3}{5}$ 이다. 따라서 $\overline{CD} = \frac{2}{3}$이다.

5.76 (Baltic, 1993) ―――――――

$\triangle ABC$에서 $\overline{AB} = 15$, $\overline{BC} = 12$, $\overline{CA} = 13$이다. 변 BC의 중점을 M, $\angle B$의 이등분선과 변 CA와의 교점을 K, 선분 AM과 BK와의 교점을 O, 점 O에서 변 AB에 내린 수선의 발을 L이라 할 때, $\angle OLK = \angle OLM$임을 보여라.

풀이

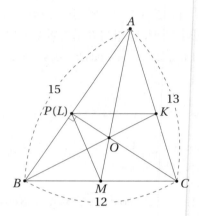

선분 CO의 연장선과 변 AB와의 교점을 P라 하자. 선분 AM이 중선이므로 $\overline{PK} /\!/ \overline{BC}$이다. 체바의 정리에 의하여 $\overline{AP} : \overline{PB} = \overline{AK} : \overline{KC}$이다. 또, 각의 이등분선의 정리에 의하여 $\overline{AB} : \overline{BC} = \overline{AK} : \overline{KC} = 5 : 4$ 이다. 따라서 $\overline{AP} : \overline{PB} = \overline{AK} : \overline{KC} = \overline{AB} : \overline{BC} = 5 : 4$ 이다. 즉, $\overline{AP} = \frac{25}{3}$, $\overline{BP} = \frac{20}{3}$이다. 또한, $\overline{AC}^2 - \overline{BC}^2 = 25 = \overline{AP}^2 - \overline{BP}^2$이다. 즉, 피타고라스의 정리의 정리가 성립한다. 따라서 점 P는 점 C에서 변 AB에 내린 수선의 발이다. 즉, 점 P와 L은 같은 점이다. 점 M이 직각삼각형 BPC의 외심이므로, $\angle OPK = \angle OCM = \angle OPM$이다.

참고 문헌

[1] T. Andreescu, **Mathematical Reflections, Issue 1 ~ 6**, 2006.

[2] T. Andreescu, **Mathematical Reflections, Issue 1 ~ 4**, 2007.

[3] E. J. Barbeau, M. S. Klamkin, W. O. J. Moser, **Five Hundred Mathematical Challenges**, The Mathematical Association of America, 1997.

[4] Canadian Mathematical Society, **Crux Mathematicorum with Mathematical Mayhem, No 1 ~ 8**, VOL 27, 2001.

[5] Canadian Mathematical Society, **Crux Mathematicorum with Mathematical Mayhem, No 1 ~ 8**, VOL 28, 2002.

[6] Canadian Mathematical Society, **Crux Mathematicorum with Mathematical Mayhem, No 1 ~ 8**, VOL 29, 2003.

[7] Canadian Mathematical Society, **Crux Mathematicorum with Mathematical Mayhem, No 1 ~ 8**, VOL 30, 2004.

[8] Canadian Mathematical Society, **Crux Mathematicorum with Mathematical Mayhem, No 1 ~ 8**, VOL 31, 2005.

[9] Canadian Mathematical Society, **Crux Mathematicorum with Mathematical Mayhem, No 1 ~ 8**, VOL 32, 2006.

[10] Canadian Mathematical Society, **Crux Mathematicorum with Mathematical Mayhem, No 1 ~ 8**, VOL 33, 2007.

[11] Canadian Mathematical Society, **Crux Mathematicorum with Mathematical Mayhem, No 1 ~ 8**, VOL 34, 2008.

[12] Canadian Mathematical Society, **Crux Mathematicorum with Mathematical Mayhem, No 1 ~ 8**, VOL 35, 2009.

[13] Canadian Mathematical Society, **Crux Mathematicorum with Mathematical Mayhem, No 1 ~ 8**, VOL 36, 2010.

[14] Canadian Mathematical Society, **Crux Mathematicorum with Mathematical Mayhem, No 1 ~ 8**, VOL 37, 2011.

[15] Canadian Mathematical Society, **Crux Mathematicorum with Mathematical Mayhem, No 1 ~ 8**, VOL 38, 2012.

[16] Canadian Mathematical Society, **Crux Mathematicorum with Mathematical Mayhem, No 1 ~ 8**, VOL 39, 2013.

[17] Canadian Mathematical Society, **Crux Mathematicorum with Mathematical Mayhem, No 1 ~ 8**, VOL 40, 2014.

[18] Canadian Mathematical Society, **Crux Mathematicorum with Mathematical Mayhem, No 1 ~ 8**, VOL 41, 2015.

[19] Canadian Mathematical Society, **Crux Mathematicorum with Mathematical Mayhem, No 1 ~ 8**, VOL 42, 2016.

[20] Canadian Mathematical Society, **Crux Mathematicorum with Mathematical Mayhem, No 1 ~ 8**, VOL 43, 2017.

[21] Canadian Mathematical Society, **Crux Mathematicorum with Mathematical Mayhem, No 1 ~ 8**, VOL 44, 2018.

[22] Canadian Mathematical Society, **Crux Mathematicorum with Mathematical Mayhem, No 1 ~ 8**, VOL 45, 2019.

[23] Canadian Mathematical Society, **Crux Mathematicorum with Mathematical Mayhem, No 1 ~ 8**, VOL 46, 2020.

[24] Canadian Mathematical Society, **Crux Mathematicorum with Mathematical Mayhem, No 1 ~ 8**, VOL 47, 2021.

[25] Canadian Mathematical Society, **Crux Mathematicorum with Mathematical Mayhem, No 1 ~ 8**, VOL 48, 2022.

[26] KAIST 수학문제연구회, **수학올림피아드 셈본 중학생 초급**, 셈틀로미디어, 2003.

[27] KAIST 수학문제연구회, **수학올림피아드 셈본 중학생 중급**, 셈틀로 미디어, 2003.

[28] KAIST 수학문제연구회, **수학올림피아드 셈본 중학생 고급**, 셈틀로 미디어, 2003.

[29] 고봉균, **Baltic Way 팀 수학경시대회**, 셈틀로미디어, 2006.

[30] 고봉균, **셈이의 문제해결기법**, 셈틀로미디어, 2004.

[31] 대한수학회 올림피아드 편집위원회, **고교수학경시대회 기출문제집 1권**, 좋은책, 2002.

[32] 대한수학회 올림피아드 편집위원회, **고교수학경시대회 기출문제집 2권**, 좋은책, 2002.

[33] 대한수학회 올림피아드 편집위원회, **고교수학경시대회 기출문제집 3권**, 좋은책, 2002.

[34] 대한수학회 올림피아드 편집위원회, **고교수학경시대회 기출문제집 4권**, 좋은책, 2003.

[35] 대한수학회 올림피아드 편집위원회, **전국주요대학주최 고교수학경시대회**, 도서출판 글맥, 1999.

[36] 류한영, 강형종, 이주형, **한국수학올림피아드 모의고사 및 풀이집**, 도서출판 세화, 2007.

[37] 서울대학교 국정도서편찬위원회, **고등학교 고급수학**, 교육인적자원부, 2003.

[38] 중국 사천대학, 최승범 옮김, **중학생을 위한 올림피아드 수학의 지름길 - 중급 (상)**, 씨실과날실, 2009.

[39] 중국 사천대학, 최승범 옮김, **중학생을 위한 올림피아드 수학의 지름길 - 중급 (하)**, 씨실과날실, 2009.

[40] 중국 사천대학, 최승범 옮김, **고등학생을 위한 올림피아드 수학의 지름길 - 고급 (상)**, 씨실과날실, 2009.

[41] 중국 사천대학, 최승범 옮김, **고등학생을 위한 올림피아드 수학의 지름길 - 고급 (하)**, 씨실과날실, 2009.

[42] 중국 북경교육대학교, 박상민 옮김, **올림피아드 수학의 지름길 - 실전/종합(상)**, 씨실과날실, 2009.

[43] 중국 북경교육대학교, 박상민 옮김, **올림피아드 수학의 지름길 - 실전/종합(하)**, 씨실과날실, 2009.

[44] 중국 인화학교, 조해 옮김, **올림피아드 중등수학 클래스 1단계**, 씨실과날실, 2008.

[45] 중국 인화학교, 조해 옮김, **올림피아드 중등수학 클래스 2단계**, 씨실과날실, 2008.

[46] 중국 인화학교, 조해 옮김, **올림피아드 중등수학 클래스 3단계**, 씨실과날실, 2008.

[47] 이주형, **365일 수학愛미치다. 첫번째 이야기 도형愛미치다. 시즌1**, 씨실과날실, 2009.

[48] 이주형, **365일 수학愛미치다. 첫번째 이야기 도형愛미치다. 시즌2**, 씨실과날실, 2009.

[49] 이주형, **365일 수학愛미치다. 첫번째 이야기 도형愛미치다. 시즌3**, 씨실과날실, 2013.

찾아보기